经上海市中等职业教育课程教材审定委员会审定准予使用　准用号 ZJ—2007007

21世纪中等职业教育电类专业系列

Jichuang Dianqi Kongzhi

机床电气控制

（第二版）

郑德明　孙雪镠　王海柱　主　编

编　者（按姓氏笔画排列）
王海柱　孙雪镠　严　萍　李　梅　郑德明
金李传　黄琴艳　葛宝良　潘琴妹

www.fudanpress.com.cn

第二版前言

本书(第一版)是为中等职业学校电气运行与控制专业编写的专业课程教材。全书依据上海市中等职业教育课程教材改革办公室组织研究开发的《上海市中等职业学校电气运行与控制专业机床电气控制课程的教学标准》编写而成。适合中等职业学校和高职高专学校相关电类和机电类专业、电工三、四、五级培训以及电气岗位培训用。

本书充分体现任务引领、实践导向的课程设计思想，以7个单元26个项目贯穿。这些项目内容涵盖《教学标准》的全部内容，每个项目采用训练活动的模式，按"看""练""思"的顺序，依据工作任务的难易程度，结合职业技能鉴定要求，组织活动内容。以典型机床电气控制设备的元件拆装、控制线路装接、控制线路排故等活动引入必要的理论知识，加强操作训练，强调理论在实践过程中的指导作用，通过实践来引领基础理论知识的学习。

本书采用新的国家标准，大量搜集更新换代的低压电器产品；在电气原理叙述之后，用符号法及阶梯法总结。这种方法，教师容易讲解，学生容易理解，也容易记忆。在电器拆装、控制线路装接、控制线路排故等活动中，介绍了多种实用的方法。全书力求使学生学得会，会得明白，注重学生分析问题、解决问题的能力。

在技能训练活动中，应严格执行安全操作规程，文明生产，确保人身安全和设备安全。

本书(第一版)由上海信息技术学校郑德明、上海市竖河职业技术学校孙雪镠和上海市新桥职业学校王海柱任主编。书中，第一单元项目一~八、第二单元项目九~十一由郑德明编写；第三单元项目十二~十四由绍兴县职教中心金李传编写；第四单元项目十五~十七由绍兴县职教中心葛宝良编写；第五单元项目十八~十九、第六单元项目二十~二十二由孙雪镠编写；第七单元项目二十三、二十四由上海市新桥职业学校潘琴妹编写；第七单元项目二十五、二十八由上海市新桥职业学校李梅编写；第七单元项目二十六、二十七由上海市新桥职业学校严萍编写。

初稿由上海信息技术学校孙瑞君任一审，由上海市中等职业教育课程教材改革办公室教材编审组组织会审。各位专家对初稿提出了许多宝贵的意见。

本书第二版继续保持上述特征和特点。主要对教材第一版中发现的问题做修改，保持统一风格；对内容叙述做精简，陈旧内容做合并和删减；充实新元件、新知识、新技能，在每个单元里加强了"控制系统设计组建"内容，提供实际工作案例，体现工学结合、产教结合的理念；增加习题数量和形式，满足上海市电工(三、四、五)级职业技能鉴定对继电控制技术的理论和实操的要求。

本书第二版仍为7个单元，稍缩编为26个项目。其中，第一单元项目一~五、第二单元项目六~七、第三单元项目十一由郑德明编写和修改；第三单元项目八~十由绍兴县职教中心金李传编写和修改;第四单元项目十二～十四由绍兴县职教中心葛宝良编写和修改;第四单元项目十五、第五单元项目十六～十七、第六单元项目十八～二十由上海信息技术学校黄琴艳修改和编写;第七单元项目二十一、二十二由上海市新桥职业学校潘琴妹编写和修改;第七单元项目二十三、二十六由上海市新桥职业学校李梅编写和修改;第七单元项目二十四、二十五由上海市新桥职业学校严萍编写和修改。

此教材不仅能作为中高职院校理论课程教材、实训课程教材、理-实一体课程教材,以及职业培训学校机构电工(三、四、五)级培训教材,还可作为机床电气控制技术实际应用时的培训教材或参考书。

由于编写修改时间仓促,错误在所难免,恳请读者提出宝贵的意见。

编者
2019 年 4 月

目录
Contents

第一单元　三相异步电动机单向运行控制

项目一　开关电器的认知与操作 ········ 1
　　活动一　刀开关的认识、安装与使用维护 ············ 1
　　活动二　低压断路器的认识、安装与使用维护 ········· 9
　　活动三　按钮的认识、安装与使用维护 ············ 18
　　活动四　指示灯的认识、安装与使用维护 ············ 21

项目二　熔断器的认知与操作 ········ 24
　　活动一　熔断器的认识 ········ 24
　　活动二　熔断器的安装与使用维护 ············ 31

项目三　交流接触器、中间继电器和热继电器的认知与操作 ····· 33
　　活动一　交流接触器的认识、安装与使用维护 ········ 33
　　活动二　中间继电器的认识、安装

与使用维护 ········· 43
　　活动三　热继电器的认识、安装与使用维护 ············ 46

项目四　基本电气控制原理图的认知与识读 ············ 58
　　活动一　电气图形符号的认识 ··· 58
　　活动二　基本电气控制原理图的识读 ············ 62

项目五　三相异步电动机单向运行控制线路的认知与操作 ········ 65
　　活动一　三相异步电动机单向运行控制线路图的识读 ········ 65
　　活动二　三相异步电动机单向运行控制线路的装接与调试 ············ 72
　　活动三　三相异步电动机单向运行控制线路故障的分析和排除 ············ 76

第二单元　三相异步电动机可逆运行控制

项目六　三相异步电动机可逆运行的认知与操作 ············ 84

活动一　三相异步电动机倒顺开关可逆运行控制线路的装接与调试 …………… 84

　　活动二　三相异步电动机接触器可逆运行控制线路的装接与调试 …………… 86

　　活动三　三相异步电动机接触器可逆运行控制线路故障的分析和排除 …………… 91

项目七　工作台自动往返控制线路的认知与操作 …………… 96

　　活动一　工作台自动往返工作控制线路图的识读 …………… 96

　　活动二　工作台自动往复循环控制线路的装接、调试 …………… 103

第三单元　三相异步电动机顺序运行控制

项目八　时间继电器的认知与操作 …………… 105

　　活动一　空气阻尼式时间继电器的认识、检测和拆装 …………… 105

　　活动二　其他类型时间继电器的认识和检测 …………… 110

项目九　两台电动机顺序起动、逆序停止运行控制线路的认知与操作 …………… 114

　　活动一　两台电动机顺序起动、逆序停止运行控制线路图的识读 …………… 114

　　活动二　两台电动机顺序起动、逆序停止运行控制线路的装接与调试 …………… 119

　　活动三　两台电动机顺序起动、逆序停止运行控制线路故障检修 …………… 121

项目十　三相异步电动机延时起动、延时停止控制线路的认知与操作 …………… 124

　　活动一　三相异步电动机延时起动、延时停止运行控制线路图的识读 …………… 124

　　活动二　三相异步电动机延时起动、延时停止运行控制线路的装接与调试 …………… 126

　　活动三　三相异步电动机延时起动、延时停止运行控制线路故障的分析和排除 …………… 130

项目十一　液压机床滑台运动及动力头工作电气控制线路安装、调试 …………… 134

　　活动一　液压机床滑台运动及动力头工作电气控制线路图的识读 …………… 134

　　活动二　液压机床滑台运动及动力头工作电气控制线路装接、调试 …………… 136

第四单元　三相异步电动机降压起动控制

项目十二　三相异步电动机串电阻降压起动控制线路的认知与操作 ……… 139

　　活动一　三相异步电动机串电阻降压起动控制线路图的识读 ……… 139

　　活动二　三相异步电动机串电阻降压起动控制线路的装接与调试 ……… 145

　　活动三　三相异步电动机串电阻降压起动故障检修 ……… 148

项目十三　三相异步电动机自耦变压器降压起动控制线路的认知与操作 ……… 150

　　活动一　三相异步电动机自耦变压器降压起动控制线路图的识读 ……… 150

　　活动二　三相异步电动机自耦变压器降压起动控制线路的装接与调试 ……… 155

　　活动三　三相异步电动机自耦变压器降压起动控制线路故障检修 ……… 159

项目十四　三相异步电动机 Y-△降压起动控制线路的认知与操作 ……… 161

　　活动一　三相异步电动机 Y-△降压起动控制线路图的识读 ……… 161

　　活动二　三相异步电动机 Y-△降压起动控制线路的装接与调试 ……… 166

　　活动三　三相异步电动机 Y-△降压起动控制线路故障的分析和排除 ……… 170

项目十五　三相异步电动机延边三角形降压起动控制的认知与操作 ……… 175

　　活动一　三相异步电动机延边三角形降压起动控制线路图的识读 ……… 175

　　活动二　三相异步电动机延边三角形降压起动控制线路的装接与调试 ……… 178

第五单元　三相异步电动机调速控制

项目十六　绕线式异步电动机运行控制 ……… 183

　　活动一　频敏变阻器和凸轮控制器的认识、检修 ……… 183

　　活动二　绕线式异步电动机转子绕组串接电阻器运行控制线路装接、调试 ……… 189

　　活动三　绕线式异步电动机转子绕

　　　　组串接频敏变阻器运行控
　　　　制线路装接、调试
　　　　……………………………… 195
　　活动四　绕线式异步电动机凸轮控
　　　　制器运行控制线路的装接
　　　　与调试……………………… 198

项目十七　三相双速电动机运行控制线路
　　　　装接、调试………………… 201
　　活动一　三相双速电动机运行控制线路
　　　　的识读……………………… 201
　　活动二　三相双速电动机运行控制线路
　　　　的装接、调试……………… 205

第六单元　三相异步电动机的制动控制

项目十八　电磁抱闸制动器制动控制线路
　　　　的认知与操作……………… 209
　　活动一　电磁抱闸制动器制动控制
　　　　线路图的识读……………… 209
　　活动二　电磁抱闸制动器制动控制
　　　　线路的装接与调试………… 212
　　活动三　带抱闸制动的异步电机两
　　　　地控制线路故障的分析和
　　　　排除………………………… 215

项目十九　三相异步电动机反接制动控制
　　　　线路的认知与操作………… 219
　　活动一　三相异步电动机反接制动
　　　　控制线路的识读…………… 219
　　活动二　三相异步电动机反接制动
　　　　控制线路的装接与调试

　　　　……………………………… 225
　　活动三　三相异步电动机反接制动
　　　　控制线路故障的分析和
　　　　排除………………………… 228

项目二十　三相异步电动机直流能耗制动
　　　　控制线路的认知与操作
　　　　……………………………… 232
　　活动一　三相异步电动机单向起动
　　　　带直流能耗制动控制线路
　　　　的装接与调试……………… 232
　　活动二　三相异步电动机通电延时
　　　　带直流能耗制动 Y-△ 起
　　　　动控制线路的装接与调试
　　　　……………………………… 238

第七单元　典型机床电气控制

项目二十一　C6150 普通车床电气控制
　　　　……………………………… 243
　　活动一　C6150 普通车床的了解
　　　　熟悉………………………… 243
　　活动二　C6150 普通车床电气控

　　　　制原理图的识读…………… 245
　　活动三　C6150 普通车床电气控
　　　　制系统的安装和调试……… 250
　　活动四　C6150 普通车床电气控制
　　　　系统的检修………………… 253

项目二十二　M7130 平面磨床电气控制
　　　　　　　　　　　　　　　　257

活动一　M7130 平面磨床的了解熟悉……………………………… 257

活动二　M7130 平面磨床电气控制原理图的识读………… 260

活动三　M7130 平面磨床电气控制系统的装接与调试…… 265

活动四　M7130 平面磨床电气控制系统的检修……………… 269

项目二十三　Z3050 摇臂钻床电气控制
　　　　　　　　　　　　　　　　272

活动一　Z3050 摇臂钻床的了解熟悉……………………………… 272

活动二　Z3050 摇臂钻床电气控制原理图的识读………… 275

活动三　Z3050 摇臂钻床电气控制系统的操作和调试…… 280

活动四　Z3050 摇臂钻床电气控制故障分析和故障排除…………… 283

项目二十四　X62W 卧式铣床电气控制
　　　　　　　　　　　　　　　　287

活动一　X62W 卧式铣床的了解熟悉……………………………… 287

活动二　X62W 卧式铣床电气控制原理图的识读………… 289

活动三　X62W 卧式铣床电气控制系统的操作和调试…… 294

活动四　X62W 卧式铣床电气控制线路故障的分析和排除………… 298

项目二十五　T68 镗床电气控制 …… 302

活动一　T68 镗床的了解熟悉…… 302

活动二　T68 镗床电气控制原理图的识读………………………… 304

活动三　T68 镗床电气控制系统的操作与调试………………… 309

活动四　T68 卧式镗床电气控制故障分析和故障排除…… 311

项目二十六　20/5t 桥式起重机电气控制
　　　　　　　　　　　　　　　　316

活动一　20/5t 桥式起重机的了解熟悉………………………… 316

活动二　20/5t 桥式起重机原理图的识读……………………… 319

活动三　20/5t 桥式起重机电气控制系统的操作与调试……………… 328

活动四　20/5t 桥式起重机的故障分析……………………………… 330

参考文献　……………………… 412

第一单元　三相异步电动机单向运行控制

当你在加工一个工件时,需要钻一个孔,就会想到要用台钻;如需要打磨,就会想到要用砂轮机;有些场合需要通风,则打开通风机;某高楼水箱没水了,需打开水泵抽水;等等。上述台钻、砂轮机、通风机、水泵等都涉及到三相异步电动机的单向运行。

通过本单元的学习和实际操作练习,首先掌握常用控制电器的种类、作用、符号、结构原理和使用维护检修,同时掌握具有三相异步电动机的单向运行控制的生产机械电气装接、维护和维修的技能。

项目一　开关电器的认知与操作

活动一　刀开关的认识、安装与使用维护

一、目标任务

1. 了解电弧的基本情况,熟悉控制电器的常用灭弧装置。
2. 熟悉刀开关的结构及原理、符号、选用。
3. 熟练掌握安装、维护检修。

二、相关知识

在电路中起通断、保护、控制或调节作用的用电器件统称为**电器**,如开关、接触器、熔断器等。用于交直流电压为 1 200 V 及以下的电器统称为**低压电器**,按用途又可分为**配电电器**和**控制电器**两大类。常用的低压控制电器有以下几种:熔断器、开关、接触器、继电器、主令电器、起动器、控制器和制动器等。

低压控制电器是组成低压控制线路的基本器件。在工厂中,常用继电器、接触器、按钮和开关等电器组成电动机的起动、停止、反转和制动等控制线路。

1. 电器的灭弧装置

不管什么电器,其通电的触点在闭合或断开(包括熔丝在熔断时)的瞬间,都会在触点的间隙产生弧状火花。从本质上说,这种火花就是一种由电子流产生的极强烈的电游离现象,其特点是光很强和温度很高,即**电弧**。

电弧将延长电路开断的时间;电弧的高温可烧损开关触头,烧毁电气设备及导线、电缆,还

可能引起电路的弧光短路,甚至引起火灾和爆炸事故。强烈的弧光可能损伤人的视力,严重的可使人眼致盲。因此,电气设备在结构设计上要力求避免电弧,或能迅速灭弧。要了解熟悉电器设备,有必要了解电弧产生和熄灭的原理和灭弧的一些基本方法。

(1) 电弧产生原因　电弧产生的根本原因(内因)在于触头本身及周围介质中含有大量可被游离的电子。当触头间存在着足够大的电场强度时(外因),就可能强烈游离而形成电弧。

(2) 发生电弧的游离方式　有以下几种。

① 热电发射:当开关触头分断电流时,阴极表面因大电流逐渐收缩集中而出现炽热的光斑,温度很高,使触头表面的电子吸收足够的热能而发射到触头间隙中去,形成自由电子。

② 高电场发射:在开关触头分断之初,触头间的电场强度很大(由 $E=U/l$ 可知,$l \to 0$ 时,$E \to \infty$)。在此高电场作用下,触头表面的电子被强拉进入触头间隙,也形成自由电子。

③ 碰撞游离:当触头间存在着足够大的电场强度时,自由电子以相当大的速度向阳极移动,在移动中碰撞到中性质点,就可能使中性质点中的电子吸收动能而游离出来,从而使中性质点分裂为带电的正离子和自由电子。这些被碰撞游离的带电质点又在电场力作用下,继续参加碰撞游离,结果使触头间隙的离子数越来越多,形成雪崩现象。当离子浓度足够大时,介质击穿发生电弧。

④ 高温游离:电弧的温度很高,表面温度达 3 000~4 000℃,弧心温度可高达 10 000℃。在这样的高温下,电弧中的中性质点由于吸收热能而可能游离为正离子和自由电子,从而进一步加强了电弧中的游离。

上述几种游离方式的综合,使电弧得以发生和维持。

(3) 灭弧基本原理　叙述如下。

① 熄灭电弧的条件:必须使触头间电弧区域中的离子消失的速率(去游离率)大于离子产生的速率(游离率)。

② 熄灭电弧的去游离方式(使电弧中的离子数减少,即去游离增强):

a. 正负带电质点的复合。就是带电质点重新结合为中性质点,这与电弧中的电场强度、温度及电弧截面等因素有关。电弧中的电场强度越弱,电弧温度越低,电弧截面越小,则带电质点的复合越强。此外,复合还与电弧接触的介质性质有关。例如,电弧接触固体介质表面,由于较活泼的电子先使表面处于一负电位,表面就吸引正离子而造成强烈的复合。

b. 正负带电质点的扩散。就是电弧中的带电质点向电弧周围介质扩散开去。扩散的原因,一是由于温度差,二是由于离子浓度差,也可以是由于外力的作用。扩散也与电弧截面有关,截面越小,离子的扩散也越强。

(4) 电气控制设备中常用的灭弧方法　按照熄灭电弧的去游离方式,在电气控制设备中常用的灭弧方法可分为以下几种。

① 速拉灭弧法:迅速拉长电弧,使电弧中的电场骤降,导致带电质点的复合迅速增强,从而加速电弧的熄灭。这种灭弧方法是开关电器中普遍采用的最基本的一种灭弧法。

② 冷却灭弧法:降低电弧的温度,可使电弧中的高温游离减弱,导致带电质点的复合增强,有助于电弧的熄灭。这种灭弧方法在开关电器中应用也比较普遍。

③ 吹弧灭弧法:利用外力(如气流、油流或电磁力)来吹动电弧,使电弧加速冷却,同时拉长电弧,迅速降低电弧中的电场强度,使带电质点的复合和扩散增强,从而加速电弧的熄灭。

按吹弧方向分,有横吹和纵吹两种,如图 1-1-1 所示。

(a) 横吹　　　　　　　(b) 纵吹

图 1-1-1　吹弧方式

按外力性质分,有电动力吹、气吹、油吹和磁力吹等方式。例如:

a. 电动力吹弧:低压刀开关迅速拉开刀闸时,不仅迅速拉长了电弧,而且其本身回路电流产生的电动力(即电磁力)作用于电弧,也吹动电弧使之拉长,如图 1-1-2 所示。

b. 磁力吹弧:有的开关(或直流接触器)采用专门的磁吹线圈来吹动电弧,如图 1-1-3 所示。

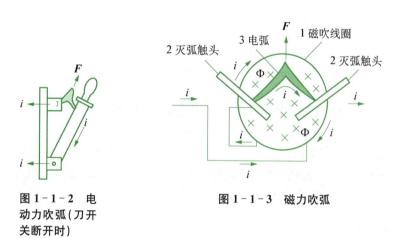

图 1-1-2　电动力吹弧(刀开关断开时)

图 1-1-3　磁力吹弧

c. 磁力吸弧:也有开关利用钢片来吸动电弧,如图 1-1-4 所示,这相当于反向吹弧。如交流电器中常用的钢栅片灭弧,如图 1-1-5 中的电弧进入钢栅片,除了回路电流产生的电动力吹弧外,还有钢栅片的吸弧作用。

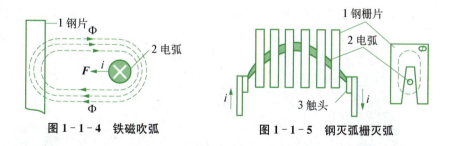

图 1-1-4　铁磁吹弧　　　　　　图 1-1-5　钢灭弧栅灭弧

④ 长弧切短灭弧法:由于电弧的电压降主要降落在其阴极和阳极上(阴极压降又比阳极压降大得多),弧柱的电压降是很小的。如钢栅片灭弧中,用钢片将长弧切断为若干短弧,如图 1-1-5 所示,则电弧上的压降将近似地增大若干倍。当外施电压小于电弧上的压降时,则电弧就不能维持而迅速熄灭。又如双断点触点的多断口灭弧,如图 1-1-6 所示。

⑤ 粗弧分细灭弧法:将粗大的电弧分为若干平行的细小电弧,使电弧与周围介质的接触

面增大,改善电弧的散热条件,降低电弧的温度,从而使电弧中带电质点的复合和扩散均得到增强,使电弧迅速熄灭。例如狭沟灭弧,就是很好的应用,电弧被分细后,在固体介质所形成的狭沟中燃烧。由于电弧的冷却,使电弧的去游离增强;同时介质表面带电质点的复合比较强烈,使电弧加速熄灭。具体应用有:熔断器在熔管中充填石英砂;图1-1-7所示绝缘灭弧栅;交流接触器等电器中经常用到的陶土质的灭弧罩等。

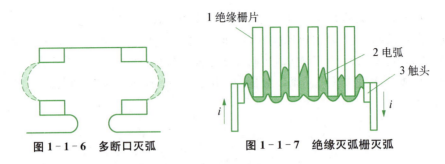

图1-1-6 多断口灭弧　　　　图1-1-7 绝缘灭弧栅灭弧

在实际应用中,为了加强灭弧效果,往往要同时采用几种灭弧措施。

2. 刀开关

刀开关是在电路中起接通和断开作用的手动电器,有很多种类。按用途可分为配电、控制两大类,下面仅介绍在电气控制中的几种常用刀开关。

(1) 闸刀开关　**闸刀开关**也称为开启式负荷开关。在小容量的分支电路(照明、电热等)中用作电源开关,起隔离和控制电源用。也可手动控制小容量(5.5 kW以下)的电动机等电器设备。

① 常用型号:HK1、HK2系列。型号含义:

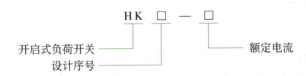

② 结构:由刀开关和熔断器组成,如图1-1-8(a)所示,有进线座、触刀、插座、熔丝及出线座,并有保护外壳胶盖,起防飞弧和相间绝缘作用。刀开关起隔离或通断电路作用,熔丝起短路保护作用。闸刀开关的符号如图1-1-8(b)所示。

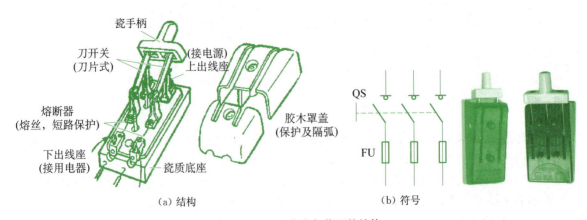

(a) 结构　　　　　　　　　　　(b) 符号

图1-1-8 开启式负荷开关结构

③ 选用:开启式负荷开关的结构简单、价格便宜,广泛用于一般照明电路和小容量电动机控制中。但这种开关没有专门的灭弧装置,其刀式动触点和静夹座易被电弧灼伤引起接触不良,因此,不宜频繁手动操作。

a. 用于照明和电热负载时,选用额定电压为 220 V 或 250 V,额定电流不小于负载计算电流的两极开关。

b. 用于小容量电动机的手动控制时,选用额定电压为 380 V 或 500 V,额定电流不小于电动机额定电流的 3 倍的三极开关。

(2) 铁壳开关　**铁壳开关**又称封闭式负荷开关。在较大容量的分支电路(照明、电热等)中用作电源开关,起隔离和控制电源用,也可控制小容量(13 kW 以下)的电动机等。

① 常用型号:HH3、HH10 系列。型号含义:

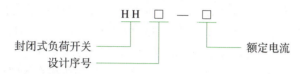

② 结构:也由刀开关和熔断器组成,但都安装在一个铁壳内,提高了安全性和防护性,如图 1-1-9(a)所示。铁壳开关的符号如图 1-1-9(b)所示。

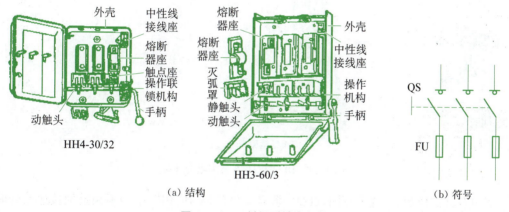

图 1-1-9　封闭型铁壳开关

触头及灭弧装置:较大容量是双断点契形转动式触头,其动触头为 U 形双刀片,静触头固定在瓷质 E 形灭弧室,双断点间隔有瓷板。较小容量是单断点契形触头,与刀开关相似。灭弧罩由钢栅片构成。

熔断器:较大容量配无填料密封管式熔断器。较小容量配瓷插式熔断器。

操作机构:用储能合闸方式,弹簧一端在外壳上,另一端钩在操作手柄转轴上。加快开关合分闸的速度,有利灭弧,提高分断能力。设置联锁装置,保证开关合闸时,不能打开外盖,而当打开外盖时,不能合闸。

③ 选用:封闭式负荷开关的结构简单,价格便宜,较开启式负荷开关的安全性和防护性好,可广泛用于一般照明电路、配电装置的电源开关,也可用于电动机的手动控制,但仍不宜用于频繁操作。

a. 用于照明和电热负载时,额定电流不小于负载计算电流。

b. 用于小容量电动机的手动控制时,额定电流不小于电动机额定电流的2倍。

(3) 组合开关　**组合开关**又称转换开关,实质是一种特殊形式的刀开关。具有多触头、多位置,操作灵活,可控制多个电路。用于交流 50 Hz、380 V 以下及直流 220 V 以下的电气控制线路中。能手动非频繁地接通和分断电路、换接电源和负载、测量三相电压,以及控制小容量(5 kW 以下)异步电动机的可逆运行或星三角起动控制。常用型号及含义:

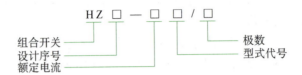

HZ 系列组合开关有 HZ1、HZ2、HZ3、HZ4、HZ5,以及 HZ10 等系列产品。其中,HZ10 系列为全国统一设计产品,具有寿命长、使用可靠、结构简单等优点,应用较广。

① HZ10 系列组合开关。结构原理比较简单,由若干个(1~6)分别装于数层绝缘件内的动触头和静触头组成,动触头装在附有手柄的转轴上,随手柄转动而变更其通断位置。HZ10/3 系列三相转换开关的外形、原理、符号如图 1-1-10 所示。操作机构有无限位型和有限位型。

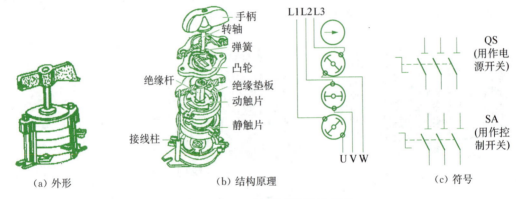

图 1-1-10　HZ10/3 系列组合开关

因组合件的层数、位置等不同,HZ10 系列开关有 34 种,用于手动不频繁地接通或分断电路、接通电源或负载、测量三相电压、调节电加热器电阻并联或串联、控制小型异步电动机的起动或正反转等。

从 HZ10 系列开关的型号中的"型式"项,可反映开关的用途。如此项不写,作三相电源开关或直接起动电动机使用;"N"可用作电动机的正反转控制;"X"可用作电动机的星形-三角形控制。用作电源开关时,其额定电流有 10、25、60、100 A 四种;当用于配电开关时,其额定电流不小于负载计算电流;当用于小容量电动机的手动控制时,其额定电流不小于电动机额定电流的 2 倍。

② HZ3 系列组合开关。主要由带静触头的基座、带动触头的鼓轮和定位机构所组成,如图 1-1-11 所示。开关有 3 个位置:向左、中间和向右,中间位置是断开,向左或向右旋转 45°,即可实现接通或转换。HZ3 系列组合开关主要有 HZ3—131、HZ3—132、HZ3—133 三种型式,其中 HZ3—132、HZ3—133 在以后项目中介绍。

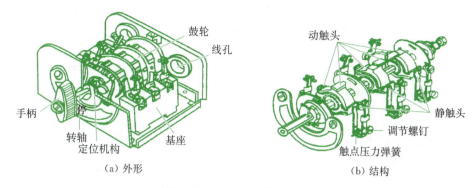

图 1-1-11 HZ3 型组合开关

HZ3—131 为保护式,有一个保护外壳,可装在机床或机械的外面,可控制电动机的运转与停止,是一种不可逆的开关。图 1-1-12 中,方块表示鼓轮上的动触头,L1、L2、L3 与 D1、D2、D3 分别表示与静触头相接的三相电源和电动机三相绕组的引出线,内层方块与外层分别表示旋转 45°以后与静触头相接触的动触头。在闭合表中的某个位置有"×"记号的,表示相应的 L 与 D 断开。由此可知,HZ3—131 的手柄放在中间"停"位置时,线路不通,电动机停转;向左或向右扳到"运转"位置时,线路接通,且相序相同,表示电动机能单方向运转。

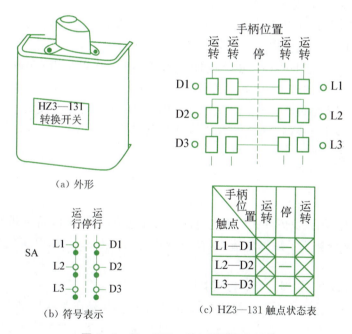

图 1-1-12 HZ3—131 系列组合开关

三、活动步骤

1. 刀开关的识别

根据各类刀开关实物(胶盖瓷底负荷开关、铁壳开关、组合开关等)写出其名称与型号,并填入表 1-1-1 中。

表 1-1-1　刀开关识别

序号	1	2	3	4	5
名称					
型号					

2. 刀开关的结构观察

打开各类刀开关的外壳，观察其结构和动作过程，写出各主要零部件的名称，测量触点的通断情况和数量性质（常闭或常开），并填入表 1-1-2 中。

表 1-1-2　刀开关结构及触点通断情况

名称与型号	主要零部件名称	灭弧方式	触点性质	触点数量

3. 刀开关的安装检修

（1）按刀开关的安装规则安装各类刀开关　操作如下：

① 开启式负荷开关：必须垂直安装在控制屏式开关板上，且合闸状态时手柄应朝上，不允许倒装或平装，以防误合闸事故。

开启式负荷开关控制照明和电热负载时，要装接熔断器作短路和过载保护。接线时，把电源进线接在静触点一边的进（上）线座，负载接在动触点一边的出（下）线座，这样在开关断开后，闸刀和熔体上都不会带电。开启式负荷开关用作电动机的控制开关时，应将开关的熔体部分用铜导线直连，并在出线端另外加装熔断器作短路保护。

> 注意：更换熔体时，必须在闸刀断开的情况下按原规格更换；在分闸和合闸操作时，应动作迅速，使电弧尽快熄灭。

② 铁壳开关（封闭式负荷开关）：不允许随意放在地上，也不允许面对开关操作，以免万一发生故障而开关又分断不了短路电流时，铁壳爆炸飞出伤人。另外，开关的外壳还应当妥善接地。

③ 组合开关（HZ10 系列）：注意以下几点。

a. HZ10 系列组合开关应安装在控制箱（或壳体）内，其操作手柄最好在控制箱的前面或侧面。开关为断开状态时，手柄应在水平位置。HZ3 系列组合开关外壳上的接地螺钉应可靠接地。

b. 若需在箱内操作，开关最好装在箱内右上方，并且上方不安装其他电器，否则需要采取隔离措施或绝缘措施。

c. 组合开关的通断能力较低，不能用来分断故障电流。用于控制异步电动机的正反转时，必须在电动机完全停止转动后才能反向启动，且每小时的接通次数不能超过 15~20 次。

d. 当操作频率过高或负载功率因数较低时，应降低开关的容量使用，以延长其使用寿命。

(2) 讨论经常出现的损坏和检修方法　填入表1-1-3中。

表1-1-3　刀开关损坏及检修方法

名称与型号	可能出现的损坏	检修方法

四、后续任务

1. 什么叫低压电器？低压电器可以分成哪几类？
2. 什么是电弧？电弧如何产生？
3. 灭弧的基本原理是什么？控制电器常有哪些灭弧方法？
4. 说明刀开关的作用是什么？常用有哪些类型？
5. 简述转换开关用途、主要结构及使用注意事项。
6. 30 A负荷开关能直接起动10 kW的电动机吗？能直接控制25 A的电炉吗？为什么？

活动二　低压断路器的认识、安装与使用维护

一、目标任务

1. 熟悉低压断路器的作用、结构原理、符号。
2. 掌握低压断路器的选用。
3. 掌握低压断路器的使用维护维修。

二、相关知识

低压断路器也称为自动开关(或自动空气开关)，在配电线路或电动机控制电路中作电源开关，不频繁地通断配电线路或电动机的电源。当电路中发生短路、过载和欠压时，能自动切断电路，起到相应的保护作用。还能远距离操作。

低压断路器按其用途及结构特点，可分为塑料外壳式(或称装置式)、框架式(或称万能式)、直流快速式、漏电保护式等类型。本项目主要介绍在电力拖动自动控制线路中应用的塑料外壳式低压断路器和漏电保护式断路器。

1. 塑料外壳式低压断路器

塑料外壳式低压断路器把触头系统、灭弧室、脱扣器、操作机构等部件安装在一个塑料外壳内，外形如图1-2-1(a)所示，符号如图1-2-1(b)所示。

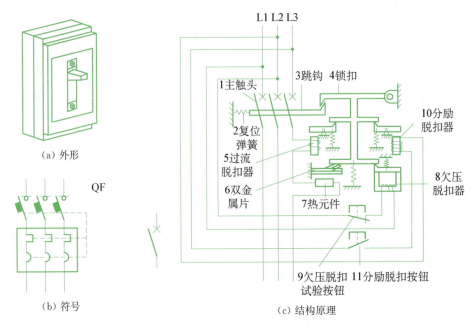

图 1-2-1 塑料外壳式低压断路器

(1) 结构及原理　塑料外壳式低压断路器由触头及灭弧系统、脱扣器和操作机构等 3 个基本部分组成。

① 触头及灭弧系统：执行机构。触头采用单断点指形触头；钢片灭弧栅组成的灭弧罩。

② 脱扣器：感测电路不正常状态，并作出反应即保护性动作的部件。脱扣器按感应的不同状态，分以下类型。

a. 过流脱扣器：电磁脱扣器形式，如图 1-2-1(c)中 5，由线圈、铁芯组成。当电路电流达到额定电流几倍或更大时，动铁芯克服反作用弹簧力被吸引，触动锁扣 4，使跳钩 3 脱钩，常开触头 1 在反作用弹簧 2 作用下断开。因此，过流脱扣器主要感测电路中的短路电流，起短路保护作用。

b. 过载脱扣器：热脱扣器形式，如图 1-2-1(c)中 6、7。由双金属片 6、热元件 7 组成，动作原理与热继电器相似，当感测电路中存在过负荷电流时，双金属片弯曲达到触动锁扣 4，使跳钩 3 脱钩，常开触头 1 在反作用弹簧 2 作用下断开，起过载保护作用。

c. 欠压脱扣器：电磁脱扣器形式，如图 1-2-1(c)中 8，动作与过流脱扣器相反。在电路正常时，线圈通电，动铁芯克服反作用弹簧力被吸引；当电源电压下降至一定值时，动铁芯在反作用弹簧力的作用下，与静铁芯分开，触动杠杆 9，使动作拉钩 4 脱钩，常开触头在反作用弹簧作用下断开，起到欠压保护作用。其线圈应接在开关主触头 1 的上接线桩（进线端）。否则，会出现低压断路器不能合闸的现象。另外，在电路正常时，还可通过按欠压脱扣试验按钮 9 来检验欠压脱扣器是否正常。

d. 分励脱扣器：电磁脱扣器形式，如图 1-2-1(c)中 10，其动作原理与过流脱扣器相似。但线圈平时是不接通的，当需断开低压断路器时，按分励脱扣按钮 10，接通线圈，动铁芯克服反作用弹簧力被吸引，触动锁扣 4，使跳钩 3 脱钩，断路器常开触头 1 在反作用弹簧 2 作用下断开。起正常分断开关作用，可远距离操作。

③ 操作机构：包括合闸机构和操动分离机构。

a. 合闸机构：手动(手柄直接、旋转手柄)操作；电动操作，可实现断路器远距离合闸。

b. 操动分离机构：四连杆机构，感测脱扣信号，使断路器触头分断。

④ 操作使用：断路器在操作时，开关手柄有3个位置，如图1-2-1(a)所示。

a. 合闸位置。手柄在"合"位置，开关合闸，触头闭合。

b. 自由脱扣位置。手柄在中间位置。开关因非正常原因(短路、过载、欠压)脱扣，触头分断，操动分离机构脱离。此时，开关不能再次合闸。

c. 分闸和再扣位置。手柄在"分"位置。内部操作机构扣住，开关准备再次合闸。

(2) 型号分类　塑料外壳式低压断路器有很多的型号，典型的有DZ4、DZ5、DZ10、DZ15、DZ20、C45(NC100H)、RMM1(2)、CM1(2)、S等系列。DZ系列一般型号意义如下：

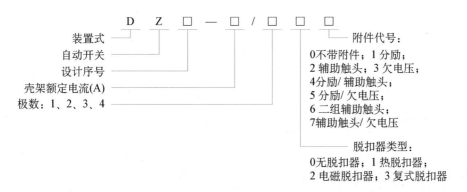

① DZ4、DZ5系列：小规格电流系列，过去的产品系列。其中，DZ5系列的壳架额定电流仅20 A一种等级，脱扣器额定电流有0.15～20 A等14种；DZ4系列的壳架额定电流有25 A、50 A两种等级。

② DZ10系列：大规格电流系列，过去典型的产品系列。有100、250、600 A等3个规格，如图1-2-1(a)所示。

③ DZ15系列：是DZ4、DZ5系列的更新换代产品。具有明显的快合、快分功能，分断能力高，采用油阻尼液压式脱扣器，具有反时限特性。壳架额定电流有40 A(脱扣器额定电流为6、10、16、20、25、32、40 A)、63 A(脱扣器额定电流为10、16、20、25、32、40、50、63 A)两种等级。DZ15系列型号意义：

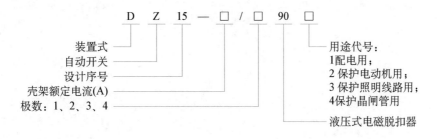

④ DZ20系列：是DZ10系列的更新换代产品，具有很好的限流特性，符合IEC标准，大规格电流系列。DZ20系列的技术数据见表1-2-1。

表 1-2-1 DZ20 系列的技术数据

产品型号	壳架等级额定电流/A	额定绝缘电压/V	额定工作电压/V	额定频率/Hz	极数	断路器额定电流/A
DZ20Y、J、G—100 DZ20YW、JW—100	100	500 660	AC380 DC220	50	2、3	16、20、32、40、50、63、80、100
DZ20C、Y—160	160					16、20、32、40、50、63、80、100、125、160
DZ20Y、J、G—200 DZ20YW、JW—200	200					100、125、160、180、200、225
DZ20C—250	250					100、125、160、180、200、225
DZ20C、Y、J、G—400 DZ20YW、JW—400	400					200、250、315、350、400
DZ20C、Y、J—630 DZ20YW、JW—630	630					250、315、350、400、500、630
DZ20J—1250	1 250					630、700、800、1 000、1 250

注：分断能力级别：C 为经济型，Y 为一般型，J 为较高型，G 为最高型，W 表示无飞弧断路器。

⑤ C45(NC100H)系列高分断小型断路器：是引进的更新换代产品，具有很好的限流特性，符合 IEC898 标准。额定电流 1～63 A 为 C45 型，额定电流 50～100 A 为 NC100H 系列。壳架为模数化设计，产品的宽度尺寸均为 9 mm 的倍数(C45 的 1 P 为 18 mm；NC100 的 1 P 为 27 mm)，如图 1-2-2 所示。C45(NC100H)系列的技术数据见表 1-2-2。

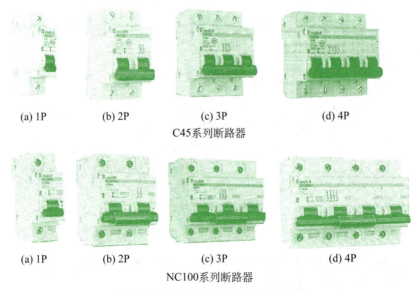

图 1-2-2 C45(NC100)系列断路器

表 1-2-2 C45(NC100H)系列的技术数据

产品型号	壳架等级额定电流/A	额定工作电压/V	瞬时脱扣电流倍数 n	极数	分断能力/A	额定电流等级/A
C45N C 型	1—40 A	AC 240	5～10	1P	6 000	1、3、6、10、16、20、25、32、40
		AC 415		2/3/4P		
	50—63 A	AC 240		1P	4 500	50、63
		AC 415		2/3/4P		
C45AD D 型	1—40 A	AC 230	10～14	1P	6 000	1、3、6、10、16、20、25、32、40
		AC 400		2/3/4P		
NC100H C 型 D 型	50—100 A	130	7～10	1P	20 000	50、63、80、100
		230/240			10 000	
		400/415			4 000	
		230/240	10～14	2/3/4P	20 000	
		400/415			10 000	
		440			6 000	

另外,还有分励脱扣、欠压脱扣、辅助触点、警告触点等附件,不需要工具即可与断路器组合,如图 1-2-3 所示。

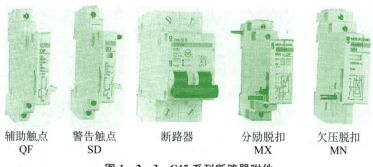

辅助触点 QF   警告触点 SD   断路器   分励脱扣 MX   欠压脱扣 MN

图 1-2-3 C45 系列断路器附件

2. 漏电保护断路器

漏电保护断路器通常称为**漏电开关**,实质是装有检漏器件的塑料外壳式断路器,既可作漏电保护,又可作电动机的过载短路保护和不频繁起动。

漏电保护是当发生人身触电或设备漏电时,能迅速切断故障电路,从而保证人身安全。漏电断路器有电流动作型和电压动作型,电流动作型又分为电磁式和晶体管式。

电磁式电流动作型漏电保护断路器的结构原理如图 1-2-4 所示,是在一般的低压断路器中增加一个能检测漏电流的感应元件零序互感器和漏电脱扣器。零序互感器是一个环形封闭铁芯,其初级线圈就是各相的主导线,次级线圈与漏电脱扣器相接。正常工作时,初级三相绕组电流的相量和为零,零序互感器的次级绕组没有输出。当出现漏电或人身触电时,三相绕组电流的相量和不为零而出现零序电流,零序互感器的次级绕组有输出,漏电脱扣器动作引起开关动作,切断主电路,从而保障了人身安全。

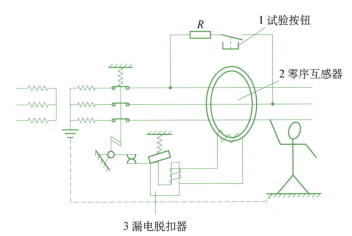

图 1-2-4 电磁式电流动作型漏电保护自动断路器原理

为了经常检验漏电开关的可靠性,开关上设有试验按钮,按下按钮,如开关跳开,证明该开关的保护功能良好。

漏电开关一般是在低压断路器中增加一个检漏器件,因此,许多低压断路器系列中都有漏电开关,如前述低压断路器系列中,有 DZ5—20L、DZ15L 和 C45 系列加漏电附件等漏电开关型号。

(1) DZ15L 系列 在 DZ15 系列断路器的基础上增加检漏器件而成的漏电保护开关,有三极和四极之分。三极型用于对电动机的漏电保护,四极型用于对电动机和照明电路的漏电保护。DZ15L 系列的技术数据见表 1-2-3,其型号意义如下:

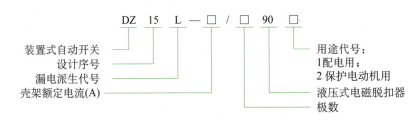

型号示例:DZ15L—63/4901 20 A 30 mA

表 1-2-3 DZ15L 系列的技术数据

型号	壳架等级额定电流/A	极数	额定电流等级/A	额定漏电动作电流/mA	额定漏电不动作电流/mA
DZ15L—40	40	3	6、10、16、20、25、32、40	30	15
				50	25
				75	40

续 表

型号	壳架等级 额定电流/A	极数	额定电流 等级/A	额定漏电 动作电流/mA	额定漏电 不动作电流/mA
DZ15L—63	63	4		50	25
				75	40
				100	50
		3	10、16、20、25、32、 40、50	30	15
				50	25
				75	40
			63	50	25
				75	40
				100	50
		4	10、16、20、25、32、 40、50、63	50	25
				75	40
				100	50

（2）C45系列漏电开关　这在C45系列断路器右侧加装漏电附件Vigi，实现漏电保护的功能。有电磁式和电子式两种形式，有二、三极和四极之分。二极型用于对单相电路的漏电保护，三极型用于对电动机的漏电保护，四极型用于对电动机和照明电路的漏电保护。额定动作漏电流为30 mA。VigiC45适用于40 A以下的C45系列断路器，连接10 mm^{2}及以下导线；VigiC63适用于63 A以下的C45系列断路器，连接25 mm^{2}及以下导线。具体如图1-2-5所示。

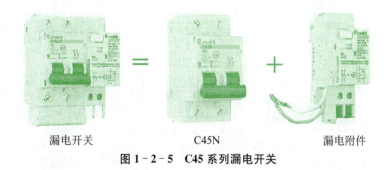

漏电开关　　　　　C45N　　　　　漏电附件

图1-2-5　C45系列漏电开关

3. 低压断路器及漏电开关的选择

低压断路器在选用时，主要考虑以下因素：

① 按用途选择型号和脱扣器类别（即保护型式）。例如，一般型号的仅作开关用的为300，无脱扣器；过载保护的为310，有热脱扣器；短路保护的为320，有过流脱扣器；短路和过载保护的为330，具有热脱扣器和过流脱扣器。DZ15为液压电磁脱扣器90，如前所述。

② 壳架额定电压大于所处电路的额定电压。

③ 断路器(脱扣器)额定电流大于负载额定电流。

④ 壳架额定电流大于负载额定电流。

⑤ 断路器脱扣器瞬时动作电流应大于等于被保护电路产生的尖峰电流(如电动机起动电流)的1.7~2倍,其中电磁脱扣器瞬时动作电流为瞬时动作电流倍数 n 与脱扣器额定电流的乘积。瞬时动作电流倍数 n 可查各系列断路器的技术数据,如DZ15系列断路器配电用时为10倍,保护电动机时为12倍;DZ20系列断路器配电用时为5倍和10倍,保护电动机时为8和12倍。

⑥ 断路器还要考虑安装操作方式,板前或板后安装,直柄、转动手柄或电动操作等。

漏电开关在选用时,除了考虑上述因素外,还要考虑额定漏电动作电流的选择。一般,防人直接触电保护取30 mA,防设备绝缘间破坏可取75 mA左右。

4. 低压断路器的安装与使用

① 应垂直于配电板安装,电源引线应接到上端,负载引线接到下端。

② 低压断路器用作电源开关或电动机控制开关时,在电源进线侧必须加装刀开关熔断器等,以形成明显的断开点。

③ 低压断路器在使用前,应将脱扣器工作面的防锈油脂擦干净;各脱扣器动作值一经调整好,不允许随意变动,以免影响动作值。

④ 若遇分断短路电流,应及时检查触点系统,若发现电灼烧痕,应及时修理或更换。

⑤ 断路器上的积尘应定期清除,并定期检查各脱扣器动作值,给操作机构添加润滑剂。

5. 低压断路器的常见故障处理

低压断路器的常见故障及处理方法见表1-2-4。

表1-2-4 低压断路器的常见故障及处理方法

故障现象	故障原因	处理方法
不能合闸	① 欠压脱扣器无电压或线圈损坏 ② 储能弹簧变形 ③ 反作用弹簧力过大 ④ 机构不能复位再扣	① 检查施加电压或更换线圈 ② 更换储能弹簧 ③ 重新调整 ④ 调整再扣接触面至规定值
电流达到整定值,断路器不动作	① 热脱扣器金属损坏 ② 电磁脱扣器的衔铁与铁芯距离太大或电磁线圈损坏 ③ 主触点熔焊	① 更换 ② 调整衔铁与铁芯的距离或更换断路器 ③ 检查原因并更换主触点
启动电动机时,断路器立即分断	① 电磁脱扣器瞬时动作整定值过小 ② 电磁脱扣器某些零件损坏	① 调高整定值至规定值 ② 更换电磁脱扣器

三、活动步骤

1. 低压断路器的识别

根据各型号的塑料外壳式低压断路器实物,写出其型号与极数,并填入表1-2-5中。

表 1-2-5 低压断路器识别

序号	1	2	3	4	5
型号					
极数					
操作方式					

2. 低压断路器的结构观察

将低压断路器拆开,观察其结构,写出各主要部件的作用和参数,填入表 1-2-6 中。

表 1-2-6 低压断路器结构

型号	主要零部件名称及参数	作用	触点数量

3. 低压断路器及漏电开关的选择

根据被保护对象的情况,选择低压断路器及漏电开关的规格和型号。

> **选择举例** 已知某电动机 5.5 kW,额定电压为 380 V,起动电流倍数为 7。试选低压断路器及漏电开关型号规格。$I_{MN}=2P_{MN}=2\times5.5=11(A)$。
>
> 根据已知条件,选择带漏电保护的 DZ15L 系列断路器。技术数据见表 1-2-3。
> ① 选择脱扣器型号:采用液压电磁式脱扣器 90(能起短路和过载保护)。
> 如采用其他 DZ 系列,采用复式脱扣器 330(能起短路和过载保护)。
> ② 壳架额定电压:取 380 V=380 V。
> ③ 壳架额定电流:取 40 A>11 A。
> ④ 脱扣器额定电流:取 16 A>11 A。
> ⑤ 电磁脱扣器瞬时动作电流检验:取瞬时动作电流倍数为 12。
>
> 电磁脱扣器瞬时动作电流=(1.7~2)尖峰电流(电机起动电流),
> 电磁脱扣器瞬时动作电流=瞬时动作电流倍数 $n\times$ 脱扣器额定电流
> $=12\times16=192(A)$。
>
> 取 1.7 尖峰电流(电动机起动电流)$=1.7\times7\times11=130.9(A)$。
> 因 192 A>130.9 A,所以电磁脱扣器瞬时动作电流检验满足要求。
> ⑥ 电动机漏电保护:取漏电额定动作电流为 75 mA。
> 因此,确定型号规格为:DZ15L—40/3902 16 A 12I_N 75 mA

4. 低压断路器的拆装

熟悉各个部分、安装接线方法、使用应注意的要点,以及如何调节额定电流等。

讨论低压断路器常见的故障,写出检修方法与步骤,填入表1-2-7内。

表1-2-7 低压断路器损坏和检修方法

名称与型号	常见故障	检修方法与步骤

四、后续任务

思 考

1. 低压断路器有什么作用?由哪些部分组成?各部分的作用是什么?
2. 低压断路器有哪些类型脱扣器?各自的动作原理是什么?
3. 一台4 kW的电动机作满载起动,请选择低压断路器和漏电开关规格。
4. 说明代号DZ20YW、JW—200 160 A、DZ15L—63/4901 20 A 30 mA 的意义。
5. 在课内低压断路器安装不熟练的学生,课后自行练习。
6. 低压断路器有哪些常见的故障,相应的检修方法和步骤是什么?

活动三 按钮的认识、安装与使用维护

一、目标任务

1. 熟悉按钮的结构及原理、符号、选用。
2. 熟练掌握按钮的安装、维护检修。

二、相关知识

按钮是操作人员发布指令的主令电器,可远距离控制。

1. 构造和原理

(1) 构造 如图1-3-1(a)所示,由按钮帽、动触桥、反力弹簧、常闭触点和常开触点等组成。

(2) 动作原理 按下按钮帽,人力克服反力弹簧力,使动触桥带动动触点向下移动,常闭触点断开,常开触点闭合。当手离开按钮帽,人力消失,在反力弹簧力作用下,使动触桥带动动触点返回原来位置,则常开触点断开,常闭触点恢复闭合。

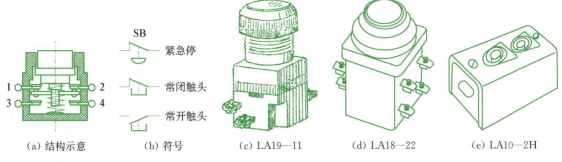

(a) 结构示意　　(b) 符号　　(c) LA19—11　　(d) LA18—22　　(e) LA10—2H

图 1-3-1　按钮

2. 颜色及含义

颜色及含义见表 1-3-1。

表 1-3-1　按钮颜色及含义

颜色	颜色的含义	典型应用
红	急停或停止	急停、总停、部分停止
黄	干预	循环中途的停止
绿	起动或接通	总起动、部分起动
蓝	未赋予	复位
黑	未赋予	点动
白	起动或接通	部分起动

3. 常用型号

常用型号有 LA10、LA20、LA18、LA19、LA25 等。型号意义：

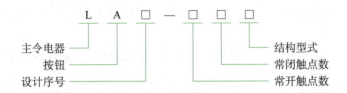

其中，结构型式有 K 开启、J 紧急、H 保护、Y 钥匙、X 旋钮、D 指示灯。

(1) LA10 系列　机床上常用，铁壳保护式，有单联、二联或三联。

(2) LA20 系列　可替代 LA10，塑壳保护式，有单联、二联或三联。

(3) LA18 系列　积木式结构，可组成多常开、多常闭的按钮。

(4) LA25 系列　更新换代产品，性能符合 IEC 标准，组合插接式结构，1～6 任意组合的常开常闭触点。带起动、停止或正或反转标志。

三、活动步骤

1. 按钮的识别

根据各类按钮实物（一般式、急停式、旋钮式、组合式、带指示灯、封闭式等）写出其名称、型号与类型,并填入表1-3-2中。

表1-3-2 按钮识别

序 号	1	2	3	4	5
名 称					
型 号					
类 型					

2. 按钮的结构观察

打开各类按钮的外壳,观察其结构和动作过程,写出各主要零部件的名称,测量触点的通断情况和数量性质(常闭或常开),并填入表1-3-3中。

表1-3-3 按钮结构及触点通断情况

名称与型号	主要零部件名称	颜色作用	触点性质	触点数量

3. 按钮的安装使用和检修

(1) 按钮的安装与使用　按钮安装在面板上时,应布置整齐、排列合理,可根据电动机启动的先后顺序,从上到下或从左到右排列。

同一机床运动部件有几种不同的工作状态(如上、下、前、后,以及松紧等),应使每一对相反状态的按钮安装在一组。

按钮的安装应牢固,安装按钮的金属板或金属按钮盒必须可靠接地。

因按钮的触点间距较小,如有油污等极易发生短路故障,所以应注意保持触点间的清洁。

光标按钮一般不宜用于需长期通电显示处,以免塑料外壳过度受热而变形,使更换灯泡困难。

(2) 按钮的常见故障及处理方法　按钮的常见故障及处理方法见表1-3-4。

表1-3-4 按钮的常见故障及处理方法

故障现象	可能的原因	处理方法
触点接触不良	① 触点烧损 ② 触点表面有污垢 ③ 触点弹簧失效	① 修整触点或更换产品 ② 清洁触点表面 ③ 重绕弹簧或更换产品
触点间短路	① 塑料受热变形,导致接线螺钉相磁短路 ② 杂物或油污在触点间形成通路	① 更换产品,并查明发热原因,如灯泡发热所致,可降低电压 ② 清洁按钮内部

四、后续任务

思 考

1. 按钮是什么电器？作用是什么？由哪几部分组成？
2. 按钮的颜色表示什么工作状态？

活动四　指示灯的认识、安装与使用维护

一、目标任务

1. 熟悉指示灯的结构及原理、符号、选用。
2. 熟练掌握指示灯的安装、维护检修。

二、相关知识

指示灯是一种在电讯、电器等设备中作指示信号、预告信号、故障信号及其他指示的电器。AD16 系列半导体节能指示灯如图 1-4-1 所示。

图 1-4-1　AD16 系列半导体指示灯

指示灯由钨丝、氖泡及新型的半导体 LED 作光源。分压形式有变压器、电容、电阻等。

其灯光颜色及意义如下：红，运行，闪光为故障显示；绿，有电源指示，闪光为电路跳闸显示；黄，作为过程或故障预警信号；白，作为运行指示；橙，无特定含义。

文字符号为 HL，图形符号为：—⊗—

常用型号有 XD 系列和 AD 系列。XD 系列是老产品，采用钨丝、氖泡作光源；而新型的 AD 系列则多采用半导体 LED 作光源，是更新换代产品，如 AD11、AD16。

AD11 系列型号意义：

项目一　开关电器的认知与操作　21

其中,基本规格代号表示灯颈部尺寸(如 φ25 mm);分压形式,2 电阻式(交直流用)、4 电容式(用于交流);灯颈外形,0 球形、1 圆形、2 正方形、4 长方形。

选用时,除上述型号外,还应表明电压等级、颜色。

AD16 系列型号意义如下:

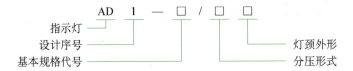

其中,基本规格代号表示灯颈部尺寸,如 φ25 mm;额定电压,ADC 6.3 V、12 V、24 V、36 V、110 V、220 V,AC 220 V、380 V;灯颈外形,Y 圆形,F 方形;灯颜色,红、绿、黄、橙、白。

三、活动步骤

1. 指示灯的识别

根据各类指示灯实物(钨丝、氖泡或 LED 型等)写出其名称、型号与类型,并填入表 1-4-1 中。

表 1-4-1 指示灯识别

序 号	1	2	3	4	5
名 称					
型 号					
类 型					

2. 指示灯的结构观察

打开各类指示灯的外壳,观察其结构和动作过程,写出各主要零部件的名称,测量灯头的阻值情况,并填入表 1-4-2 中。

表 1-4-2 指示灯结构情况

名称与型号	主要零部件名称	颜色作用	灯头阻值	灯头电压及性质

3. 指示灯的安装使用和检修

(1) 指示灯的安装与使用　指示灯安装在面板上时,应布置整齐、排列合理,可根据电动机控制的按钮或负载动作情况先后顺序,从上到下或从左到右排列。

同一机床运动部件有几种不同的工作状态（如上、下、前、后以及松紧等），应使每一对相反状态的指示灯安装在一组。

指示灯的安装应牢固，安装指示灯的金属板必须可靠接地。应注意保持指示灯灯罩的干净，使观察方便、正确。

（2）指示灯的常见故障及处理方法　指示灯的常见故障及处理方法见表1-4-3。

表1-4-3　指示灯的常见故障及处理方法

故障现象	可能的原因	处理方法
指示灯不亮	① 灯丝断 ② LED管被击穿 ③ 灯丝变压器绕组断	① 更换灯头 ② 更换LED管 ③ 更换灯丝变压器或修理绕组
指示灯变暗	① 指示电源电压下降 ② 灯丝阻抗变大 ③ 灯丝变压器绕组部分短路 ④ 灯罩被污染	① 检查灯头间电压 ② 更换灯头 ③ 更换灯丝变压器或修理绕组 ④ 清理灯罩或更换
指示灯过亮	① 指示电源电压上升 ② 灯丝或LED管短接 ③ 灯丝变压器绕组部分短路 ④ 灯罩碎或褪色	① 检查灯头间电压 ② 更换灯头 ③ 更换灯丝变压器或修理绕组 ④ 灯罩更换

四、后续任务

1. 指示灯是什么电器？作用是什么？由哪几部分组成？
2. 指示灯的颜色表示什么工作状态？

项目二 熔断器的认知与操作

活动一 熔断器的认识

一、目标任务

1. 熟悉熔断器的作用、种类、型号规格、结构原理、符号。
2. 掌握熔断器的选用。

二、相关知识

熔断器是结构简单、使用方便、价格便宜的保护电器。串接在电路中,当电路中出现短路或严重过载时,自动切断故障电路,达到保护的目的。

1. 构造原理

(1) 结构 由熔体和熔壳组成。熔体俗称熔丝,是熔断器的载流体。常做成丝状或片状,常用材料为低熔点的铝、锌、锡和锡铅合金(用于小规格熔断器),高熔点的银和铜(用于大规格熔断器)。熔壳由熔管(熔座)和器身组成。熔管是熔体的保护外壳,在熔体熔断时兼作灭弧室用;器身是熔断器的外部结构,有安放熔管的底座和引出接线端等。

(2) 使用原理 熔断器按电流热效应原理工作。当电路中的电流在额定值下,熔体温度低于熔点,熔体相当于导线。当电流超过额定值一定时间后,熔体温度达到其熔点时,熔体熔化,电路分断,从而起到保护其他电器的作用。

熔体的熔断特性(可熔化特性),是指熔断时间 t 与熔化电流 I 之间的关系。它是反时限

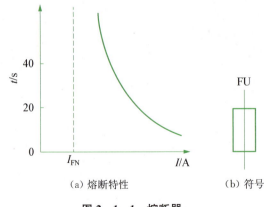

图 2-1-1 熔断器

特性，即电流越大，熔断时间越快；反之，熔断时间越慢，如图2-1-1(a)所示。当实际电流 I 小于熔体额定电流 I_{FN} 的1.2倍时，熔体长期不会熔断；当实际电流达到1.6倍熔体额定电流 I_{FN} 时，熔体约经1 h熔断；当实际电流达到熔体额定电流 I_{FN} 的2倍(也称熔断电流)时，熔体约经30~40 s熔断；当实际电流达到8~10倍 I_{FN} 时，熔体则瞬时熔断(<1 s)。

熔断器的符号如图2-1-1(b)所示。

熔断器的型号及意义如下：

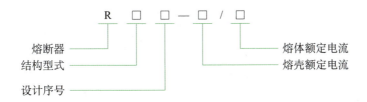

(3) 主要技术参数 具体如下。

① 熔体额定电流 IFN：长时间通过熔体而不熔断的最大电流值(A)。

② 熔体熔断电流：两倍的额定电流，此时熔体一般在30~40 s后熔断(A)。

③ 熔断器额定电压 U_{FUN}：熔断器工作时，能承受的最大电压(V)。

④ 熔断器额定电流 I_{FUN}：熔断器工作时，能承受的最大电流(A)。

(4) 熔断器的选择 电路正常或短时过电流时，熔体不应熔断；出现短路或严重过载时，熔体应熔断。否则，会引起误动作或失去保护作用。选择步骤如下：确定熔断器型号，根据负荷电流选择熔体额定电流 I_{FN}，再选择熔断器额定电流 I_{FUN}。

① 保护一台电动机：

熔体额定电流 $I_{FN} = (1.5 \sim 2.5) I_{MN}$。

上式中，I_{MN} 为电动机的额定电流，可估算 $I_{MN} = 2P_{MN}$ (A/kW)。

考虑电动机起动电流的影响，电机容量小、空载或轻载起动时，系数(1.5~2.5)取小；否则，取大一些。

② 保护多台电动机：

总熔体额定电流 $I_{AFN} = (1.5 \sim 2.5) I_{MN,max} +$ 其余电动机额定电流之和(A)。

上式中，$I_{MN,max}$ 为当电动机组内各电动机分别起动时，最大电动机的额定电流；当电动机组内有几台电动机一起起动和各电动机分别起动时，最大电动机的额定电流为两者较大的一个。例如，有6台电动机用一组熔断器保护，6台电动机的额定电流为4 A、9 A、8 A、12 A、6 A、9 A，其中前两台一起起动，后4台单独起动。这时，最大电动机的额定电流为 $4+9=13$ (A)。

③ 保护电热、照明及采用降压起动的电动机：

熔体额定电流 $I_{FN} \geqslant I_{FZN}$。

式中，I_{FZN} 为被保护的负载额定电流(A)，不可用 $I_{FZN} = 2P_{FZN}$ 估算。

根据上述计算结果再在各熔断器的技术规格中查得近似的熔体和熔壳的规格。

除此之外，如是多级线路采用熔断器保护，为了将短路故障范围缩小到最低限度，熔断器在电路中的配置一定要遵循"选择性保护"的原则，即应注意前后级熔断器之间的配合。在前后级线路流过相同的短路电流时，前级熔断器的熔体熔断时间应是后级熔断器的熔体熔断时间的3倍;或者,前级熔断器的熔体额定电流比后级熔断器的额定电流高1~2级。

2. 熔断器的常用种类及型号

按结构形式分为插入式、螺旋式、无填料密封管式、有填料密封管式。

(1)插入式熔断器(RC系列) 由瓷盖、瓷座、触头和熔丝4部分组成,如图2-1-2所示。

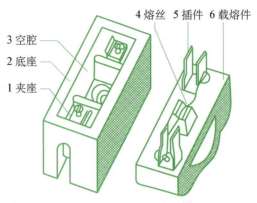

图2-1-2 插入式熔断器

熔丝安装在瓷盖上,瓷盖插在瓷座上后,在瓷座的空腔内形成灭弧室,熔丝熔断的电弧与瓷座的空腔陶瓷内壁接触,形成离子复合,使电弧熄灭。

插入式熔断器结构简单、更换熔体方便,适用于保护小容量的配电线路、照明设备或小容量的电动机,在民居内使用较普遍,但灭弧能力较弱。

常用型号为RC1A系列,技术参数见表2-1-1。

表2-1-1 熔断器的型号和规格

型号	熔壳额定电流/A	熔芯额定电流/A	型号	熔壳额定电流/A	熔芯额定电流/A
RC1A	5	1、2、3、5	RL6	100	60、80、100
	10	2、4、6、10		200	100、125、150、200
	15	12、15		25	2、4、6、10、16、20、25
	30	20、25、30			
	60	40、50、60		63	35、50、63
	100	80、100		100	80、100
	200	120、150、200		200	125、160、200
RL1	15	2、4、5、6、10、15	RM10	15	6、10、15
	60	20、25、30、35、40、50、60		60	15、20、25、35、45、60
				100	60、80、100

续　表

型号	熔壳额定电流/A	熔芯额定电流/A	型号	熔壳额定电流/A	熔芯额定电流/A
	200	100、125、160、200	RT15	600	350、400、450、500、550、600
	350	200、225、260、300、350		1 000	700、800、900、1 000
	600	350、430、500、600		100	40、50、63、80、100
	1 000	600、700、850、1 000		200	125、160、200
NT—1	250	80、100、125、160、200、224、250		315	250、315
				400	350、400
NT—2	400	125、160、200、224、250、300、315、355、400	RT18	32	2、4、6、8、10、16、20、25、32
				32X	
NT—4	1 000	800、1 000		63	2、4、6、8、10、16、20、25、32、40、50、63
R1—10	10	1、2、3、4、5、6、8、10		63X	
RT0	50	5、10、15、20、30、40、50	NT00	160	32、36、40、50、63、80、100、125、160
	100	30、40、50、60、80、100	NT0	160	6、10、16、20、25、32、36、40、50、63、80、100、120、160
	200	80、100、120、150、200			
	400	150、200、250、300、350、400	NT—3	630	315、355、400、425、500、630

（2）螺旋式熔断器（RL系列）　由熔壳（瓷帽、瓷套、上下接线端、瓷座）和熔管（熔芯）组成，如图2-1-3所示。熔丝安装在熔管内，并充满石英砂，电弧在石英砂间隙燃烧，离子有较强的复合，电弧迅速熄灭，灭弧能力较强。为安全起见，电源应接下接线端。

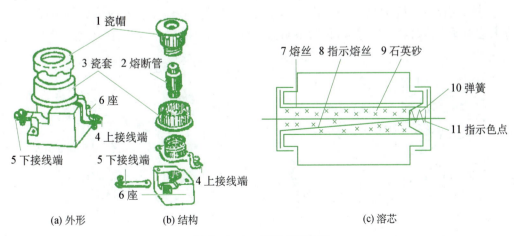

图2-1-3　螺旋式熔断器

螺旋式熔断器具有体积小、防震、灭弧能力强、有熔断指示、更换熔体方便等特点,广泛用于配电线路、机床控制电路、小容量交流电动机。

(3) 无填料封闭管式熔断器(RM 系列)　一种熔体被封闭在不充填料的熔管内的可拆卸式熔断器,其外形和结构如图 2-1-4 所示,其结构特点如下:

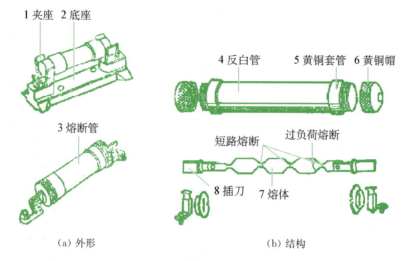

图 2-1-4　无填料封闭管式熔断器

① 采用钢纸管作熔管。当熔体熔断产生电弧时,高温使管壁分解大量气体,形成高压气流吹动电弧,加强离子复合。其中,氢气是良好的导热介质,有助于冷却熄灭电弧。

② 采用锌质变截面熔体,能改善熔体保护性能。短路时,短路电流先使熔片最窄部(阻值较大)加热熔化,形成长弧变短,便于灭弧;过负荷时,窄部散热较好,熔体在宽窄处熔断。

常用型号有 RM10 系列,技术参数见表 2-1-1。每个壳体额定电流下有几个熔芯额定电流。

(4) 有填料封闭管式熔断器(RT 系列)　一种熔体被封闭在充有颗粒、粉末等耐热性能好的灭弧填料(石英砂)的熔管内的熔断器,其外形和结构如图 2-1-5 所示,其结构特点如下:

① 熔体是两片网状紫铜片,中间用锡焊接,形成锡桥,可降低熔体熔点,此为冶金效应,能反映过载电流。然后圈成笼形,装入熔管。

② 熔管由高频滑石陶瓷制成。内充填石英砂,使熔体在短路熔断时形成的电弧,在短路电流未达到最大值时就迅速熄灭,称为熔断器具有限流作用。另外,还有熔断信号指示。

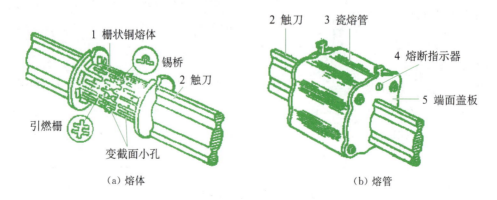

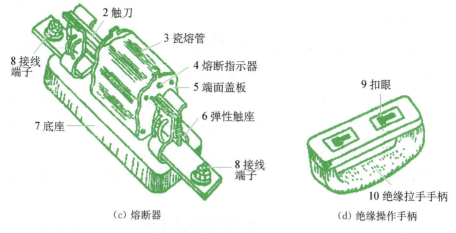

(c) 熔断器　　　　　　　　　(d) 绝缘操作手柄

图 2-1-5　RT0 型低压熔断器

有填料封闭管式熔断器具有灭弧性能特别好、体积小、防振、有熔断指示、更换熔体方便等优点，广泛用于保护可靠性要求较高的大容量系统中。

常用型号有 R1、RT、NT 等系列，技术参数见表 2-1-1。R1 为小规格系列，用于 10 A 及以下信号电路中，如图 2-1-6 所示。

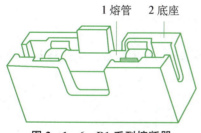

图 2-1-6　R1 系列熔断器

图 2-1-7　RT18 系列熔断器

RT 广泛用于保护可靠性要求较高的大容量系统中，有 RT0、RT10、RT14、RT15、RT18 等型号，RT0 为典型产品，RT15、RT18 为更新换代产品。

RT18（又称 HG30）熔断隔离器，如图 2-1-7 所示，适用于额定电压为交流电压 380 V/500 V、额定电流 63 A 的配电装置中作过载和短路保护用。氖灯和电阻构成了隔离器熔断体的熔断信号装置，代号"X"。

NT 系列为引进产品，符合国际标准，如图 2-1-8 所示。具有限流性能好、熔体分级密、特性误差小和体积小等优点，可作引进产品配件。常用型号为 NT0 和 NT00 系列。

图 2-1-8　NT 系列熔断器

三、活动方法和步骤

1. 熔断器的识别

根据各类熔断器实物（瓷插式、螺旋式、密封有填料管式等）写出其名称、结构与型号，并填入表 2-1-2 中。

表 2-1-2　熔断器识别

序　号	1	2	3	4	5
名　称					
结构与型号					

2. 熔断器的结构观察

观察各类熔断器的结构，写出各主要部件的名称，确定熔体的形式和灭弧方式，并填入表 2-1-3 中。

表 2-1-3　熔断器结构及灭弧方式

名称与型号	主要零部件名称	熔体形式	灭弧方式

3. 熔断器的选择

根据被保护对象的情况，能选择熔断器的规格和型号。

> **选择举例**　某 380 V 电机，7.5 kW，Y 型接法，轻载起动。试选择相应的熔断器规格型号。
>
> 一般短路保护任务，拟选择 RL1 系列熔断器。
> 因 $I_{MN}=2\times 7.5=15(A)$，
> 熔体额定电流大于等于 $(1.5\sim 2.5)I_{MN}=2\times 15=30(A)$。
> 根据表 2-1-1 中 RL1 系列熔体额定电流等级，取 30 A＝30 A；
> 熔断器额定电流大于等于熔体额定电流，取 60 A＞30 A。
> 所以，熔断器型号规格为 RL1-60/30。

四、后续任务

思　考

1. 熔断器有什么作用？有哪些结构形式？型号是什么？什么特点？
2. 15 A 熔断体的起始熔断电流大约是多少？经 30～40 s 能熔断的熔断电流是多少？
3. 一台 0.8 kW 的电动机作空载起动，请选择熔断器规格。
4. 一台 4 kW 的电动机作满载起动，请选择熔断器规格。

5. 有3台电动机,其功率分别为0.6、0.2和4.5 kW,用一组熔断器做短路保护,其中前两台一起起动,后一台单独起动,请选择熔断器规格。

6. 一条照明电路,使用60 W灯泡11只,请选择熔断器规格。

7. 说明代号RL1—60/25的意义。

活动二 熔断器的安装与使用维护

一、目标任务

1. 了解熔断器的安装。
2. 掌握熔断器的使用维护。

二、相关知识

1. 熔断器的安装规则

① 熔断器内所装熔体的额定电流,只能小于或等于熔断管的额定电流;在配电线路中,一般要求前一级熔体比后一级熔体的额定电流大2～3级,以防止发生越级动作而扩大故障停电范围;熔断器的最大分断能力应大于被保护线路上的最大短路电流。

② 安装时,应保证熔体与熔断器座接触良好,以免因熔体温度升高发生误动作。

③ 螺旋式熔断器安装时,应将电源进线接在瓷座的下接线端上,出线接在螺纹壳的上接线端上。

④ 安装熔丝时,熔丝应沿螺栓顺时针方向弯过来,压在垫圈下,以保证接触良好;同时,必须注意不能使熔丝受到机械损伤,以免减小熔丝的截面积,产生局部发热而造成误动作。

⑤ 换熔丝时,一定要切断电源,将开关断开,不要带电操作,以免触电;一般情况下,不能带电拔出熔断器。如需要带电调换熔断器时,必须先断开负荷,因为熔断器的触刀和夹座不能用来切断电流,以免在拔出时电弧不能熄灭而引起事故。

2. 熔断器熔体的更换

① 检查所给熔断器的熔体是否完好,其中RC1A型可拔下瓷盖检修,RL1型应首先看其熔断指示器。

② 若熔体已熔断,按原规格选配熔体。

③ 更换熔体时,对RC1A系列熔断器,安装熔丝时熔丝缠绕方向要正确,安装过程中不得损伤熔丝;对RL1系列熔断器,熔断管不能倒装。

④ 用万用表检查更换熔体后的熔断器各部分接触是否良好。

3. 熔断器的检修

① 对于有填料熔断器,在熔体熔断时,应更换原型号的熔体,用户不可自行更换熔体;对封闭管式熔断器,更换熔片时,应检查熔片规格,装上新熔片前应清理密闭管子内壁上烟尘,装上新熔片后应拧紧两头端盖;对于RL1A熔断器更换熔丝时,应根据负载容量选用搭丝,拧紧螺钉的力应适当。

② 在运行中,应经常注意检查熔断器的指示器,以便及时发现单相运转情况。若发现瓷

底座有沥青流出,则说明熔断器存在接触不良、温度过高等问题,应及时更换。

③ 熔断器插入与拔出要用规定的把手,不能用于直接操作或用不合适的工具插入与拔出。

三、活动步骤

① 按熔断器的安装规则安装各类熔断器。
② 各类熔断器熔体的更换。
③ 检测和维护维修各类熔断器,讨论可能出现的损坏和检修方法,并填入表 2-2-1 中。

表 2-2-1 损坏和检修方法

名称与型号	可能出现的损坏	检修方法

四、后续任务

了解实验室及设备的熔断器使用情况,帮助管理教师维护维修。

项目三　交流接触器、中间继电器和热继电器的认知与操作

活动一　交流接触器的认识、安装与使用维护

一、目标任务

1. 熟悉交流接触器的作用、结构原理、符号。
2. 掌握交流接触器的选用。
3. 掌握交流接触器的使用、拆装及维护维修。

二、相关知识

交流接触器是一种控制电器，用于远距离较频繁地接通和分断交流电路，主要控制电动机或其他用电设备（如电焊机、电热装置、电容器组等）的交流电源，并具有欠压保护作用。

1. 构造原理

（1）结构　由电磁机构、触点系统和灭弧装置组成，如图3-1-1(a)所示。交流接触器符号如图3-1-1(b)所示。

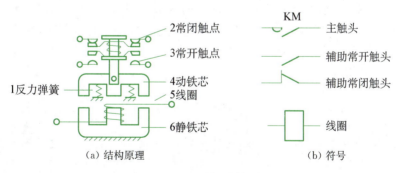

图3-1-1　交流接触器

① 电磁机构：是接触器的信号感测和传递部分。由线圈和铁芯组成，其中线圈是用来感测交流电压信号，并联在交流电路上，是信号的感测部分。电压线圈特点是匝数多，导线细，阻抗大，电流很小，由绝缘较好的电磁导线绕制而成；而铁芯是信号的传递部分，由动铁芯（衔铁）和静铁芯组成，通常做成双E形，由涂绝缘漆矽钢片叠铆而成（减少磁滞和涡流损耗），如图3-1-2所示。在铁芯端部嵌装铜质短路环，减少因交流电过零、电磁吸力减小而产生的电磁铁振动和噪声，如图3-1-3所示。

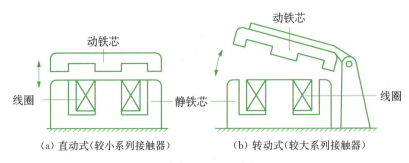

图 3-1-2 接触器电磁系统结构形式

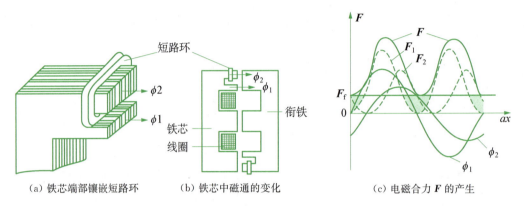

图 3-1-3 交流接触器铁芯的短路环及其作用示意图

② 触点系统：是接触器的信号执行部分。有主触点和辅助触点之分，如图 3-1-4 所示。主触点用来通断交流主电路，控制各电气设备的电源，承受负载电流，最大可达 600 A。通常，主触点是 3 副常开触点，辅助触点是用来通断辅助电路，小电流电路，一般为 5 A。通常，有几个常开或常闭触点。所谓常开或常闭触点，是指电磁机构未动作时，触点的状态。当电磁机构动作（线圈通电）后，先常闭触点断开，再常开触点闭合；当电磁机构线圈失电后，先常开触点断开，再常闭触点恢复闭合。

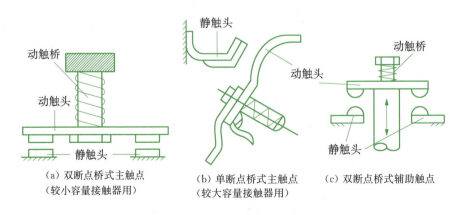

图 3-1-4 接触器触头形式

③ 灭弧装置：10 A 以上为钢栅片和狭缝灭弧罩，如图 3-1-5 所示。

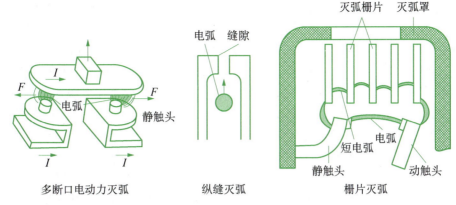

图 3-1-5 交流接触器灭弧方式

④ 其他辅助机构：包括反作用弹簧（触点系统复原）、缓冲弹簧（缓解动铁芯闭合冲击力）、触点压力弹簧（减少接触电阻，避免发热）等，如图 3-1-1(a) 所示。

(2) 工作原理　根据电磁吸力原理，线圈通电，铁芯产生电磁吸力，克服反作用弹簧力，动铁芯吸合，带动触点系统（此称电磁机构动作），常闭触点断开，常开触点闭合；当线圈失电，电磁吸力消失，触点系统在反作用弹簧力的作用下恢复（即常开触点断开，常闭触点恢复闭合）。当线圈电压低于一定值时，电磁吸力小于反作用弹簧力时，触点系统也将恢复。

2. 常见种类及型号

常用国产系列接触器的型号表达含义如下：

交流接触器型号很多，常有 CJ0、CJ10、CJ12B、CJ20、CJ25、3TB、B 等系列。

(1) CJ10(0) 系列　最常用的一般任务接触器，如图 3-1-6 所示。3 副主触点，额定电

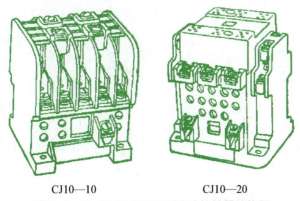

图 3-1-6 CJ10(CJ0)系列交流接触器结构图

流等级为 10 A、20 A、40 A、60 A、100 A、150 A;辅助触点二常开二常闭,额定电流为 5 A;线圈电压为 36 V、110 V、127 V、220 V、380 V。

CJ10(0)—10 不带灭弧罩,仅相间隔弧板隔弧;CJ10(0)—20 及以上用纵缝陶土灭弧罩。

(2) CJ12B 系列　重任务接触器,可频繁控制重载起动,如大功率起重类电机。主触点为单断点指形触点,采用磁吹和栅片结合的灭弧方式。主触点额定电流等级为 100 A、150 A、250 A、400 A、600 A;辅助触点 6 副,可自由组合,额定电流为 10 A;线圈电压为 110 V、127 V、220 V、380 V。

(3) CJ20 系列　更新换代产品,性能符合国际电工委员会 IEC 标准,如图 3-1-7 所示。特点是体积小、重量轻、便于安装和更换。主触点 3 副,额定电流等级为 10 A、16 A、25 A、40 A、63 A、100 A、160 A、250 A、400 A、630 A;辅助触点额定电流为 6 A;线圈电压为 220 V、380 V、660 V。25 A 以下为卡轨安装式,10 A 可作为中间继电器用。可取代 CJ0、CJ10、CJ12B 等。

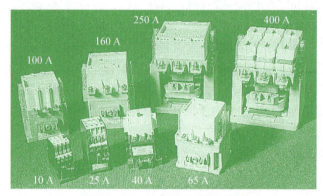

图 3-1-7　CJ20 系列交流接触器

(4) 3TB 系列　引进产品,符合 IEC 标准和 VDE 标准,如图 3-1-8 所示。使用安全,手动检查方便,安装面积小,卡轨安装,可频繁地起动和停止交流电机,是一种小型接触器。主触点额定电流等级为 9 A、12 A、16 A、22 A、32 A;辅助触点二常开和二常闭,额定电流为 6 A;线圈电压为 220 V、380 V、660 V。

(5) B 系列　引进产品系列,性能符合 IEC 标准和 VDE 标准,如图 3-1-9 所示。特点是使用安全、手动检查方便、安装面积小、卡轨安装等,可频繁地通断交流电机。主触点额定电

图 3-1-8　3TB 系列交流接触器

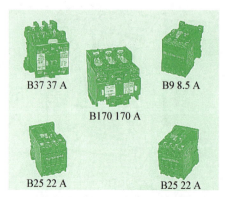

图 3-1-9　B 系列交流接触器

压有 380 V、660 V；当额定电压为 380 V 时，额定电流等级为 B9(8.5 A)、B12(11.5 A)、B16(15.5 A)、B25(22 A)、B30(30 A)、B37(37 A)、B45(45 A)、B65(65 A)、B85(85 A)、B105(105 A)、B170(170 A)、B250(250 A)、B370(370 A)、B460(475 A)；辅助触点可组合，额定电流为 6 A；线圈电压为 220 V、380 V、660 V。

3. 交流接触器的主要参数和选择

交流接触器的主要参数有两个：主触点额定电流和线圈额定电压。

在选择交流接触器时，应注意以下几点：

(1) 选择接触器的类型　首先，根据所控制的电动机电流的种类来选择，即交流负载应选用交流接触器。直流负载选用直流接触器。其次，应考虑使用对象和用途，如接触器用作一般电机的起停时，应采用一般任务的接触器，如 CJ10、CJ20、B 等；如用于反接制动或操作频率超过 600 次/小时或起重类电机需经常重载起动时，应采用重任务的接触器，如 CJ12B 等。

(2) 选择接触器主触点的额定电压　主触点的额定电压大于或等于负载回路的额定电压。

(3) 主触点的额定电流　如接触器用作一般电机的起停时，主触点的额定电流应大于或等于电动机的额定电流；如接触器用于反接制动或操作频率超过 600 次/小时或起重类电机需经常重载起动时，其接触器的主触点额定电流应提高 1~2 个等级或采用重任务的接触器。

(4) 选择接触器吸引线圈的电压　应根据控制电路采用的控制电压来确定，如控制线路的控制电路电压为 220 V，则所选的接触器吸引线圈的电压也应为 220 V。当控制线路简单，所用接触器数量较少，则控制电路采用 380 V 电压，则交流接触器线圈的额定电压也选用 380 V。

(5) 接触器的触点数量　应满足控制线路的要求。

4. 交流接触器的拆装与维护维修

(1) 交流接触器的拆装步骤及注意事项　当遇到交流接触器有故障时，需要维护维修，必须拆开交流接触器检查和维修，更换零部件。交流接触器的实物结构如图 3-1-10 所示。

① 交流接触器拆开步骤如下：

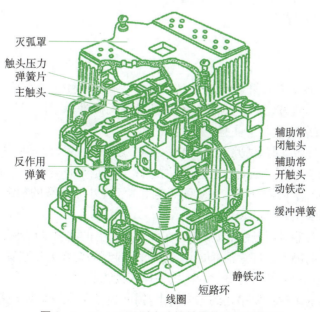

图 3-1-10　CJ10 型交流接触器的外型及结构

a. 松开并取下底盖。

　　注意：松开底盖紧固螺丝时，应压住底盖。

　　b. 拿出静铁芯、静铁芯铁架和缓冲弹簧。
　　c. 拔出线圈接线插头，取出线圈。
　　d. 拿出反作用弹簧。
　　e. 松开卸下灭弧罩。
　　f. 取出在动触桥上的主触点的动触点片和压力弹簧片。
　　g. 托起动触桥，松开并取出辅助常开触点的静触点片，动触桥能取出。
　　h. 取出动触桥上辅助触点的动触点片。
　　i. 松开并取下主触点的静触点片或辅助常闭触点的静触点片。
　② 交流接触器装配步骤如下：
　　a. 紧固主触点的静触点片或辅助常闭触点的静触点片。
　　b. 装好动触桥上辅助触点的动触点片。
　　c. 将动触桥装入接触器壳内，顶紧。将辅助常开触点的静触点片插入紧固，松开动触桥，使动触桥上的辅助常开触点的动触点片与常开触点的静触点片接触良好。

　　注意：在插入辅助常开触点的静触点片时，应防止与动触桥上的辅助常开触点的动触点片相互冲突。

　　d. 装上主触点的动触点片和压力弹簧片。
　　e. 放入反作用弹簧。
　　f. 放入线圈，并插好接线插头。
　　g. 放入缓冲弹簧和静铁芯铁架，放上静铁芯。
　　h. 放入底盖，紧固螺丝。

　　注意：底盖紧固时，应压住底盖。

　　i. 压放动触桥，观察各常开触点接触是否良好；感觉动触桥动作是否灵活；不压动触桥时，常闭触点接触是否良好。如上述都没有问题，盖好灭弧罩，紧固。
　（2）接触器的安装　安装应注意：
　① 安装前检查外观完好，清除灰尘、油污，各接线端子的螺钉、瓦形片完好无缺，触点架、动静触点对准，闭合且动作灵活，检查接触器的线圈电压是否符合控制电路的要求，接触器的额定电压应不低于负载的额定电压，触点的额定电流不应小于负载的额定电流，并使用兆欧表测量相间绝缘电阻值不低于 10 MΩ。
　② 安装交流接触器时，其底面与安装面在垂直方向上的倾斜度应小于 5°。
　③ 交流接触器的触点不许涂油，防止短路时触点起弧，烧坏灭弧装置。
　④ 安装时，应避免小螺钉、螺母、垫片、线头掉入接触器内。
　⑤ 交流接触器的主触点要串接到主电路中，辅助触点要接到辅助电路中。

(3) 交流接触器的日常维护　日常维护包括：

① 检查外部有无灰尘,检查使用环境是否有导电粉尘及过大的振动,通风是否良好。

② 检测负载电流是否在接触器的额定值以内。

③ 检查出线的连接点有无过热现象,压紧螺钉是否松脱。

④ 检查接触器振动情况,拧紧各固定螺栓。

⑤ 监听接触器有无异常声响、放电声和焦臭味。

⑥ 检查分、合信号指示是否与接触器工作状态相符。

⑦ 检查线圈有无过热、变色和外层绝缘老化现象。如果线圈温度超过65℃,则说明线圈过热,有可能发生匝间短路故障。

⑧ 检查灭弧罩是否松动和破损,并打开灭弧罩,检查罩内有无被电弧烧烟现象。灭弧罩松动要拧紧固定螺栓,破损要更换。罩内有电弧烧烟现象可用小刀及布条除去黑烟和金属熔粒。

⑨ 检查接触器吸合是否良好,触点有无打火及过大的振动声,断开电源后是否回到正常位置。

⑩ 检查三相触点的同时性,可通过调节触点弹簧来达到。用500 V兆欧表测量二相触点间的绝缘电阻,应不低于10 MΩ。

⑪ 检查触点磨损及烧伤情况。对于银或银基合金触点,有轻微烧损、变黑时,一般不影响使用,可不必清理。若凹凸不平,可用细锉修平打光;不可用砂布打磨,以免砂粒嵌入触点,影响正常工作。若触点烧伤严重、开焊脱落,或磨损厚度超过1 mm,则应更换。

辅助触点表面如要修理,可用电工刀背仔细修刮,不可用锉刀修刮,因为辅助触点质软层薄,用锉刀修刮会大大缩短触点寿命。

经检修或更换后的触点,还应调整开矩、超行程和触点压力,使其符合技术要求。

⑫ 检查绝缘杆有无裂损现象。

⑬ 对于金属外壳接触器,应检查接地(接零)是否良好。

(4) 交流接触器的故障处理　交流接触器的常见故障和排除方法见表3-1-1。

表3-1-1　交流接触器的常见故障和排除方法

常见故障	可能原因	排除方法
通电后不能闭合	① 线圈断线或烧毁	① 修理或更换线圈
	② 动铁芯或机械部分卡住	② 调整零件位置
	③ 转轴生锈或歪斜	③ 除锈、上润滑油,或更换零件
	④ 操作回路电源容量不足	④ 增加电源容量
	⑤ 弹簧压力过大	⑤ 调整弹簧压力
通电后动铁芯不能完全吸合	① 电源电压过低	① 调整电源电压
	② 触点弹簧和释放弹簧压力过大	② 调整弹簧压力或更换弹簧
	③ 触点超程过大	③ 调整触点超程

续 表

常见故障	可能原因	排除方法
电磁铁噪声过大或发生振动	① 电源电压过低	① 调整电源电压
	② 弹簧压力过大	② 调整弹簧压力
	③ 铁芯极面有污垢或磨损过度而不平	③ 清除污垢、修整极面或更换铁芯
	④ 短路环断裂	④ 更换短路环
	⑤ 铁芯夹紧螺栓松动,铁芯歪斜或机械卡住	⑤ 拧紧螺栓,排除机械故障
接触器动作缓慢	① 动、静铁芯的间隙过大	① 调整机械部分,减小间隙
	② 弹簧压力过大	② 调整弹簧压力
	③ 线圈电压不足	③ 调整线圈电压
	④ 安装位置不正确	④ 重新安装
断电后接触器不释放	① 触点弹簧压力过小	① 调整弹簧压力或更换弹簧
	② 动铁芯或机械部分被卡住	② 调整零件位置,消除卡住现象
	③ 铁芯剩磁过大	③ 退磁或更换铁芯
	④ 触点熔焊在一起	④ 修理或更换触点
	⑤ 铁芯极面有油污或尘埃	⑤ 清理铁芯极面
线圈过热或烧毁	① 弹簧的压力过大	① 调整弹簧压力
	② 线圈额定电压、频率或通电持续率等与使用条件不符	② 更换线圈
	③ 操作频率过高	③ 更换接触器
	④ 线圈匝间短路	④ 更换线圈
	⑤ 运动部分卡住	⑤ 排除卡住现象
	⑥ 环境温度过高	⑥ 改变安装位置或采取降温措施
	⑦ 空气潮湿或含腐蚀性气体	⑦ 采取防潮、防腐蚀措施
	⑧ 交流铁芯极面不平	⑧ 清除极面或调换铁芯
触点过热或灼伤	① 触点弹簧压力过小	① 调整弹簧压力
	② 触点表面有油污或表面高低不平	② 清理触点表面
	③ 触点的超程过小	③ 调整超程或更换触点
	④ 触点的断开能力不够	④ 更换接触器
	⑤ 环境温度过高或散热不好	⑤ 接触器降低容量使用
触点熔焊在一起	① 触点弹簧压力过小	① 调整弹簧压力
	② 触点断开能力不够	② 更换接触器
	③ 触点开断次数过多	③ 更换触点
	④ 触点表面有金属颗粒凸出或异物	④ 清理触点表面

续 表

常见故障	可能原因	排除方法
	⑤ 负载侧短路	⑤ 排除短路故障,更换触点
相间短路	① 可逆转的接触器联锁不可靠,使得两个接触器同时投入运行而造成相间短路	① 检查电气联锁与机械联锁
	② 接触器动作过快,发生电弧短路	② 更换动作时间较长的接触器
	③ 尘埃或油污使绝缘变坏	③ 经常清理保持清洁
	④ 零件损坏	④ 更换损坏零件

三、活动步骤

1. 交流接触器的识别

根据交流接触器实物写出其名称、结构与型号,并填入表3-1-2中。

表3-1-2 交流接触器识别

序 号	1	2	3	4	5
名 称					
型 号					
额定电流					

2. 交流接触器的结构观察

观察交流接触器的结构,判断各主要部件,把它们的作用和参数填入表3-1-3中。

表3-1-3 交流接触器结构

主要零部件名称		作 用	参 数
灭弧罩			
电磁机构	线圈		
	动铁芯		
	静铁芯		
触点系统	主触头		
	常闭辅触头		
	常开辅触头		

3. 交流接触器的拆装

练习拆装交流接触器,先掌握拆装的步骤和方法,再练习熟练程度,完成下列要求,并在30 min内完成。

① 拆装:按步骤正确拆装,工具使用正确(全部触点片都卸下为止)。
② 装配:检查部件完好后,组装质量达到要求。

③ 测试：将接触器接入测试电路中测试，触点吸合、释放应灵活无噪声。能使用万用表、兆欧表测试、测量各绝缘电阻和通断电阻，填入表3-1-4内。

表3-1-4　接触器各触点绝缘电阻和通断电阻

通断阻值	通电前			通电后
	对外壳	触点间	触点	触点
主触点				
辅助常开触点				
辅助常闭触点				

④ 讨论接触器常见故障的检修，写出检修方法与步骤，填入表3-1-5内。

⑤ 操作时注意安全。

表3-1-5　损坏和检修方法

名称与型号	常见故障	检修方法与步骤

4. 交流接触器的选择

根据被保护对象的情况，能选择交流接触器的规格和型号。

选择举例　某380 V电机，7.5 kW，Y型接法，控制电路电压为交流220 V。试选择相应的交流接触器规格型号。

一般任务，拟选择CJ10系列交流接触器。因

$$I_{MN} = 2 \times 7.5 = 15 (A),$$

主触点额定电流大于 I_{MN}，根据CJ10系列主触点额定电流等级，取 20 A＞15 A。线圈额定电压取为 AC220 V。

所以，交流接触器型号规格为 CJ10—20/线圈电压 AC220 V。

四、后续任务

思　考

1. 交流接触器有什么作用？由哪些部分组成？各部分的作用是什么？
2. 交流接触器有哪些型号？各有什么特点？
3. 一台 4 kW 的电动机作满载起动，请选择交流接触器规格。
4. 说明代号 CJ10—40/220 V 的意义。
5. 交流接触器有哪些常见的故障，相应的检修方法和步骤是什么？

在课内交流接触器拆装不熟练的学生，课后自行练习。

活动二 中间继电器的认识、安装与使用维护

一、目标任务

1. 了解继电器的概念、作用、分类。
2. 熟悉中间继电器的作用、结构原理、种类、符号。
3. 掌握中间继电器的选用、安装及维护维修。

二、相关知识

1. 继电器

继电器是一种根据某一输入量换接执行机构的电器,起信号传递和放大的作用。

控制继电器与接触器都具有执行机构、接通和分断电路。

继电器用来切换小电流电路,而接触器用来控制大电流电路。因此,继电器无灭弧装置,而接触器有。继电器可对各种物理因素作出反应,而接触器一般只能在一定电压下动作。

继电器按输入信号性质,分为电压式、电流式、功率式、频率式、温度式等;按工作原理,分为电磁式、感应式、热式、电子式;按输出形式,分为有触点、无触点式;按作用,分为中间式、热式、时间式、速度式、电流式。

KA

(a) 文字符号　　　　(b) 图形符号

图 3-2-1 中间继电器符号

2. 中间继电器

中间继电器实质是电磁式电压继电器。结构原理与接触器相似,不同的是触点数量多,结构小巧。在控制电路中起信号分配、放大、联锁及隔离用,可弥补其他类型继电器触点数量和容量的不足。有时也可控制一些小型微型电机。

中间继电器的输入信号为线圈的通电或断电。它的输出是触头的动作(常开点闭合,常闭点断开)。它的触点接在其他控制回路中,通过触点的变化控制回路发生变化(例如接通或断开电路)。

中间继电器常用型号有 JZ7、JTX、3TH、HH、JDZ2、JZC1、JZ17 等系列。

(1) JZ7 系列中间继电器　如图 3-2-2 所示,JZ7 系列是一种较大型的中间继电器,额定电流为 5 A。线圈电压有 12 V、24 V、36 V、110 V、127 V、220 V、380 V 等几种。型号含义如下:

图 3-2-2 JZ7 系列中间继电器

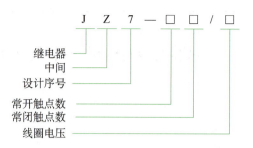

JZ7 系列中间继电器的基本结构及工作原理与接触器完全相同，其外形与 CJ0-10 交流接触器也相似。它与接触器不同的是触头无主、辅之分，触头数量较多，触头的额定电流大约为 5 A，因而中间继电器又有接触式继电器之称。工作电流 5 A 以下的电气控制线路可代替接触器来控制。JZ7 触头采用双断点桥式结构，上下两层各有 4 对触头，下层触头是常开触头，上层常开触头与常闭触头可以组合，触头系统可按 8 常开、6 常开与 2 常闭、4 常开与 4 常闭组合。

（2）HH 系列小型控制继电器　如图 3-2-3 所示，是一种高可靠性继电器，具有体积小、重量轻、开闭容量大、寿命长等特点，触点电流为 3 A、10 A。线圈电压有交流和直流，有 6 V、12 V、24 V、36 V、110 V、127 V、220 V 等几种。

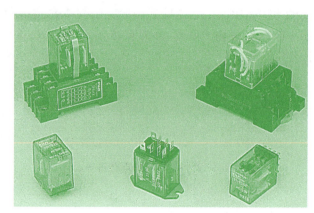

图 3-2-3　HH 系列小型控制继电器

此类中间继电器一般都作为可编程序控制器的输出继电器，大多都是单刀双掷，即一常开、一常闭，这两个触头有公用的一个静触点，使用时要注意与双断点桥式触头的区别。安装形式有基座式、焊接式。

（3）中间继电器的选用　中间继电器主要依据被控电路的电压、所需触头数量及种类、触头容量等要求来选择；当其他电器触头数量不够时，可借助中间继电器的触头传递信号。JZ7 系列中间继电器的吸引线圈消耗功率大约 12 VA，比接触器小。其他的技术参数，包括中间继电器的安装、使用、常见的故障及处理方法，与接触器类似，可参照接触器相应处理。

3. 中间继电器的拆装与维护维修

结构与小型的交流接触器类似，中间继电器的拆装与维护维修可参照前述活动——交流接触器的情况。

三、活动步骤

1. 中间继电器的识别

根据中间继电器实物写出其名称、结构与型号,并填入表3-2-1中。

表3-2-1 中间继电器识别

序 号	1	2	3	4	5
名 称					
型 号					
额定电流					

2. 中间继电器的结构观察

观察中间继电器的结构,判断各主要部件,把它们的作用和参数填入表3-2-2中。

表3-2-2 中间继电器结构

主要零部件名称		作 用	参 数
电磁机构	线圈		
	动铁芯		
	静铁芯		
触点系统	主触头		
	常闭辅触头		
	常开辅触头		

3. 中间继电器的拆装

练习中间继电器的拆装,先掌握拆装的步骤和方法,再练习熟练程度,完成下列要求,并在30 min内完成。

① 拆装:按步骤正确拆装,工具使用正确(全部触点片都卸下为止)。

② 装配:检查部件完好后,组装质量达到要求。

③ 测试:将中间继电器接入测试电路中测试,触点吸合、释放应灵活无噪声。能使用万用表、兆欧表测试,测量各绝缘电阻和通断电阻,填入表3-2-3内。

表3-2-3 中间继电器各触点绝缘电阻和通断电阻

通断阻值	通电前			通电后
	对外壳	触点间	触点	触点
主触点				
辅助常开触点				
辅助常闭触点				

④ 讨论中间继电器常见故障的检修,写出检修方法与步骤,填入表3-2-4内。

表 3-2-4　损坏和检修方法

名称与型号	常见故障	检修方法与步骤

⑤ 操作时注意安全。

四、后续任务

思　　考

1. 中间继电器有什么作用？它与接触器有哪些异同点？
2. 中间继电器有哪些型号？各有什么特点？
3. 中间继电器选择主要考虑哪些因素？

活动三　热继电器的认识、安装与使用维护

一、目标任务

1. 熟悉热继电器的作用、结构原理、符号。
2. 掌握热继电器的选用。

二、相关知识

电动机在实际运行中经常遇到过载情况，若电机过载不大，时间较短，只要电机绕组不超过容许的温度，这种过载是允许的。但是过载时间过长，绕组温升超过了允许值时，将会加剧绕组绝缘的老化，缩短电机的使用寿命，严重时甚至会使电机绕组烧毁。例如，采用 E 级绝缘材料的电动机，其工作温度每超过极限容许温度 12～15℃，使用寿命将缩短一半。所以，电动机如果发生过载，轻则缩短寿命，重则烧毁。因此，凡电动机长期运行，都需要提供过载保护装置。

热继电器是利用电流的热效应原理来工作的电器，选用适当的热元件能够获得较好的反时限保护特性，使电动机过载特性与热继电器保护特性具有如图 3-3-1 所示的配合，即热继电器保护特性位于电动机过载特性的下方。如果电动机发生过载，热继电器就将在电动机未达到其容许过载极限之前动作，切断电动机的电源，使它免遭损坏。P 为通过的过载电流 I 与额定电流 I_N 之比，即

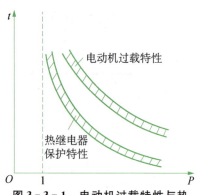

图 3-3-1　电动机过载特性与热继电器保护特性的配合

$P=I/I_N$。由于各种误差的影响,电动机和热继电器的特性都不是一条曲线,而是一条带。因此,热继电器是一种具有电动机长期过载保护的电器。

1. 热继电器的结构和工作原理

(1) 主要结构 由热元件、动作机构、触点、复位机构和电流调节装置组成,其结构原理如图 3-3-2 所示。

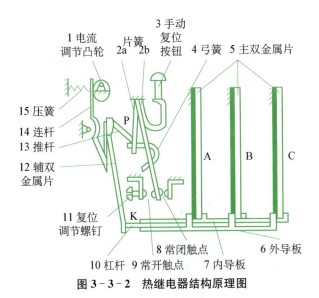

图 3-3-2 热继电器结构原理图   图 3-3-3 热继电器双金属片动作原理

① 热元件:热继电器过载信号感测部分,由电阻丝和双金属片组成。电阻丝串接在主电路(电动机定子绕组)中,感测过电流,并发出热量。一般,由康铜或镍铬合金材料绕制而成。双金属片是感测热量元件,由两种不同线膨胀系数的金属碾压而成,主动层为较高线膨胀系数的金属。双金属片被加热,就会发生弯曲,形成位移,如图 3-3-3 所示。双金属片被加热方式有直接式、间接式、复合式和电流互感器式 4 种,如图 3-3-4 所示。其中,应用比较多的是复合加热方式。

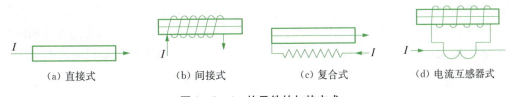

(a) 直接式   (b) 间接式   (c) 复合式   (d) 电流互感器式

图 3-3-4 热元件的加热方式

② 动作机构:过载信号传递部分。当双金属片位移达一定程度时,机构动作推动触点系统换接。

③ 触点:是热继电器执行机构,采用单点双投式或分开式。常闭触点 8 串联在控制电路中,常开触点 9 可接通指示灯或电铃,作报警用。一般,电流为 5 A。

④ 复位机构:当触点动作,电路切断,双金属片冷却复原后,触点须复位(即常开触点断开,常闭触点恢复闭合)。有手动和自动两种复位方式,可通过复位调节螺钉 11 调节触点的开

距选择:开距小,可实现自动复位;开距大,则用手动复位。手动复位时,须按动复位按钮,能确保故障排除后,才能重新起动电动机。但是,过早按动无效。推荐采用手动复位按钮3。自动复位无须按动复位按钮,待双金属片复位后,触点自动恢复。

⑤ 电流调节装置:能在一定范围内调节动作电流。通过电流调节凸轮1实现,改变凸轮的位置便改变了推杆13的起始位置和反力弹簧的力量,调节范围可达1~16 A。

(2) 工作原理　电动机长期过载后,双金属片受热弯曲带动导板的位移持续增大,当达到一定程度后,推动动作机构,使常闭触点断开,切断电动机相应控制电路,使电动机断电。

由于发热惯性的原因,热继电器不能作短路保护。因为线路发生短路事故时,要求电路立即断开,而热继电器不能马上动作。正是这个热惯性在电动机起动或短时过载时,热继电器不会动作,避免了电动机不必要的停车,保证正常工作。

(3) 外形和符号　热继电器的外形结构和符号,如图3-3-5所示。热继电器有两相和三相两种,一般负载平衡时,可采用两相式热继电器;而当负载不平衡时,可采用三相式热继电器。

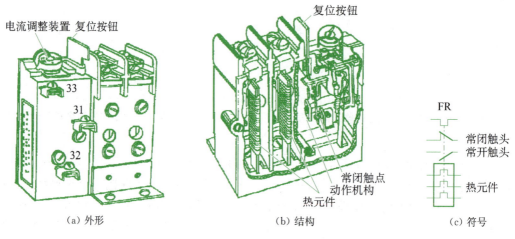

图 3-3-5　热继电器外形和符号

(4) 断相保护　当电机运行时,可能发生一相断路事故。此时,流过电路(即热元件)与电机绕组的电流增长比例会发生变化,如图3-3-6所示。当被保护电动机为星形接法时,如果发生一相断路,另外两相的线电流仍与相电流相等。因此当电动机过载时,普通的两相或三相热继电器仍能起保护作用。当被保护电动机为三角形接法时,线电流原是相电流的1.73倍,

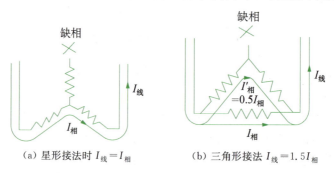

图 3-3-6　电源缺相时电动机中的电流分配

当电路缺相时,线电流仅是较大一相绕组电流的1.5倍,则当电动机较小的过载时,热继电器还处于正常发热状态,不会动作,时间长久,电动机就会烧坏。因此,需采用特别结构的热继电器保护。

解决一般热继电器不能保护电动机断相的措施是采用差动结构,即在原来的基础上增加一个外导板。热继电器在未通电、三相均通额定电流及某相断相时差动结构工作情况,如图3-3-7所示。当发生断相后,断相的双金属片冷却复位,推动外导板反向移动,而正常通电相继续推动内导板向右,外导板与内导板形成差动,增加了位移,使动作机构动作,触点换接。

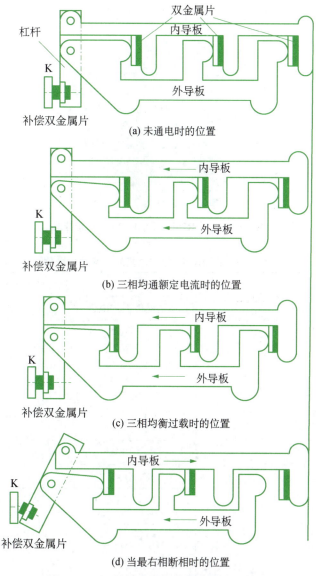

图3-3-7 差动式断相保护装置动作原理

2. 常见种类及型号

热继电器常见有JR0、JR16、JR16B、JR20、T等系列。

（1）JR16B 系列热继电器　是最常用的国产热继电器,是 JR0 系列的更新产品。技术数据见表 3-3-1,外形如图 3-3-8 所示。型号意义如下：

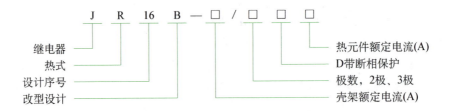

图 3-3-8　JR16B—20/3　11 A 热继电器

表 3-3-1　JR16B 热继电器的主要技术数据

型号	额定电流/A	热元件等级	
		热元件额定电流/A	刻度电流调节范围/A
JR16B—20/3 JR16B—20/3D	20	0.35	0.25～0.35
		0.50	0.32～0.50
		0.72	0.45～0.72
		1.1	0.68～1.1
		1.6	1.0～1.6
		2.4	1.5～2.4
		3.5	2.2～3.5
		5	3.2～5
		7.2	4.5～7.2
		11	6.8～11
		16	10～16
		22	14～22

续 表

型号	额定电流/A	热元件等级	
		热元件额定电流/A	刻度电流调节范围/A
JR16B—20/3 JR16B—20/3D	60	22	14～22
		32	20～32
		45	28～45
		63	40～63
JR16B—20/3 JR16B—20/3D	150	63	40～63
		85	53～85
		120	75～120
		160	100～160

(2) JR20系列热继电器 JR20系列热继电器是更新换代产品,其设计充分考虑了CJ20系列接触器各等级的相间距离、接线高度及外形尺寸。因此,可以与CJ20系列接触器很方便地配套安装,即直接相互连接。JR20系列热继电器具有动作指示及手动断开常闭触点的检验按钮,便于检查。具体参数见表3-3-2。型号意义如下:

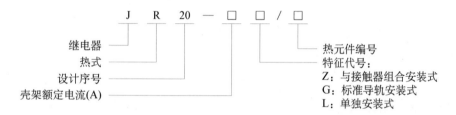

表3-3-2 JR16B热继电器的主要技术数据

型号	额定电流/A	热元件编号	整定电流/A
JR20-63	63	1U	10～20～24
		2U	24～30～36
		3U	32～40～47
		4U	40～47～55
		5U	47～55～62
		6U	55～63～71
JR20—63	160	1W	33～40～47
		2W	47～55～63
		3W	63～74～84
		4W	74～86～98
		5W	85～100～115

续 表

型号	额定电流/A	热元件编号	整定电流/A
		6W	100～115～130
		7W	115～132～150
		8W	130～150～170
		9W	144～160～176

(3) T 系列热继电器　是引进产品系列,符合国际标准。主要用于交流 50～60 Hz、电压至 660 V 的电力线路中,一般作为交流电动机的过载保护之用,与 B 系列交流接触器配套使用。安装分为插入式和独立安装两种形式,拆卸方便。它的型号有 T16、T25、T45、T85、T105、T170、T250、T370,具体电流调节范围见表 3-3-3,外形如图 3-3-9 所示。

表 3-3-3　T 系列热继电器的电流调节范围

型号	T16	T25	T45	T85
整定电流调节范围/A	0.11～0.16	0.17～0.25	0.25～0.40	6.0～10
	0.14～0.21	0.22～0.32	0.30～0.52	8.0～14
	0.19～0.29	0.28～0.42	0.40～0.63	12～20
	0.27～0.40	0.37～0.55	0.52～0.83	17～29
	0.35～0.52	0.50～0.70	0.63～1.0	25～40
	0.42～0.63	0.60～0.90	0.83～1.3	35～55
	0.55～0.83	0.70～1.1	1.0～1.6	45～70
	0.70～1.0	1.0～1.5	1.3～2.1	60～100
	0.90～1.3	1.3～2.1	1.6～2.5	
	1.1～1.5	1.6～2.4	2.1～3.3	
	1.3～1.8	2.1～3.2	2.5～4.0	
	1.5～2.1	2.8～4.1	3.3～5.2	
	1.7～2.4	3.7～5.6	4.0～6.3	
	2.1～3.0	5.0～7.5	5.2～8.3	
	2.7～4.0	6.7～10	6.3～10	
	3.4～4.5	8.5～13	8.3～13	
	4.0～6.0	12～15.5	10～16	
	5.2～7.5	13.5～17	13～21	
	6.3～9.0	15.5～20	16～27	
	7.5～11	18～23	21～35	
	9.0～13	21～27	27～45	
	12～17.6	26～35	28～45	

续 表

型号	T16	T25	T45	T85
配套接触器	B9、B12	B15、B25	B25、B30	B65
	B15、B25	B30、B37	B37、B45	B85
型号	T105	T170	T250	T370
整定电流调节范围/A	36~52	90~130	100~160	160~250
	45~63	110~160	160~250	250~400
	57~82	140~200	250~400	310~500
	70~105			
	80~115			
配套接触器	B37、B45、B65	B65、B85	B255	B370
	B85、B105、B170	B105、B170		B460

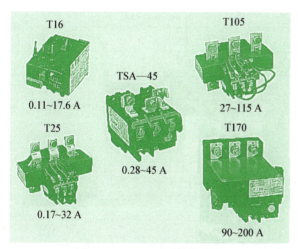

图 3-3-9 T 系列热继电器

图 3-3-10 JR36 系列热继电器

(4) JR36 系列热继电器 如图 3-3-10 所示,是替代 JR16B 系列热继电器的新一代产品。主要用于交流 50~60 Hz、电压 690 V 以下、电流至 160 A 的一般交流电动机的过载保护和断相保护。具有防护保护罩,安全性好;有温度补偿;可进行动作灵活性检查;具有可转换的手动复位或自动复位,以及手动断开常闭触点的按钮。辅助触头额定电压为 380 V,发热电流为 10 A,额定工作电流为 0.47 A。具体技术参数见表 3-3-4。型号意义如下:

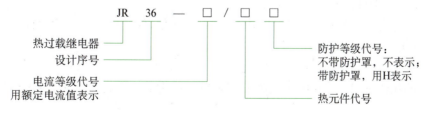

项目三 交流接触器、中间继电器和热继电器的认知与操作

表 3-3-4　JR36 系列热继电器的技术参数

电流等级代号	额定电流/A	整定电流范围/A	热元件代号
20	20	0.25～0.30～0.35	B1
		0.32～0.40～0.50	B2
		0.45～0.60～0.72	B3
		0.68～0.90～1.10	B4
		1.0～1.3～1.6	B5
		1.5～2.0～2.4	B6
		2.2～2.8～3.5	B7
		3.2～4.0～5.0	B8
		4.5～6.0～7.2	B9
		6.8～9.0～11	B10
		10～13～16	B11
		14～18～22	B12
32	32	10～13～16	B11
		14～18～22	B12
		20～26～32	C1
63	63	14～18～22	D1
		20～26～32	D2
		28～36～45	D3
		40～52～63	D4
160	160	40～52～63	E1
		53～70～85	E2
		75～100～120	E3
		100～130～160	E4

3. 热继电器的参数和选择

（1）主要参数　主要参数有：

① 热元件额定电流：热元件能长期流过但刚刚不致引起触点动作的电流值。

② 壳架额定电流：热继电器触点所允许通过的电流额定值。

（2）主要选择参数　主要选择有：

① 热元件额定电流为 $0.95\sim1.05I_{MN}$。根据计算值，使其在某个刻度电流调节范围内，取相对应的热元件额定电流值或代号。

② 壳架额定电流大于热元件额定电流。

③ 选择两相或三相。三相电源或电机三相绕组经常处于正常情况下，可选两相；三相电

源或电机三相绕组经常有断相时,应选择三相。

④ 断相保护。Y接法的电机可不选;D接法的电机一般要选。

⑤ 安装方式。在热继电器的实际应用中,一般都与交流接触器配合使用,且目前很多新型号热继电器都有与相应规格的交流接触器直接配合的类型(如插入式),如图3-3-11所示。因此,热继电器安装要考虑是采用插入式,还是独立安装式。

图3-3-11　热继电器与接触器的配套使用

4. 热继电器的安装

(1) 安装前的检查　安装前检查以下内容:

① 检查继电器的可动部分,要求动作灵活可靠,并检查继电器部件是否完整。

② 阅读继电器的铭牌,记录相应数据,如电压电流的额定值、电流整定值的范围等,观察电流整定值是否符合设计要求。

③ 除去部件表面的污垢,以保证运行可靠。

(2) 安装和调整　安装时应注意:

①安装接线时,应检查接线正确与否,安装螺钉不得松动。

② 必须按照继电器的调试方法及要求通电调试,应依次检查其整定电流是否符合要求,必须在符合要求后才能投入运行,以保证对电路及设备的可靠保护。

5. 热继电器的运行和维护

根据使用环境情况定期(半年至一年)检查继电器各部件,检查整定值是否有变化,要求可动部分不死、紧固件无松动,损坏部件应及时更换。

应仔细拭去触点上的积灰及油污,以保证接触良好。在触点磨损1/3厚度时,需要考虑更换。触点烧损后,应及时更换。

6. 热继电器的故障及排除

(1) 热元件烧坏　当热继电器动作频率太高或负载侧发生短路、电流过大时,导致热元件烧断。这时,应先切断电源,检查电路,排除短路故障,重新选用合适的热继电器。更换后,应重新调整整定值。

(2) 热继电器误动作　这种故障的原因一般是整定值偏小,以致末端未过载就动作;电动机启动时间过长,使热继电器在启动过程中就可能脱扣;操作频率太高,使热继电器经常受到启动电流的冲击;使用场合强烈的冲击及振动,使热继电器动作机构松动而脱落;此外,连接导线太细也会引起热继电器的误动作。处理这些故障的方法是调换适合上述工作性质的热继电器,并合理调整整定值,或更换连接导线。

（3）**热继电器不动作**　由于热元件烧断或脱焊、电流整定值偏大,以致过载很久而热继电器仍不动作;或导板脱扣,或连接导线太粗等原因,使热继电器不动作,对电动机就不能起到保护作用。

热继电器动作脱扣后,不要立即修复,应待双金属片冷却复原以后,再使常闭触点复位。

三、活动步骤

1. 热继电器的识别

根据各类热继电器实物(无断相保护和有断相保护形式)写出其结构形式与型号,并填入表3-3-5中。

表3-3-5　热继电器识别

序 号	1	2	3	4	5
型号					
结构形式					

2. 热继电器的结构观察

将一只热继电器拆开,观察其结构,写出各主要部件的作用和参数,并填入表3-3-6中。

表3-3-6　热继电器结构

名称与型号	主要零部件名称	触点性质	触点数量

3. 热继电器的选择

根据被保护对象的情况,能选择热继电器的规格和型号。

> **选择举例**　某380 V电机,7.5 kW,D接法,试选择相应的热继电器规格型号。
> 选择JR16B系列热继电器,三极,带断相保护,独立安装。因
> $$I_{MN}=2\times 7.5=15(A),$$
> 热元件额定电流$=(0.95\sim 1.05)I_{MN}=1\times 15=15(A)$,
> 查表3-3-1,在"10~16"内,则取"16 A"为热元件的额定电流。
> 壳架额定电流大于热元件额定电流为20 A。
> 因此,热继电器型号规格为JR16B—20/3D 16。

4. 热继电器的拆装

熟悉各个部分、安装接线方法,使用应注意哪些要点?如何调节额定电流?讨论热继电器常见的故障,写出检修方法与步骤,填入表 3-3-7 内。

表 3-3-7 损坏和检修方法

名称与型号	常见故障	检修方法与步骤

四、后续任务

思　考

1. 热继电器有什么作用?由哪些部分组成?各部分的作用是什么?
2. 热继电器有哪些型号?各有什么特点?
3. 一台 4 kW 的电动机做满载起动,请选择热继电器规格。
4. 说明代号 JR16B—20/3D 11 A、JR36—160/E1 H 的意义。
5. 热继电器有哪些常见的故障,相应的检修方法和步骤是什么?

在课内热继电器拆装不熟练的学生,课后自行练习。

项目四　基本电气控制原理图的认知与识读

活动一　电气图形符号的认识

一、目标任务

1. 了解电力拖动系统的组成。
2. 掌握电气图形符号的组成,识读常用电器元件的图形符号。

二、相关知识

1. 电力拖动系统

用电动机带动各种生产机械的方式称为**电力拖动系统**,它由电动机、传动机构和控制设备等基本环节组成,如图4-1-1所示。其中,电动机是将电能转换为机械能的电气设备;传动机构传递动力,实现速度和运动方式的变换;控制设备是指用各种自动控制元件,根据生产工艺的要求按一定线路组成的电动机控制系统,能实现电动机起动、制动、反转、调速、恒速等控制,还可按一定程序运行。

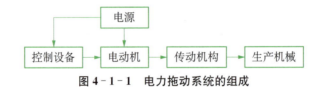

图4-1-1　电力拖动系统的组成

电力拖动系统的优点是:
① 电能远距离传输简便、经济、分配方便;
② 比其他形式的拖动(如蒸汽、水力)效率高,且易与被拖动机械连接;
③ 电动机的种类和形式多,具有各种运行特性,满足不同类型生产机械需要;
④ 启动、制动、反向等控制简便迅速,有好的调速性能,保护简单、完善;
⑤ 易于通过电气仪表、仪器来检测和记录参数,实现自动控制;
⑥ 便于远测,集中控制。

电力拖动控制系统从20世纪初发展到现在已经历多个发展过程,现从以下两个方面讨论。

(1) 电力拖动方式的发展　机械设备由原先的集中拖动向各部分单独拖动或多电机拖动发展。单独拖动能使机械结构简化;多电机拖动能进一步提高机械性能和加工精度,但控制设备的要求提高了。

(2) 电力拖动控制方式的发展　由手动控制向自动控制发展。**手动控制**就是利用刀开关、组合开关等手动控制电器,由人直接操作控制电动机电源的通断;**自动控制**则是利用各种自动控制电器自动操作电动机运行,人在其中仅需发出信号,监视生产机械的运转状态。由各种继电器、接触器、主令电器及保护电器等组成**继电器接触器控制系统**,则是最初的自动控制系统,也称**继电控制**。

由断续控制向连续控制发展。断续控制是输入和输出控制信号只有通和断两种状态,控制是断续的,不能连续反映信号的变化,也称为逻辑控制,上述继电控制即是断续控制;连续控制则由连续控制元件组成,不仅反映信号的通或断,而且能反映信号数值大小的变化,如电动机的调速控制系统等。

由于计算机技术和数控技术的应用发展,使自动控制向整个生产过程控制发展,是电力拖动自动控制的发展方向。尽管现在电力拖动控制系统的发展迅猛,高度集成化、信息化,但继电器接触器控制系统(即继电控制)仍然是最基础的控制系统,因为它具有廉价、简单、易懂、易排故的优点,目前在实际生产中仍大量存在。

2. 电气图形符号

电气图形符号是一种电气技术领域必不可少的工程语言,广泛用于机械、电机、电力、电子、自动化、仪器仪表、计算机、广播电视和邮电等工程技术的电气图中。只有正确识别和使用电气图形符号,才能阅读和绘制符合标准的电气图。

电气图形符号主要是为了表达、区别电气控制线路中各类电器及导电部件的相互连接,反映设计意图,便于电器的安装、调试。电气图形符号有电气图形标准符号和作为图形符号组成部分的文字符号两种。

(1) 图形符号　用图形表示电气设备,依此来区别不同的电气设备或其各个导电部件,采用的是 1985 年颁布的《电气图用图形符号》国家标准 GB4728.1—85。

国标所列图形符号是指电器处在无电压、无外力作用下的正常状态。根据图面布置的要求,可将图形符号旋转 90°、180°绘制。例如:

常开触点

(2) 文字符号　用文字表示电气设备,表明电气设备的名称和用途,标注在图形符号近旁。

采用 1987 年颁布的《电气技术中的文字符号制订通则》国标 GB7159—87 及 1985 年颁布的《电气技术中的项目代号》国标 GB5094—85。

项目代号是在电气技术领域内各类简图或表格上的一种文字符号,其表达如下:

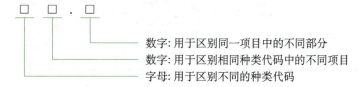

例如，KA3.2表示某简图中第三个中间继电器的第二副触点。

接触器用"KM"表示，如图4-1-2所示。

(a) 常开触点　　(b) 常闭触点　　(c) 线圈

图4-1-2　接触器图形符号

常用低压电器的图形符号和文字符号见表4-1-1。

表4-1-1　常用低压电器的图形符号和文字符号

电器名称		图形符号	文字符号	电器名称		图形符号	文字符号	电器名称	图形符号	文字符号
三极电源开关			QS		线圈			指示灯		HL
					缓吸线圈			照明灯		EL
三极控制开关			SA		缓放线圈			电铃		HA
三极自动开关			QF	时间继电器	瞬时闭合常开触点		KT	蜂鸣器		HA
					瞬时断开常闭触点			电磁阀线圈		YV
限位开关	常开触头		SQ		延时闭合常开触点			插头		XP
	常闭触头				延时断开常闭触点			插座		XS
按钮	常开触点		SB		延时断开常开触点			熔断器		FU
	常闭触点				延时闭合常闭触点			单相变压器		TC
	复合			热继电器	热元件		FR	三相自耦变压器		T
	紧急停				常开触点					
接触器	线圈		KM		常闭触点			三相鼠笼式异步电动机		M3~
	主触点			过流继电器	线圈		KI			
	常开辅助触点				常开触点			三相绕线式异步电动机		M3~
	常闭辅助触点				常闭触点					

续 表

电器名称		图形符号	文字符号	电器名称		图形符号	文字符号	电器名称	图形符号	文字符号
中间继电器	线圈		KA	速度继电器	定转子	○	KS	电磁制动器		YB
	常开触点				常开触点			凸轮控制器		QM
	常闭触点				常闭触点					

3. 电气图形符号绘制注意事项

按驱动部分和被驱动部分机械连接的方式,图形符号分3种。

(1) 集中表示法　电器各部分图形符号集中在一起表示,如图4-1-3(a)所示。优点是电器各部分寻找容易,缺点是连线较多,阅读困难。适用简单电路或电气安装接线图。

(2) 半集中表示法　电器部分图形符号在图上分散布置,用虚线表示机械和电气联系,如图4-1-3(b)所示。缺点是较多的连接虚线。

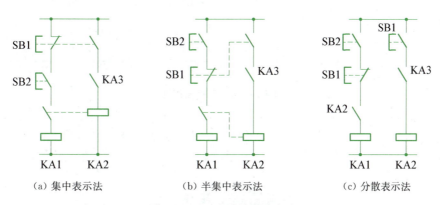

(a) 集中表示法　　(b) 半集中表示法　　(c) 分散表示法

图 4-1-3　电路的表示方法

(3) 分散表示法　电器各图形符号在图上分散布置,用项目代号区分,如图4-1-3(c)所示。优点是图面清晰简洁,便于阅读;缺点是寻找同一电器其他图形符号较困难。适用于电气原理图。

每一个电气部件的图形符号近旁都应有文字符号来表示。所有电器触点的图形符号都按没有外力和通电的状态画出。

三、活动步骤

阅读图4-1-4的电气原理图,考虑:

① 图中用了哪些电器?写出它们的名称和符号。

② 电路中的图形符号哪些采用集中表示法？哪些采用分散表示法？

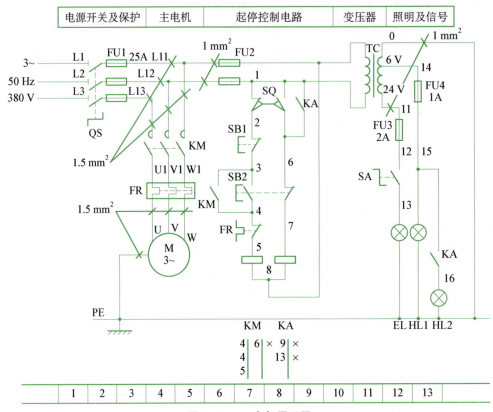

图 4-1-4　电气原理图

四、后续任务

1. 电力拖动的组成有哪几部分？作用是什么？
2. 图形符号、文字符号、项目代号的含义是什么？
3. 如何表示电气原理图中的图形符号？

活动二　基本电气控制原理图的识读

一、目标任务

1. 掌握电气原理图的基本组成及绘制原则。
2. 正确识读电气原理图。

二、相关知识

在前几个项目中,介绍了常用的低压电器,如刀开关、熔断器、接触器、热继电器、断路器、主令电器等,用这些电器能组成继电器接触器控制系统。将各种有触点(或无触点)的电器及其导电部件的电气图形符号按一定逻辑控制要求,依通电顺序排列而成的电路,称为电气原理图,又称为电气控制线路图。电气原理图绘制基本原则包括:

① 为便于阅读与分析控制线路图,反映设计意图,根据简单清晰的原则而绘制。电路有水平(通电顺序由左到右)或垂直(通电顺序由上到下)两种绘制方式。

② 电气原理图分为主电路和辅助电路。主电路是流过负载电流的电路部分,一般画在图面的左面或上面。辅助电路包括控制电路、保护电路、照明电路、指示电路及测量电路,一般画在图面的右面或下面。

③ 所有电器触点都按没有外力和通电的状态来画出。

④ 线路排列横平竖直,两根以上导线的电气连接处用黑圆圈标明。

⑤ 为便于阅读,在原理图纸的上方将图分成若干图区,并标明该区电路的用途和作用;在原理图纸的下方沿横坐标方向划分图区,并用数字编号,可表示电路及电器的坐标位置。

⑥ 为便于安装和检修,电气连接点按通电顺序都要依次标记编号。例如,主电路:三相交流电源端为L1、L2、L3,以后每隔一个电气节点依次为L11、L12、L13、……中性线N;接地线PE;电动机或负载端为U、V、W,向前每隔一个电气节点依次为U1、V1、W1、……辅助电路:用1、2、3、……每隔一个电气节点依次标记。

⑦ 在标准的电气原理图中,一般在图面的最上方或右面有电路的注解文字,用来说明电路的作用或功能,如"电源开关及保护""主轴电机""控制电源与照明"等。另外,在图面的最下方,标有1、2、3、4、……的数字,用以表示电路中电器的坐标位置。在电器线圈下方表示出该电器各组触点所在的坐标位置,表示方法如图4-2-1所示。

接触器 KM			中间继电器 KA	
主触点	辅助常开触点	辅助常闭触点	常开触点	常闭触点
4	6	×	9	×
4	×	×	13	×
5				

图4-2-1 接触器和中间继电器表示方法

三、活动步骤

阅读图4-1-3的电气原理图,应考虑:

① 该电气原理图分哪几部分?哪些部分是主电路、控制电路、照明指示电路?各电路在电气原理图有什么区别?

② 电路中哪些部分是垂直画法?哪些部分是水平画法?

③ 在此电气原理图中,主电路电气节点编号如何表示?辅助电路电气节点编号如何表示?具体写出。

④ KM 接触器的各触点在图中的位置如何表示?

四、后续任务

思　考

1. 电气原理图由哪几部分组成？各部分的作用是什么？

2. 什么是电气节点？在电气原理图中，主电路电气节点编号如何表示？辅助电路电气节点编号如何表示？

3. 如何表示电气原理图中电器的位置？

项目五　三相异步电动机单向运行控制线路的认知与操作

活动一　三相异步电动机单向运行控制线路图的识读

一、目标任务

1. 了解三相异步电动机的直接起动判断方法。
2. 掌握三相异步电动机点动控制线路的工作原理和分析方法。
3. 掌握三相异步电动机长动控制线路的工作原理和分析方法。
4. 掌握三相异步电动机点动与长动混合控制线路的工作原理和分析方法。

二、相关知识

（一）三相异步电动机直接起动条件

三相异步电动机有直接起动和降压起动之分。直接起动的优点是设备少、线路简单。但当电动机容量较大时，直接起动时的起动电流较大、持续时间长，会增加线路的压降，造成自身起动困难，影响其他负载正常工作。因此，电动机能否直接起动，可采用下式近似确定，即

$$P_{MN} \leqslant \frac{1}{20} S_T,$$

式中，P_{MN} 是电动机额定电流，kW；S_T 是供电变压器的额定容量，kVA。

在一些小型企业，为了减少起动电流对其他负载正常工作的影响，10 kW 以上的电动机常采用降压起动的方法。

直接起动有单方向旋转控制和可逆旋转控制两种方法。在单方向旋转控制中，又有开关控制、采用接触器的点动控制和长动控制等。

（二）三相异步电动机单方向旋转点动控制线路

1. 单方向旋转开关控制线路

用手动开关直接控制三相异步电动机单方向旋转的电气原理，如图 5-1-1 所示。图中 QS 为手动控制开关，如闸刀开关、铁壳开关、转换开关等，直接控制电机 M 电源的通断，实现电机的运行和停止控制；FU 为熔断器，起短路保护作用。

合上开关 QS，电动机 M 通电起动运行；打开开关 QS，电动机 M 断电停转。

该控制线路适用小型台钻、砂轮机等微小型电机的不频繁、近距离的直接控制。

2. 单方向旋转接触器控制的点动控制线路

如需控制大容量和控制要求较高或远距离的电动机运行,则需采用交流接触器控制。

(1) 基本的点动控制　如图 5-1-2 所示,QS 为电源控制开关,FU1 为主电路的短路保护,FU2 为控制电路的短路保护,KM 为控制电动机电源通断,SB 为点动控制按钮,M 为被控电动机。

当电源开关 QS 合上后,因接触器 KM 线圈未通电,其主触点是断开的,电动机 M 不转。按下按钮 SB,控制电路接通,KM 线圈通电,KM 主触点闭合,电动机起动运转。当按钮 SB 松开时,KM 线圈断电,KM 主触点断开,电动机停转。这种按下按钮电动机转动,松开按钮电动机便停转的控制方法称为**点动控制**。

上述用文字描述控制线路工作原理的方法是常用的分析表述方法,但阅读比较烦琐,不够直观。推荐采用**符号分析法**,其方法规定如下:各种电器在没有外力作用或未通电的状态记作"－",电器受到外力作用或通电的状态记作"＋",而它们的相互关系用线段"—"表示,线段的左面符号表示原因,线段的右面符号表示结果,那么点动控制原理就可表示为

$$SB^+ - KM^+ - M^+$$
$$SB^- - KM^- - M^-$$

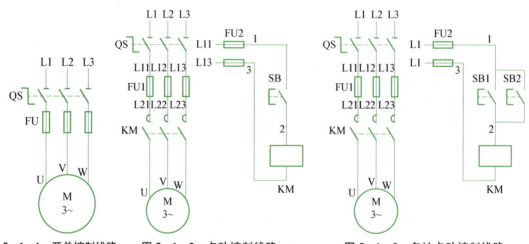

图 5-1-1　开关控制线路　　图 5-1-2　点动控制线路　　图 5-1-3　多地点动控制线路

上面一条表示按下按钮 SB,接触器 KM 线圈通电主触点吸合,电动机 M 通电旋转。下面一条表示按钮 SB 复位,接触器 KM 线圈失电主触点断开,电动机失电停转。

> 注意:这里所表示的是某电器的动作(或复位),不表示某触点或部件的动作情况。因为,电器线圈通电或失电,机构动作或复位,相应的触点也就跟着动作或复位了。

(2) 多地控制　如果需要两地或数地分别控制同一台电动机,只要在图 5-1-2 的电路中,再加一个或数个按钮的并联常开触头就可以了,如图 5-1-3 所示,SB2 就是另一地的控制按钮。

在接触器控制线路里,一般设有两组熔断器。其中,FU1 对主电路起短路保护作用,FU2 对控制电路起短路保护作用。控制电路的工作电流较小,FU2 一般为 5 A 以下就可以了。一

且控制电路发生短路,FU2 首先熔断。熔断器分成两组,既可防止事故的进一步扩大,又有利于故障分析。

点动控制用来控制电动机的短时运行,如控制生产机械的步进、快进和调整等。

接触器控制比开关控制有着明显的优点:减轻劳动强度,提高生产效率,只要操纵小电流的控制电路就可以控制大电流的主电路,能实现远距离控制与自动化等。

(三) 三相异步电动机单方向旋转长动控制线路

1. 基本的长动控制线路

三相异步电动机的长动控制也就是电动机的连续运行控制,如图 5-1-4 所示。与点动控制线路有两个不同之处,一是在控制电路的起动按钮下并联了一个接触器 KM 的辅助常开触点,二是控制电路中串联了一个停止按钮(常闭触点)。QS 为电源控制开关,FU1 为主电路的短路保护,FU2 为控制电路的短路保护,KM 主触头控制电动机电源通断,SB1 为停止按钮,SB2 为起动按钮,M 为被控电动机。

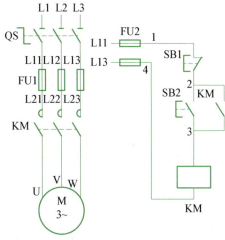

图 5-1-4　长动控制线路

合上开关 QS,按下起动按钮 SB2 时,接触器 KM 线圈得电,KM 主触头吸合,电动机 M 通电起动运行。并联在起动按钮 SB2 两端的 KM 辅助常开触点也闭合。因此,松开按钮 SB2,控制电路即 KM 线圈也不会断电,电动机仍能继续运行。按下停止按钮 SB1,KM 线圈失电,KM 主触头打开,切断主电路,电动机停转,KM 辅助常开触点也打开,即使停止按钮 SB1 复位,KM 线圈也不能通电了。当起动信号消失后,仍能自行保持 KM 触头接通电机连续运行的控制电路,也叫做**起-保-停控制线路**。与起动按钮并联的 KM 常开触点叫做自锁(或自保)触头。

长动控制线路工作原理的符号法表示为

$$起动:\quad SB2^{\pm} \longrightarrow KM_{自}^{+} \longrightarrow M^{+}$$
$$停止:\quad SB1^{\pm} \longrightarrow KM^{-} \longrightarrow M^{-}$$

其中,$SB2^{\pm}$ 及 $SB1^{\pm}$ 表示按了一下按钮(即按下后,又立即松开按钮),$KM_{自}^{+}$ 表示接触器线圈通电并自锁。

2. 长动控制线路的保护

图 5-1-4 有以下几种电路保护形式:

(1) 短路保护　FU1 主电路保护,FU2 控制电路保护。

(2) 欠压保护与失压(零压)保护　说明如下:

① 欠压保护:当电源电压由于某种原因下降时,电动机的转矩将显著降低,影响电动机的正常运行,严重时会引起电动机堵转而烧毁,采用长动控制线路就可避免上述事故的发生。当电源电压低于接触器线圈额定电压 85% 左右时,接触器就释放,主触点打开,切断主电路,电动机停转,实现欠压保护。

② 失压(零压)保护：当某机床突遇停电停车，一旦供电恢复，如果电动机能自行起动，很可能引起设备或人身事故。但采用长动控制线路后，即使电源恢复供电，由于自锁触点已断开，电动机就不会自行起动，从而避免了可能出现的事故。

(3) 长期过载保护　如图5-1-5所示，当电动机过载后，热元件感测后，发热增多，位移增大，热继电器动作，其常闭触点断开KM线圈电路，KM主触点断开，电动机停止。

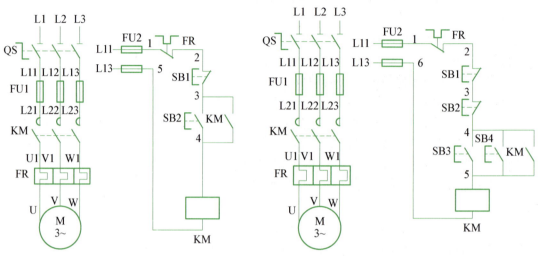

图5-1-5　具有过载保护的长动控制线路　　　图5-1-6　具有两地控制的长动控制线路

3. 多地控制

如果需要两处或数处独立控制同一台电动机，可以在图5-1-5的电路中再加一组或几组起停按钮，如图5-1-6所示。串联常闭按钮SB3为一地的停止按钮，并联常开按钮SB4为另一地的起动按钮，按下SB3或SB4都能使KM通电自锁，按下SB1或SB2都能使KM线圈失电。

长动控制是电动机的最基本控制线路，应用非常广泛，也是其他电动机基本控制线路的基础。

4. 磁力起动器

磁力起动器是一种全压直接起动器，可分为不可逆和可逆两种。

不可逆磁力起动器是一种将一只接触器和一个热继电器用金属外壳封装起来的电器，如图5-1-7所示。具有使用安全的优点，可以直接装在控制板上而不会触电，与按钮连接后就可实现电动机的起动和停止。热继电器具有过载保护作用，接触器具有失压保护作用，但没有短路保护。因此，在使用时，还应在主电路中加装熔断器或开关(负荷开关或自动开关)。不可逆磁力起动器的连接，可参照图5-1-5。

图5-1-7　不可逆磁力起动器

可逆磁力起动器与不可逆磁力起动器相似,不过,它有两只接触器,用以实现电动机的可逆控制。控制原理和电路连接如项目九所述。

磁力起动器有 QC10、QC12、QC13 系列,ABB 公司的 MSB 系列等。它们的构造、原理都是相同的,只是所用的接触器和热继电器的型号有所不同。磁力起动器可用来控制 160 A 以下电动机的直接起动。

(四)三相异步电动机点动与长动混合控制线路

在生产实际中,常遇到既要点动又要长动(或称连续运行)的控制线路。这种线路的主电路都是一样的,控制电路有图 5-1-8 所示 3 种。

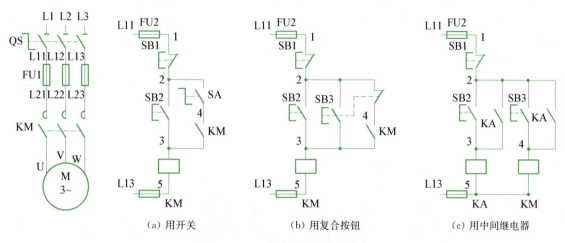

(a) 用开关　　　　　(b) 用复合按钮　　　　　(c) 用中间继电器

图 5-1-8　点动及长动控制线路

图 5-1-8(a)是在长动控制电路的自保电路中串联一个开关 SA。当 SA 打开时,按 SB2 为点动操作;当 SA 合上时,按 SB2 为长动操作。工作原理分析如下:

当 SA$^-$　　　　　SB2$^\pm$ —KM$^\pm$ —M$^\pm$　　　电机点动

当 SA$^+$　　起动　SB2$^\pm$ —KM$^+_{自}$ —M$^+$　　　电机长动

　　　　　　停止　SB1$^\pm$ —KM$^-$ —M$^-$

图 5-1-8(b)是在长动控制电路的自保电路上增加一只复合按钮 SB3。按下 SB3,其常开触点接通 KM 线圈,而其常闭触点切断自锁回路,使其失去自锁功能而只有点动功能。放开 SB3 时,先断开常开触点,后闭合常闭触点。在这过程中,KM 失电已使自保触点断开,KM 不可能继续得电,因此 SB3 是点动按钮。工作原理分析如下:

电机点动　　　　　　SB3$^\pm$ —KM$^\pm$ —M$^\pm$

电机长动　起动　　　SB2$^\pm$ —KM$^+_{自}$ —M$^+$

　　　　　停止　　　SB1$^\pm$ —KM$^-$ —M$^-$

图 5-1-8(c)是在控制回路中增加了一个按钮 SB3 和一个中间继电器 KA。按下 SB2,KA 得电自保,并使 KM 得电,KM 主触点闭合使电动机进入连续运行。按 SB1 可使 KA 和 KM 同时失电,使电机停转;按下 SB3,只能使 KM 线圈得电,但其没有自保,所以是点动操作。工作原理分析如下:

电机点动　　　　　　　SB3$^±$ —KM$^±$ —M$^±$

电机长动　　起动　　SB2$^±$ —KA$^+_自$ —KM$^+$ —M$^+$

　　　　　　停止　　SB1$^±$ —KA$^-$ —KM$^-$ —M$^-$

比较上述3种电路可见:图5-1-8(a)比较简单,它是以开关的打开与闭合来区别点动与长动的。起动都是用同一按钮SB2控制的,如果疏忽了开关的操作,就会混淆长动与点动的作用。

图5-1-8(b)虽然将点动与长动按钮分开了,但是当接触器铁芯因剩磁而发生缓慢释放时,就会有点动变成长动的危险。例如,在释放SB3时,它的常闭触点应该是在KM自锁触点断开后才闭合,如果接触器发生缓慢释放,自锁触点还未断开,SB3的常闭触点却已闭合,KM就不再失电而变成长动控制了,在某种极限状态下,这是十分危险的。所以,这种电路虽然简单却并不可靠。

图5-1-8(c)多用了一个按钮和一个中间继电器,从经济性来说是差了一些,然而其可靠性却大大提高了,是值得考虑的控制电路。

三、活动步骤

1. 三相异步电动机开关控制线路的工作原理分析

试分析开关控制线路原理图,如图5-1-1所示。

(1) 该电气控制线路由哪些电器组成?它们的作用是什么?

(2) 分析电气控制线路的工作原理。可用符号分析法或口头描述。

(3) 该电气控制线路可应用在什么场合?

2. 三相异步电动机点动控制线路的工作原理分析

试分析点动控制线路原理图,如图5-1-2所示。

(1) 该电气控制线路由哪些电器组成?它们的作用是什么?

(2) 分析电气控制线路的工作原理。可用符号分析法或口头描述。

(3) 如何实现多地控制?

(4) 该电气控制线路可应用在什么场合?

3. 三相异步电动机长动控制线路的工作原理分析

试分析两地控制线路原理图,如图5-1-6所示。

(1) 该电气控制线路由哪些电器组成?它们的作用是什么?

(2) 分析电气控制线路的工作原理。可用符号分析法或口头描述。

(3) 该电气控制线路可应用在什么场合?

(4) 该电气控制线路有什么保护?它们的作用是什么?

(5) 如何实现多地控制?

4. 三相异步电动机带指示长动控制线路的工作原理分析

试分析如图5-1-9所示,分析如下:

(1) 该电气控制线路由哪几部分电路组成?电路功能是什么?

(2) 分析电气控制线路的工作原理。可用符号分析法或口头描述。

(3) 各指示灯代表什么含义?

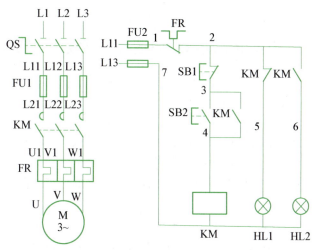

图 5-1-9 具有指示和过载保护的长动控制线路

5. 三相异步电动机点动与长动混合控制线路的工作原理分析

试分析图 5-1-8 所示的电气原理图,回答如下问题:
(1) 分析各电气控制电路的工作原理。可用符号分析法或口头描述。
(2) 试叙述 3 个控制电路各自的特点是什么?

四、后续任务

思　考

1. 如何判断电动机能否直接起动?
2. 什么是符号分析法?在运用过程中应注意哪些问题?
3. 三相异步电动机点动控制线路与长动控制线路有什么区别?
4. 三相异步电动机控制线路一般有哪些保护?是哪些电器或电路哪部分在起作用?
5. 如何用指示灯表示三相异步电动机控制线路的停止、运行和过载功能?
6. 什么是磁力起动器?有几种类型?
7. 按图 5-1-10 所列控制电路,选择其控制功能:①点动,②长动(能开也能关),③起动后无法关断,④按下按钮接触器就抖动,⑤按下按钮电源短路,⑥线圈不能被接通。

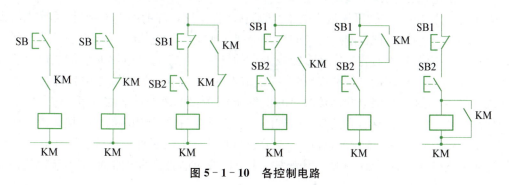

图 5-1-10 各控制电路

活动二　三相异步电动机单向运行控制线路的装接与调试

一、目标任务

1. 熟练掌握三相异步电动机点动控制线路的装接与调试。
2. 熟练掌握三相异步电动机长动控制线路的装接与调试。
3. 熟练掌握三相异步电动机点动与长动混合控制线路的装接与调试。

二、相关知识

按照三相异步电动机的控制要求，设计或构成相应电气原理图后，就要进行电气控制线路或电气控制设备的安装和接线，使其成为符合生产机械控制要求的电气控制系统，实现对生产机械的控制。

电气控制线路或电气控制装置或设备的安装、接线和调试的步骤和注意事项如下：

① 熟悉电气控制线路图的工作原理。

② 确定所需电器的型号，并选择。了解电器结构及各部件与图形符号的关联。

③ 在安装板或控制箱上布置电器。基本原则是：按电气原理图中主电路的通电顺序排列。一般，开关或熔断器在最上面一排，第二排放交流接触器，旁边放继电器。其中，热继电器用能与接触器直接组合的最佳。最下一排放接线端子。按钮、组合开关或指示灯作为外接器件布置在专门的区域，与电器连接需通过接线端子。电源进入或输出至电动机，也要经过接线端子。在电器的周围要安装走线槽，各电器之间的连接导线需经过走线槽。

布置安装电器后，形成的图，就是基本的电器布置图。在电器布置图内，要反映电器的真实布置位置、大小和安装尺寸、安装方式。

④ 主电路连接导线截面需按负荷计算选择。L1、L2、L3 相线分别用黄、绿、红颜色，或全部红色，N 中心线为淡蓝色，PE 接地线为黄绿色，采用塑铜绝缘导线，导线端头需安装接线叉片或接线鼻。辅助电路连接导线一般为 1.5 mm^2 或 1.0 mm^2 导线，黑色，采用塑铜绝缘软导线或软硬线（如 BVR—1.5/7 系列塑铜软导线），导线端头需装接线端头。

⑤ 线路连接时，每个电器连接端点只能接两根导线。电气装置连接导线端头还应套上有电气节点编号的套管。电器连接端头必须牢靠。电器间的连接导线必须从走线槽中行走，并留有适当的裕量，供以后维护或维修用。

⑥ 按电气原理图连接，可先接主电路，然后接辅助电路。辅助电路连接时，可优先考虑采用电位（或节点）连接法，即在同一电位的导线全部连接完后，才连接下一个电位导线。优点是接线时不容易接错，检查时容易发现多接或少接的导线。由于每个电器的连接端口只能接两根线，因此连接线比较多的电气节点，在连接该节点前，需按就近原则安排电器连接端口的连接导线。这样，能减少拆装电器连接端口的次数和节约导线，缩短连接的时间。

如是正规电气装置连接，应按电气原理图和电器布置图，绘制相应的电气接线图。**电气接线图**主要反映控制线路接线情况，有直接表示法和间接表示法两种。直接表示法就是用线段直接连接需连接的电器两端，一般可用来表示主电路或简单的辅助电路；**间接表示法**就是通过在需连接的电器两端分别标注导线去向和该导线电气节点编号来表示导线的连接,也称为**相对标号法**。

⑦ 线路连接完成,首先应检查控制线路连接是否正确,然后通电试验,观察动作是否满足功能要求,直到完全满足控制要求为止。

在通电前,检查控制线路连接基本正确后,先用万用表电阻 100 Ω 挡,测量控制电路的电源进线两端。如电阻为很大或无穷大,表明正常;如电阻为零或有阻值,表明控制电路短路或有接错问题,应检查连接导线是否错误,直到正常为止。然后,可通电试验,观察动作是否满足功能要求,不满足,应排故,直到完全满足控制要求为止。

三、活动步骤

1. 在模拟电器接线装置上,进行如图 5-1-2 或图 5-1-3 的点动控制线路的接线练习,时间应为 30 min。

2. 在模拟电器接线装置(或不可逆磁力起动器)上,进行如图 5-1-5 的长动控制线路的接线练习,时间应为 30 min。

3. 在模拟电器接线装置上,进行如图 5-1-6 的长动控制线路的接线练习,时间应为 30 min。

回答问题:为什么电路中 SB1 和 SB3 串联,而 SB2 与 SB4 并联? 它们各起什么作用? 如果 KM 接触器不能自锁,试分析此时电路工作情况。

4. 在安装板上进行图 5-2-1 的用中间继电器的点动及长动混合控制线路的安装接线和调试,时间应为 180 min。

(1) 分析图 5-2-1 所示的电气控制线路图,熟悉工作原理。

(2) 确定选择所需电器的型号和规格。三相异步电机 Y132S—4(1.5 kW、380 V、2.8 A、△接法、1 440 r/min)。

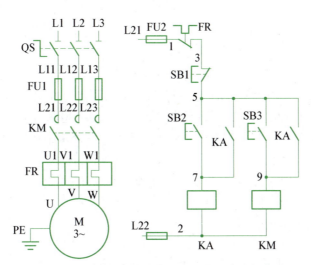

图 5-2-1 用中间继电器的点动及长动控制线路

本控制线路采用如下电器:漏电开关 QS DZ47LE—32/3P,C6 一只;熔断器 FU1RT18/6A 三只;熔断器 FU2RT18/2A 两只;交流接触器 KMCJ20—10/380V 一只;热继电器 JR16B—20/3D 3.5A 一只;中间继电器 JZ7—44 380V 一只;三联按钮盒 LA20—11/3H 一只;主电路接线端子 X1 十节;辅助电路接线端子 X2 五节;走线槽若干;BVR—1.0/7 系列塑铜软导线若干。

(3) 安装前准备。领取检测器材和工具,然后,按如图 5-2-2 的电器布置图安装电器。

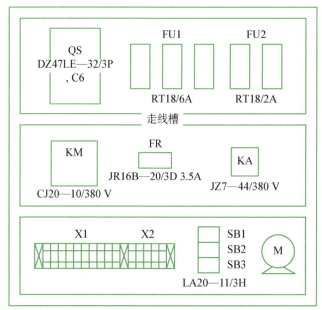

图 5-2-2 用中间继电器的点动及长动混合控制线路电器布置图

(4) 按照如图 5-2-1 的电气原理图连接控制线路。可先主电路,后辅助电路。也可按图 5-2-3 的电气接线图连接,图中采用相对标号法。

(5) 线路连接完成,首先应检查控制线路连接是否正确。然后不通电,用万用表电阻 100Ω 挡,测量控制电路的电源进线两端,如电阻为很大或无穷大,表明正常;如电阻为零或有阻值,表明控制电路短路或有接线问题,应检查连接导线是否错误,直到正常为止(电阻为很大或无穷大)。最后通电试验(必须征得带教教师的同意后),观察动作情况,直到完全满足控制要求为止。

(6) 控制线路安装调试结束,先自评,填写安装调试报告;然后,学生可互评或带教教师评价,记录成绩。仔细拆卸整理练习器材,保持完整和完好。最后,打扫工作场所。上述工作完成情况,都可记入,作为活动成绩。

(7) 回答问题:

① 试说明电路中 SB2 和 SB3 按钮的作用。

② 如果电路出现只有点动没有连续控制,试分析产生该故障的接线方面的可能原因。

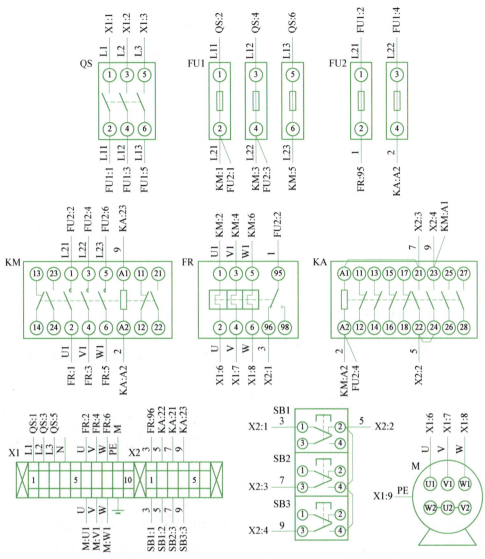

图 5-2-3　用中间继电器的点长动混合控制线路安装接线图

四、后续任务

思　考

1. 控制线路接线的基本注意事项是什么？什么叫按电路电位接线？
2. 什么叫电器布置图？
3. 什么叫电气接线图？有哪两种表示法？各有什么特点？

熟悉磁力起动器的构造，掌握相应的连接。
在课内点动控制线路连接不熟练的，没有达到要求的再自行练习。
在课内长动控制线路连接不熟练的，没有达到要求的再自行练习。
在课内点动及长动混合控制线路连接不熟练或没有完成的，再自行练习。

活动三　三相异步电动机单向运行控制线路故障的分析和排除

一、目标任务

熟练掌握三相异步电动机长动控制线路的故障分析和排除。

二、相关知识

具备三相异步电动机长动控制线路的生产机械,在运行中,会发生各种各样的故障。故障有机械方面的原因,也有电气方面的原因。电气工作人员首先应能熟练排除电气方面的故障,保证生产机械电气部分的正常运行。

1. 排故基本步骤及方法

① 熟悉电气控制线路图的工作原理和控制线路的动作要求顺序。

② 观察故障现象(通电试验)。

③ 判断产生故障的原因及部位,并分析记录。

④ 查找故障点,并记录查找过程。不通电检查用欧姆法;通电检查用电压法或校灯法。

⑤ 排除故障,使试验运行控制线路正常为止。

2. 三相异步电动机长动控制线路的故障检查思路

(1) 三相异步电动机**长动**控制线路(见图5-1-6)电气方面的故障原因　分析如下:

① 如按下 SB2,KM 不动作,电动机 M 没有起动运行。应检查电动机起动电路以及前后电源电路,故障范围分析:L1—QS(L1相)—L11#—FU2(L1相)—1#—FR 常闭触头—2#—SB1 常闭触头—3#—SB2 常开触头—4#—KM 线圈—5#—FU2(L3相)—L13#—QS(L3相)—L3。

② 如按下 SB2,KM 没自保,电动机点动。故障范围分析:3#—KM 常开触头—4#。

③ 如按下 SB2,KM 动作,电动机 M 缺相不能正常起动。故障范围分析:L1、L2、L3—QS(三相)—L11#、L12#、L13#—FU1(三相)—L21#、L22#、L23#—KM 主触头(三相)—U1#、V1#、W1#—FR 热元件(三相)—U#、V#、W#—电动机三相绕组。

(2) 三相异步电动机点动及长动控制线路(见图5-2-1)电气方面的故障原因　分析如下:

① 如按下 SB2 或 SB3,KA 及 KM 不动作,电动机 M 没有长动或点动运行,应检查电动机长动或点动起动电路的前后电源电路(即公共电路)。故障范围分析:L1#—QS(L1相)—L11#—FU1(L1相)—L21#—FU2(L1相)—1#—FR 常闭触头—3#—SB1 常闭触头—5#……—2#—FU2(L2相)—L22#—FU1(L2相)—L12#—QS(L2相)—L2#。

② 如按下 SB2,KA 没动作,电动机无长动。故障范围分析:5#—SB2 常开触头—7#—KA 线圈—2#—FU2(2#);

如按下 SB2,KA 动作,KM 不动作,电动机无长动。故障范围分析:5#—KA 常开触头—9#。

③ 如按下 SB3,KM 没动作,电动机无点动。故障范围分析:5#—SB3 常开触头—7#。

④ 如按下 SB2 或 SB3,KM 均不动作,电动机 M 没有长动或点动运行。故障范围分析:

5♯—……—9♯—KM 线圈—2♯—FU2(2♯)。

⑤ 如按下 SB2，KM 动作，电动机 M 缺相不能正常起动。故障范围分析：L3♯—QS(L3 相)—L13♯—FU1(L3 相)—L21♯、L22♯、L23♯—KM 主触头(三相)—U1♯、V1♯、W1♯—FR 热元件(三相)—U♯、V♯、W♯—电动机三相绕组。

(3) 三相异步电动机点动及长动控制线路(见图 5-2-1)电气方面的故障分析　描述案例，见表 5-3-1。

表 5-3-1　三相异步电动机点动及长动控制线路故障分析描述案例

序号	故障现象	故障可能范围	故障点示例
1	按 SB2 或 SB3，KA 和 KM 都无动作，M 没有点动或长动运行	L1♯—QF(L1 相)—L11♯—FU1(L1 相)—L21♯—FU2(L1 相)—1♯—FR 常闭触点—3♯—SB1 常闭触点—5♯—KA(2♯)—2♯—FU2(L2 相)—L22♯—FU1(L2 相)—L12♯—QF(L2 相)—L2♯	① FU2(L2 相)断开 ② SB1 常闭触点断开 ③ FU2（1♯）—FR（1♯）之间断线 ④ QF（L11♯）—FU1（L11♯）之间断线
2	按 SB2，KA 不动作，M 无长动	5♯—SB2 常开触点—7♯—KA 线圈—2♯	① SB2 常开触点断开 ② KA 线圈断开
3	按 SB3，KM 不动作，M 无点动	5♯—SB3 常开触点—9♯	① SB3 常开触点断开
4	按 SB2 或 SB3，KM 均不动作，M 无点动或长动	5♯—……—9♯—KM 线圈—2♯	① KM 线圈断开
5	按 SB2 或 SB3，KA 和 KM 都能动作，但 M 缺相，不能正常运行	L3—QF(L3 相)—L13♯—FU1(L3 相)—L21♯、L22♯、L23♯—KM 主触点—U11♯、V11♯、W11♯—FR 热元件—U♯、V♯、W♯—M 三相绕组	① FU1(L3 相)断开 ② KM（U11♯）—FR（U11♯）之间断线

3. 故障点检查基本方法

(1) 欧姆法　电路不通电，用万用表欧姆挡或校线挡。通过线圈电阻是否能被测或电器触点及导线是否导通，来判断控制电路是否通，即电器触点线圈或导线是否完好。

例如，在图 5-1-5 中，用万用表 100 Ω 挡(使用前，须调零)。

① 检查控制电路，红表棒置于 L11，黑表棒置于 L13 端。如电阻为无穷大，表明正常，做第②步。如电阻为零，表明 L11 和 L13 端被短路，此时不能通电试验；如有线圈电阻，表明起动按钮 SB2 被短接，应检查线路是否有接线错误或元器件有问题(按钮 SB2 触头或 KM 自保触头熔焊)。

② 按下 SB2，能测量出线圈电阻，表明电路基本正常，可通电试验观察。

如测量出的电阻为零，表明 KM 线圈被短接，应立即检查接线是否正确或元器件是否有问题(KM 线圈短路)。此时，不能通电试验。

③ 按下 SB2，如电阻无穷大，表明电路断路，应检查连接导线或接通的接点或熔断器是否导通，或线圈是否断路。

检查思路为：依次(或选择电路中间段，先判断故障在哪段，然后在有故障的那段里)移动表棒，需要时不断按钮，判断断路处。

检查过程如图 5-3-1 所示，依次检查如下：

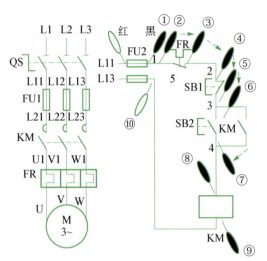

图 5-3-1　长动控制线路欧姆法故障分析示意图

a. 将黑表棒移到 FU2(1♯)处，如电阻无穷大，表明 FU2(L11 相)断开，应检查熔丝是否断或接触不良！如电阻为零，表明 FU2(L11 相)是好的。

将红标棒移到 FU2(L13)处，黑表棒移到 FU2(5♯)处，如电阻无穷大，表明 FU2(L13 相)断开，应检查熔丝是否断或接触不良！如电阻为零，表明 FU2(L13 相)是好的。

b. 仍将红标棒移到 FU2(L11)处，将黑表棒移到 FR(1♯)处。如电阻无穷大，表明 1♯线断开，已坏；如电阻为零，表明 1♯线是好的。

c. 将黑表棒移到 FR(2♯)处，如电阻无穷大，表明 FR 常闭触点断开，已坏；如电阻为零，表明 FR 常闭触点是好的。

d. 将黑表棒移到 SB1(2♯)处，如电阻无穷大，表明 2♯线断开，已坏；如电阻为零，表明 2♯线是好的。

e. 将黑表棒移到 SB1(3♯)处，如电阻无穷大，表明 SB1 常闭触头断开，已坏；如电阻为零，表明 SB1 常闭触头是好的。

f. 将黑表棒移到 SB2(3♯)处，如电阻无穷大，表明 3♯线断开，已坏；如电阻为零，表明 3♯线是好的。

g. 将黑表棒移到 SB2(4♯)处，按下 SB2。如电阻无穷大，表明 SB2 常开触头断开，已坏；如电阻为零，表明 SB2 常开触头是好的。

h. 将黑表棒移到 KM 线圈(4♯)处，按下 SB2。如电阻无穷大，表明 4♯线断开，已坏；如电阻为零，表明 4♯线是好的。

i. 将黑表棒移到 KM 线圈(5♯)处，按下 SB2。如电阻无穷大，表明 KM 线圈断开，已坏；如有线圈电阻，表明 KM 线圈是好的。

j. 将红表棒移到 FU2(5♯)处，如电阻无穷大，表明此 5 号导线断开，已坏；如电阻为零，表明 5♯线是好的。

④ 如通电，KM 能正常起动，但没有自保，应检查引至 KM 自保触头的两根导线及 KM 自保触点。

先检查引至 KM 自保触点的 3♯线，断开连接在 KM 自保触头上的 3♯线端头，测量 3♯线，如电阻无穷大，表明 3♯线断开，已坏；如电阻为零，表明 3♯线是好的。

用同样方法测量引至 KM 自保触点的 4♯线，如 4♯线也是好的，则可检查或判明 KM 自保触头是否损坏。

(2) 电压法　前提是电路能安全通电，用电压表或校灯。通过测量线路中各个电气节点的电压是否正常，来判断控制电器触点或线圈或导线是否完好。

例如，在图 5-1-5 中，控制电压为 380 V，用万用表 AC500 V 挡。

① 检查控制电路，表棒置于 L11 和 L13 端。如电压为 380 V，则电源电压正常，做②步；

如电压为零或很低,表明电源电压有问题,应检查前级电源。

② 按下 SB2,KM 通电接触,电机旋转,表明电路起动正常,观察动作是否正常。

③ 按下 SB2,KM 不动作,表明电路有断点,应检查连接导线或接通的接点或熔断器是否导通,或线圈是否断路。

检查思路:依次(或选择电路中间段,先判断故障哪段,然后在有故障的那段里)移动一表棒,需要时按下 SB2,观察各节点电压是否为 380 V,如有表明是好;否则,有断点。

检查过程如图 5-3-2 所示,依次检查如下:

a. 红表棒移至 FU2(1#)端,黑表棒移至 FU2(5#)端。如电压为 380 V,则 FU2 正常;如电压为零或很低,表明 FU2 有损坏,交叉测量 FU2 输出电压,查找已坏的;或断开电源,用欧姆挡检查 FU2 是否完好。

b. 黑表棒保持在 FU2(5#)端处,将红表棒移至 FR(1#)处。如电压为零或很低,表明 1# 线断开,已坏;如电压为 380 V,则表明 1# 线正常。

c. 红表棒移至 FR(2#)端处,如电压为零或很低,表明 FR 常闭触点损坏或断开;如电压为 380 V,则表明 FR 常闭触点完好。

d. 红表棒移至 SB1(2#)端处,如电压为零或很低,表明 2# 线断线;如电压为 380 V,则表明 2# 线正常。

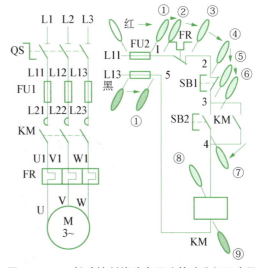

图 5-3-2 长动控制线路电压法故障分析示意图

e. 红表棒移动到 SB1(3#)端处,如电压为零或很低,表明 SB1 常闭触点损坏或断开;如电压为 380 V,则表明 SB1 常闭触点完好。

f. 红表棒移至 SB2(3#)端处,如电压为零或很低,表明 3# 线断开;如电压为 380 V,则表明 3# 线正常。

g. 红表棒移至 SB2(4#)端处,按下 SB2。如电压为零或很低,表明 SB2 常开触头断开,已坏;如电压为 380 V,则表明 SB2 常开触头完好。

h. 红表棒移动到 KM 线圈(4#)端处,按下 SB2。如电压为零或很低,表明 4# 线断开;如电压为 380 V,则表明 4# 线完好。

i. 红表棒保持不动,移动黑表棒到 KM 线圈(5#)端处,按下 SB2。如电压为零或很低,表明 5# 线断开;如电压为 380 V,则表明 5# 线完好;KM 没有动作,表明 KM 线圈断开,损坏。

④ 如通电,KM 能正常动作,但没有自保,应检查引至 KM 自保触点的两根导线及 KM 自保触点。

黑表棒保持在 FU2(5#)端处。先检查引至 KM 自保触点的 3# 线,先把接在 KM 自保触点上的 3# 线端断开,红表棒放 3# 线此端头处。如电压为零或很低,表明 3# 线已断;如电压为 380 V,则表明 3# 线正常。

同样,测量引至 KM 自保触点的 4# 线,断开与 KM 自保触点连接的 4# 线端,红表棒放在此 4# 线端处,按下 SB2。如电压为零或很低,表明 4# 导线已断开;如电压为 380 V,则表明 4# 导线正常;如此 4# 线也是好的,则可检查或判明 KM 自保触点坏。

项目五 三相异步电动机单向运行控制线路的认知与操作

排故举例 在图 5-1-5 中，假设 KM 线圈断开损坏。

先通电试验，观察故障现象：按起动按钮 SB2，KM 不动作。

1. 故障现象描述并书写

按起动按钮 SB2，KM 不动作，电机不能起动运行。

2. 故障范围判断

KM 线圈通电的电路。从 L1—QS(L1 相)—L11#—FU2(L1 相)—1#—FR 常闭触头—2#—SB1 常闭触头—3#—SB2 常开触头—4#—KM 线圈—5#—FU2(L3 相)—L13#—QS(L3 相)—L3。

3. 故障点检查

（1）欧姆法　断电情况下，用万用表电阻 100 Ω 挡（使用前，须调零），先检查控制电路。按前述图 5-3-1 所示意的欧姆法检查方法，此排故举例的检查过程如图 5-3-3 所示。

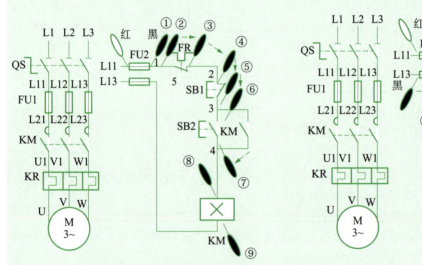

图 5-3-3　排故举例——欧姆法故障分析示意图　　图 5-3-4　排故举例——电压法故障分析示意图

红表棒置于 L11 不动，黑表棒依次按①②③④⑤⑥⑦⑧⑨移动。在第⑦步，还要按下起动按钮 SB2。如万用表显示电阻为零（到⑨步，应显示 KM 线圈阻值），表明黑表棒所置位置前的导线或电器部件是好的；如万用表显示电阻为无穷大，表明黑表棒所置位置前的导线或电器部件断开、损坏或接触不良。本例中，查到⑨步，按下起动按钮 SB2 后，万用表显示电阻为无穷大，表明 KM 线圈没有接通。因此，排故举例一的故障点是 KM 线圈。

（2）电压法　在通电情况下，用万用表电压 AC500 V 挡，先检查控制电路。采用前述图 5-3-2 所示意的电压法检查，如图 5-3-4 所示。

在确认 FU2 完好的情况下。黑表棒置于 FU2(5#)不动，红表棒依次按①②③④⑤⑥⑦⑧移动。在第⑦步，还要按下起动按钮 SB2。如电压表显示电压为 380 V，表明红表棒所置位置前的导线或电器部件是好的；如电压表显示电压为零，表明红表棒所置位置前的导线或电器部件断开、损坏或接触不良。本例中，查到第⑨步，红表棒置 KM(4#)处不动，需移动黑表棒至 KM(5#)处，按下起动按钮 SB2 后，电压表显示电压为 380 V，表明 KM 线圈有电压,但KM不动作。因此,排故举例二的故障点是KM线圈坏了。

4. 故障点记录

KM线圈断开损坏。

排除以后,再通电检查,电路正常。

排故举例 以图5-2-1点动及长动混合控制线路为例,假设2#线断开。

先通电试验,观察故障现象:按起动按钮SB2或SB3,KA或KM都不动作。

1. 故障现象描述并书写

按起动按钮SB2或SB3,KA或KM都不动作,电机没有长动或点动运行。

2. 故障范围判断

前后电源公共电路。从L1#—QS(L1相)—L11#—FU1(L1相)—L21#—FU2(L1相)—1#—FR常闭触头—3#—SB1常闭触头—5#……2#—FU2(L2相)—L22#—FU1(L2相)—L12#—QS(L2相)—L2#。

3. 故障点检查

(1) 欧姆法 断电情况下,用万用表电阻100 Ω挡(使用前,须调零),先检查控制电路。采用前述欧姆法检查方法,如图5-3-5所示。

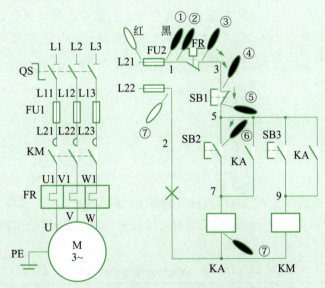

图5-3-5 排故举例——欧姆法故障分析示意图

红表棒置于L21不动,黑表棒依次按①②③④⑤⑥移动。万用表应均显示电阻为零,表明黑表棒所置位置前的导线或电器部件是好的;查到⑦步,红表棒置于FU2(2#)处,黑表棒置于KA(2#)处,万用表显示电阻为无穷大,表明此2#线不通。因此,故障点是2#线断线。

(2) 电压法 在通电情况下,用万用表电压AC500 V挡,先检查控制电路。采用电压法检查方法,如图5-3-6所示。

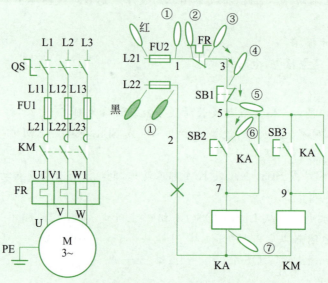

图 5-3-6 排故举例——电压法故障分析示意图

在确认 FU2 完好的情况下。黑表棒置于 FU2(2#)不动,红表棒依次按①②③④⑤⑥移动。电压表应显示电压为 380 V,表明红表棒所置位置前的导线或电器部件是好的;查到第⑦步,红表棒保持置于 KA(2#)处,电压表显示电压为 380 V,表明此 2# 线断开。因此,排故举例二的故障点是 2# 线断线。

4. 故障点记录

FU2(2#)—KA(2#)之间断线。

排除以后,再通电检查,电路正常。

三、活动步骤

1. 在模拟电器接线排故装置或模拟排故装置上,练习如图 5-1-6 的两地控制线路的排故。两个故障点,时间应为 30 min。包括观察记录故障现象、判断描绘故障可能范围、检查故障点并记录,填于表 5-3-2 中。

表 5-3-2 两地控制线路排故记录

序号	故障现象	分析可能故障范围	故障点

2. 在模拟电器接线排故装置或模拟排故装置上,练习 5-1-8(c)的点动及长动混合控制线路的排故。两个故障点,时间应为 30 min。包括观察记录故障现象、判断描绘故障可能范围、检查故障点并记录,填于表 5-3-2 中。

表 5-3-2　点动及长动控制线路排故记录

序号	故障现象	分析可能故障范围	故障点

四、后续任务

排故的基本步骤是什么？故障检查有哪些方法？各有什么特点？

在课内两地控制线路排故不熟练的,没有达到要求的再自行练习。

在课内点动及长动控制线路排故不熟练的,没有达到要求的再自行练习。

第二单元　三相异步电动机可逆运行控制

在生产中,往往要求运动部件向正反两个方向运动。例如,机床工作台的前进与后退、主轴的正转与反转、起重机的提升与下降等。上述这些运动部件向正反两个方向运动,都用到三相异步电动机的可逆运行。

本章的学习和实际操作练习,首先需掌握一些与电机可逆控制相关的控制电器的种类、作用、符号、结构原理和使用维护检修知识,同时还应掌握具有三相异步电动机的可逆运行控制的生产机械电气方面的维护维修技能。

项目六　三相异步电动机可逆运行的认知与操作

活动一　三相异步电动机倒顺开关可逆运行控制线路的装接与调试

一、目标任务

掌握倒顺开关控制的三相异步电动机可逆运行控制线路。

二、相关知识

由三相异步电动机的工作原理可知,只要将连接电源的任意两根联线对调一下就可以实现三相异步电动机的可逆运行(或称正反转),可通过倒顺开关(手动控制)或两只接触器(自动控制)来实现。

1. 倒顺开关

倒顺开关是刀开关中组合开关的一种,其作用就是通过操作开关手柄,改变触头的通断情况。将电动机连接电源的任意两根连线对调,使三相异步电动机正反转,这种控制也称为**手动控制**。在常用的各型组合开关中都有倒顺开关形式,如 HK1 系列、HZ10—(N/3、HZ3—132(133)等。倒顺开关的符号,如图 6-1-1(a)所示。

HZ3—132 为保护式,有一个保护外壳,可装在机床或机械的外面;HZ3—133 为开启式,仅装在机床或机械的内部。两者都可控制电动机的正反转与停止,也称倒顺开关。图 6-1-1(b)所示是 HZ3—132 的外形,图 6-1-1(c)所示是 HZ3—132 的触点及其闭合表。方块表示鼓轮上的动触头,L1、L2、L3 与 D1、D2、D3 分别表示与静触头相接的三相电源和电动机三相

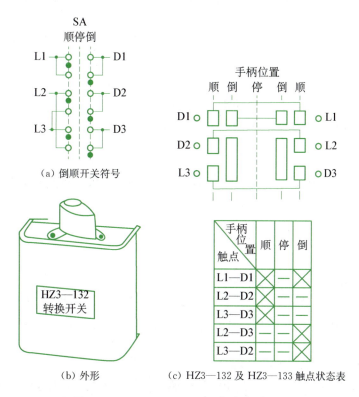

(a) 倒顺开关符号

(b) 外形

(c) HZ3—132 及 HZ3—133 触点状态表

图 6-1-1　HZ3—132(133)组合开关

绕组的引出线,内层方块与外层分别表示旋转 45°以后与静触头相接触的动触头。在闭合表中的某个位置有"×"记号的,表示相应的 L 与 D 断开。由此可知,HZ3—132 的手柄放在中间"停"位置时,线路不通,电动机停转;向左扳到"顺"位置时,L1—D1、L2—D2、L3—D3 线路接通,电动机能正转;向右扳到"倒"位置时,L1—D1、L2—D3、L3—D2 线路接通,相序反,电动机反转。

2. 倒顺开关控制电动机正反转的控制线路

倒顺开关控制电动机正反转的控制线路,如图 6-1-2 所示。QS 为电源开关,FU1 为电路保护熔断器,SA 为倒顺开关,M 为被控电动机。当 SA 放在中间"停"位置时,线路不通,电动机停转;向左扳到"顺"位置时,U2→U、V2→V、W2→W,电动机 M 正转;向右扳到"倒"位置时,U2→W、V2→V、W2→U,U 相 W 相互换,相序反,电动机反转。

三、活动步骤

1. 分析如图 6-1-2 所示倒顺开关控制电动机正反转的电气原理图。

(1) 各电气控制线路由哪些电器组成?

(2) 试用符号法分析电气控制线路的工作原理。

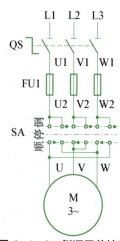

图 6-1-2　倒顺开关控制电动机正反转控制线路

项目六　三相异步电动机可逆运行的认知与操作

（3）其中，SA 转换开关有几个控制位置？有几个触头？各个触头在什么位置导通？如何连接可实现换相？

2. 装接由 HZ3-132 组合开关组成的电动机正反转的控制线路，并通电试车。

四、后续任务

1. 分析其他倒顺开关控制电动机正反转的控制线路。
2. 装接其他倒顺开关控制电动机正反转的控制线路。

活动二　三相异步电动机接触器可逆运行控制线路的装接与调试

一、目标任务

1. 掌握三相异步电动机接触器联锁的可逆运行控制线路的装接、调试。
2. 掌握三相异步电动机双重联锁的可逆运行控制线路的装接、调试。

二、相关知识

1. 三相异步电动机接触器联锁的正反转控制线路

上述活动是用倒顺开关进行三相异步电动机正反转运行，此法仅适合小容量和近距离操作或控制要求较简单的电动机。大容量和远距离操作及控制要求较高的电动机正反转运行，则需采用接触器控制。

三相异步电动机正反转切换需改变电源相序，可用两个接触器的不同相序接法来实现。如图 6-2-1 所示的主电路，当 KM1 接通时，L21→U1、L22→V1、L23→W1 线路接通，电动机能正转；当 KM2 接通时，L21 W1、L22→V1、L23→U1 线路接通，相序接反，电动机反转。

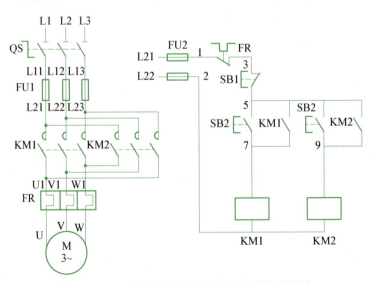

图 6-2-1　接触器控制的电动机正反转控制线路

可用两个长动控制电路分别控制两个接触器 KM1 和 KM2,由于停止按钮作用一样,因此,用一个即可。在此电路中,SB1 为停止按钮,SB2 为正转起动按钮,SB3 为反转起动按钮。当按下 SB2 时,KM1 通电自保,电动机 M 正转;按下 SB1 时,KM1 失电断开,电动机 M 停转。当按下 SB3 时,KM2 通电自保,电动机 M 反转;按下 SB1 时,KM2 失电断开,电动机 M 停转。

但是,这个控制线路有个缺点。若按下 SB2 使 KM1 通电,电动机正转后,没有按下停止按钮 SB1,再去按反转起动按钮 SB3 能使 KM2 也通电。这时,主电路中因 KM1 和 KM2 同时通电而使 L21 和 L23 两相间的电源短路,这不但会烧坏熔断器,同时还会使两个接触器的主触点熔焊。电动机反转时再去接正转按钮也会产生同样情况,这是不允许的。

正反转两个接触器是不允许同时通电的,控制线路的设计必须保证当一个接触器接通时,另一个接触器不能被接通,这叫做联锁,或称互锁。

具有接触器联锁的正反转控制线路,如图 6-2-2 所示。正转接触器 KM1 的线圈电路中串联了反转接触器 KM2 的常闭触点,反转接触器 KM2 的线圈电路中串联了正转接触器 KM1 的常闭触点。这样,每一接触器的线圈电路是否能接通,将取决于另一接触器是否处于释放状态。例如,KM1 已经接通,它的常闭触点把 KM2 的线圈电路切断,这就实现了两个接触器之间的电气联锁,称为电气联锁(或电气互锁)。这两对常闭触点,叫做联锁(或互锁)触点。

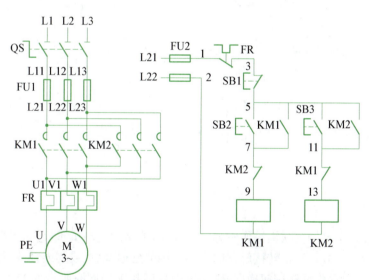

图 6-2-2 接触器联锁的电动机正反转控制线路

工作原理分析:合上电源开关 QS,则

当电机正转　　　　　　$SB2^{\pm} — KM1^{+}_{自} — M_{正}^{+}$

当电机要反转,先停止　　$SB1^{\pm} — KM1^{-} — M_{正}^{-}$

电机反转　　　　　　　$SB3^{\pm} — KM2^{+}_{自} — M_{反}^{+}$

停止　　　　　　　　　$SB1^{\pm} — KM2^{-} — M_{反}^{-}$

接触器联锁是电动机可逆控制线路必须的,但存在操作不方便的缺点。

2. 三相异步电动机双重联锁的正反转控制线路

(1) 按钮联锁的正反转控制线路 用接触器联锁的电动机正反转控制线路,此法主要缺点是从正转过渡到反转或从反转过渡到正转时,必须先按下停止按钮,然后再按起动按钮才行,操作比较繁琐。因此,可采用按钮联锁的电动机正反转控制线路。

按钮联锁的正反转控制线路,如图6-2-3所示。正转接触器KM1的线圈电路中串联了反转起动按钮SB3的常闭触点,反转接触器KM2的线圈电路中串联了正转起动按钮SB2的常闭触点。当一接触器起动时,另一接触器必处于释放状态。例如,KM1已经接通,如要反转,按SB3,SB3的常闭触点会先断开KM1线圈电路,使KM1主触头断开,而KM2线圈然后接通,KM2主触头才闭合,实现电动机反转。使两个接触器之间有了机械上的联锁,称为**机械联锁**(或机械互锁)。这两对按钮常闭

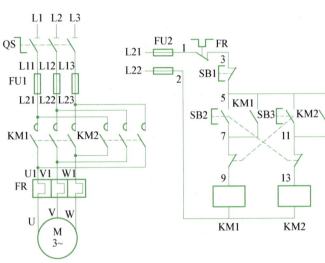

图6-2-3 按钮联锁的电动机正反转控制线路

触头,叫做**联锁**(或互锁)**触头**。

工作原理分析:合上电源开关QS,则

当电机正转　　　　$SB2_{按}^{±}—KM1_{自}^{+}—M_{正}^{+}$

当电机要反转　　　$SB3_{按}^{±}—KM1_{正}^{-}—M_{正}^{-}$
　　　　　　　　　　　　　　　｜
　　　　　　　　　　　　$KM2_{自}^{+}—M_{反}^{+}$

停止　　　　　　　$SB1_{按}^{±}—KM2^{-}—M_{反}^{-}$

按钮联锁弥补了接触器联锁操作不方便的缺点,能实现电动机正反转直接切换。但是,缺点是容易产生短路事故。当正转接触器的主触点因故延迟释放(或不能释放)或正反转起动按钮发生熔焊时,如果操作反转按钮换向,则会因正反转接触器同时吸合而产生电源短路事故。因此,单用复合按钮联锁的电动机正反转控制线路是不太安全可靠的。

(2) 双重联锁的正反转控制线路 把图6-2-2和图6-2-3结合起来就成为既有接触器电气联锁,又有按钮机械联锁的双重联锁线路,如图6-2-4所示。这种线路比较完善,既能实现直接正反转起动的要求,又保证了电路可靠动作,值得推广。

3. 三相异步电动机可逆运行控制线路装接和调试的步骤及注意事项

三相异步电动机可逆运行控制线路安装、接线和调试的方法、步骤和注意事项,参见单元一项目五的活动二之要求。

三、活动步骤

1. 在模拟电器接线装置上,练习图6-2-2三相电动机接触器联锁正反转控制线路的接线。时间应为30 min。

回答问题:(1) KM1接触器的常闭串联在KM2接触器线圈回路中,同时KM2接触器的常闭串联在KM1接触器线圈回路中,这种接法有何作用?

(2) 如果电路出现只有正转没有反转控制,试分析接线时可能发生的故障。

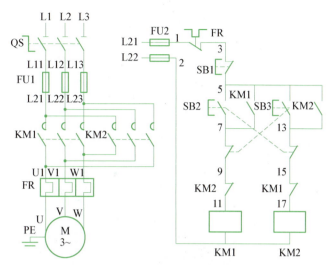

图6-2-4 双重联锁的电动机正反转控制线路

2. 在安装板上练习三相异步电动机双重联锁正反转控制线路的安装、接线和调试。时间应为120 min。

① 分析图6-2-4双重联锁电动机正反转控制线路图,熟悉工作原理。

② 确定选择所需电器的型号和规格。三相异步电机Y132S—4(1.5 kW、380 V、2.8 A、△接法、1 440 r/min)。

本控制线路采用如下电器:漏电开关QS DZ47LE—32/3P,C6 1只;熔断器FU1 RT18/6 A 3只;熔断器FU2 RT18/2 A 2只;交流接触器KM CJ20—10/380 V 2只;热继电器JR16B—20/3D 3.5 A 1只;三联按钮盒 LA20—11/3H 1只;主电路接线端子X1 10节;辅助电路接线端子X2 10节;走线槽若干;BVR—1.0/7系列塑铜软导线若干。

③ 按照如图6-2-5的电器布置图布置安装电器。

④ 按照如图6-2-4的电气原理图连接控制线路。可先主电路,后辅助电路;也可按图6-2-6的电气接线图连接,图中采用的相对标号法。

⑤ 线路连接完成,首先应检查控制线路连接是否正确。然后不通电,用万用表电阻100 Ω挡,测量控制电路的电源进线两端,如电阻为很大或无穷大,表明正常;如电阻为零或有电阻值,表明控制电路短路或有接线问题,应检查连接导线是否错误,直到正常为止(电阻为很

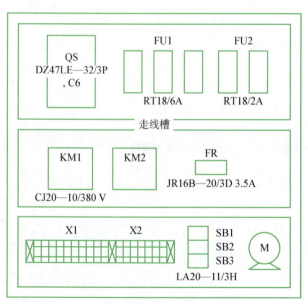

图6-2-5 双重联锁的电动机正反转控制线路电器布置图

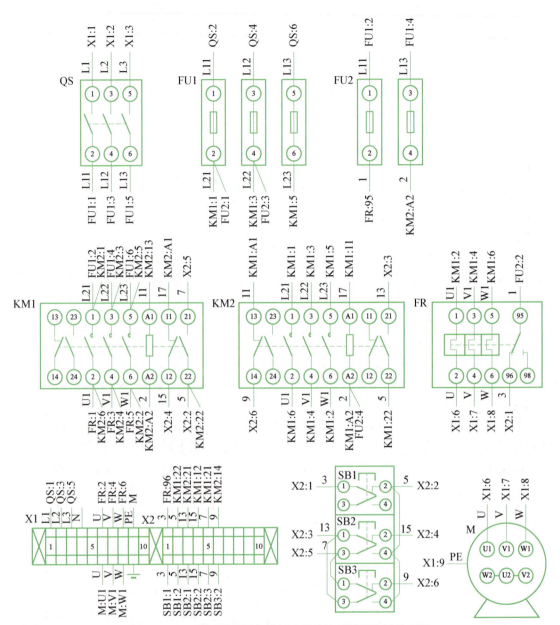

图6-2-6 双重联锁的电动机正反转控制线路安装接线图

大或无穷大)。最后通电试验(必须征得带教教师的同意后),观察动作情况,直到完全满足控制要求为止。

⑥ 控制线路安装调试结束,先自评,填写安装调试报告;然后,学生可互评或带教教师评价,记录成绩,并仔细拆卸整理练习器材,保持完整和完好;最后,打扫工作场所。上述工作完成情况,都可记入,作为活动成绩。

⑦ 回答问题:

按钮、接触器双重联锁的正反转控制电路与接触器联锁的正反转控制电路有何不同?

如果电路只有正转没有反转控制,试分析产生该故障的可能原因。

四、后续任务

1. 在课内,接触器联锁的电动机正反转控制线路连接不熟练或没有完成的,再自行练习。
2. 在课内,双重联锁的电动机正反转控制线路连接不熟练或没有完成的,再自行练习。

活动三 三相异步电动机接触器可逆运行控制线路故障的分析和排除

一、目标任务

熟练掌握接触器联锁的电动机正反转控制线路的故障的分析和排除。

二、相关知识

具有接触器联锁的电动机正反转控制的生产机械,在运行中,会发生各种各样的故障,故障有机械方面的原因,也有电气方面的原因。电气工作人员首先应能熟练排除电气方面的故障,保证生产机械的正常运行。

1. 排故基本步骤及方法

① 熟悉电气控制线路图的工作原理和控制线路的动作要求顺序。
② 观察故障现象,(通电试验)并能记录描述。
③ 判断产生故障的原因及范围,并能分析记录。
④ 查找故障点,并能记录查找结果。
不通电检查用欧姆法;通电检查用电压法或校灯法。两种方法在项目五活动三有过详细叙述,可参阅。
⑤ 排除故障。试验运行控制线路正常为止,并记录故障点。

2. 接触器联锁的电动机正反转控制线路的故障检查思路

接触器联锁的电动机正反转控制线路(见图6-2-2)电气方面的故障原因。分析如下:

(1) 按下SB2或SB3,KM1或KM2都不动作,电动机没有正反转 应检查电动机正反转起动电路的前后电源电路(即公共电路)。故障范围分析:L1#—QS(L1相)—L11#—FU1(L1相)—L21#—FU2(L1相)—1#—FR常闭触头—3#—SB1常闭触头—5#—⋯⋯—2#—FU2(L2相)—L22#—FU1(L2相)—L12#—QS(L2相)—L2#。

(2) 按下SB2,KM1不动作,电动机没有正转 应检查电动机正转起动电路。故障范围分析:SB1(5#)—5#—SB2常开触头—7#—KM2常闭触头—9#—KM1线圈—2#—FU2(2#);如按SB2,KM1没自保,故障范围分析:5#—KM1常开触头—7#。

(3) 如按下SB3,KM2不动作,电动机没有反转 应检查电动机反转起动电路。故障范围分析:SB1(5#)—5#—SB3常开触头—11#—KM1常闭触头—13#—KM2线圈—2#—FU2(2#);如按SB3,KM2没自保,故障范围分析:5#—KM2常开触头—11#。

(4) 按下SB2或SB3,KM1或KM2都动作,电动机M缺相不能正常起动 则
① 正反转都缺相。故障范围分析:L3#—QS(L3相)—L13#—FU1(L3相)—L21#、L22#、L23#—⋯⋯—U1、V1、W1#—FR热元件(三相)—U#、V#、W#—电动机三

相绕组。

② 正转缺相。故障范围分析：L21♯、L22♯、L23♯—KM1 主触头（三相）—U1♯、V1♯、W1♯。

③ 反转缺相。故障范围分析：L21♯、L22♯、L23♯—KM2 主触头（三相）—U1♯、V1♯、W1♯。

描述案例 接触器联锁的电动机正反转控制线路的故障分析。三相异步电动机接触器联锁正反转控制线路的常见故障分析与描述示例，见表 6-3-1。

表 6-3-1 三相异步电动机接触器联锁正反转控制线路的常见故障分析与描述示例

序号	故障现象	故障可能范围	故障点示例
1	按 SB2 或 SB3，KM1 或 KM2 都不动作，M 不能正转或反转	L1♯—QF（L1 相）—L11♯—FU1（U 相）—L21♯—FU2（U 相）—1♯—FR 常闭触点—3♯—SB1 常闭触点—5♯ 2♯—FU2（L2 相）—L22♯—FU2（L2 相）—L22♯—FU1（L2 相）—L12♯—QF（L2 相）—L2♯	① QF（L11♯）—FU1（L11♯）之间断线 ② FU1（L1 相）断开 ③ FU2（L1 相）断开 ④ 1♯ 导线断开 ⑤ SB1 常闭触点断开
2	按 SB2，KM1 不动作，M 不能正转起动运行	5♯—SB2 常开触点—7♯—KM2 常闭触点—9♯—KM1 线圈—2♯	① SB2 常开触点断开 ② KM1 线圈断开 ③ 9♯ 导线断开
3	按 SB3，KM2 不动作，M 反转不能起动运行	5♯—SB3 常开触点—11♯—KM1 常闭触点—13♯—KM2 线圈—2♯	③ SB3 常开触点断开 ④ KM2 线圈断开

排故举例 在图 6-2-2 中，假设 SB1 的常闭触头断开。

先通电试验，观察故障现象：按正转起动按钮 SB2，KM1 不动作，电动机没有正转；按反转起动按钮 SB3，KM2 不动作，电动机没有反转。

1. 故障现象描述并书写

按正转起动按钮 SB2 或反转起动按钮 SB3，KM1 或 KM2 均不动作，电机不能正转或反转起动运行。

2. 故障范围判断

先是正反转起动电路前后电源公共部分，然后是正或反转各起动电路。从 L1♯—QS（L1 相）—L11♯—FU1（L1 相）—L21♯—FU2（L1 相）—1♯—FR 常闭触头—3♯—SB1 常闭触头—5♯—……—2♯—FU2（L2 相）—L22♯—FU2（L2 相）—L12♯—QS（L2 相）—L2♯。

3. 故障点检查

（1）欧姆法 断电情况下，用万用表电阻 100 Ω 挡（使用前，须调零），先检查控制电路。按前述图 5-3-1 所示意的欧姆法检查方法，此排故举例一的检查过程如图 6-3-1 所示。

红表棒置于 L11 不动，黑表棒依次按①②③④移动，万用表应显示电阻为零，表明黑表棒所置位置前的导线或电器部件是好的。查到⑤步，万用表显示电阻为无穷大，表明 SB1 常闭触头没有接通。因此，排故举例一的故障点是 SB1 常闭触头。

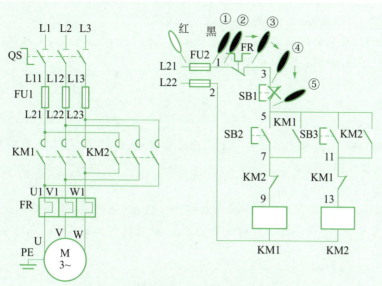

图 6-3-1 排故举例——欧姆法故障分析示意图

（2）电压法　通电情况下，用万用表电压 AC500 V 挡，先检查控制电路。按前述图 5-3-2 所示意的电压法检查方法，检查过程如图 6-3-2 所示。

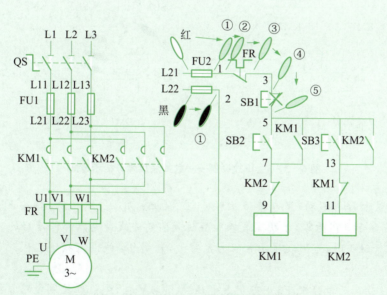

图 6-3-2 排故举例——电压法故障分析示意图

在确认 FU2 完好的情况下。黑表棒置于 FU2(2#)不动，红表棒依次按①②③④移动，电压表应显示电压为 380 V，表明红表棒所置位置前的导线或电器部件是好的，查到第⑤步，电压表显示电压为零，表明 SB1 常闭触头断开，电压通不过。因此，故障点是 SB1 常闭触头。

4. 故障点记录

SB1 常闭触头断开损坏。

排除以后，再通电检查，电路正常。

排故举例 仍以图 6-2-2 为例,假设 9#线断开。

先通电试验,观察故障现象:按正转起动按钮 SB2,KM1 不动作,电动机没有正转;按反转起动按钮 SB3,KM2 动作,电动机有反转。

1. 故障现象描述并书写

按正转起动按钮 SB2,KM1 不动作,电机不能正转起动运行。

2. 故障范围判断

正转起动电路。从 SB1(5#)—5#—SB2 常开触头—7#—KM2 常闭触头—9#—KM1 线圈—2#—FU2(2#)。

3. 故障点检查

(1) 欧姆法 断电情况下,用万用表电阻 100 Ω 挡(使用前,须调零),先检查控制电路。按前述图 5-3-1 所示意的欧姆法检查方法,检查过程如图 6-3-3 所示。

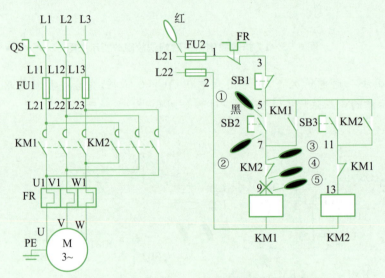

图 6-3-3 排故举例——欧姆法故障分析示意图

红表棒置于 L11 不动,黑表棒依次按①②③④移动。②步开始,要按下 SB2 常开触头,万用表应显示电阻为零,表明黑表棒所置位置前的导线或电器部件是好的。查到⑤步,按下 SB2 常开触头时,万用表显示电阻为无穷大,表明 9#线没有接通。因此,故障点是 9#线。

(2) 电压法 通电情况下,用万用表电压 AC500 V 挡,先检查控制电路。按前述图 5-3-2 所示意的电压法检查方法,检查过程如图 6-3-4 所示。

在确认 FU2 完好的情况下。黑表棒置于 FU2(8#)不动,红表棒依次按①②③④移动。②步开始,要按下 SB2 常开触头,电压表应显示电压为 380 V,表明红表棒所置位置前的导线或电器部件是好的。查到第⑤步,按下 SB2 常开触头时,电压表显示电压为零,表明 9#线断开,电压通不过。因此,故障点是 9#线。

4. 故障点记录

9#线断开。

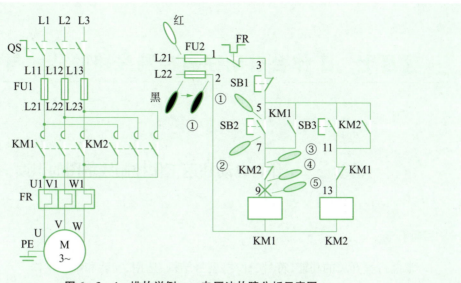

图 6-3-4 排故举例——电压法故障分析示意图

排除以后,再通电检查,电路正常。

三、活动步骤

在模拟电器接线排故装置或模拟排故装置上,练习图 6-2-2 的电动机正反转控制线路的排故。两个故障点,时间应为 30 min。包括观察记录故障现象、判断描绘故障可能范围、检查故障点并记录,填于表 6-3-2 中。

表 6-3-2 电动机正反转控制线路排故记录

序号	故障现象	分析可能故障范围	故障点

四、后续任务

1. 电动机正反转的控制线路中,为什么要有联锁?如何联锁?
2. 在接触器联锁的电动机正反转的控制线路中(图 6-2-2),接线后,试运行时发生下列故障之一,请分析其故障原因及范围(经检查,接线没有错误):
   (1) 按正转,电机正转不起动;按反转,电机反转点动。
   (2) 按正转,电机正转;按停止,电机正转不停。

项目六 三相异步电动机可逆运行的认知与操作

项目七　工作台自动往返控制线路的认知与操作

活动一　工作台自动往返工作控制线路图的识读

一、目标任务

1. 掌握行程开关的功能、符号、种类、型号结构、选用、安装和维护维修。
2. 掌握三相异步电动机自动往复循环控制线路的认识、原理分析和阅读。

二、相关知识

由三相异步电动机自动往复循环控制线路的工作原理可知，要实现自动往复循环运行需要行程开关。

1. 行程开关

行程开关也是一种主令电器，又称限位开关，是通过机械可动部分的动作，将机械位移信号变成电气触点信号，实现对机械运动部件终端（或称极限）保护或过程位置控制。

各种不同型号行程开关的结构是相似的，由操作头、触点系统和外壳 3 部分组成，外形和结构原理如图 7-1-1 所示。操作头是开关的感测部分，接受机械设备发出的位移信号，并传递给触点系统。为与各类机械的有效配合，其形状主要有直动式、直动带轮式、摆杆单轮式和摆杆双轮式，如图 7-1-2 所示。触点系统是开关的执行部分，将位移信号转变为触点电信号；外壳为保护部分。

行程开关的作用原理与按钮一样。当操作头上有压力时，行程开关动作；当操作头上无压力时，行程开关则复原。行程开关的符号如图 7-1-1(c)所示。

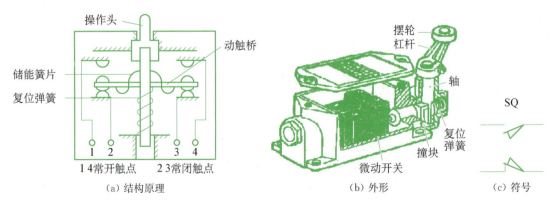

图 7-1-1　行程开关

(a) JLXK1—111 摆杆单轮　(b) JLXK1—211 摆杆双轮　(c) JLXK1—311 直动不带轮　(d) JLXK1—411 直动带轮

图 7-1-2　JLXK1 系列行程开关

常用的行程开关型号有 JLXK1、LX19、X2、LXK3、LX5、LX10、LX31、LX32、LX33、3SE(西门子)、831(法国柯赞)系列。

(1) JLXK1 系列行程开关　一种机床电器,有多种灵活的操作头,如图 7-1-2 所示。具有一常开一常闭触点,触点额定电流为 5 A。型号意义如下:

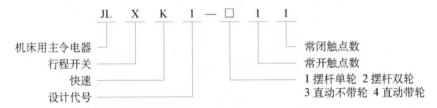

JLXK1—111 的头部操作机构可以在转动相差 90°的 4 个方位任意安装,变换传动机构中推杆的安装方向即可改变它的动作方向。

(2) LX19 系列行程开关　我国有代表性的产品,用作控制机械动作或程序控制。LX19 系列行程开关的外形、结构原理、技术条件和使用方法与 JLXK1 系列相似。其型号意义如下:

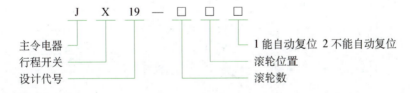

LX19 系列的型号和操作型式见表 7-1-1。

表 7-1-1　LX19 系列行程开关操作型式

型号	含义	型号	含义
LX19K	元件	LX19—212	双轮(内侧),不能自动复位
LX19—111	单轮(内侧),能自动复位	LX19—222	双轮(外侧),不能自动复位
LX19—121	单轮(外侧),能自动复位	LX19—232	双轮(内外侧各一),不能自动复位
LX19—131	单轮(凹槽内),能自动复位	LX19—001	无滚轮,能自动复位

(3) X2 系列行程开关 X2 系列具有单点双投式的常开常闭触点共两副,触点额定电流为 2 A。X2 系列行程开关分为两类:X2 及 X2-N,如图 7-1-3 所示。X2 表示开关没有传动滚轮,为直动式;X2-N 表示开关具有传动滚轮。

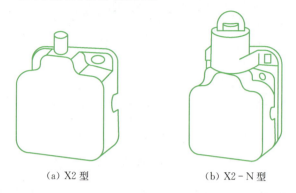

(a) X2 型　　(b) X2-N 型

图 7-1-3　X2 系列行程开关

(4) LXK3 系列行程开关 LXK3 系列是遵守 IEC—337、符合 GB1497—85 的行程开关。有常开常闭触点各一副,触点额定电流在电压为 380 或 220 V 时分别为 0.8 或 1.4 A。由于行程开关的外壳与盖、传动装置的结合处都装有高性能的密封垫圈,所以具有良好的防尘、防油和防水性能。其外形如图 7-1-4 所示,其型号意义如下:

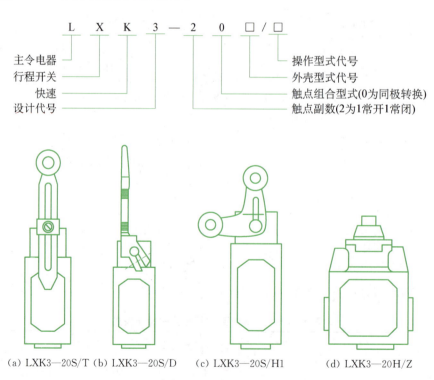

(a) LXK3—20S/T　(b) LXK3—20S/D　(c) LXK3—20S/H1　(d) LXK3—20H/Z

图 7-1-4　LXK3 系列行程开关

LXK3 的外壳型式,见表 7-1-2;LXK3 的操作型式,见表 7-1-3。

表7-1-2　LXK3系列行程开关外壳型式

标　记	含　义
K	无保护外壳,开启式
S	竖型,底部有一个出线孔
H	横型,底部、两侧各有一个出线孔

表7-1-3　LXK3系列行程开关操作型式

标　记	含　义	标　记	含　义
Z	柱塞式	J	可调金属摆杆式
L	滚轮柱塞式	H1	"叉"式,三轮在同一方向
B	滚轮转臂式	H2	"叉"式,左轮在前,右轮在后
T	可调滚轮转臂式	H3	"叉"式,右轮在前,左轮在后
D	弹性摆杆式	W	万向式

（5）LJ5系列晶体管接近开关　前述的行程开关是靠撞块碰撞而使触点动作的,因此使用寿命短,适合于工作频率不高的电路。晶体管接近开关是一种无触点行程开关,是随着机械运动的金属物体接近开关时,开关能发出信号,常用在机床、自动线及其他设备上作位置检测、行程控制和计数控制等。其种类形式很多,如图7-1-5所示,常用的接近开关有LJ5、LXJ6、LXT3（德国西门子）等系列。

LJ5系列接近开关是更新换代产品,可取代原LJ1、LJ2老产品,具有安装方便、调整容易、重复精度高和开关寿命长的优点。在要求高精度位置控制或频繁操作的工作状况下,无需机械接触就可实现电气开关信号的转换。

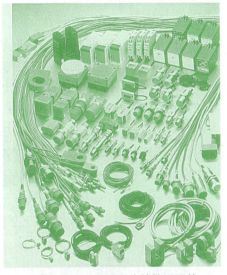

图7-1-5　各种形式的接近开关

LJ5系列接近开关是一种高频振荡型的开关,是由LC组成的振荡电路。平时,振荡回路通过检波、门限和输出等回路,使开关处于某种工作状态（常开型为"断"状态,常闭型为"通"状态）。当检测体接近检测面到一定距离时,高频磁场在金属中感应涡流产生能量损失而使振荡电路停振,继而使开关改变原有工作状态（常开型变为"通"状态,常闭型变为"断"状态）。当检测体再远离检测面时,开关重新恢复原状。

LJ5系列接近开关的技术数据见表7-1-3。

接近开关类型可按不同用途选择。其中,两线型的电源与输出合用两根引线,而三线型与四线型的电源与输出线是分开的,输出线通过负载与电源相联。两线型和三线型又有常开和常闭两种,两线型又分PNP和NPN两种输出型式。型号意义如下：

表 7-1-3　LJ5 系列行程开关技术数据

接近开关类型	额定工作电压/V	约定动作距离/mm	
		金属外壳	非金属外壳
直流两线型	10~30	5.8	10.15
直流三线型	6~30	5.8	10.15
直流四线型	10~30	5.8	10.15
交流接近开关	30~220	5.8	10.15

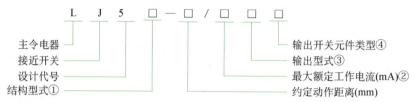

① : A 圆柱螺纹型;B 方型;C 槽型;D 贯穿型
② : 1 交流 300;2 直流两线 50;3 直流三线 300;4 直流四线 2×50
③ : 0 两线常开型;1 两线常闭型;2 三线常开型;3 三线常闭型;4 四线一常开一常闭型
④ : 0 NPN 型;1 PNP 型

2. 自动往复循环控制线路

限位开关与按钮的区别是:按钮是操作人员发指令的主令电器;而限位开关是机械运动部件发信号的主令电器,但控制方式与按钮控制相同。因此,限位开关控制亦有下面两种基本电路。

(1) 限位断电控制线路　图 7-1-6 所示是为达到预定点后能自动断电的控制电路。按起动按钮后,接触器得电自锁,电动机旋转(主电路未画出),经丝杆传动使工作台向左运动。当进给到预定地点时,工作台上的撞块压下限位开关 SQ,使 KM 断电,电动机停转,工作台便停止向左运动。因此,限位开关起停止按钮的作用。

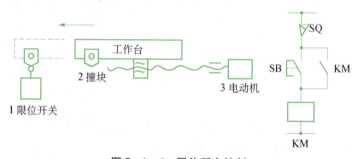

图 7-1-6　限位断电控制

(2) 限位通电控制线路　如图 7-1-7 所示,是达到预定点后能自动通电的控制线路。设某机械在前进(或后退)至预定点时碰撞限位开关 SQ,就能使接触器 KM 通电而起到控制作用。图 7-1-7(a)是点动线路,设 SQ 是能自动复位的,当撞块压下 SQ 时,KM 得电,撞块离开 SQ 时,KM 失电。KM 得电的时间与撞块的长度有关。图 7-1-7(b)是长动线路,当撞块压动 SQ 后,KM 一直保持得电状态。

(3) 自动往复循环控制线路　在生产实际中,有些生产机械的工作台需要自动往复运动,如龙门刨床和导轨磨床等。工作台的运动示意如图 7-1-8 所示。工作台在起点和终点之间

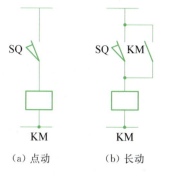

(a) 点动　　(b) 长动

图 7-1-7　限位通电控制线路

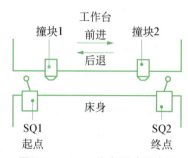

图 7-1-8　工作台运动示意图

的往复运动由电动机正反转带动,控制电动机可逆转换的限位开关 SQ1(起点)和 SQ2(终点)设置在机床床身的两端,装在工作台上的撞块 1 和撞块 2 随工作台动作往复运动。

自动往复循环控制线路如图 7-1-9 所示。如先正向起动,按 SB2,KM1 得电,电动机 M 得电正转,带动工作台前进;当撞块 2 碰到 SQ2 时,其常闭触点断开,KM1 失电,M 正转停止,工作台停止前进。随后,SQ2 的常开触点闭合,接通反转接触器 KM2,使 M 反转,带动工作台后退;当撞块 1 碰到 SQ1 时,其常闭触头断开,KM2 线圈失电,M 反转停止,工作台停止后退;同时 SQ1 的常开触点闭合,又使 KM1 得电,M 再正转,工作台又向前进……这样,电动机带动工作台自动往复运动,直至按下停止按钮 SB1 时,工作台便停止运动。

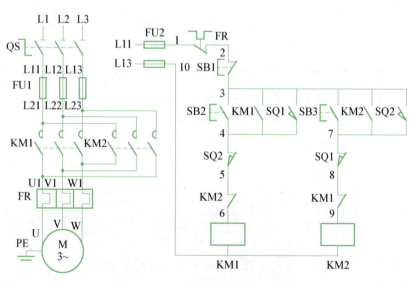

图 7-1-9　自动往复循环控制线路

符号分析法如下:

电机正转起动　　　$SB2^{\pm}—KM1_{自}^{+}—M_{正}^{+}—$工作台前进……

当工作台至终点　　$SQ2^{+}—KM1^{-}—M_{正}^{-}—$工作台前进停止

　　　　　　　　　　　　$|$

　　　　　　　　　　$KM2_{自}^{+}—M_{反}^{+}—$工作台后退—$SQ2^{-}$……

当工作台返回起点　　SQ1$^+$—KM2$^-$—M$_{反}^-$—工作台后退停止
　　　　　　　　　　　　　　|
　　　　　　　　　　KM1$_{自}^+$—工作台又前进……重复上述过程

工作台运动停止　　SB1$^±$—KM1$^-$（KM2$^-$）—M$_{正}^-$（M$_{反}^-$）—工作台前进或后退停止

三、活动步骤

1. 限位开关的识别。根据各类限位开关实物（机械式、接近开关等）写出其名称、结构与型号，并填入表7-1-4中。

表7-1-4　　限位开关识别

序　号	1	2	3	4	5
名　称					
结构与型号					

2. 限位开关的结构观察。观察各类限位开关的结构，写出各主要部件的名称，确定限位开关的形式和触点型式，并填入表7-1-5中。

表7-1-5　　限位开关的结构形式及触点型式

名称与型号	主要零部件名称				限位开关形式	触点型式

3. 分析如图7-1-9所示自动往复循环控制线路的电气原理图：
（1）工作台自动往复循环的运动示意图如何组成？
（2）试用符号法分析电气控制线路的工作原理。

四、后续任务

思　考

1. 限位开关有什么作用？结构原理如何？有哪些常用型号及特点？
2. 什么是接近开关？结构原理如何？有哪些常用型号及特点？
3. 在某一组合机床传动系统中，左右动力头各用一台电动机，用限位开关控制其正反转，借此控制动力头的前进和后退。所要求的工作循环是：
① 按动起动按钮后，右动力头由原位进给到终端；
② 接着左动力头由原位进给到终端；
③ 接着左右动力头同时退回，到原位后分别停止。
设计机床进给的自动控制线路（要附行程开关布置图）。

活动二　工作台自动往复循环控制线路的装接、调试

一、目标任务

掌握工作台自动往复循环控制线路的装接、调试。

二、相关知识

工作台自动往复循环控制线路的安装、接线和调试的步骤和注意事项,如前单元一项目五活动二所述。

三、活动步骤

1. 在模拟电器接线装置上,练习图 7-1-9 中的工作台自动往复循环控制线路的接线。时间应为 40 min。

2. 在安装板上,练习图 7-1-9 的工作台自动往复循环控制线路的电器安装、接线和调试。时间应为 120 min。

① 分析图 7-1-9 电气控制线路图,熟悉工作原理。

② 确定选择所需电器的型号和规格。三相异步电机 Y132S—4(1.5 kW、380 V、2.8 A、△接法、1 440 r/min)。

本控制线路采用如下电器:漏电开关 QS　DZ47LE—32/3P, C6　一只;熔断器 FU1　RT18/6A 三只;熔断器 FU2　RT18/2 A 两只;交流接触器 KM　CJ20—10/380 V　两只;热继电器 JR16B—20/3D 3.5 A 一只;三联按钮盒　LA20—11/3H 一只;限位开关　JLXK1—311 两只;主电路接线端子 X1　10 节;辅助电路接线端子 X2　15 节;走线槽若干;BVR—1.0/7 系列塑铜软导线若干。

3. 按照如图 7-2-1 的电器布置图布置和安装电器。

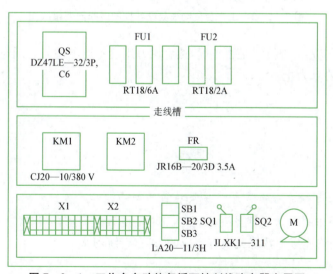

图 7-2-1　工作台自动往复循环控制线路电器布置图

4. 按照图7-1-9的电气原理图连接控制线路。可先主电路,后辅助电路。也可按图7-2-2的电气接线图连接,图中采用的相对标号法。

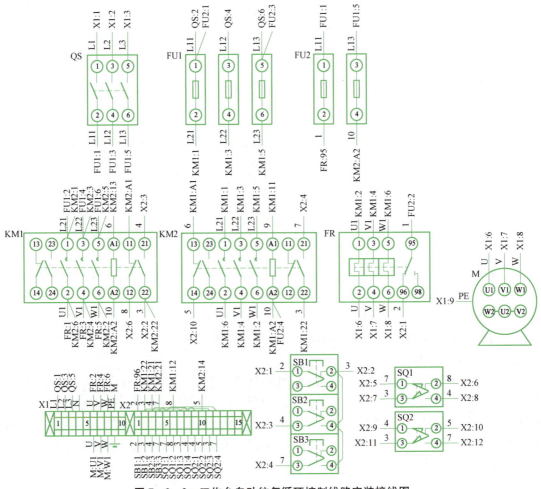

图7-2-2 工作台自动往复循环控制线路安装接线图

5. 线路连完,应先检查接线是否正确,然后用万用表不通电检查。通电试验,观察动作情况,直到满足控制要求为止。

四、后续任务

1. 在图7-1-9电气控制线路图中,SB3在电路中起什么作用?
2. 在图7-1-9电气控制线路图中,如果KM1接触器不能自锁,试分析工作现象如何。在课内控制线路连接不熟练或没有完成的,再自行练习。

第三单元　三相异步电动机顺序运行控制

生产一个产品也需要一道道工序。机床主轴电动机在加工零件时候会发出大量的热量,为防止刀具损坏,起动主轴电动机之前必须先开冷却泵电动机提供冷却油,等等。上述控制都要用到三相异步电动机顺序运行控制。

项目八　时间继电器的认知与操作

在起动或者关闭电动机的时候,有些设备需要操作员按照操作要求一个个地去开动或者关闭;许多设备只要操作员按下一个起动或者停止按钮,设备就会自动地一个接着一个地按时起动或者关闭。这就需要用到时间控制电器,即时间继电器。

活动一　空气阻尼式时间继电器的认识、检测和拆装

一、目标任务

1. 熟悉空气阻尼式时间继电器的结构及原理、符号、使用。
2. 会进行延时时间的整定调节。
3. 熟练掌握其维护检修、拆装。

二、相关知识

在继电器输入信号输入后,经一定的延时,才有输出信号的继电器,称为**时间继电器**,是广泛用来控制生产过程中按时间要求制定的工艺程序。

空气阻尼式时间继电器又叫气囊式时间继电器,是利用气囊中的空气,通过小孔的节流原理来获得延时动作的。其特点是结构简单,不受电源电压及频率的影响,价格低,但延时精度较低,适用于延时要求不高的场合。

1. 结构组成

经常使用的气囊式时间继电器是 JS7-A 系列,按延时方式分为通电延时和断电延时两种。图 8-1-1 所示是 JS7-A 系列时间继电器的工作原理图,其结构主要由以下 4 部分组成。

(1) 电磁机构　由线圈 1、铁芯 2 和衔铁 3 组成。

(2) 触头系统　由 14(18)—一对延时触头(一常开与一常闭)和 16(17)—一对瞬时触头(一常开与一常闭)两个不同位置的微动开关组成。

(3) 气室　内部有橡皮膜 9 和活塞 13,随着空气量的增减而移动,气室上部由调节螺钉 11 调节进气孔的大小,就可调节延时时间大小。

(4) 传动机构　由杠杆 15、推板 5、活塞推杆 6 与塔形弹簧 7 等组成。

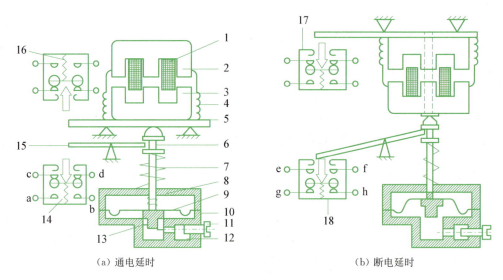

(a) 通电延时　　　　　　　　(b) 断电延时

图 8-1-1　JS7-A 系列时间继电器原理图

1—线圈　2—铁芯　3—衔铁　4—反力弹簧　5—推板　6—活塞杆　7—塔形弹簧　8—弱弹簧　9—橡皮膜　10—空气室壁　11—调节螺钉　12—进气孔　13—活塞　14、18—延时微动开关　15—杠杆　16、17—瞬时微动开关　a、b—延时闭合瞬时断开常开触头　c、d—延时断开瞬时闭合常闭触头　e、f—延时断开瞬时闭合常开触头　g、h—延时闭合瞬时断开常闭触头

2. 通电延时时间继电器

(1) 结构原理　它是利用空气阻尼作用而达到动作延时的目的。

线圈 1 通电后,将衔铁 3 吸上,推板 5 使微动开关 16 立即动作;微动开关 14 还没有动作。衔铁与活塞杆 6 之间有一段距离,在释放弹簧 4 的作用下,活塞杆 6 受到塔形弹簧 7 的作用向上移动。在活塞 13 的表面固定有一层橡皮膜 9。当活塞向上移动时,在膜上面造成空气稀薄的空间,活塞受到上面空气的压力,不能迅速上移。当空气由进气孔 12 进入时,活塞才逐渐上移。移动到最后位置时,杠杆 15 使微动开关 14 动作。

线圈 1 断电后,衔铁 3 在反力弹簧 4 的作用下,活塞 13 迅速向下移动,14、16 两组微动开关迅速复位,没有延时。

(2) 使用常识　延时时间为自线圈通电时刻起到延时微动开关 14 动作时为止的这段时间。调节螺钉 11 调节进气孔的大小,就可调节延时时间。延时时间在 0.4～180 s 可调。线圈断电,14、16 微动开关立即复位。

在使用前,先要调节好延时时间。用手将内侧推板 5 向铁芯 2 靠拢,模拟线圈通电动作并开始计时,一直到延时触头发出动作声音止。

3. 断电延时时间继电器

(1) 结构原理　将电磁铁中的铁芯 2 与衔铁 3 位置对调,即将电磁机构反装 180°。从时间继电器的外形看,活动的铁芯在外侧,固定的铁芯在时间继电器的内侧,其余不动,如图 8 -1-1(b)所示,变为断电延时时间继电器。与通电延时时间继电器相比,延时触头 18 的通断状态与 14 相反,瞬时触头 16、17 的性质相同。

(2) 使用常识　延时时间为自线圈断电开始起到延时微动开关 18 复位时为止的这一段时间。延时时间调节的方法与通电延时一样。

> 注意:要想获得断电延时,必须让线圈先通电;线圈通电时候,17、18 两组微动开关都没有延时,是立即动作的。

这种断电延时时间继电器有两个延时触头:一个是 g、h 延时闭合的常闭触头,一个 e、f 延时断开的常开触头,是一对复合触头,在位置 18 处。此外,还有两个瞬时动作触头,也是一对复合触头,在位置 17 处。

在使用前,同样也先要调节好延时时间。用手将外侧推板 5 向铁芯 2 靠拢,模拟线圈通电动作;然后,释放推板模拟线圈断电并开始计时,一直到延时触头复位声音止。

4. JS7-A 系列空气阻尼式时间继电器的型号

型号含义如下:

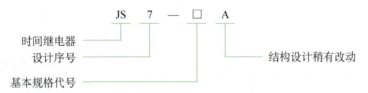

基本规格代号为 1、2、3、4 四种,其中 1、2 为通电延时型,3、4 为断电延时型。单数 1、3 表示没有瞬时触头,双数 2、4 表示有瞬时触头,图 8-1-1 中的型号分别为 JS7-2A 和 JS7-4A 的型号。

5. 时间继电器的符号

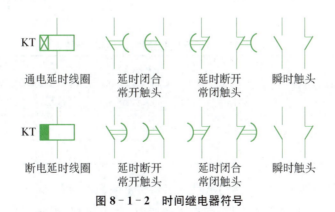

图 8-1-2　时间继电器符号

如图 8-1-2 所示,时间继电器的每个延时触头图形符号有两个,同一个触头的延时标记起始位置与左右方向完全相反,瞬时触头与普通触头的图形符号一样。

6. 更新换代产品

JS23 系列是气囊式时间继电器的更新换代产品。由于采用了新的吸排气结构,在振动和尘埃的工作环境中仍具有足够的延时精度和可靠性。电器的主体(有 4 个瞬动触头)与延时头采用组件结合,拆装方便,通用性强。在主体上加装辅助触头组件就可构成组合式中间继电器。底座有卡轨安装式和螺钉安装式两种选用。有通电延时型和断电延时型,延时范围有 0.2~30 s 和 10~180 s 两种。线圈额定电压有 110、220、380 V 等。

型号含义如下:

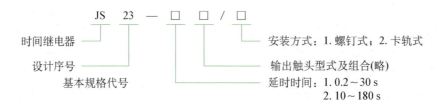

三、活动步骤

1. 空气阻尼式时间继电器的识别

根据几种空气阻尼式时间继电器的实物写出其名称与型号,并填入表 8-1-1 中。

表 8-1-1 空气阻尼式时间继电器识别

型号	名称	延时时间范围

2. 时间继电器结构观察

观察空气阻尼式时间继电器的结构,结合符号,在实物中找出对应的触头与线圈位置,写出主要零部件的名称,测量触头的通断情况和状态(常闭或常开),填入表 8-1-2 中。

表 8-1-2 时间继电器结构及触点通断情况

型号类型	瞬时触头数量	延时触头性质				主要零部件	
		名称	状态	名称	状态	名称	作用

3. 时间继电器的触头状态观察与延时时间的整定调节

根据空气阻尼式时间继电器类型,模拟线圈通电、断电过程,观察测量延时触头与瞬时触头在动作与复位过程有无延时,并记录延时时间。如果延时时间过长或者过短,旋转时间调节螺钉,从粗到细的箭头方向表示时间延时时间调小;反之,延时时间增大。将观察到的结果填入表 8-1-3(a)(b)中。

表 8-1-3(a)　通电延时时间继电器的触头状态表

型号	线圈通电开始(延时时间内)				线圈通电开始(延时时间以外)				延时时间/s
	瞬时触头		延时触头		瞬时触头		延时触头		
	常开触头	常闭触头	常开触头	常闭触头	常开触头	常闭触头	常开触头	常闭触头	

表 8-1-3(b)　断电延时时间继电器的触头状态表

型号	线圈断电开始(延时时间内)				线圈断电(延时时间以外)				延时时间/s
	瞬时触头		延时触头		瞬时触头		延时触头		
	常开触头	常闭触头	常开触头	常闭触头	常开触头	常闭触头	常开触头	常闭触头	

4. 时间继电器电磁机构拆装

拆装之前先测量延时触头通断情况,拆下电磁机构,反装 180°。模拟线圈通电、断电过程,观察同一个电器同一个延时触头前后性质的变化,比较触头通断情况,将观察到的结果填入表 8-1-4 中。

表 8-1-4　拆装电磁机构前后时间继电器性质的变化记录表

触头名称与状态	拆装之前型号:		拆装之后型号:		结论
		通断情况		通断情况	
		通断情况		通断情况	

5. 时间继电器的检修

JS7-A 系列空气阻尼式时间继电器的故障一般表现为电磁系统故障、触头接触不良及延时不准确。电磁系统故障、触头接触不良与前面介绍低压电器故障相同。造成延时不准确故障及处理方法见表 8-1-5。

表 8-1-5　延时不准确故障及处理方法

故障现象	可能的原因	处理方法
不延时	① 气室漏气或者橡皮膜密封不严 ② 气室内灰尘堵塞 ③ 橡皮膜损坏	① 重新装配气室 ② 清洗气室 ③ 更换橡皮膜
延时时间过长	气室内灰尘堵塞	清洗气室
延时时间过短	① 气室漏气 ② 橡皮膜密封不严	① 重新装配气室 ① 重新安装橡皮膜

四、后续任务

思 考

1. 空气阻尼式时间继电器有哪四个组成部分？各部分的作用是什么？
2. 空气阻尼式时间继电器有哪些类型？延时时间各指的是从什么时候开始到什么时候结束？

活动二　其他类型时间继电器的认识和检测

一、目标任务

1. 熟悉其他类型时间继电器的结构及原理、符号、使用。
2. 进行延时时间的整定调节。
3. 会基本的维护检修。

二、相关知识

时间继电器有很多种类，除了上面介绍的空气阻尼式时间继电器外，还有电动式、晶体管式、电磁式和双金属片式等型式的时间继电器。

1. 电动式时间继电器

（1）构造原理和使用　电动式时间继电器主要由同步电动机、电磁离合器、减速齿轮、触点、延时调整机构等组成，依靠同步电动机的转动相电磁离合器减速齿轮的配合而使触点动作。

由于系同步电动机式，延时精度只与电源频率有关，所以延时误差较小，常应用在需要延时时间较长和延时精度要求较高的场合。但是，成本高、价格贵。

（2）型号分类　常用的电动式时间继电器有JS10、JS17、JS11和7PR系列，如图8-2-1所示。

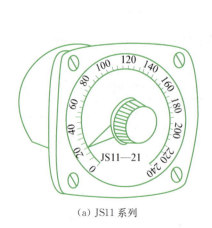
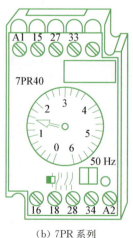

(a) JS11 系列　　　　(b) 7PR 系列

图 8-2-1　电动式时间继电器

JS11 系列有通电延时和断电延时两种,各有延时常开触点 3 个,延时常闭触点两个,瞬动常开常闭各两个。通电延时型必须在同步电动机和电磁离合器都处于通电状态时,才有延时作用;断电延时型必须在同步电动机通电而电磁离合器断电时,才有延时作用。延时时间范围为:0.4~8 s、2~40 s、10~240 s、1~20 min、5~120 min、0.5~12 h、3~72 h 共 7 个规格。延时的长短,只要用螺丝刀(或旋动旋钮)改变指针在刻度盘上的位置即可,但必须在离合器线圈电源断开(通电延时型)或接通(断电延时型)时才能进行。额定电压有 110、127、220、380 V 等,触点容量为 100 VA。JS11 系列必须用开孔的安装方式,JS10 系列可用螺钉安装。

和 3TB 系列一样,7PR 系列是从西门子引进的产品,产品符合 VDE 和 IEC 标准,具有停电记忆、延时长(最长为 60 h)、安装方便(卡轨安装式)、使用灵活和体积小等特点。

7PR 系列的额定电压有 110、110~120、120~127、127、220 V 等,继电器的型号(延时范围)为 7PR1040(2~60 s,0.5~20 min)、7PR4040(0.15~6 s,0.15~6 min,1.5~6 min,0.15~6 h,1.5~6 h)、7PR4140(0.15 min~6 h)等 3 种,仅有通电延时型,基本安装方式为装置式,但也可以是面板式和密封面板式。

2. 晶体管式时间继电器(也称电子式时间继电器)

(1) 构造原理和使用 晶体管式时间继电器很多场合时候也叫做电子定时器,结构种类繁多,按结构原理分为阻容式和数字式两大类。阻容式的电路形式很多,但都是利用具有按指数函数充放电的 RC 电路作定时环节,经过晶体管放大器或触发器带动继电器或晶闸管动作的。数字式时间继电器采用计数器式延时电路,由输入的信号频率决定延时的时间。按延时方式,可分为通电延时、断电延时及带瞬时触头的通电延时型。其特点是具有体积小、重量轻、结构紧凑、延时范围广、延时精度高、可靠性好、寿命长等,适用于各种自动化控制电路中。但也存在延时容易受温度与电源波动的影响,修理不便,价格高等缺点。其优缺点介于气囊式和电动式之间。

(2) 型号分类 常用的有 JS14、JS20 系列时间继电器、JSS 系列数字式时间继电器,以及引进的 STP3 系列时间继电器与 SSJ 系列高精度时间继电器等。

JS14 系列只有通电延时型,JS20 系列既有通电延时型也有断电延时型。JS14 系列的延时时间范围为 0.1~1 s、0.5~5 s、1~10 s、3~30 s、6~60 s、12~120 s、18~180 s、24~240 s、30~300 s、90~900 s 共 11 个规格。JS14 系列时间继电器如图 8-2-2 所示。

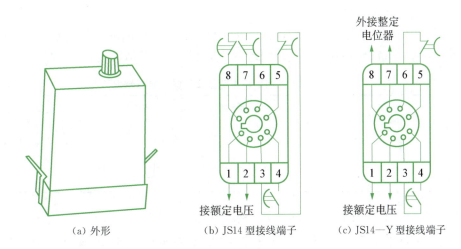

(a) 外形　　(b) JS14 型接线端子　　(c) JS14—Y 型接线端子

图 8-2-2　晶体管式时间继电器

项目八　时间继电器的认知与操作

3. 直流电磁式时间继电器

直流电磁式时间继电器是利用电磁线圈断电以后，磁通延缓变化的原理来获得延时时间的。为了达到延时目的，在电磁系统中增设阻尼圈，延时的长短由磁通衰减速度决定。其特点是结构简单、运行可靠，但延时时间短为 0.2～0.6 s，仅能在线圈断电时获得延时，只能用于直流电路和断电延时场合。

4. 双金属片式时间继电器

从热继电器项目中已经知道，由于热惯性的原因，双金属片在受热后慢慢弯曲，其触点动作有延时特性。双金属片时间继电器就是利用这个原理工作的，延时时间在 1 min 以内。双金属片时间继电器常用作星三角起动器的延时控制。

5. 时间继电器的选择与使用

时间继电器有通电延时与断电延时两种方式，应根据控制要求与特点选择。

延时要求不高且延时时间在 3 min 以内的场合，宜采用价格较低的 JS7-A 系列空气阻尼式时间继电器和晶体管式时间继电器，在选择时间继电器时候要根据控制电压，选择线圈电压等级和触点的型式。

延时时间精确度要求较高或者延时时间较长，可选择电动式时间继电器或者电子式时间继电器。而控制回路需要无机械触点输出时，可采用电子式时间继电器。

三、活动步骤

1. 各类时间继电器的识别

根据各类时间继电器类型的实物写出其名称与型号，并填入表 8-2-1 中。

表 8-2-1　各类时间继电器识别

型号	名称	延时时间范围

2. 时间继电器结构观察

观察各类时间继电器结构，结合其符号，在实物中找出对应的触头与线圈位置，写出各主要零部件的名称，测量触头的通断情况和状态（常闭或常开），并填入表 8-2-2 中。

表 8-2-2　时间继电器结构及触点通断情况

型号类型	瞬时触头数量	延时触头性质				主要零部件	
		名称	状态	名称	状态	名称	作用

3. 时间继电器的触头状态观察与延时时间的整定调节

根据各类时间继电器类型，模拟线圈通电、断电过程，观察测量延时触头与瞬时触头在动作与复位过程有无延时，并记录延时时间。如果延时时间过长或者过短，旋转时间调节螺钉，从粗到细的箭头方向表示时间延时时间调小；反之，延时时间增大。将观察到的结果填入表 8-2-3 中。

表 8-2-3(a)　通电延时时间继电器的触头状态表

型号	线圈通电开始（延时时间内）				线圈通电开始（延时时间以外）				延时时间/s
	瞬时触头		延时触头		瞬时触头		延时触头		
	常开触头	常闭触头	常开触头	常闭触头	常开触头	常闭触头	常开触头	常闭触头	

表 8-2-3(b)　断电延时时间继电器的触头状态表

型号	线圈断电开始（延时时间内）				线圈断电（延时时间以外）				延时时间/s
	瞬时触头		延时触头		瞬时触头		延时触头		
	常开触头	常闭触头	常开触头	常闭触头	常开触头	常闭触头	常开触头	常闭触头	

四、后续任务

1. 按下列要求，分别选择时间继电器的型式：
(1) 延时精度要高，时间长（1 h）。
(2) 延时精度要高，时间短（30 s）。
(3) 延时精度要高，时间短（30 s）。

2. 给你两个常开按钮和一个时间继电器，组成一个走廊或者楼梯公共自动延时照明电路。你认为选用什么类型时间继电器比较合适？画出电路图。

3. 画出延时触头的图形符号，并简单说明这些符号的特征。

4. 图 8-2-3 所示是电厂常用的闪光电源控制电路。当发生故障时，事故继电器 KA 的常开触点闭合，试分析图中信号灯 HL 发出闪光信号的工作原理。

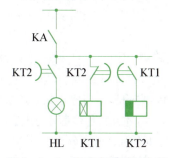

图 8-2-3　闪光电源控制电路

项目九　两台电动机顺序起动、逆序停止运行控制线路的认知与操作

活动一　两台电动机顺序起动、逆序停止运行控制线路图的识读

一、目标任务

1. 掌握顺序控制线路的结构特点与控制原理。
(1) 了解在主电路实现顺序控制的方法及特点。
(2) 熟悉在控制电路中实现顺序控制的方式、电路结构与工作原理。
① 掌握两台电动机顺序起动、同时停止线路结构与工作原理。
② 掌握两台电动机顺序起动、逆序停止运行线路结构与工作原理。
(3) 学习了解三台电动机顺序起动、逆序停止运行线路结构。
2. 能按照电气原理图及电动机功率，正确选择元器件型号、规格及数量。

二、相关知识

1. 两台电动机顺序起动、逆序停止运行控制线路

(1) 主电路实现顺序控制　图 9-1-1 所示是主电路实现顺序控制线路图。特点是电动机 M2 的主电路接在 KM（或 KM1）主触头下面，这些主触头可以直接控制电动机 M1 起停；M2 电动机还要受到接插器 X（或 KM2）控制。

图 9-1-1(a)所示的控制线路中，只有当 KM 主触头闭合，即电动机 M1 起动运转以后，电动机 M2 通过 X 才能接通电起动运转。电动机通电起动的顺序只能是由 M1 到 M2 的顺序，反过来则电动机不能起动。当 KM 主触头断开，电动机 M1 停止运行，电动机 M2 也自动停止。

机床主轴电动机 M1 在加工零件时会发出大量的热量，为防止刀具损坏，起动主轴电动机在加工零件之前必须先开冷却泵电动机 M2 提供冷却油；主轴电动机 M1 停止运行，冷却泵电动机 M2 也自动停止。

图 9-1-1(b)所示的控制线路中，用 KM2 主触头来代替图 9-1-1(a)接插器 X，KM2 主触头接在 KM1 主触头的下面，这样就保证了当 KM1 主触头闭合以后，电动机 M1 立即起动运转；电动机 M2 不能立即起动运转，它的起动与停止状态还要由 KM2 的主触头通断状态决定。即在主电路里实现：电动机 M1 先起动，才允许 M2 起动这样的"先与后"的起动顺序关系。

图 9-1-1(b)控制线路中，按钮 SB1、SB2 分别为 KM1、KM2 线圈的起动按钮，分别控制着主电路中 KM1 或 KM2 主触头的通断。如果先按下 SB2，接触器 KM2 线圈通电自锁，只有 KM2 主触头闭合，此时由于 KM1 主触头没有闭合，电动机 M1、M2 都不会起动运转；只有

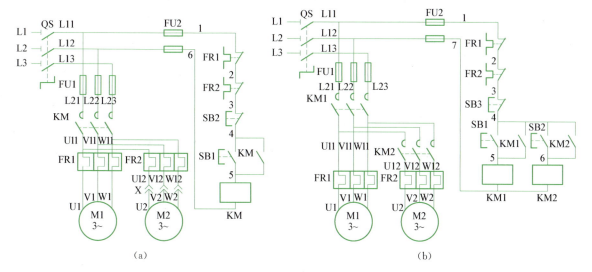

图 9-1-1 主电路实现顺序控制线路

先按下 SB1,KM1 线圈通电自锁,主触头闭合,电动机 M1 立即起动运转;再按下 SB2,KM2 线圈通电自锁,KM2 主触头闭合,电动机 M2 才能起动运转。电动机起动的操作顺序是:先按下 SB1 起动电动机 M1,再按下 SB2 起动电动机 M2。

按钮 SB3 为停止按钮,热继电器常闭触头 FR1、FR2 串联在一起,说明当两台电动机只要有一台发生过载,就能切断控制电路,电动机 M1、M2 均停止运转。

在电力拖动实际应用中,图 9-1-1(b)主电路实现顺序控制线路存在着不足:

① 操作顺序不当会造成两台电动机同时起动。如先按下 SB2、再按下 SB1,电动机 M1、M2 就会同时起动。

② KM1 主触头流过两台电动机电流,如果 KM1 主触头接触不良,会造成两台电动机同时缺相运行。

(2) 控制电路实现顺序控制 如采用控制电路实现顺序控制,就能避免上述问题,可以做到主电路结构对称,控制电路结构多样化,实现的控制功能也多样化。特点是:电动机 M1、M2 的主电路结构一样,接触器 KM1、KM2 的主触头分别独立控制电动机 M1、M2;控制电路的结构不一样,可以实现相同的功能,也可以是不同的功能。控制电路实现顺序控制的例子,如图 9-1-2 所示。

① M1 起动后 M2 才能起动,M1 和 M2 同时停。图 9-1-2(a)中,控制电动机 M2 的接触器 KM2,它的起动电路与 KM1 线圈并联后再与 KM1 的自锁触头串联,这样就保证了 M1 起动后,M2 才能起动的顺序要求。

线路的工作原理分析如下:合上电源开关 QS,则

M1 电机起动   SB1$^\pm$—KM1$^+_{自}$—M1$^+$

M2 电机起动   SB2$^\pm$—KM2$^+_{自}$—M2$^+$

停止   SB3$^\pm$—KM1$^-$、KM2$^-$—M1$^-$、M2$^-$

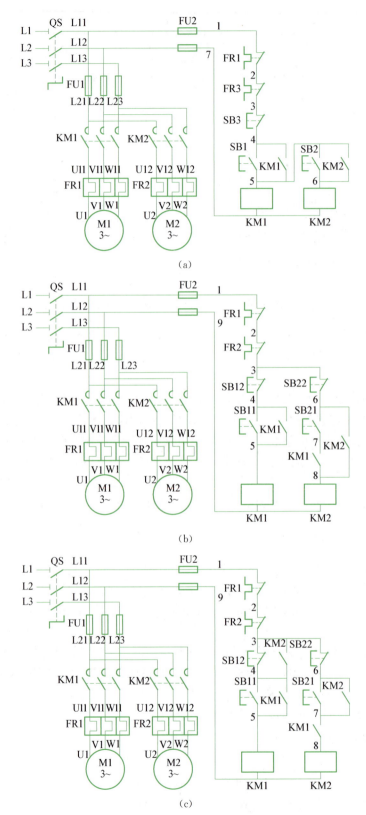

图 9-1-2 控制电路实现顺序控制线路

② M1 起动后 M2 才能起动，M1 和 M2 可以单独停。图 9-1-2(b)的主电路与图 9-1-2(a)相同，控制电路的原理也基本相同。不同的是电动机 M1 和 M2 可以实现单独停止控制。在 KM2 线圈电路中，串接了 KM1 辅助常开触头，保证只要 M1 电动机不起动，即 KM1 的主触头不闭合，也就是 KM1 线圈不通电，KM1 的辅助触头不闭合，KM2 的线圈也不能得电，电动机 M2 就无法起动。满足了起动要求。

另外，为了使电动机 M1 和 M2 实现单独停止，把 KM2 的自保触头并接在 6#线和 8#线之间。当按下 SB12 时，KM1 线圈断电，KM1 常开触头的断开就不会影响到 KM2 线圈的通电，保证了 M2 电机不停止；只有按下 SB22，KM2 线圈才断电，M2 电机停止，满足了停止要求。

线路的工作原理分析如下：合上电源开关 QS：

M1 电机起动　　　　　SB11$^±$—KM1$^+_{自}$—M1$^+$
M2 电机起动　　　　　　　　SB21$^±$—KM2$^+_{自}$—M2$^+$
M1 电机停止　　　　　SB12$^±$—KM1$^-$—M1$^-$
或 M2 电机停止　　　　SB22$^±$—KM2$^-$—M2$^-$

③ M1 起动后 M2 才能起动，M2 停后 M1 才能停。图 9-1-2(c)的控制线路也称电动机的顺序起动、逆序停止的控制线路。在控制电路中由 KM1 的常开辅助触头控制接触器 KM2 的自锁电路，体现了电动机由 M1 到 M2 的顺序起动控制。电动机 M1、M2 起动运行以后，由 KM2 的常开辅助触头与停止按钮 SB12 并联，由于 KM2 的常开辅助触头已经闭合，把电动机 M1 的停止按钮 SB12 短路了，所以要关断电动机 M1，就必须把 KM2 的常开辅助触头断开，即断开 KM2 的线圈，也就是先关断电动机 M2。从而实现了电动机起动先后顺序是由 M1 到 M2 顺序起动控制，停止的先后顺序是由 M2 到 M1 的逆序停止控制。

线路的工作原理分析如下：合上电源开关 QS，则

M1 电机起动　　　　　SB11$^±$—KM1$^+_{自}$—M1$^+$
M2 电机起动　　　　　　　　SB21$^±$—KM2$^+_{自}$—M2$^+$
M2 电机停止　　　　　SB22$^±$—KM2$^-$—M2$^-$
M1 电机停止　　　　　　　　SB12$^±$—KM1$^-$—M1$^-$

2. 三台电动机顺序起动、逆序停止运行控制线路

图 9-1-3 所示为三台电动机顺序起动、逆序停止运行控制线路图。

三台电动机的主电路完全一样。在控制电路当中，每一级电路拆分后均可看成是接触器自锁控制，原理与两台电动机顺序起动、逆序停止运行控制线路相同。前一级电路的接触器常开触头串入了下一级电路，所以形成了顺序起动。由于下一级电路的接触器常开触头并在了上一级电路的停止按钮的两端，所以形成了逆序停止。另外，KA 是中间继电器，在这里的作用仅仅是解决了 KM2 常开辅助触头数量不足的问题，KA 的常开辅助触头与 KM2 常开辅助触头的功能完全一样。

三、活动步骤

按照图 9-1-2(c)两台电动机顺序起动、逆序停止运行控制线路的电气原理图，并按给定

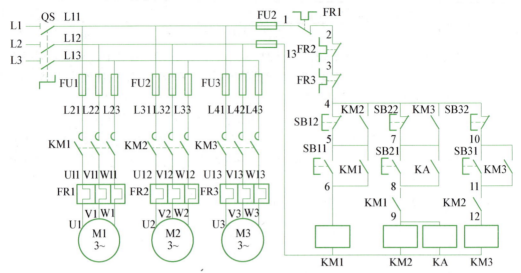

图 9-1-3 三台电动机顺序起动、逆序停止运行控制线路

的电动机功率选择元器件型号、规格及数量,填入表 9-1-1 中。

表 9-1-1 元器件明细表(学生自行选择)

代号	名称	型号	规格	数量
M1	三相异步电机	Y132S—4	1.5 kW、380 V、2.8 A、△接法、1 440 r/min	1
M2	三相异步电机	Y112M—4	4 kW、380 V、8.8 A、△接法、1 440 r/min	1
QS				
FU1				
FU2				
KM1				
KM2				
SB				
FR1				
FR2				
XT				

(1) 问题讨论:上述元器件明细表中,哪个交流接触器可以用 JZ—7 系列中间继电器代替?如果使用中间继电器,那么型号、规格怎样确定?

(2) 按照表 9-1-1,确定热继电器 FR1、FR2 的整定电流,并在通电试车时候注意校验。

四、后续任务

思　　考

1. 什么是顺序控制？常见的顺序控制有哪些？为什么在控制电路里实现顺序控制比主电路实现顺序控制好？

2. 有一台三级皮带运输机，每级皮带运输机分别由三台交流异步电动机 M1、M2、M3 带动，要求按下列顺序依次起动：M1 起动后，M2 才能起动；M2 起动后，M3 才能起动。停止时，M3 停止后，M2 才能停止；M2 停止后，M1 才能停止。请设计此控制线路。

3. 在空调设备中，风机 M1 与压缩机 M2 工作情况有下列要求：
①先开风机 M1 再开压缩机 M2；②压缩机 M2 可以自由停转；③风机 M1 停止转动时，压缩机 M2 随即自动停止转动。

试为这个系统设计一个完整的控制线路。

活动二　两台电动机顺序起动、逆序停止运行控制线路的装接与调试

一、目标任务

1. 学习两台电动机顺序起动、逆序停止运行控制电路结构，掌握控制线路安装的具体方法。

2. 能自编安装工艺步骤和工艺要求，在规定的时间里完成控制线路装接与调试。

二、相关知识

1. 控制线路结构分析

参照图 9-1-2(c) 两台电动机顺序起动、逆序停止运行控制线路中，为了使安装简单，可以将整个控制线路分成 3 个相对独立部分安装。

将控制电路分解成两个部分：一是按钮与接线端子连接电路图，如图 9-2-1 所示。可以将按钮内部的 3 号、4 号、6 号线先接好，然后将 3、4、5、6、7 共 5 根线引向接线端子的一侧，另一侧相同号码的 5 根线来自图 9-2-2 所示的除按钮以外的控制电路，对号相连接。二是除按钮以外的控制电路。这部分电路比较简单，直接在电器的接线柱上连接好后，要注意引线的走向及引向接线端子的一侧 3、4、5、6、7 共 5 根线与按钮侧的对号相连接检查。至此，整个控制电路部分安装完毕。

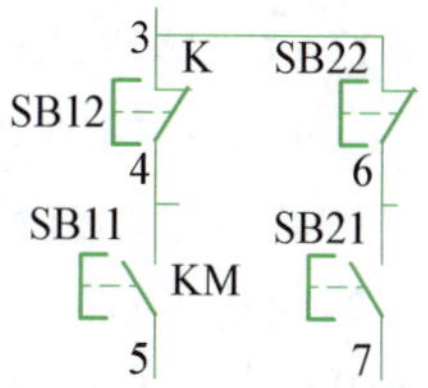

图 9-2-1　按钮与接线端子连接图

最后，独立安装主电路，如图 9-2-3 所示。

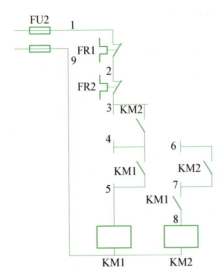
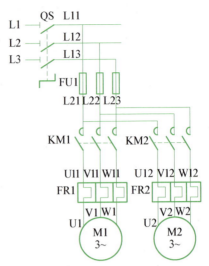

图 9-2-2 除按钮以外的控制电路　　　　图 9-2-3 控制线路的主电路

2. 安装调试注意事项

通电试车前,应熟悉线路的操作顺序,即先合上电源开关 QS,然后按下 SB11 后,再按下 SB21 顺序起动电动机 M1 和 M2;按下 SB22 后,再按下 SB12 后逆序停止电动机 M1 和 M2。

通电试车时,注意校验热继电器的动作整定电流,观察电动机、各元器件及线路工作是否正常。如发现异常情况,必须立即切断电源开关 QS,因为本线路需要顺序按下两次停止按钮 SB22、SB12 才能关断电路。

三、活动步骤

1. 具体操作

① 识读图 9-1-2(c)两台电动机顺序起动、逆序停止运行控制线路电气原理图,核对选择元器件。

② 准备所需元器件,并检验。

③ 绘制平面布置图,经老师检验合格,在控制板上按图排列、固定元器件,并贴上醒目的文字符号。具体安装工艺步骤和工艺要求可参照前面的项目做法。

④ 按图接线,接线的先后顺序可参考本项目相关知识部分。

⑤ 根据电路图,检查控制板布线的正确性。

⑥ 连接电动机及保护接地线。

⑦ 自检、校验。安装完毕后,必须经过认真检查以后,才允许通电试车,以防止错接、漏接造成短路事故或不能正常运行。

⑧ 整理板面和工位。

⑨ 连接电源、通电试车。为保证人身安全,在通电试车时,要认真执行《电工安全作业规程》。一人监护,一人操作。试车前应仔细检查与试车有关的电气设备是否有不安全因素,若有,应立即整改,然后才能试车。通电试车前,必须征得指导教师同意并监护,由教师接通电源。

2. 安全注意事项
① 进入实训场必须穿戴好劳保用品。
② 安装时,用力不要太猛,以防螺钉打滑或损坏元器件的底座。
③ 试车时,符合试车顺序,并严格遵守安规。
④ 人体与电动机旋转部分保持适当距离。
⑤ 故障检修时执行停电作业,如发现异常情况,必须立即切断电源开关 QS。

四、后续任务

1. 参照表 9-1-1 两台电动机顺序起动、逆序停止运行控制线路装调活动评价表,在安装工艺质量、安装正确性、安装时间及安全文明生产 4 个方面对于成功与不足进行自我评价,写出自评报告。

2. 图 9-2-4 所示为电动机顺序起动逆序停止运行控制线路。安装本线路,并回答下列问题:

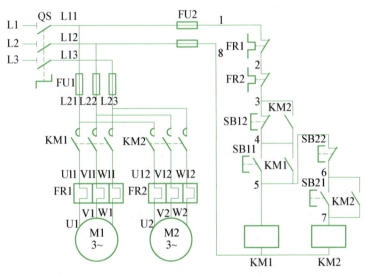

图 9-2-4 两台电动机顺序起动逆序停止控制线路

(1) 分析线路的工作原理。
(2) 与图 9-1-2(c)控制电路实现顺序控制电路图相比较,电路结构有什么不同?
(3) 如果电路中的 M1 电动机能正常起动,而 M2 电动机无法起动,试分析可能发生的故障。
(4) 如果电路中的 M1 电动机不能正常起动,试分析可能发生的故障。

活动三 两台电动机顺序起动、逆序停止运行控制线路故障检修

一、目标任务

熟悉两台电动机顺序起动、逆序停止运行控制线路故障判断与检修方法。

二、相关知识

图 9-1-2(c)两台电动机顺序起动、逆序停止运行控制线路中,由于顺序起动的特点,电动机 M1 起动后才能起动电动机 M2,如电动机 M1 无法起动即接触器 KM1 线圈不通电,就无法起动电动机 M2;同样地,由于逆序控制的特点一旦电动机 M2 起动后,电动机 M1 就无法用按钮 SB12 关断。电动机起动运转与接在主电路里的接触器主触头闭合、对应接触器线圈通电(流)的状态一致,可以将电动机先后起动与停止的关系描述为线圈的通电与断电的关系。电动机 M1 到 M2 的顺序起动控制,也就是 KM1 线圈与 KM2 线圈通电的先后顺序关系;电动机 M1 到 M2 的逆序停止控制,也就是接触器 KM2 线圈与 KM1 线圈断电的先后顺序关系。从这个关系上看,电动机起动与停止的状态是个现象,接触器线圈的通电与断电状态是本质。在分析故障原因时候,要紧紧围绕着控制原理及特点展开,往往是一个故障现象,有多个可能的原因。

在设置模拟故障时,重点在控制电路上。但也要考虑主电路上的设置,事实上由于主电路大电流的特点,故障出现可能性比控制电路多。故障设置要接近实际可能性,包括电器触点接触不良、线头脱落、熔体熔断、热元件烧断、接触器线圈烧毁或短路等。

为保证人身安全,先在断电状态下用万用表电阻挡测试,确认主电路、控制电路无短路故障以后,征得指导教师同意下,一人监护,一人通电操作。首先断开电源开关 QS,取出熔断器 FU2 内的熔体。将主电路、控制电路两者回落隔离,对主电路、控制电路进行测试。若有,就可以在断电状态下进行故障的排除。若无,可以考虑用通电试验法观察故障现象,初步判定故障范围,然后围绕着顺序起动、逆序停止控制原理及特点缩小故障范围,直至故障排除。

三、活动步骤

1. 已经安装完成的学员相互模拟故障,换位交叉排故练习。
(1) 设置故障。30 min 三个故障点。
(2) 换位交叉排故。
① 确认主电路、控制电路有无短路故障。如有,就可以在断电状态下进行故障的排除。
② 若无短路故障,通电试验顺序起动、逆序停止操作。
③ 观察故障现象,初步判定故障范围。
④ 排除故障,检修完毕,进行通电空载校验或局部空载校验。
⑤ 校验合格,通电正常运行。
2. 观察记录故障现象、判断记录故障部位及可能故障原因、检查故障点,并记录于表 9-3-1 中。

表 9-3-1 顺序电气控制线路排故记录

序号	故障现象	分析可能故障原因范围	故障点

四、后续任务

图 9-1-2(c)两台电动机顺序起动、逆序停止运行控制线路中,根据下列不同的故障现象,试分析原因,提出检修的方法、步骤。

(1) M1 电动机能起动运行,M2 电动机无法起动。

(2) 按住 SB11 按钮后再按下 SB21 按钮,电动机 M1、M2 都能起动运行,但松开 SB11 按钮后,两台电动机都停转。

(3) 电动机 M1 工作正常,当电动机 M2 明显过热时,两台电动机都停转。

项目十　三相异步电动机延时起动、延时停止控制线路的认知与操作

活动一　三相异步电动机延时起动、延时停止运行控制线路图的识读

一、目标任务

1. 进一步学习了解中间继电器、时间继电器在控制线路中的作用；理解顺序控制、联锁控制与自锁控制在控制线路中的应用。
2. 掌握三相异步电动机延时起动、延时停止控制线路的控制原理及分析。
3. 能按照电气原理图及电动机功率，正确选择元器件型号、规格及数量。

二、相关知识

图 10-1-1 所示为三相异步电动机延时起动、延时停止控制线路。在控制电路中，用了一个接触器 KM，作电机 M 起停控制用；一个热继电器 FR，作电机 M 的过载保护；一个起动按钮 SB1 和一个停止按钮 SB2，作电机 M 的起动和停止控制信号；一个中间继电器 KA 作起动和停止的控制信号传递和分配用。起动延时结束，为 KT2 线圈续电，并接通 KM 线圈，停止时，切断 KT2 线圈电源，实现断电延时。一个通电延时时间继电器 KT1，作起动延时用；一个断电延时时间继电器 KT2，作停止延时用。

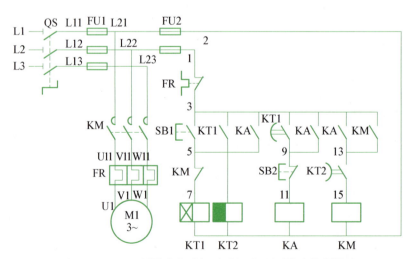

图 10-1-1　三相异步电动机延时起动、延时停止控制线路

(1) 电机 M 延时起动　按下起动按钮 SB1，KT1 线圈通电，KT1 瞬动常开触头马上闭合，KT1 线圈自保，KT1 延时常开触头开始延时；同时，KT2 线圈也通电，KT2 延时断开常开触头马上闭合，为 KM 线圈通电准备；待 KT1 延时结束，KT1 延时常开触头闭合，KA 线圈通电，自保，为 KT2 线圈续电，并接通 KM 线圈；KM 线圈通电后，其常闭触头断开 KT1 线圈，KT1 的瞬动常开触头和延时常开触头都马上复原断开；KM 自保常开触头闭合，KM 线圈自保，KM 主触头闭合，电机 M 起动运行。

(2) 电机 M 延时停止　按下停止按钮 SB2，KA 线圈失电，自保解除，KT2 线圈也断电。KT2 延时断开，常开触头开始延时断开，当 KT2 延时结束，KM 线圈失电，自保解除，KM 主触头断开，电机 M 停止运行。

控制线路的工作原理（符号法）分析：合上电源开关 QS，则

电机 M 延时起动　　　SB1$^\pm$—KT1$^+_{自}$—△t1—KA$^+_{自}$—KM$^+_{自}$—KT1$^-$—M$^+$
　　　　　　　　　　　　　　　　　　　｜　　　　　｜
　　　　　　　　　　　　　KT2$^+$————————

电机 M 延时停止　　　SB2$^\pm$—KA$^-$—KT2$^-$—△t2—KM$^-$—M$^-$

三、活动步骤

1. 对图 10-1-1 所示的三相异步电动机延时起动、延时停止控制线路的工作原理分析，讨论并回答如下问题。

(1) 分析电气控制线路的工作原理。可用符号法或口头描述。

(2) 试分析中间继电器 KA 有什么作用？

(3) 如果 KT1 时间继电器的延时触点和 KT2 时间继电器的延时触点互换，这种接法对电路有何影响？

(4) 如果 KT1 时间继电器线圈和 KT2 时间继电器线圈互换，这种接法对电路又有何影响？

2. 电路元器件的选择

按照图 10-1-1 电动机延时起动、延时停止控制线路的电气原理图，将给定的电动机功率选择元器件的名称、型号、规格及数量，填入表 10-1-1 中。

表 10-1-1　元器件明细表（学生自行选择）

代号	名称	型号	规格	数量
M1	三相异步电机	Y132S—4	1.5 kW、380 V、2.8 A、△接法、1 440 r/min	1
QS				
FU1				
FU2				
KM				
KA				
KT1				

续表

代号	名　称	型　号	规　格	数量
KT2				
FR				
SB				
XT				

四、后续任务

图 10-1-2 所示是三相异步电动机延时起动、延时停止控制线路，试分析回答下列问题：

（1）分析线路的工作原理；

（2）电动机的起动延时、停止延时控制分别是哪个时间继电器控制？

（3）指出控制电路中顺序控制、联锁控制、自锁控制环节。

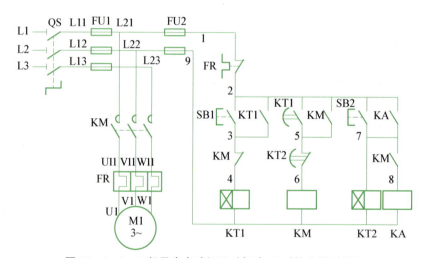

图 10-1-2　三相异步电动机延时起动、延时停止控制线路

活动二　三相异步电动机延时起动、延时停止运行控制线路的装接与调试

一、目标任务

1. 学习电动机延时起动、延时停止运行控制电路结构，掌握控制线路安装的具体方法。
2. 能自编安装工艺步骤和工艺要求，在规定的时间里完成控制线路装接与调试。

二、相关知识

1. 控制线路结构分析

在安排图10-1-1所示控制线路的电器元件时,要充分考虑连接同一连接点连接元件较多的特点(如图中的2号、3号、5号点),使同一个连接点尽可能在同一方向或者同一侧,以减少导线连接时的交错;为减少接线时出错,避免被其他导线或连接点的干扰,在空白电路板上可按"先难、繁,后容易、简单的连接点"的顺序接线,不一定要按照电路上连接点号的顺序接线,但要明确接点连接的先后顺序。

3号接点与8个电器元件相连,理论上将这些元件连通成等电位点至少需7根导线,考虑到SB1的3号端与接线端子相连,共需8根连线。这8个电器元件是:中间继电器KA 3个常开触头的一侧;时间继电器KT1 2个触头的一侧;接触器KM的自锁触头与热继电器FR的常闭触头各一侧;还有与按钮SB1常闭触头相连通来自接线端子的另一侧。在这其中,KA有3个2号接点在同一个电器上,KT1有2个3号接点在同一电器上,可以就近布线,但要适当考虑5号接点的影响。因为5接号点比较多,除与3号接点有关联3个元件外,还与KM常闭触头、KT2线圈的一侧相连接。

根据图10-1-1原理图,一旦3号点确定下来,接点1、5、9、13的位置就自动从3号点的另一侧位置确定下来。

完成对5、9、13号点接线以后,为保证接线准确,再进行核查。

按钮的接线比较简单,从SB1上引出2、3号两根导线,从SB2上引出9、11两根导线直接连接接线端子,与来自控制电路板面的相同号码的端子连接即可。

最后再安装主电路。

2. 电气控制线路或电气控制线路的安装、接线和调试

步骤和注意事项如下:

① 熟悉电气控制线路图的工作原理。

② 确定所需电器的型号,并选择,了解电器结构及各部件与图形符号的关联。

③ 在安装板或控制箱上进行电器布置。布置基本原则是:按电气原理图中主电路的通电顺序排列。一般开关或熔断器在最上面一排,第二排放交流接触器,旁边放继电器。其中,热继电器用能与接触器直接组合最佳,最下一排放接线端子;按钮或组合开关或指示灯作为外接器件布置在专门的区域,与电器连接需通过接线端子;电源进入或输出至电动机,也要经过接线端子;在电器的周围要安装走线槽,各电器之间的连接导线需经过走线槽。

布置安装电器后,形成的图就是基本的电器布置图。在电器布置图内,要反映电器的真实布置位置、大小和安装尺寸,电器安装方式和尺寸。

④ 主电路连接导线截面需按负荷计算选择。L1、L2、L3相线分别用黄、绿、红颜色,或全部红色;N中心线为淡蓝色;PE接地线为黄绿色,采用塑铜绝缘导线,导线端头需安装接线叉片或接线鼻;辅助电路连接导线一般为1.5 mm^2或1.0 mm^2导线,颜色为黑色,采用塑铜绝缘软导线或软硬线(如BVR-1.5/7系列塑铜软导线),导线端头需装接线端头。

⑤ 线路连接时,每个电器连接端点只能接两根导线。电气装置连接导线端头,还应套上有电气节点编号的套管,电器连接端头必须牢靠。电器间的连接导线必须从走线槽中行走,并留有适当的裕量,供以后维护或维修用。

⑥ 按电气原理图进行连接,可先接主电路,然后接辅助电路(也可视情况,先接辅助电路,后接主电路)。辅助电路连接时,可优先考虑电位(或节点)连接法,即在同一电位的导线全部连接完后,才连接下一个电位导线。连接线比较多的电气节点,在连接该节点前,需按就近原则筹划安排电器连接端口的连接导线。

⑦ 线路连接完成,首先应检查控制线路连接是否正确,然后通电试验,观察动作是否满足功能要求。直到完全满足控制要求为止。

在通电前,检查控制线路连接基本正确后,先用万用表电阻 100 Ω 挡,测量控制电路的电源进线两端。如电阻为很大或无穷大,表明正常;如电阻为零或有阻值,表明控制电路短路或有接错问题,应检查连接导线是否错误,直到正常为止。然后,可通电试验,观察动作是否满足功能要求,不满足,应排故,直到完全满足控制要求为止。

三、活动步骤

1. 在模拟电器接线装置上,进行如图 10-1-1 的电动机延时起动、延时停止运行控制线路的接线练习。时间应为 30 min。

2. 在安装板上进行图 10-1-1 的用中间继电器的电动机延时起动、延时停止运行控制线路的安装接线和调试。时间应为 180 min。

① 分析图 10-1-1 电气控制线路图,熟悉工作原理。

② 核对表 10-1-1 中已选择的元器件,按要求整定好时间继电器的延时时间与热继电器的动作电流(控制线路 Y132S—4,1.5 kW,380 V,2.8 A、△接法、1 440 r/min)。采用如下电器:漏电开关 QS DZ47LE—32/3P, C6 一只;熔断器 FU1 RT18/6 A 三只;熔断器 FU2 RT18/2 A 两只;交流接触器 KM CJ20—10/线圈 380 V 一只;热继电器 JR16B—20/3D 3.5 A 一只;中间继电器 JZ7—44 380 V 一只;通电延时时间继电器 JSZ3C/线圈 380 V 一只;断电延时时间继电器 JSZ3F/线圈 380 V 一只;三联按钮盒 LA20—11/2H 一只;主电路接线端子 X1 十节;辅助电路接线端子 X2 五节;走线槽若干;BVR—1.0/7 系列塑铜软导线若干。

③ 绘制确定电器平面布置图,经老师检验合格,或参阅图 10-2-1 的电器布置图。然后,进行安装前准备工作,领取检测器材和工具。接着,在控制板上按图安装电器,排列固定元器件,并贴上醒目的文字符号。

④ 按照图 10-1-1 连接控制线路。可先主电路,后辅助电路(也可视情况,先接辅助电路,后接主电路)。也可参阅图 10-2-2 的电气

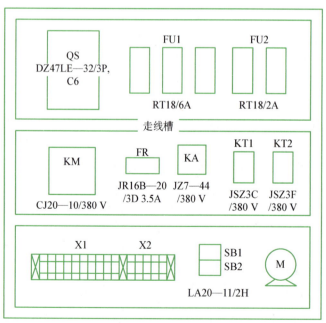

图 10-2-1 三相异步电动机延时起动、延时停止控制线路电器布置图

接线图连接,图中采用的相对标号法。

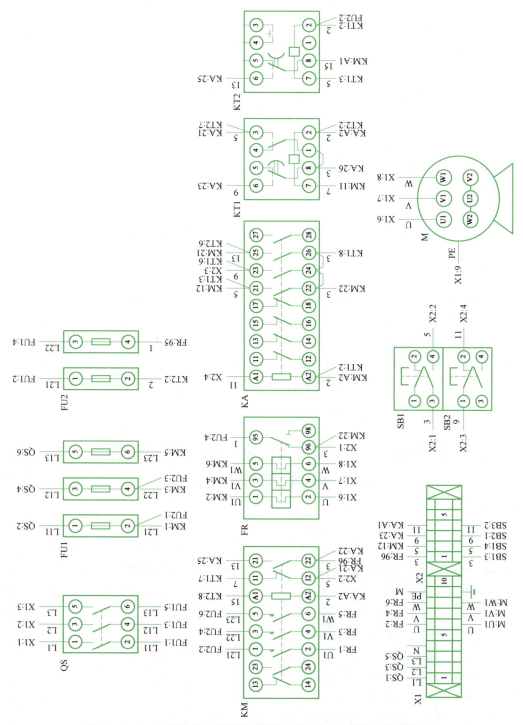

图 10-2-2　三相异步电动机延时起动、延时停止控制线路安装接线图

⑤ 线路连接完成,首先应检查控制线路连接是否正确。然后先不通电,用万用表电阻

100 Ω 挡,测量控制电路的电源进线两端,如电阻为很大或无穷大,表明正常。如电阻为零或有阻值,表明控制电路短路或有接线问题,应检查连接导线是否错误,直到正常为止(电阻为很大或无穷大)。再通电试验(必须征得带教教师的同意后),观察动作情况,直到完全满足控制要求为止。最后,连接电动机及保护接地线进行联机试运行。

⑥ 控制线路安装调试结束,先自评,填写安装调试报告;然后,学生可互评或带教教师评价,记录成绩。仔细拆卸整理练习器材,保持完整和完好。最后,打扫工作场所。上述工作完成情况,都可记入,作为活动成绩。

3. 操作安全注意事项
① 进入实训场必须穿戴好劳保用品。
② 安装时,用力不要太猛,以防螺钉打滑或损坏元器件的底座。
③ 试车时,符合试车顺序,并严格遵守安规。
④ 人体与电动机旋转部分保持适当距离。
⑤ 故障检修时执行停电作业,如发现异常情况,必须立即切断电源开关 QS。

四、后续任务

1. 如图 10-1-1 所示电动机延时起动、延时停止运行控制线路中,如果电路出现只能延时启动,不能延时停止控制,试分析接线时可能发生的故障现象。

2. 参照电动机延时起动、延时停止运行控制线路装调活动,在安装工艺质量、安装正确性、安装时间及安全文明生产 4 个方面对于成功与不足进行自我评价,写出自评报告。

3. 绘制图 10-1-1 三相异步电动机延时起动、延时停止控制线路的平面布置图,写出控制电路接线的先后顺序。

活动三　三相异步电动机延时起动、延时停止运行控制线路故障的分析和排除

一、目标任务

熟悉三相异步电动机延时起动、延时停止控制线路故障判断与检修方法

二、相关知识

1. 排故基本步骤及方法
① 熟悉电气控制线路图的工作原理和控制线路的动作要求顺序。
② 观察故障现象,(通电试验)并能记录描述。
③ 判断产生故障的原因及范围,并能分析记录。
④ 查找故障点,并能记录查找结果。
⑤ 排除故障。试验运行控制线路正常为止,并记录故障点。

2. 三相异步电动机延时起动、延时停止控制线路故障的检查思路
(1) 按下 SB1,KT1 和 KT2 都不动作,电动机没有延时起动　应检查电动机起动电路的

前后电源电路(即公共电路)。故障范围分析:L2#—QS(L2相)—L12#—FU1(L2相)—L22#—FU2(L2相)—1#—FR常闭触头—3#—……—2#—FU2(L1相)—L21#—FU1(L1相)—L11#—QS(L1相)—L1#。

(2) 首先应观察,按下SB1,KT1或KT2动作是否正常 KT1不动作,故障范围分析:SB1(5#)—5#—KM常闭触头—7#—KT1线圈—2#—FU2(2#);如KT2不动作,故障范围分析:SB1(5#)—5#—KT2线圈—2#—FU2(2#)。如KT1或KT2没有自保,故障范围分析:3#—KT1瞬动常开触头—5#。

(3) 其次应观察,按下SB1,KT1延时结束后,KA动作是否正常 如KA不动作,故障范围分析:3#—KT1延时常开触头—9#—SB2常闭触头—11#—KA线圈—2#—FU2(2#);如KA动作,但没有自保,故障范围分析:3#—KA常开触头—9#。

(4) 最后应观察,KA动作后,KM动作是否正常 如KM不动作,故障范围分析:3#—KA常开触头—13#—KT2延时断开常开触头—15#—KM线圈—2#—FU2(2#);如KM动作后,按下SB2,KM没有延时停止,故障范围分析:3#—KM常开触头—13#。

(5) 如按下SB1,KM能动作,电动机M缺相不能正常起动 故障范围分析:L3—QS(L3相)—L13#—FU1(L3相)—L21#、L22#、L23#—KM主触头(三相)—U1#、V1#、W1#—FR热元件(三相)—U#、V#、W#—电动机三相绕组。

3. 三相异步电动机延时起动、延时停止控制线路(图10-3-1)

电气方面的故障原因分析与描述示例,见表10-3-1。

表10-3-1 三相异步电动机延时起动、延时停止控制线路的常见故障分析与描述示例

序号	故障现象	故障可能范围	故障点示例
1	按下SB1,KT1和KT2都不动作,电动机没有延时起动	L2#—QS(L2相)—L12#—FU1(L2相)—L22#—FU2(L2相)—1#—FR常闭触头—3#—SB1常开触头—5#—2#—FU2(L1相)—L21#—FU1(L1相)—L11#—QS(L1相)—L1#	① FU2(L1相)断路 ② 1#导线断开 ③ SB1常开触头断开
2	按下SB1,KT1不动作,电动机没有延时起动	SB1(5#)—5#—KM常闭触头—7#—KT1线圈—2#—FU2(2#)	① 7#导线断开
3	按下SB1,KT1延时结束后,KA不动作,电动机没有延时起动	3#—KT1延时常开触头—9#—SB2常闭触头—11#—KA线圈—2#—FU2(2#)	④ SB2常闭触头断开 ⑤ KA线圈断路
4	按下SB1,KT1延时结束后,KA动作,KM不动作,电动机没有延时起动	3#—KA常开触头—13#—KT2延时断开常开触头—15#—KM线圈—2#—FU2(2#)	① 15#导线断开 ② KM线圈断路
5	按下SB1,KM能动作,电动机M缺相不能正常起动	L3—QS(L3相)—L13#—FU1L3相)—L21#、L22#、L23#—KM主触头(三相)—U11#、V11#、W11#—FR热元件(三相)—U#、V#、W#—电动机三相绕组	① FU1(L3相)断路 ② U11#导线断路

排故举例

图10-1-1中,假设KA的线圈断开。

1. 先通电试验,观察故障现象

按起动按钮SB1,KT1和KT2动作,KT1延时后,KA不动作,电动机没有延时起动。

2. 故障现象描述并书写

按起动按钮SB1,KT1延时后,KA不动作,电动机没有延时起动。

3. 故障范围判断

KA通电动作电路。从3#—KT1延时常开触头—9#—SB2常闭触头—11#—KA线圈—92#—FU2(2#)。

4. 故障点检查

用电压法。通电情况下,用万用表电压AC500 V挡,先检查控制电路。按前述图5-3-2所示意的电压法检查方法。此排故举例的检查过程,如图10-3-1所示。

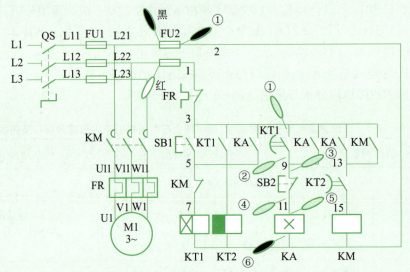

图10-3-1　电动机延时起动、延时停止控制线路排故举例电压法故障分析示意图

5. 按故障现象和故障范围分析

起动后,黑表棒置于FU2(9#)不动,红表棒依次按①②③④⑤移动,电压表应显示电压为380 V,表明红表棒所置位置前的导线或电器部件是好的。查到第⑤步,电压表显示电压为380 V,则红表棒置KA线圈(11#)处不动;第⑥步,黑标棒移置KA线圈(2#)处,电压表仍显示电压为380 V,表明KA线圈有电压不动作。因此,排故举例的故障点是KA线圈坏。

6. 故障点记录

KA线圈断开损坏。

排除以后,再通电检查,电路正常。

三、活动步骤

1. 对于已经安装完成的学员相互模拟故障,换位交叉练习排故。(或在模拟排故装置上)
（1）设置故障。
（2）换位交叉排故。
① 确认主电路、控制电路有无短路故障。如有,就可以在断电状态下排除故障。
② 若无短路故障,通电试验延时起动、延时停止操作。
③ 观察故障现象,初步判定故障范围。
④ 排除故障,检修完毕,通电空载校验或局部空载校验。
⑤ 校验合格,通电正常运行。

2. 观察记录故障现象、判断记录故障部位及可能故障原因、检查故障点,并记录于表 10-3-2 中。

表 10-3-2 延时起动停止电气控制线路排故记录

序号	故障现象	分析可能故障原因	故障点

四、后续任务

进一步分析图 10-3-1 所示电动机延时起动、延时停止运行控制线路的故障现象,初步判定故障范围,写出故障位置与原因,并将具体操作的结果填在表 10-3-2 中。

项目十一 液压机床滑台运动及动力头工作电气控制线路安装、调试

液压机床滑台运动及动力头工作电气控制线路是上海市电工中级工技能鉴定电气控制项目内容之一，电气控制项目的要求是根据考核图进行控制电路接线，能用仪表测量调整和选择元件，板面导线经线槽敷设，线槽外导线须平直，各节点必须紧密，接电源、电动机及按钮等的导线必须通过接线柱引出，并有保护接地或接零。装接完毕后，提请监考到位通电试车，能熟练地调试电路，如遇故障自行排除。

活动一 液压机床滑台运动及动力头工作电气控制线路图的识读

一、目标任务

掌握液压机床滑台运动及动力头工作电气控制线路图的识读。

二、相关知识

液压机床滑台运动及动力头工作电气控制线路，如图 11-1-1 所示。

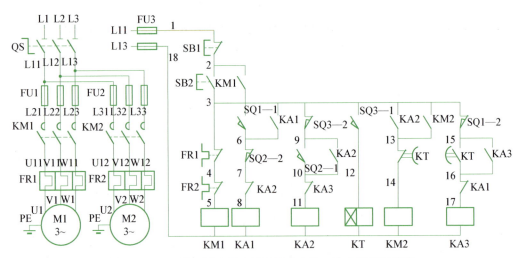

图 11-1-1 液压机床滑台运动及动力头工作电气控制线路

某机床滑台在原位，SQ1 被压。按起动按钮 SB2 后，KM1 得电，液压泵电机 M1 起动运行；同时电磁阀 KA1 得电，滑台开始快进（SQ1 复位）；当滑台快进至 SQ2 后，电磁阀 KA2 得电，滑台开始工进（SQ2 复位），同时 KM2 得电，动力头电动机 M2 起动运行；当滑台工进至终点，SQ3 被压后，滑台停止；延时 2 s 后，KM2 失电，动力头电动机 M2 停止，电磁阀 KA3 得电，

滑台快退（SQ3复位）；滑台快退至原位，SQ1被压，KA1再次得电，滑台又开始快进；……进入循环运行。当按停止按钮SB1后，滑台立即停止工作。

这是一套机床液压和电控结合的控制系统。机床滑台运动靠液压系统，液压系统的液压由液压泵提供，液压系统产生的动作由电磁阀控制。电磁阀是一种由电磁机构（包括线圈、铁芯）控制通断的阀门，能实现液电的结合。用中间继电器KA来模拟动作，实现信号传递。另外，还用到了通电延时的时间继电器KT。KT线圈得电后，延时机构开始延时。当延时结束后，延时常闭触点断开，延时常开触点闭合。KT线圈失电后，触点马上恢复原状。机床滑台运动到各点位均由限位开关SQ检测，发出转换信号。

工作原理分析如下：

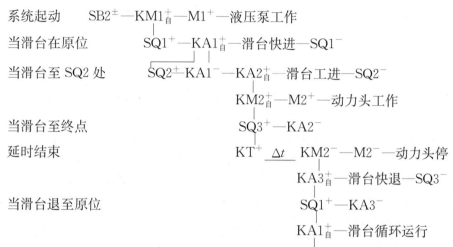

当滑台需停止　SB1±—KA1⁻ 或 KA2⁻ 或 KA3⁻、KM1⁻（KM2⁻）—M1⁻（M2⁻）—滑台停止

上述符号分析法中，KT⁺△ 表示时间继电器的通电延时；如是断电延时，则用 KT⁻△ 表示。

三、活动步骤

分析图11-1-1所示的液压机床滑台运动及动力头工作电气控制线路。
1. 能知晓描述动作步骤，口头或符号法描述电气控制线路的原理。
2. 回答下列问题：
（1）如果取消限位开关SQ1—1，对电路有何影响？
（2）如果电路只能启动滑台快进，不能工进，试分析接线时可能发生的故障。
（3）液压泵电动机若不能工作，动力头电动机是否能继续运行，为什么？
（4）时间继电器损坏后，对电路的运行有何影响？

四、后续任务

1. 了解电磁阀的作用。
2. 了解时间继电器的作用和工作原理。
3. 某工作台的前进和后退是用电动机的正反转控制的。当电动机正转使工作台前进至终点时，停留时间为3 s后自动后退，后退至原位时停车。试设计工作台的自动控制线路（要附行程开关布置图）。

活动二　液压机床滑台运动及动力头工作电气控制线路装接、调试

一、目标任务

掌握液压机床滑台运动及动力头工作电气控制线路的装接、调试。

二、相关知识

液压机床滑台运动及动力头工作电气控制线路的安装、接线的步骤和注意事项，如前单元三项目十活动二所述。

三、活动步骤

进行液压机床滑台运动及动力头工作控制线路的安装接线和调试。时间应为 80 min。

1. 分析图 11-1-1 电气控制线路图，熟悉工作原理。
2. 确定选择所需电器的型号和规格。假设电机为 2.2 kW 以下，电流估计为 5 A。

本控制线路 Y132S—4(1.5 kW、380 V、2.8 A、△接法、1 440 r/min)，采用电器：漏电开关 QS DZ47LE—32/3P，C6 一只；熔断器 FU1　RT18/6 A 三只；熔断器 FU2　RT18/2 A 两只；交流接触器 KM　CJ20—10/380 V 一只；中间继电器 JZ7—44 380 V 三只；热继电器 JR16B—20/3D 3.5 A 两只；时间继电器 JS7—2 A 线圈电源 380 V；二联按钮盒　LA20—11/2H 一只；限位开关　JLXK1—311 三只；主电路接线端子 X1 15 节；辅助电路接线端子 X2 15 节；走线槽若干；BVR—1.0/7 系列塑铜软导线若干。

3. 按照如图 11-2-1 的电器布置图，布置安装电器。

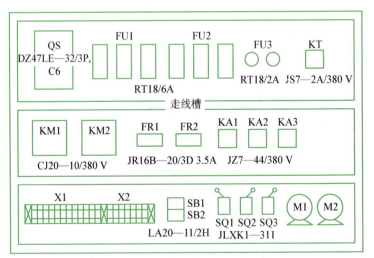

图 11-2-1　液压机床滑台运动及动力头工作电气控制线路电器布置图

4. 按照图 11-1-1 的电气原理图连接控制线路。可先主电路，后辅助电路。也可按

图 11-2-2 的电气接线图连接，图中采用的相对标号法。

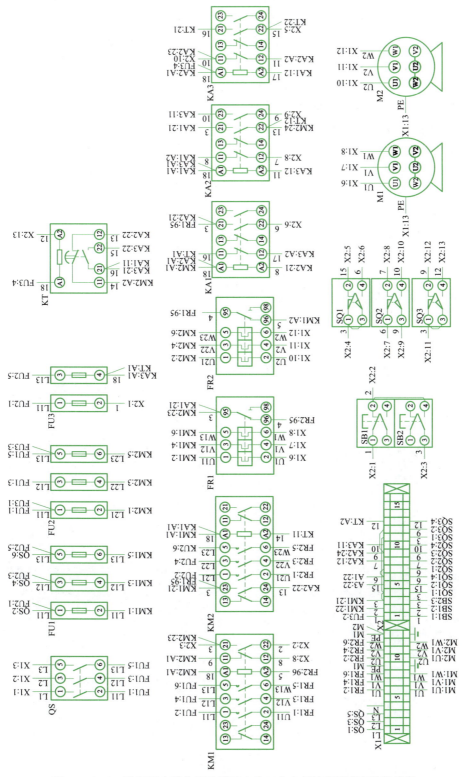

图 11-2-2　液压机床滑台运动及动力头工作电气控制线路安装接线图

5. 线路连接完成,首先应检查控制线路连接是否正确。然后不通电,用万用表电阻 100 Ω 挡,测量控制电路的电源进线两端。如电阻为很大或无穷大,表明正常;如电阻为零或有阻值,表明控制电路短路或有接线问题,应检查连接导线是否错误,直到正常为止(电阻为很大或无穷大)。然后通电试验(必须征得带教教师的同意后),观察动作情况,直到完全满足控制要求为止。

6. 控制线路安装调试结束,先自评,填写安装调试报告;然后,学生可互评或带教教师评价,记录成绩。仔细拆卸整理练习器材,保持完整和完好。最后,打扫工作场所。上述工作完成情况,都可记入,作为活动成绩。

7. 回答问题:

(1) 如果限位开关 SQ1-1 常开触点接线断开,这种接法对电路有何影响?

(2) 如果电路出现只能启动滑台快进,不能工进,试分析接线时可能发生的故障。

(3) 液压泵电动机若不能工作,滑台是否能继续运行,为什么?

(4) 时间继电器损坏后,对电路的运行有何影响?

四、后续任务

在课内控制线路连接不熟练或没有完成的,再自行练习。

第四单元　三相异步电动机降压起动控制

三相异步电动机有全电压直接起动和降压起动两种方法。全电压直接起动时,电动机定子绕组所加的电压为额定电压。这种起动方式的特点是,电路元件较少,控制电路简单,故障机会少,维修工作量小。但是,电动机在全压起动过程中,起动电流为额定电流的4~7倍。过大的起动冲击电流对电动机本身和电网,以及其他电气设备的正常运行都会造成不利影响,如使电动机过热、绝缘老化、影响电动机寿命。还会造成电网电压大幅度的降落,这一方面使电动机自身起动转矩减小,延长起动时间,增大起动过程的能耗,严重时甚至电动机无法起动;另一方面,由于电网电压降低而影响其他用电器的正常工作,如电灯变暗、日光灯闪烁以至熄灭、电动机运转不稳甚至停转。因此,有些电动机特别是较大容量的电动机需要采用降压起动。

所谓**降压起动**,就是电动机在起动时,加在定子绕组上的电压小于额定电压,当电动机起动后,再将电源升至额定电压,这样可降低起动电流,减小电网上的电压降落。

常见的降压起动方式有串电阻降压起动、自耦变压器降压起动、Y-△降压起动等。

一台电动机是否需要采用降压起动,可以用下面的经验公式来判断,即

$$\frac{I_q}{I_e} \leqslant \frac{3}{4} + \frac{电源变压器容量(kVA)}{4 \times 某台电动机功率(kW)}。$$

式中,I_q为电动机的全压起动电流(A),I_e为电动机的额定电流(A)。

计算结果满足上述公式时,可采用全压起动方式;计算结果不符合上述公式时,必须采用降压起动。

项目十二　三相异步电动机串电阻降压起动控制线路的认知与操作

活动一　三相异步电动机串电阻降压起动控制线路图的识读

一、目标任务

1. 掌握三相异步电动机串电阻降压起动控制线路的组成、电气元件的作用和控制工作原理。
2. 熟悉三相异步电动机串电阻降压起动控制线路的选择原则。

3. 能按照电气原理图及电动机功率正确选择元器件型号、规格及数量。

二、相关知识

串电阻降压起动控制线路，就是在电动机起动过程中，在电动机定子绕组中串联电阻，利用串联电阻的分压作用来减小定子绕组所受电压，以达到限制起动电流的目的。一旦电动机起动完毕，再将串接电阻短路，电动机便进入全压正常运行。这个用来限制起动电流大小的电阻，称为**起动电阻**。当起动时间由操作人员决定为手动控制，则由控制电器自动确定为自动控制。

1. 串电阻降压起动的手动控制

（1）开关控制 电路如图 12-1-1(a)所示。当 QS 合上，电动机定子绕组串联电阻 R 起动。此时，由于 R 的分压作用，使电动机定子绕组上的电压降低，限制了起动电流。当电动机转速接近稳定转速时，合上 SA，短接电阻 R，使电动机定子绕组得到全压，额定转速运行。

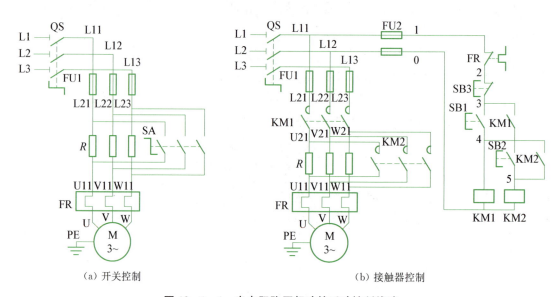

(a) 开关控制 (b) 接触器控制

图 12-1-1 串电阻降压起动的手动控制线路

电路工作原理分析（符号法）：

起动　　　　$QS^+ \text{—} R^+ \text{—} M^+_{降}$

起动完毕　　$SA^+ \text{—} R^- \text{—} M^+_{全}$

停止　　　　$QS^- \text{—} M^-$

此电路适用控制要求不高的较小容量电动机的串电阻降压起动。

（2）接触器控制 电路如图 12-1-1(b)所示。主电路串接的电阻 R 为起动电阻。辅助电路中，SB1 按钮为降压起动控制按钮，SB2 为全压正常运行控制按钮。这两个控制按钮具有顺序控制的能力，因为 KM1 辅助常开触头串接在 SB2、KM2 线圈支路中起顺序控制作用。只有 KM1 线圈先通电之后，KM2 线圈才能通电，即电路首先进入串电阻降压起动运行状态，然后才能进入全压运行状态。即 KM2 线圈不能先于 KM1 线圈获电，电路不能首先进入全压运行状态。这样，才能达到降压起动、全压运行的控制目的。电路工作原理分析（符号法）：

起动　　　SB1$^±$—KM1$^+_自$—R$^+$—M$^+_降$
　　　　　　　　│
起动结束　　　　SB2$^±$—R$^-$—KM2$^+_自$—M$^+_全$
停止　　　SB3$^±$—KM1$^-$—KM2$^-$—M$^-$

此电路可适用较大容量电动机的串电阻降压起动。

（3）电路存在的问题　在图12-1-1(b)所示的降压控制线路中,先后按下了两个控制按钮,电动机才进入全压运行状态,运行时KM1、KM2两线圈均处于通电状态。

在这个控制线路的操作过程中,操作人员必须具有熟练的操作技术,才能使起动电阻R在适当的情况下短接,否则容易造成不良后果。短接电阻早了,起不到降压起动的目的;短接晚了,既浪费了电能又影响负载转矩。起动电阻的短接时间由操作人员的熟练操作技术决定,很不准确。如果起动电阻的短接时间改为时间继电器来自动控制,就解决了上述人工操作带来的问题。

2. 串电阻降压起动的自动控制

（1）控制线路（一）　图12-1-2所示为时间继电器自动控制的串电阻降压起动线路,增加了一个时间继电器KT。其延时闭合的常开触头代替了图12-1-1(b)中的SB2全压运行按钮。起动过程只需按一次SB1起动按钮,电路就可首先进入串电阻降压起动,经一定时间延时后自动进入全压运行状态。起动时间的长短可由时间继电器KT来控制,只要时间继电器动作时间事先根据电动机起动时间长短要求调整好之后,电动机由降压起动切换到全压运行过程就会准确可靠。

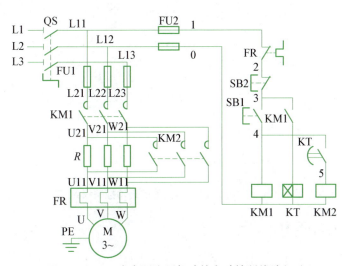

图12-1-2　串电阻降压起动的自动控制线路（一）

电路工作原理分析（符号法）：

起动　　　SB1$^±$—KM1$^+_自$—R$^+$—M$^+_降$
　　　　　　　　│
起动结束　　　　KT$^+$—Δt—KM2$^+$—R$^-$—M$^+_全$
停止　　　SB2$^±$—KM1$^-$—KT$^-$—KM2$^-$—M$^-$

采用时间继电器的串电阻降压起动控制线路,克服了图12-1-1接触器控制串电阻降压起动控制线路中,人工操作带来的起动时间不准确的缺点。但是这种电路在电动机运行过程中,仍然是所有的接触器均处于长期通电的工作状态。这种控制线路正常工作是建立在两台接触器加一台时间继电器共同工作的基础上,这就降低了控制线路的可靠性。这是因为它们中的任意一台出现故障,电动机就不可能运转。多台接触器工作带来的电能损耗也大。另外,在图12-1-2所示的控制线路中,即使电动机因故不能进入降压起动运行时,时间继电器线圈也照常通电工作。在出现断线一类的故障时,按一下起动按钮SB1后,电动机虽然无法降压起动,但是时间继电器线圈会通电。

(2)控制线路(二)　为了克服上述电路所有接触器均通电工作的缺点,提高电路的工作可靠性,将电路加以改造,使之既可实现自动控制降压起动,又可使电动机全压运行中只依靠一台接触器就可维持运行。在图12-1-3所示电路中,为了使接触器KM2能独立控制电动机全压运行,主电路中,KM2主触头短接了起动电阻,当主触头KM2闭合,KM1主触头断开时,电动机全压运行。辅助电路中,在KM1接触器线圈中串接了KM2的辅助常闭触头,这样当KM2通电,电动机进入全压运行后,线圈通电之后,时间继电器线圈KT才能通电。另外,KM2辅助常开触头起自锁作用。

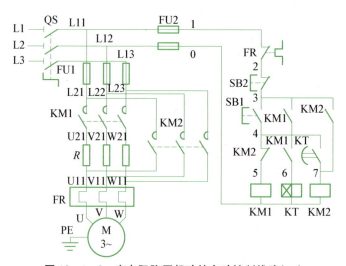

图12-1-3　串电阻降压起动的自动控制线路(二)

电路工作原理分析(符号法):

起动　　　$SB1^{\pm}—KM1^{+}_{自}—R^{+}—M^{+}_{降}$

起动结束　　　$KT^{+}—\Delta t—KM2^{+}_{自}—R^{-}—M^{-}_{全}$
　　　　　　　　　　　　｜
　　　　　　　　　$KM1^{-}—KT^{-}$

停止　　　$SB2^{\pm}—KM2^{-}—M^{-}$

控制线路进入全压运行后,只有KM2接触器通电工作,KM_1接触器、时间继电器均释放不工作。这样大大提高了电路工作的可靠性,减少了耗电量,提高元件的使用寿命。

3. 串电阻降压起动控制线路的选择原则

串电阻降压起动适用于正常的运行时,做 Y-△连接的电动机。起动时加在定子绕组上的电压为直接起动时所加定子绕组电压的 0.5~0.8 倍,而电动机的起动转矩与所加的电压成正比,因此降压起动转矩 M 是额定转矩 M 的 0.25~0.64 倍。由此看来,串电阻降压起动方法,仅仅适用于对起动转矩要求不高的生产机械,即电动机轻载或空载的场合。

三、活动步骤

1. 问题讨论

图 12-1-4 所示的串电阻降压起动自动控制线路(三)中,仅依靠 KM2 接触器通电工作,使电动机在进入全压运行后。试分析电路应如何改造。

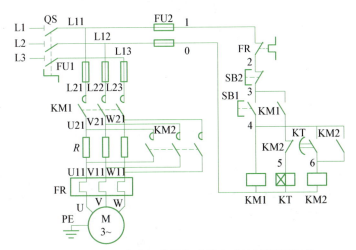

图 12-1-4 串电阻降压起动的自动控制线路(三)

2. 元器件的选择

(1) 起动电阻的选择 由于电路采用了串电阻降压起动,使控制箱体积大为增加,而且每次起动时在电阻上的功率损耗较大,若起动频繁,则电阻的温升很高,对于精密机床不宜使用。起动电阻的选择可利用下列公式近似估算,即

$$R = \frac{220}{I_e} \sqrt{\left(\frac{I_q}{I'_q}\right)^2 - 1} \ (\Omega)。$$

式中,I_q 为电动机直接起动时的起动电流,A;I'_q 为电动机降压起动时的起动电流,A;I_e 为电动机的额定电流,A。

> **选择举例** 一台三相鼠笼异步电动机,功率为 28 kW,$I_q/I'_q=6.5$,额定电流 52 A。应串接多大的电阻起动?
>
> 由 $\quad R = \frac{220}{I_e} \sqrt{\left(\frac{I_q}{I'_q}\right)^2 - 1} = \frac{220}{52}\sqrt{(6.5)^2 - 1} = 27.2(\Omega)。$

则起动电阻功率 $P = I_N^2 \times R = 52^2 \times 27.2 = 73\,548.8(\text{W})$。

由于起动中短时间内电流较大,起动电阻仅在起动时应用,故电阻功率选择应选择计算值的 $\frac{1}{3} \sim \frac{1}{4}$。

(2) 其他元器件的选择　其他元器件的选择方法与前几章相同。

设三相异步电动机的型号为 Y112M-2,4 kW,8.2 A,△接法。按照图 12-1-4 三相异步电动机串电阻降压起动控制线路的电气原理图,并按给定的电动机功率选择元器件型号、规格及数量,填入表 12-1-1 中。

表 12-1-1　电气设备、电器元件的型号、规格及数量

序号	名称	型号	数量	备注
1	三相异步电动机	Y112M-2,4 kW,8.2 A	1	
2	刀开关			
3	熔断器			
4	热继电器			
5	时间继电器			
6	交流接触器			
7	按钮			
8	接线端子板			
9	万用表			
10	安装接线板			
11	绝缘电线			
12	测电笔			
13	电工钳			
14	剥线钳			
15	螺丝刀			
16	电工刀			
17	螺钉、螺母			

四、后续任务

思　考

1. 试述三相鼠笼式异步电动机采用降压起动的原因及实现降压起动的方法。
2. 怎样选择起动电阻?

活动二　三相异步电动机串电阻降压起动控制线路的装接与调试

一、目标任务

1. 学习三相异步电动机串电阻降压起动控制线路安装的具体方法。
2. 能自行自编安装工艺步骤和工艺要求，在规定的时间里完成控制线路装接与调试。
3. 初步对故障进行分析、简单排故，并熟悉安全操作规程。

二、相关知识

步电动机串电阻降压起动控制线路的安装、接线和调试

步骤和注意事项如下：

① 熟悉电气控制线路图的工作原理。

② 确定所需电器的型号，并选择，了解电器结构及各部件与图形符号的关联。

③ 在安装板或控制箱上布置电器。基本原则是按电气原理图中主电路的通电顺序排列。一般，开关或熔断器在最上面一排，第二排放交流接触器，旁边放继电器，其中热继电器用能与接触器直接组合的最佳，最下一排放接线端子；按钮或组合开关或指示灯作为外接器件布置在专门的区域，与电器连接需通过接线端子；电源进入或输出至电动机，也要经过接线端子；在电器的周围要安装走线槽，各电器之间的连接导线需经过走线槽。

布置安装电器后，形成的图就是基本的电器布置图。在电器布置图内，要反映电器的真实布置位置、大小和安装尺寸，电器安装方式和尺寸。

④ 主电路连接导线截面需按负荷计算选择。L1、L2、L3 相线分别用黄、绿、红颜色，或全部红色，N 中心线为淡蓝色，PE 接地线为黄绿色，采用塑铜绝缘导线，导线端头需安装接线叉片或接线鼻；辅助电路连接导线一般为 1.5 mm^2 或 1.0 mm^2 导线，颜色为黑色，采用塑铜绝缘软导线或软硬线（例 BVR-1.5/7 系列塑铜软导线），导线端头需装接线端头。

⑤ 线路连接时，每个电器连接端点只能接两根导线；电气装置连接导线端头还应套上有电气节点编号的套管；电器连接端头必须牢靠。电器间的连接导线必须从走线槽中行走，并留有适当的裕量，供以后维护或维修用。

⑥ 按电气原理图连接，可先接主电路，然后接辅助电路（也可视情况，先接辅助电路，后接主电路）。辅助电路连接时，可优先考虑采用电位（或节点）连接法，即在同一电位的导线全部连接完后，才连接下一个电位导线。优点是接线时不容易接错；检查时容易发现多接或少接的导线。由于每个电器的连接端口只能接两根线，因此，对于连接线比较多的电气节点，在连接该节点前，需按就近原则筹划安排电器连接端口的连接导线。这样，能减少拆装电器连接端口的次数和节约导线，加快连接的时间。

如是正规电气装置连接，应按电气原理图和电器布置图，绘制相应的电气接线图。电气接线图主要反映控制线路接线情况，有直接表示法和间接表示法两种。直接表示法就是用线段直接连接需连接的电器两端，一般可用来表示主电路或简单的辅助电路；间接表示法就是在需连接的电器两端分别标注导线去向和该导线电气节点编号来表示导线的连接，也称为相对标号法。

⑦ 线路连接完成，首先应检查控制线路连接是否正确；然后通电试验，观察动作是否满足功能要求。到完全满足控制要求为止。

在通电前，检查控制线路连接基本正确后，先用万用表电阻 100 Ω 挡，测量控制电路的电源进线两端。如电阻为很大或无穷大，表明正常；如电阻为零或有阻值，表明控制电路短路或有接错问题，应检查连接导线是否错误，直到正常为止。然后，可通电试验，观察动作是否满足功能要求，不满足，应排故，直到完全满足控制要求为止。

三、活动步骤

1. 在模拟电器接线装置上，练习如图 12-1-4 的三相异步电动机串电阻降压起动控制线路的接线。时间应为 30 min。

2. 在安装板上进行图 12-1-4 的三相异步电动机串电阻降压起动控制线路的安装接线和调试。时间应为 180 min。

① 分析图 12-1-4 电气控制线路图，熟悉工作原理。

② 核对活动一表 12-1-1 中已选择的的元器件，按要求整定好时间继电器的延时时间与热继电器的动作电流。本例采用电机为 Y112M—2，4 kW，8.2 A。采用如下电器：漏电开关 QS DZ47LE—32/3P，C10　一只；熔断器 FU1　RT18/10 A 三只；熔断器 FU2　RT18/2 A 两只；电阻 R 150 Ω/500 W 三只；交流接触器 KM　CJ20—10/线圈 380 V　三只；热继电器 JR16B—20/3D 11 A 一只；通电延时时间继电器 JSZ3 A/线圈 380 V 一只；双联按钮盒　LA20—11/2H 一只；主电路接线端子 X1 15 节；辅助电路接线端子 X2 5 节；走线槽若干；BVR—1.0/7 系列塑铜软导线若干。

③ 绘制确定电器平面布置图，经老师检验合格，或参阅图 12-2-1 的电器布置图。然后进行安装前准备工作，领取检测器材和工具。接着，在控制板上按图进行电器的安装，排列固定元器件，并贴上醒目的文字符号。

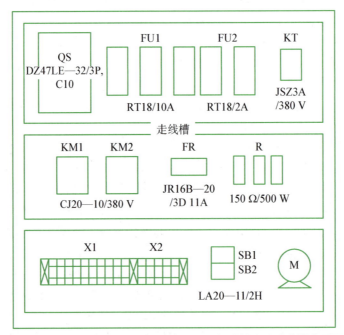

图 12-2-1　三相异步电动机串电阻降压起动控制线路电器布置图

④ 按照如图12-1-4的电气原理图连接控制线路。可先主电路,后辅助电路(也可视情况,先接辅助电路,后接主电路)。也可参阅图12-2-2的电气接线图连接,图中采用的相对标号法。

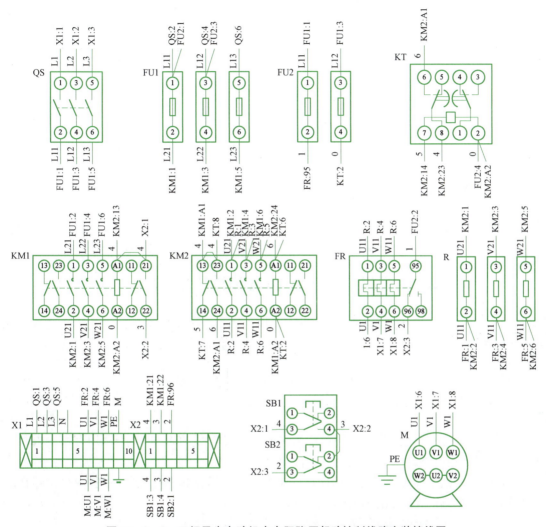

图12-2-2 三相异步电动机串电阻降压起动控制线路安装接线图

⑤ 线路连接完成,首先应检查控制线路连接是否正确。然后不通电,用万用表电阻100 Ω挡,测量控制电路的电源进线两端。如电阻为很大或无穷大,表明正常;如电阻为零或有阻值,表明控制电路短路或有接线问题,应检查连接导线是否错误,直到正常为止(电阻为很大或无穷大)。然后通电试验(必须征得带教教师的同意后),观察动作情况,直到完全满足控制要求为止。最后,连接电动机及保护接地线进行联机试运行。

⑥ 控制线路安装调试结束,先自评,填写安装调试报告;学生可互评或带教教师评价,记录成绩。然后,仔细拆卸整理练习器材,保持完整和完好。最后,打扫工作场所。上述工作完成情况,都可记入,作为活动成绩。

操作安全注意事项：
① 进入实训场必须穿戴好劳保用品。
② 安装时，用力不要太猛，以防螺钉打滑或损坏元器件的底座。
③ 试车时，符合试车顺序，并严格遵守安规。
④ 人体与电动机旋转部分保持适当距离。
⑤ 故障检修时执行停电作业，如发现异常情况，必须立即切断电源开关 QS。

四、后续任务

思　考

1. 如果 KM2 接触器线圈断路损坏，试分析可能产生的故障现象，并说明原因。
2. 如果 KM2 接触器的辅助常开触头（自锁触头）忘了接，试分析可能产生的故障现象，并说明原因。

活动三　三相异步电动机串电阻降压起动故障检修

一、目标任务

熟悉三相异步电动机串电阻降压起动控制线路故障判断与检修方法。

二、相关知识

针对图 12-1-3 所示控制线路特点，为保证人身安全，先在断电状态下，用万用表电阻挡进行测试，确认主电路、控制电路无短路故障以后，可以考虑用通电试验法观察故障现象，初步判定故障范围。然后围绕着起动、延时后，自动进入全压运行状态的控制原理，观察电器在起动时延时动作的顺序，缩小故障范围，直至故障排除。

三、活动步骤

串电阻降压起动控制线路在试用中，由于长时间运行，电器元件使用寿命的长短、没有及时维护保养等，或者在安装过程中，线路接错等原因，出现这样或那样的故障，造成电路不能正常工作。串电阻降压起动常见故障，大概有以下几种：
① 起动电阻引起的一类故障。
② 时间继电器引起的一类故障。
③ 交流接触器引起的一类故障。
④ 热继电器引起的一类故障。

（1）**故障现象 1**　线路经万用表检测无短路。空载试验时，按下起动按钮 SB1，过了 3 s 左右，闻到起动电阻控制箱一股烧焦味，迅速按下停止按钮 SB2。

① 分析：首先，已经知道焦味来源于起动电阻控制箱，说明问题出在控制箱内，要么是起动电阻选择太小，要么是起动频繁造成的。

② 检查：打开电阻控制箱，起动电阻的确烧焦了。怀疑电动机可能有短路现象，经检查后电动机完好，确实是起动电阻控制箱本身问题。

③ 处理：重新计算起动电阻，装好，按规范操作试车，故障排除。

(2) **故障现象 2**　空车试验，按下起动按钮 SB1，发现 KM2 的主触头马上吸合，降压起动几乎变成了全压起动。

① 分析：从现象来看，故障多出在时间继电器上，可能是时间继电器延时整定时间调得太短或者延时常开触点误接了瞬时常开触头。

② 处理：检查时间继电器各接线，发现了该接延时常开触点误接了瞬时常开触头，改之，重新试车，故障排除。

(3) **操作练习**　在模拟电器接线装置上，练习如图 12-1-3 的异步电动机串电阻降压起动控制线路的排故。时间应为 30 min，两个故障点。

观察记录故障现象、判断记录故障部位及可能故障原因、检查故障点，并记录于表 12-3-1 中。

表 12-3-1　串电阻降压起动控制线路排故记录

序号	故障现象	分析可能故障原因	故障点

四、后续任务

思　考

1. 在图 12-1-3 所示控制线路中，如果 KM2 接触器线圈断路损坏。试分析可能产生的故障现象，查找故障点，并说明原因。

2. 如果 KM2 接触器的常闭触头错接到时间继电器 KT 线圈一端，也就是 KM2 接触器常闭触头与 KM1 接触器的常开触头对调。试分析可能产生的故障现象，查找故障点，并说明原因。

3. 如果 KM1 接触器线圈断路损坏。试分析可能产生的故障现象，查找故障点，并说明原因。

项目十三　三相异步电动机自耦变压器降压起动控制线路的认知与操作

活动一　三相异步电动机自耦变压器降压起动控制线路图的识读

一、目标任务

1. 掌握三相异步电动机自耦变压器降压起动控制线路的组成及工作原理。
2. 熟悉三相异步电动机自耦变压补偿器的组成及工作原理。

二、相关知识

自耦降压起动是笼型感应电动机降压起动方式的一种,这种起动方式不受电动机绕组接线方式的限制,可以按电动机容许的起动电流和所需要的转矩来选用不同的变压器抽头,适用于容量较大的电动机采用。它是利用自耦变压器来降低起动时的电动机定子绕组电压,以达到限制起动电流的目的。

图 13-1-1 为起动式三相自耦变压器,它的原理与普通变压器的工作原理一样,只是变压器绕组多了两组抽头,可输出不同的电压,其抽头的额定电压为电源电压的 65% 和 80%。使用时,可根据电动机的起动电流和起动转矩的需要来选择。

在自耦变压器降压起动过程中,起动电流与起动转矩的比值按变比平方倍降低。在获得同样起动转矩的情况下,采用自耦变压器降压起动从电网获取的电流,比采用电阻降压起动要小得多,对电网电流冲击小,功率损耗小。所以,自耦变压器又称为**起动补偿器**。换句话说,若从电网取得同样大小的起动电流,采用自耦变压器降压起动会产生较大的起动转矩,这种起动方法常用于容量较大的电动机。其缺点是自耦变压器价格较贵,相对电阻结构复杂,体积庞大,且是按照非连续工作制设计制造的,故不允许频繁操作。

三相自耦变压器降压起动控制按被控制电机的容量大小,分为手动控制和自动控制。手动控制和自动控制主要的区别是手动控制的电动机容量较小,自动控制适合较大容量的电动机。手动控制时,电动机的起动运行切换时间由操作人员决定。而自动控制时,电动机的起动运行切换时间由自动控制器(如时间继电器等)决定。

(一) 手动控制

在手动控制中,又有开关控制和接触器控制两种。

1. 开关控制

这是一种人为切换补偿器起动的手动控制,控制原理如图 13-1-2 所示。起动时,SA 开关板向"起动"位置,此时电动机定子绕组与自耦变压器的次级输出侧(a、b、c)连接,电动机降压起动,待转速上升到一定值时,再将 SA 扳向"运行"位置,这时自耦变压器切除,电动机定子

图13-1-1 起动式自耦变压器

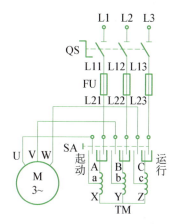
图13-1-2 自耦变压器降压起动原理

绕组全压运行。

常用的实现方法是采用自耦降压起动补偿器,其型号有 QJ3、QJ5 型。

QJ3 型补偿器的电路主要由自耦变压器、触头系统、保护装置和操作机构等部分构成。结构和控制线路,如图13-1-3所示。

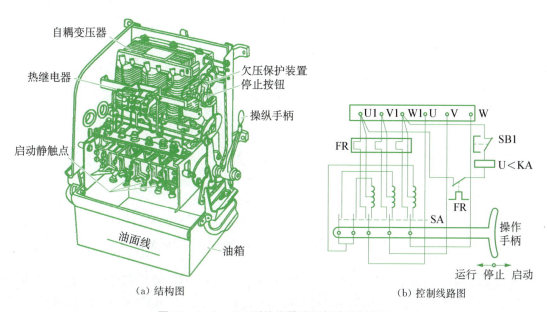

(a) 结构图　　(b) 控制线路图

图13-1-3　QJ3型补偿器降压起动控制线路

在控制器里,自耦变压器的抽头有两种电压可供选择,分别是电源电压的65%和80%(出厂时接在65%抽头上),可根据电动机的负载大小适当选择。

保护装置有过载保护和欠压保护。欠压保护由欠压断电器 SA 完成,其线圈跨接在两相电源间,当电源电压降低到一定值时,衔铁跌落,通过机构使补偿器跳闸,保护电动机不因电压太低而烧坏。电源突然断电同样也会使补偿器跳闸,可防止电源恢复供电时,电动机自行全压起动。

过载保护采用双金属片热继电器。在室温35℃环境下,当电流增加到额定值的1.2倍时,热继电器动作,其常闭触头断开,使 KA 线圈断电,使补偿器跳闸,保护电动机以免过载而损坏。

触头系统包括两排静触头和一排动触头,均装在补偿器的下部,浸没在绝缘油内。绝缘油的作用是熄灭触头断开时产生的电弧。上面一排触头叫起动静触头,它共有5个触头,其中3个在起动时与动触头接触,另外两个是在起动时将自耦变压器的三相绕组接成星形。下面一排触头叫运行静触头只有3个;中间一排是动触头,共5个,有3个触点用软金属带连接板上的三相电源,另外两触头自行接通的。

起动时,将手柄扳到"起动"位置,电动机定子绕组接自耦变压器的低压绕组一侧,电动机降压起动。当转速上升到一定值时,将手柄扳到"运行"位置,电动机定子绕组直接同三相电源相接,自耦变压器被切除,电动机全压运行。如要停转,只要将手柄扳到"停止"位置,电动机不通电,电动机停转。

2. 接触器控制

当电动机容量比较大的时候,就要采用接触器来实现降压起动切换控制。

图13-1-4所示为接触器控制的补偿器降压起动控制线路,主要由三相自耦变压器、刀开关、交流接触器、中间继电器、控制按钮、热继电器、熔断器、电动机、导线组成。

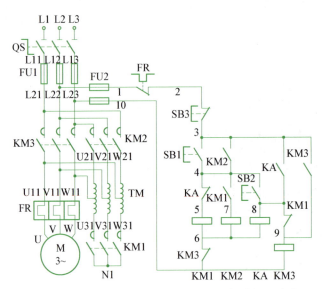

图13-1-4 接触器控制的补偿器降压起动控制线路

主电路采用三组接触器触头KM1、KM2、KM3。当KM1和KM2闭合,而KM3断开时,电动机定子绕组接自耦变压器的低压侧降压起动;当KM2和KM1断开,KM3闭合时,电动机全压运行。

辅助电路采用了3个交流接触器KM1、KM2、KM3,一个中间继电器KA,起动按钮SB1,升压按钮SB2等。实现降压起动,其控制过程如下:

起动　　SB1$^{\pm}$—KM1^{+}—KM2$^{+}_{自}$—TM^{+}—M$_{降}^{+}$

起动毕　　　　　SB2$^{\pm}$—KA$^{+}_{自}$—KM1^{-}、KM2^{-}—KM3$^{+}_{自}$—TM^{-}—M$^{+}_{全}$

停止　　SB3$^{\pm}$—KA^{-}、KM3^{-}—M^{--}

此控制线路的缺点是,每次起动需按动两次按钮,并且两次按动按钮的时间间隔不容易掌握,即起动时间的长短不准确。

如果采用时间继电器来代替人工操作,控制起动时间的长短,上述缺点就不存在了。

(二) 自动控制

为弥补手动控制之缺陷,可用时间继电器来控制起动时间的长短,实现自动控制,也称为自动控制的补偿器降压起动。生产现场常用的是 XJ01 系列自动起动补偿器。

利用自耦变压器降压起动器的起动方式比串电阻减压起动效果好,在起动转矩相等的情况下,自耦变压器起动从电网吸取的电流小。这种起动方式设备费用大、价格较贵,而且其线圈是按短时通电设计的,因此只允许连续起动两次。由于上述原因,这种起动方式通常用来起动大型和特殊用途的电动机,机床上应用较少。

(1) 电路组成　图 13-1-5 所示的控制线路为 XJ01 型自动起动补偿器的控制线路,控制电路分为 3 部分,主电路、控制电路和指示电路。

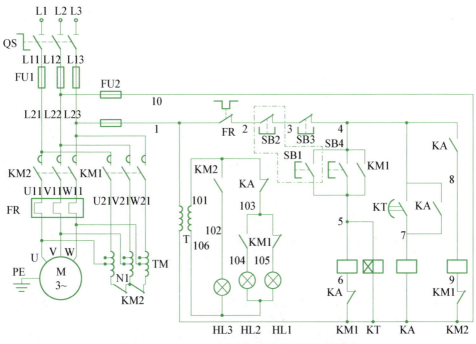

图 13-1-5　XJ01 型自动起动补偿器控制线路

① 主电路:由自耦变压器 TM,接触器 KM1 的 3 个主触头,接触器 KM2 的 3 个主触头和两个辅助常闭触头,热继电器 FR 的热元件及电动机 M 组成。当接触器 KM1 通电工作,而 KM2 接触器不工作时,电动机进入全压运行。自耦变压器具有多个抽头,使用过程中可选择。

② 指示电路:指示电路包括指示灯电源变压器 T、接触器 KM1 的常开触头和常闭触头,接触器 KM2 的常开触头和中间继电器 KA 的常闭触头。指示灯 HL1 亮,表示控制线路已接电源,处在准备工作状态;指示灯 HL2 亮,表示控制线路已进入降压起动过程;指示灯 HL3 亮,表示控制线路进入全压运行。

③ 控制电路:由两台接触器 KM1、KM2,时间继电器 KT 和中间电器 KA 及起动按钮 SB1、SB4 和停止按钮 SB2、SB3 组成。两个起动按钮并联,两个停止按钮串联,构成了两地控

制功能。SB1、SB2(虚线框中)组成了甲地控制的起动、停止按钮;SB4、SB3 组成了乙地控制的起动和停止按钮。

(2) 工作原理　合上开关 QS 后,变压器 TM 有电,指示灯 HL1 亮,表示电源接通(电路处于起动准备状态),但是电动机不转。停止时,只需按动停止按钮 SB2 和 SB3。

降压起动过程中,接触器 KM1、时间断电器 KT 工作,而接触器 KM2 和中间继电器 KA 不工作。电路进入全压运行后,情况正相反,接触器 KM2 和中间继电器 KA 工作,而接触器 KM_1 和时间继电器 KT 不工作。

自耦变压器具有多个抽头,可以获得不同的变化,比 Y-△降压起动方法的起动电流、起动转矩选择灵活。

采用自耦变压器减压起动比采用定子串电阻减压起动效果好,在起动转矩相等的情况下,自耦变压器起动从电网吸收的电流小。但是,自耦变压器价格较贵,而且其线圈按短时通电设计的,因此只允许连续起动两次。

工作原理分析:

工作　　　　　QS^+—$HL1^+$

起动　　　　　$SB1^±$、$SB4^±$—$KM1^+_{自}$—$HL1^-$、$HL2^+$—T^+_M—$M^+_降$

起动毕　　　　　　　　KT^+—$KA^+_{自}$—$KM1^-$—T^-_M、$HL2^-$
　　　　　　　　　　　　　|
　　　　　　　　　　　　$KM2^+$—$M^+_全$—$HL3^+$

停止　　　　　$SB2^±$、$SB3^±$—$KM2^-$—M^-

三、活动步骤

1. 在图 13-1-4 中,讨论如下问题:

(1) 如果先按下 SB2 升压按钮,电动机能正常运行吗?

(2) 如果接触器 KM3 出现线圈断线或机械卡住无法闭合时,电路出现何现象?

2. 电器元件选择

根据电器原理图中电动机的额定容量,选择表 13-1-1 中的电气设备、电器元件的型号、导线规格等,并画出电器位置图。

表 13-1-1　电气设备、电器元件的型号及规格

序号	名称	型号	数量	备注
1	三相异步电动机	Y112M-2, 4 kW, 8.2 A	1	
2	刀开关			
3	熔断器			
4	热继电器			
5	中间继电器			
6	交流接触器			

续　表

序号	名称	型号	数量	备注
7	按钮			
8	三相自耦变压器			
9	接线端子板			
10	万用表			
11	安装接线板			
12	绝缘电线			
13	测电笔			
14	电工钳			
15	剥线钳			
16	螺丝刀			
17	电工刀			
18	螺钉、螺母			

四、后续任务

思　考

1. 三相异步电动机自耦降压起动控制线路有何特点，在什么样的情况下采用？
2. 简述自耦降压起动器的工作原理。
3. 简述自耦降压补偿器的组成及作用。

活动二　三相异步电动机自耦变压器降压起动控制线路的装接与调试

一、目标任务

1. 进一步熟悉三相异步电动机自耦变压器降压起动控制线路原理图。
2. 掌握三相异步电动机自耦变压器降压起动控制线路的安装、调试的方法。
3. 掌握三相异步电动机自耦变压器降压起动控制线路检查方法。

二、相关知识

自耦变压器降压起动控制线路的安装、接线和调试的步骤和注意事项，可参阅第四单元项目十二所述。自耦变压器降压起动电气控制线路图如图13－2－1所示，工作原理：

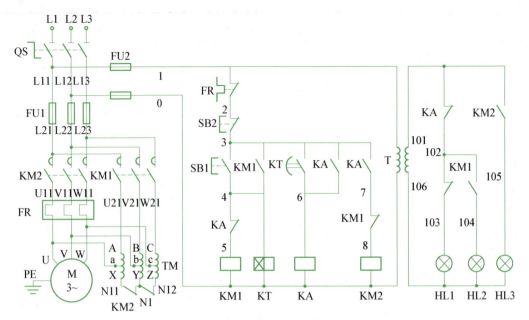

图 13-2-1 自耦变压器降压起动的控制线路

工作　　　QS^+—$HL1^+$

起动　　　$SB1^±$—$KM1^+_自$—$HL1^-$、$HL2^+$—TM^+—$M^+_降$

起动毕　　$KT^{+\triangle}$—$KA^+_自$—$KM1^-$—T^-_M、$HL2^-$
　　　　　　　　　　　　　｜
　　　　　　　　　　　　$KM2^+$—$M^+_全$—$HL3^+$

停止　　　$SB2^±$—$KM2^-$、KA^{--}—M^-—$HL1^+$

三、活动步骤

1. 在模拟电器接线装置上,练习如图 13-2-1 的自耦变压器降压起动控制线路的接线。时间应为 30 min。

2. 在安装板上,进行图 13-2-1 的自耦变压器降压起动控制线路的安装接线和调试。时间应为 180 min。

（1）分析图 13-2-1 电气控制线路图,熟悉工作原理。

（2）核对活动一表 13-1-1 中已选择的的元器件,按要求整定好时间继电器的延时时间与热继电器的动作电流。本例采用的电机为 Y112M—2,4 kW,8.2 A。选用如下电器:漏电开关 QS　DZ47LE—32/3P,C10 一只;熔断器 FU1　RT18/10 A 三只;熔断器 FU2　RT18/2 A 两只;交流接触器 KM　CJ20—10/线圈 380 V　两只;中间继电器 JZ7—44 380 V 一只;热继电器 JR16B—20/3D 11 A 一只;通电延时时间继电器 JSZ3 A/线圈 380 V 一只;二联按钮盒 LA20—11/2H 一只;指示灯 AD16—22 AC12 V 三只;电源变压器 BK500—380/12 V;三相自耦变压器一只;主电路接线端子 X1 15 节;辅助电路接线端子 X2 5 节;走线槽若干;BVR—1.0/7 系列塑铜软导线若干。

(3) 绘制确定电器平面布置图,经老师检验合格,或参阅图 13-2-2 的电器布置图。然后,进行安装前准备工作,领取检测器材和工具。接着,在控制板上按图进行电器的安装,排列固定元器件,并贴上醒目的文字符号。

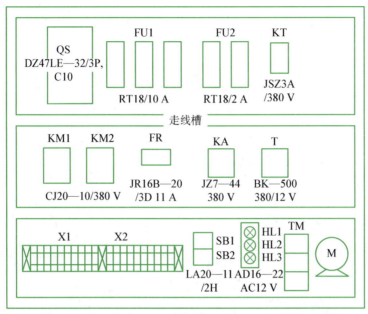

图 13-2-2 自耦变压器降压起动控制线路安装电器布置图

(4) 按照如图 13-2-1 的电气原理图连接控制线路。可先主电路,后辅助电路(也可视情况,先接辅助电路,后接主电路)。也可参阅图 13-2-3 的安装接线图连接,图中采用的是相对标号法。

(5) 线路连接完成,首先应检查控制线路连接是否正确。然后不通电,用万用表电阻 100 Ω 挡,测量控制电路的电源进线两端。如电阻为很大或无穷大,表明正常;如电阻为零或有阻值,表明控制电路短路或有接线问题,应检查连接导线是否错误,直到正常为止(电阻为很大或无穷大)。再通电试验(必须征得带教教师的同意后),观察动作情况,直到完全满足控制要求为止。最后,连接电动机及保护接地线,进行联机试运行。

(6) 控制线路安装调试结束,先自评,填写安装调试报告。学生可互评或带教教师评价,记录成绩。然后,仔细拆卸整理练习器材,保持完整和完好。最后,打扫工作场所。上述工作完成情况,都可记入,作为活动成绩。

3. 安全操作注意事项:
① 进入实训场必须穿戴好劳保用品。
② 安装时,用力不要太猛,以防螺钉打滑或损坏元器件的底座。
③ 试车时,符合试车顺序,并严格遵守安规。
④ 人体与电动机旋转部分保持适当距离。
⑤ 故障检修时执行停电作业,如发现异常情况,必须立即切断电源开关 QS。

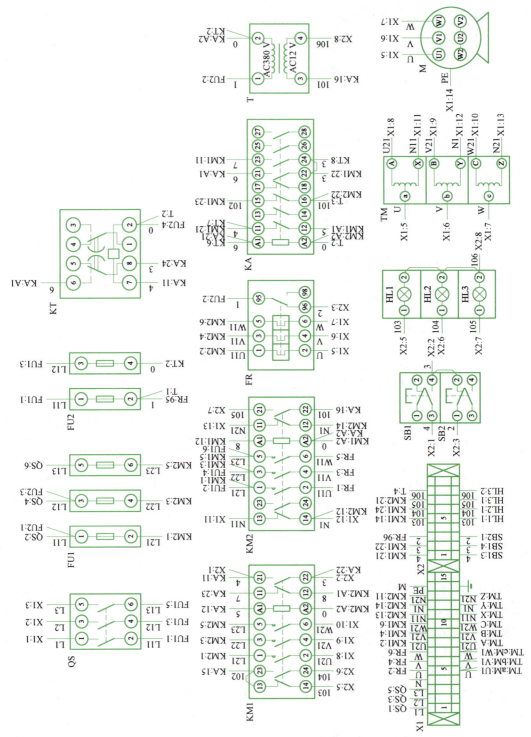

图 13-2-3 自耦变压器降压起动控制线路安装接线图

四、后续任务

思　考

1. 说明图 13-2-1 时间继电器控制的自耦变压器降压起动控制线路组成、元器件的作用及工作原理。

2. 在图 13-2-1 时间继电器控制的自耦变压器降压起动控制线路中,可以取消中间继电器 KA 吗?

3. 在图 13-2-1 时间继电器控制的自耦变压器降压起动控制线路中,如果忘接了 KA2 常开自锁触头,线路还能正常工作吗?

活动三　三相异步电动机自耦变压器降压起动控制线路故障检修

一、目标任务

1. 进一步熟悉三相异步电动机自耦变压器降压起动控制线路原理图。
2. 掌握三相异步电动机自耦变压器降压起动控制线路检查方法。
3. 掌握三相异步电动机自耦变压器降压起动控制线路的故障分析及处理方法。

二、相关知识

针对图 13-1-5 与 13-2-1 所示控制线路特点,为保证人身安全,先在断电状态下用万用表电阻挡测试。确认主电路、控制电路无短路故障以后,可以考虑用通电试验法观察故障现象,初步判定故障范围。然后,围绕着起动、延时后自动进入全压运行状态的控制原理,观察电器在起动时延时动作的顺序缩小故障范围,直至故障排除。

三、活动步骤

熟悉图 13-1-5 与图 13-2-1 两个控制线路的组成、元器件的作用及工作原理,才能在安装或使用中,根据原理图或接线图分析故障原因,及时排除故障。三相异步电动机自耦变压器降压起动控制线路的故障,大致可分为以下几类:

① 自耦变压器引起的一类故障。
② 时间继电器引起的一类故障。
③ 交流接触器和中间继电器引起的一类故障。
④ 热继电器引起的一类故障。

(1) 故障现象 1　在图 13-2-1 控制线路中,学生安装后空车试验,闭合开关 QS,发现 KM2 的主触头马上吸合动作,降压起动几乎变成了全压起动。

① 分析:从现象来看,没有按下起动按钮,电动机全压起动,说明 KM2 交流接触器的线圈在闭合开关 QS 后直接通电,故障出在 KM2 线圈一条回路中。

② 处理：经检查发现应接 KA 的常开辅助触头误接了 KA 的常闭辅助触头。改之，重新试车，故障排除。

（2）故障现象 2　在图 13-1-5 控制线路中，按下起动按钮 SB1，发现指示灯 HL2 一直亮着，接触器 KM2 主触头始终没有动作，电动机运行一段时间后自动停止，HL2 也随之熄灭。

① 分析：先分析电路图，从图中可知，HL2 亮，表示此时电动机在降压起动。而 HL2 要到电动机停止运行后才熄灭，说明电路没有切换到全压运行状态，线路可能出在 KT、KA、KM2 三条支路中。但从 HL2 亮看，应该可能最大的是 KA 这条支路，说明中间继电器 KA 没有吸合。

② 检查：检查 KA 线圈支路发现，中间继电器 KA 线圈断掉，换之，故障排除。

③ 问题讨论：在图 13-1-5 控制线路中，如果时间继电器 KT 线圈接触不良或线圈断掉，电路有什么现象？

四、后续任务

思　考

1. 在图 13-1-5 控制线路中，一按下起动按钮 SB1，发现 HL3 亮，电路正常吗？若不正常，试分析其原因。

2. 在图 13-2-1 控制线路中，学员在安装时误把 KA 与 KT 线圈位置正好相反，请问：会造成什么样的后果？

项目十四　三相异步电动机 Y-△降压起动控制线路的认知与操作

活动一　三相异步电动机 Y-△降压起动控制线路图的识读

一、目标任务

1. 掌握三相异步电动机 Y-△降压起动控制线路原理。
2. 掌握三相异步电动机 Y 连结和△连结的接线方式。
3. 掌握三相自耦变压器和电气元件的选择。

二、相关知识

（一）Y-△降压起动原理

三相异步电动机 Y-△降压起动的原理,如图 14-1-1 所示。

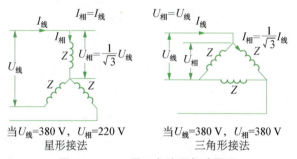

图 14-1-1　星三角降压起动原理

当电动机定子绕组接成 Y 形时,定子每相绕组上得到的电压是线路额定线电压的 $\frac{1}{\sqrt{3}}$,其 I_{YQ} 为 $\frac{U_{线}}{\sqrt{3}Z}$;当电动机定子绕组接成△形时,定子每相绕组上得到的电压与线路额定线电压一样,其 $I_{△Q}$ 为 $\frac{\sqrt{3}U_{线}}{Z}$。因此,$I_{YQ}=\frac{1}{3}I_{△Q}$,星形起动时的线电流是三角形直接起动时线电流的 1/3,从而达到降压起动的目的。同时,$T_{YQ}=\frac{1}{3}T_{△Q}$,即星形起动转矩亦是三角形直接起动转矩的 1/3。因此,Y-△降压起动适用三相异步电动机轻载或空载起动。

综上所述,凡是三相异步电动机正常运行过程(线电压为 380 V)中,定子绕组接成三角形的,均可采用 Y-△降压起动方式,限制起动电流。即起动时,定子绕组接成 Y 形,降压起动,待转速达到一定值后,再将定子绕组换接成△形,电动机便进入全压正常运行。

(二) 手动控制

1. 开关控制

QX1 系列手动空气式 Y-△减压起动器如图 14-1-2 所示。当手柄扳到"0"位置时,8 副触点都断开,电动机失电不运行;当手柄扳到"Y"位置时,触点 1、3、4、6、7 闭合,U1、V1、W1 分别接三相电源 L1、L2、L3,W2、U2、V2,电动机定子绕组接成 Y 形,实现降压起动。当电动机转速上升到一定值时,将手柄扳到"△"位置,这时 1、2、4、5、6、8 触点闭合,U1-W2、V1-U2、W1-V2 相连,电动机定子绕组接成三角形,实现全压运行。

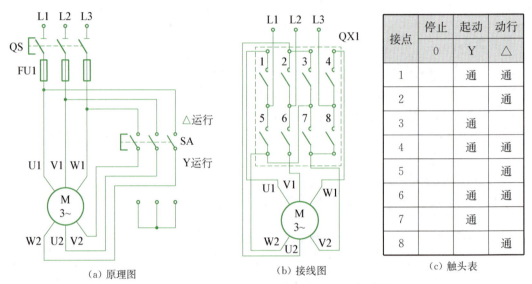

图 14-1-2　QX1 系列手动空气式 Y-△起动器

2. 接触器手动控制

(1) 控制线路组成　图 14-1-3 所示是接触器手动控制的 Y-△降压起动控制线路。主电路采用两组接触器主触头 KM1、KM2。当 KM2 主触头闭合,而 KM1 主触头断开时,电动机定子绕组接成星形降压起动。当起动完毕后,KM1 一组主触头先断开,而 KM2 一组主触头闭合,电动机定子绕组接成三角形全压运行。

控制线路中 SB1 为起动按钮,SB2 复合按钮为升压按钮(或全压运行按钮),SB3 为停止按钮,电路设有短路、过载、失压、欠压保护功能。

(2) 工作原理　控制线路的具体控制原理如下:

起动　　　　$SB1^{\pm}$—$KM_{自}^{+}$—$KM1^{+}$—$M_{Y降}^{+}$

起动毕　　　$SB2^{\pm}$—$KM1^{-}$—$M_{Y降}^{-}$

　　　　　　└—$KM2_{自}^{+}$—$M_{△全}^{+}$

停止　　　　$SB1^{\pm}$—KM^{-}、$KM2^{-}$—$M_{△全}^{-}$

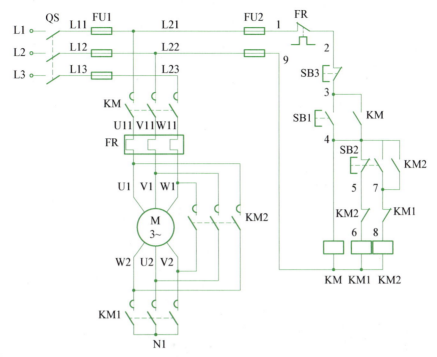

图 14-1-3　接触器手动控制的星三角降压控制线路

在这个控制线路中,KM1、KM2 主触点不能同时闭合,否则将会出现短路故障。KM1、KM2 的两个常闭辅助触头起到了互锁的功能,从而有效地避免了短路故障。

这种 Y-△起动控制电路在操作过程中需要按动两次按钮,很不方便,不及时,并且由起动切换成全压运行的时间是人为决定的,很不准确。因此,可采用由时间继电器控制的 Y-△降压起动自动控制线路。

(三) 自动控制

即用时间继电器来控制起动的时间,实现自动控制目的。

1. 时间继电器控制的自动 Y-△降压起动控制线路

(1) 电路组成　图 14-1-4 所示是由时间继电器控制的 Y-△降压起动控制电路,主电路与图 14-1-3 相同,辅助电路中增加了时间继电器 KT。这个控制线路起动的长短由时间继电器准确控制。

电路在起动按钮 SB1 线路中串联的 KM2 常闭触头的作用是:

① 当电动机全压运行后,KM2 接触器已吸合,KM2 辅助常闭触头断开,如果此时误按起动按钮 SB1,由于 KM2 触头已断开,能防止 KM1 线圈再通电,从而避免了短路故障。

② 在电动机停转后,如果接触器 KM2 的主触头因故熔在一起或机械故障而没有分断,由于串接了 KM2 的辅助常闭触头,电动机也不会再次起动,也防止短路发生。

在电动机 Y 起动过程中,即 KM、KM1 线圈均通电的情况下,这里利用 KM1 常闭触头完成连锁功能。另外 KM2 辅助常闭触头还具有控制线路完成 KM1 线圈先断电,而后 KM2 线圈再通电的顺序控制,从而避免了 KM1、KM2 两组主触头同时闭合的现象。这种控制线路在起动完毕,电路进入全压运行时,时间继电器 KT、接触器 KM1 均不再通电,从而延长了其

项目十四　三相异步电动机 Y-△降压起动控制线路的认知与操作

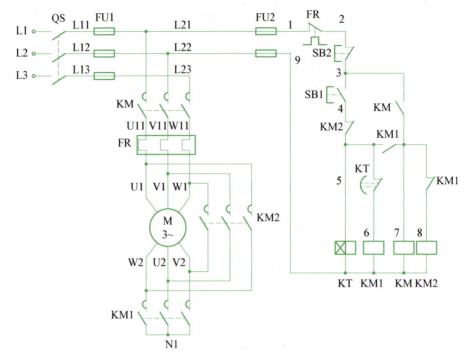

图 14-1-4 接触器自动控制的星三角降压控制线路

使用寿命,只有 KM 线圈全过程均工作。

(2) 工作原理　工作原理分析:

起动　　　　SB1$^±$—KM1$^+$—KM$_{自}^+$—M$_{Y降}^+$

起动毕　　　　　　└KT$^+$—Δt—KM1$^-$—M$_{Y降}^-$
　　　　　　　　　　　　　　　│
　　　　　　　　　　　　KM2$^+$—M$_{△全}^+$—KT$^-$

停止　　　　SB2$^±$—KM$^-$、KM2$^-$—M$_{△全}^-$

2. Y-△自动起动器

Y-△自动起动器有 QX1、QX3、QX4、QX10 和 QX3—13 五种常用系列。

(1) 电路组成　图 14-1-5 所示为 QX3—13 型 Y-△自动起动器外形结构图和控制线路图,它由交流接触器、热继电器、时间继电器、熔断器等组成。

(2) 工作原理　工作原理与时间继电器控制的 Y-△降压起动的控制电路原理一样,请读者自行分析。

三、活动步骤

1. 试说明图 14-1-6 所示线路的组成、电气元件的作用和工作原理。

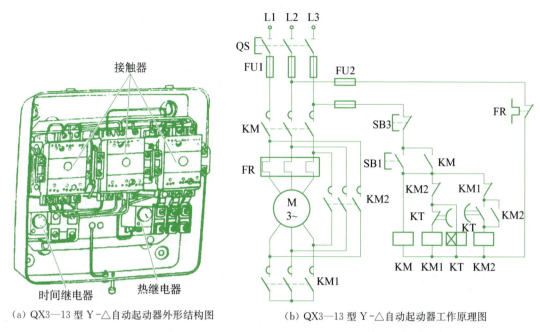

(a) QX3—13型Y-△自动起动器外形结构图　　(b) QX3—13型Y-△自动起动器工作原理图

图14-1-5　QX3—13型Y-△自动起动器外形结构图和控制线路图

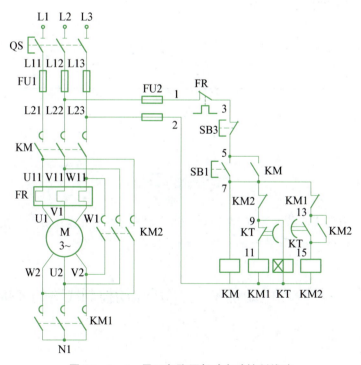

图14-1-6　星三角降压起动自动控制线路

项目十四　三相异步电动机Y-△降压起动控制线路的认知与操作

2. 根据电器原理图中电动机的额定容量,选择所用的电气设备、电器元件的型号、导线规格等,填入表 14-1-1 中。

表 14-1-1　电气设备、电器元件的型号及规格

序号	名称	型号	数量	备注
1	三相异步电动机	Y112M—2,3 kW,6.8 A	1	
2	刀开关			
3	熔断器			
4	热继电器			
5	时间继电器			
6	交流接触器			
7	按钮			
8	接线端子板			
9	万用表			
10	安装接线板			
11	绝缘电线			
12	测电笔			
13	电工钳			
14	剥线钳			
15	螺丝刀			
16	电工刀			
17	螺钉、螺母			

四、后续任务

思　考

1. 如果电动机出现只能星形起动,不能三角形运转,试分析接线时可能发生的故障。
2. 时间继电器 KT 损坏,对电路的运行有何影响?

活动二　三相异步电动机 Y-△降压起动控制线路的装接与调试

一、目标任务

1. 熟悉 Y-△降压起动控制电路的工作原理和检查方法。

2. 掌握电动机绕组端子在电路中△连结和Y连结的接线方式。
3. 掌握三相异步电动机Y-△降压起动控制线路的装接及调试方法。

二、相关知识

三相异步电动机Y-△降压起动控制线路的安装、接线和调试的步骤和注意事项如下：

① 熟悉电气控制线路图的工作原理。

② 确定所需电器的型号,并选择;了解电器结构及各部件与图形符号的关联。

③ 在安装板或控制箱上布置电器。布置基本原则是:按电气原理图中主电路的通电顺序排列。一般,开关或熔断器在最上面一排,第二排放交流接触器,旁边放继电器,其中热继电器用能与接触器直接组合的最佳,最下一排放接线端子;按钮或组合开关或指示灯作为外接器件布置在专门的区域,与电器连接需通过接线端子;电源进入或输出至电动机,也要经过接线端子;在电器的周围要安装走线槽,各电器之间的连接导线需经过走线槽。

布置安装电器后,形成的图,就是基本的电器布置图。在电器布置图内,要反映电器的真实布置位置、大小和安装尺寸,电器安装方式和尺寸。

④ 主电路连接导线截面需按负荷计算选择。L1、L2、L3相线分别用黄、绿、红颜色,或全部红色,N中心线为淡蓝色,PE接地线为黄绿色,采用塑铜绝缘导线,导线端头需安装接线叉片或接线鼻;辅助电路连接导线一般为$1.5\ mm^2$或$1.0\ mm^2$导线,颜色为黑色,采用塑铜绝缘软导线或软硬线(例如,BVR—1.5/7系列塑铜软导线),导线端头需装接线端头。

⑤ 线路连接时,每个电器连接端点只能接两根导线;电气装置连接导线端头,还应套上有电气节点编号的套管;电器连接端头必须牢靠。电器间的连接导线必须从走线槽中行走,并留有适当的余量,供以后维护或维修用。

⑥ 按电气原理图连接。可先接主电路,然后接辅助电路(也可视情况,先接辅助电路,后接主电路)。辅助电路连接可优先考虑采用电位(或节点)连接法,即在同一电位的导线全部连接完后,才连接下一个电位导线。优点是,接线时不容易接错,检查时容易发现多接或少接的导线。由于每个电器的连接端口只能接两根线,因此,对于连接线比较多的电气节点,在连接该节点前,需按就近原则筹划安排电器连接端口的连接导线。这样,能减少拆装电器连接端口的次数和节约导线,加快连接的时间。

⑦ 线路连接完成,首先应检查控制线路连接是否正确;然后通电试验,观察动作是否满足功能要求,必须到完全满足控制要求为止。

在通电前,检查控制线路连接基本正确后,先用万用表电阻100 Ω挡,测量控制电路的电源进线两端。如电阻为很大或无穷大,表明正常;如电阻为零或有阻值,表明控制电路短路或有接错问题,应检查连接导线是否错误,直到正常为止。然后,可通电试验,观察动作是否满足功能要求,不满足,应排故,直到完全满足控制要求为止。

三、活动步骤

1. 在模拟电器接线装置上,进行如图14-1-4的三相异步电动机Y-△降压起动自动控制线路的接线练习。时间应为30 min。

2. 在安装板上,进行图14-1-4的电动机Y-△降压起动控制线路的安装接线和调试。时间应为180 min。

① 分析图 14-1-4 电气控制线路图,熟悉工作原理。

② 核对活动一表 14-1-1 中已选择的的元器件,按要求整定好时间继电器的延时时间与热继电器的动作电流。本例控制线路采用如下电器:漏电开关 QS　DZ47LE—32/3P,C6 一只;熔断器 FU1　RT18/6 A 三只;熔断器 FU2　RT18/2 A 两只;交流接触器 KM CJ20—10/线圈 380 V　三只;热继电器 JR16B—20/3D 5 A 一只;通电延时时间继电器 JSZ3 A/线圈 380 V 一只;双联按钮盒　LA20—11/2H 一只;主电路接线端子 X1 15 节;辅助电路接线端子 X2 5 节;走线槽若干;BVR—1.0/7 系列塑铜软导线若干。

③ 绘制确定电器平面布置图,经老师检验合格,或参阅图 14-2-1 的电器布置图。然后,进行安装前准备工作,领取检测器材和工具。接着,在控制板上按图进行电器的安装,排列固定元器件,并贴上醒目的文字符号。

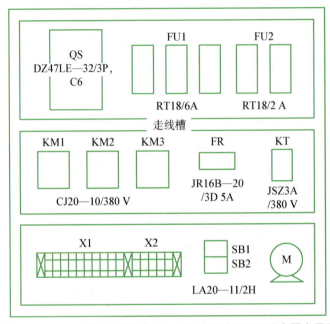

图 14-2-1　时间继电器控制 Y-△降压起动控制线路电器布置图

④ 按照如图 14-1-4 的电气原理图进行控制线路的连接。可先主电路,后辅助电路(也可视情况,先接辅助电路,后接主电路)。也可参阅图 14-2-2 的安装接线图连接,图中采用的是相对标号法。

⑤ 线路连接完成,首先应检查控制线路连接是否正确。然后不通电,用万用表电阻 100 Ω 挡,测量控制电路的电源进线两端。如电阻为很大或无穷大,表明正常;如电阻为零或有阻值,表明控制电路短路或有接线问题,应检查连接导线是否错误,直到正常为止(电阻为很大或无穷大)。再通电试验(必须征得带教教师的同意后),观察动作情况,直到完全满足控制要求为止。最后,连接电动机及保护接地线,进行联机试运行。

⑥ 控制线路安装调试结束,先自评,填写安装调试报告。学生可互评或带教教师评价,记录成绩。然后,仔细拆卸整理练习器材,保持完整和完好。最后,打扫工作场所。上述工作完成情况,都可记入,作为活动成绩。

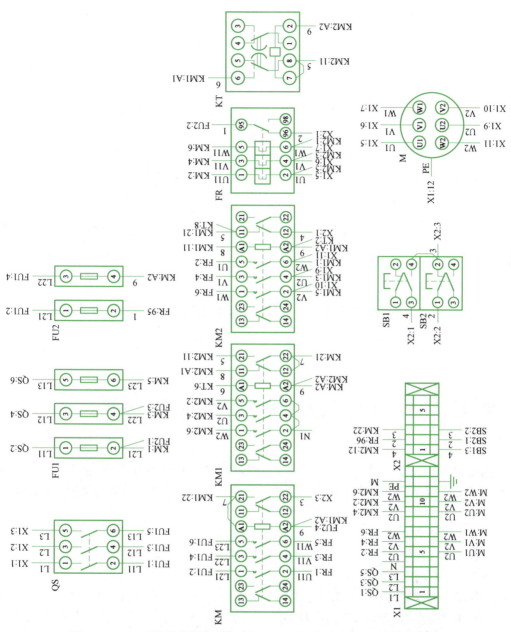

图14-2-2 时间继电器控制电动机 Y-△降压起动控制线路安装接线图

3. 操作安全注意事项:
① 进入实训场必须穿戴好劳保用品。
② 安装时,用力不要太猛,以防螺钉打滑或损坏元器件的底座。
③ 试车时,符合试车顺序,并严格遵守安规。
④ 人体与电动机旋转部分保持适当距离。
⑤ 故障检修时执行停电作业,如发现异常情况,必须立即切断电源开关 QS。

四、后续任务

思　考

1. 如图 14-1-4 所示的电动机 Y-△降压起动控制线路中,如果 KT 时间继电器的常闭延时触点错接成常开延时触点,这种接法对电路有何影响?

2. 如果电路出现只有星型运转没有三角型运转控制的故障,试分析产生该故障的接线方面的可能原因。

3. 参照电动机 Y-△降压起动控制线路装调活动,在安装工艺质量、安装正确性、安装时间及安全文明生产 4 个方面对于成功与不足进行自我评价,写出自评报告。

4. 绘制图 14-1-4 三相异步电动机 Y-△降压起动控制线路的平面布置图,写出控制电路接线的先后顺序。

活动三　三相异步电动机 Y-△降压起动控制线路故障的分析和排除

一、目标任务

熟练掌握三相异步电动机 Y-△降压起动控制线路的故障分析和排除。

二、相关知识

具备三相异步电动机 Y-△降压起动控制线路的生产机械,在运行中,会发生各种各样的故障,故障有机械方面的原因,也有电气方面的原因。电气工作人员首先应能熟练排除电气方面的故障,保证生产机械电气部分的正常运行。

（一）排故基本步骤及方法

① 熟悉电气控制线路图的工作原理和控制线路的动作要求顺序。

② 观察故障现象(通电试验)。

③ 判断产生故障的原因及部位,并能分析记录。

④ 查找故障点,并能记录查找过程。

不通电检查用欧姆法;通电检查用电压法或校灯法。

⑤ 排除故障。试验运行控制线路正常为止。

（二）三相异步电动机星三角降压起动控制线路的故障分析

1. 三相异步电动机星三角降压起动控制线路

控制线路如图 14-3-1 所示。工作原理:

起动　　　　$SB1^\pm$—$KM2^+$—$KM1^+_{自}$—$M_{Y降}$

起动毕　　　　　　　└—KT^+—Δt—$KM2^-$—$M^-_{Y降}$
　　　　　　　　　　　　　　　　　　　　　|
　　　　　　　　　　　　　　　　　　　　$KM3^+$—$M^+_{\triangle 全}$—KT^-

停止　　　　SB2±—KM1⁻、KM3⁻—M△全⁻

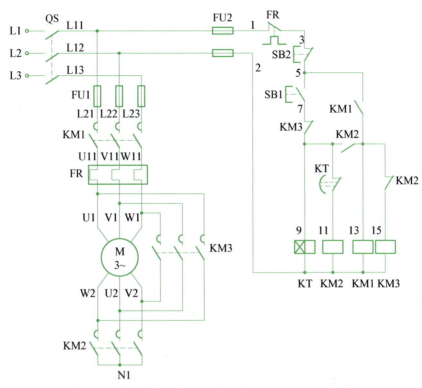

图 14－3－1　接触器自动控制的 Y-△降压起动控制线路

2. 三相异步电动机星三角降压起动控制线路的故障检查思路

(1) 按下 SB1，KT 和 KM2 都不动作，电动机没有星形降压起动　应检查电动机起动电路的前后电源电路（即公共电路）。故障范围分析：L1♯—QS(L1 相)—L11♯—FU2(L1 相)—1♯—FR 常闭触头—3♯—SB2 常闭触头—5♯—SB1 常开触头—7♯—KM3 常闭触头—9♯……2♯—FU2(L2 相)—L12♯—QS(L2 相)—L2♯。

(2) 首先应观察，按下 SB1，KT 或 KM2 动作是否正常　如 KT 不动作，故障范围分析：KM3(9♯)—9♯—KT 线圈—2♯—FU2(2♯)；如 KM2 不动作，故障范围分析：KM3(9♯)—9♯—KT 延时断开常闭触点—11♯—KM2 线圈—2♯—FU2(2♯)。

(3) 其次应观察，按下 SB1，KT、KM2 动作后，KM1 是否正常动作　如 KM1 不动作，故障范围分析：KM3(9♯)—9♯—KM2 常开触头—13♯—KM1 线圈—2♯—FU2(2♯)；如 KM1 动作，但没有自保，故障范围分析：5♯—KM1 常开触头—13♯。

(4) 最后应观察，KT 延时后，KM2 是否断开，KM3 是否动作　如 KM3 不动作，故障范围分析：KM2 常开触头(13♯)—13♯—KM2 常闭触头—15♯—KM3 线圈—2♯—FU2(2♯)。

(5) 按下 SB1，KM2、KM1 能动作，电动机 M 缺相不能正常起动　故障范围分析：L3—QS(L3 相)—L13♯—FU1(三相)—L21♯、L22♯、L23♯—KM1 主触头(三相)—U11♯、V11♯、W11♯—FR 热元件(三相)—电动机三相绕组。

3. 三相异步电动机 Y-△降压起动控制线路电气方面的故障原因

分析与描述示例见表 14-3-1。

表 14-3-1　三相异步电动机 Y-△降压起动控制线路的常见故障分析与描述示例

序号	故障现象	故障可能范围	故障点示例
1	按下 SB1，KT 和 KM2 都不动作，电动机没有星形降压起动	L1♯—QS（L1 相）—L11♯—FU2（L1 相）—1♯—FR 常闭触头—3♯—SB2 常闭触头—5♯—SB1 常开触头—7♯—KM3 常闭触头—9♯—KT（2♯）—2♯—FU2（L2 相）—L12♯—QS（L2 相）—L2♯	⑬ FU2（L1 相）断路 ⑭ 1♯导线断开 ⑮ SB2 常闭触头断开 ⑯ SB1 常闭触头断开 ⑰ 7♯导线断开
2	按下 SB1，KM2 不动作，电动机没有星形降压起动	KM3（9♯）—9♯—KT 延时断开常闭触点—11♯—KM2 线圈—2♯—FU2（2♯）	① KM2 线圈断路
3	按下 SB1，KT、KM2 动作后，KM1 不动作，电动机没有星形降压起动	KM3（9♯）—9♯—KM2 常开触头—13♯—KM1 线圈—2♯—FU2（2♯）	⑥ KM1 线圈断路
4	按下 SB1，KT、KM2 动作后，KM1 动作，但不自保，电动机没有星形降压起动	5♯—KM1 常开触头—13♯	① KM1（13♯）—KM2（13♯）之间导线断开
5	按下 SB1，KT 延时后，KM2 断开，KM3 不动作，电动机没有星形降压起动	KM2 常开触头（13♯）—13♯—KM2 常闭触头—15♯—KM3 线圈—2♯—FU2（2♯）	① KM3 线圈断路
6	按下 SB1，KM2、KM1 能动作，电动机 M 缺相不能正常起动	L3—QS（L3 相）—L13♯—FU1（三相）—L21♯、L22♯、L23♯—KM1 主触头（三相）—U11♯、V11♯、W11♯—FR 热元件（三相）—电动机三相绕组	① FU1（L3 相）断路

> **排故举例**　在图 14-3-1 中，假设 7♯导线断开。
>
> 先通电试验，观察故障现象：按起动按钮 SB1，KT 和 KM2 都不动作，电动机没有 Y-△降压起动。
>
> （1）故障现象描述并书写　按起动按钮 SB1，KT 和 KM2 都不动作，电动机没有星三角降压起动。
>
> （2）故障范围判断　L1♯—QS（L1 相）—L11♯—FU2（L1 相）—1♯—FR 常闭触头—3♯—SB2 常闭触头—5♯—SB1 常开触头—7♯—KM3 常闭触头—9♯……KT（2♯）—2♯—FU2（L2 相）—L12♯—QS（L2 相）—L2♯。
>
> （3）故障点检查　用电压法。
>
> 通电情况下，用万用表电压 AC500 V 挡。按前述图 5-3-2 所示意的电压检查方法，此排故举例的检查过程如图 14-3-2 所示。
>
> 先将电压表红黑表棒置 FU2 前端，检查控制电路电源是否正常，如不正常，往电源处检查。如电压为 380 V，则将红黑表棒移至①位置，如电压表显示电压为 380 V，表明 FU2 是好的。接着，黑表棒不动，红表棒依次按②③④⑤⑥⑦移动，电压表均显示电压为 380 V，

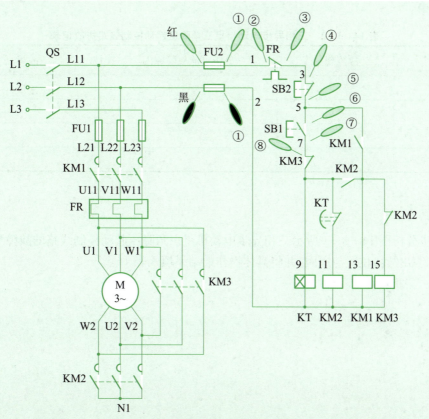

图 14-3-2 星三角降压起动自动控制线路的电压法故障分析示意图

表明红表棒所置位置前的导线或电器部件是好的;待红表棒置⑧位置,即 KM3 常闭触头(7#)处,电压表显示电压为零,表明红表棒所置位置前的 7# 导线断开。因此,排故举例的故障点是 7# 导线断开。

(4) 故障点记录 7# 导线断开。

排除以后,再通电检查,电路正常。

三、活动步骤

1. 对于已经安装完成的学员相互模拟故障,换位交叉排故练习(或在模拟排故装置上)。

(1) 设置故障。

(2) 换位交叉排故。

① 确认主电路、控制电路有无短路故障。如有,就可以在断电状态下排除故障。

② 若无短路故障,通电试验延时起动、延时停止操作。

③ 观察故障现象,初步判定故障范围。

④ 排除故障,检修完毕,进行通电空载校验或局部空载校验。

⑤ 校验合格,通电正常运行。

2. 观察记录故障现象、判断记录故障部位及可能故障原因、检查故障点,并记录于表

14-3-2 中。

表 14-3-2　三相异步电动机星三角降压起动控制线路排故记录

序号	故障现象	分析可能故障原因	故障点

四、后续任务

进一步分析图 14-3-1 所示三相异步电动机星三角降压起动控制线路的故障现象，判定故障范围，写出故障位置与原因，并将具体操作的结果填入表 14-3-2。

项目十五　三相异步电动机延边三角形降压起动控制的认知与操作

活动一　三相异步电动机延边三角形降压起动控制线路图的识读

一、目标任务

1. 掌握三相异步电动机延边三角形降压起动的原理、特点和方法；掌握三相异步电动机延边三角形连接和三角形连接的接线方式。

2. 掌握三相异步电动机延边三角形降压起动控制线路的组成，电气元件的作用和控制工作原理。

3. 掌握电气元件的选择方法。

二、相关知识

延边三角形降压起动是在 Y-△降压起动的基础上加以改进而形成的一种起动方式，它把 Y 和△形两种接法结合起来，使电动机每相定子绕组承受的电压小于△形连接时的相电压，而大于 Y 形连接时的相电压，并且每相绕组电压的大小可随电动机绕组抽头（U3、V3、W3）位置的改变而调节，从而克服了 Y-△降压起动时起动电压偏低、转矩偏小的缺点。延边三角形电动机绕组如图 15-1-1 所示。

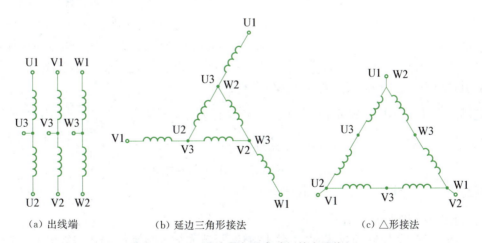

(a) 出线端　　　(b) 延边三角形接法　　　(c) △形接法

图 15-1-1　延边三角形电动机的定子绕组

延边三角形降压起动控制线路是指电动机起动时，把定子绕组的一部分接成△形，另一部分接成 Y 形，使整个绕组接成延边三角形接法，每相绕组电压的大小可随电动机绕组抽头

(U3、V3、W3)位置调整决定。待电动机起动后,再把定子绕组接成三角形接法,实现全压运行的控制线路。

1. 三相异步电动机通电延时控制的延边三角形降压起动控制线路

(1) 电路组成　图 15-1-2 所示为通电延时控制的延边三角形降压起动控制线路。交流接触器 KM1 作为电动机 M 电源控制、KM3 将 M 连成延边△形接法、KM2 将 M 连成△形接法,热继电器 FR 作过载保护,通电延时时间继电器 KT 作起动时间控制,SB1 为起动按钮,SB2 为停止按钮,刀开关 QS 作总电源开关,熔断器 FU1 作电动机 M 短路保护,FU2 作控制电路短路保护。

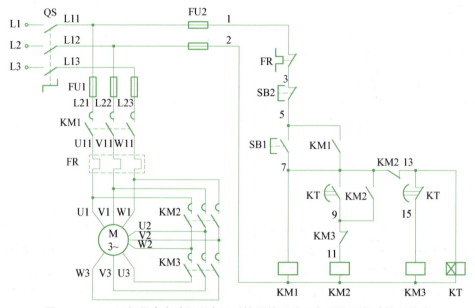

图 15-1-2　三相异步电动机通电延时控制的延边三角形降压起动控制线路

(2) 工作原理　主电路中,当 KM1、KM3 主触点闭合时,电动机定子绕组接成延边△形接法,如图 15-1-1(b)所示,每相绕组电压的大小为电源电压的 50%,实现电动机降压起动。当起动完毕后,KM3 主触点先断开,而 KM2 主触点后闭合,使电动机定子绕组接成△形接法,电动机全压运行。控制线路符号法原理分析:

起动　　　SB1$^{\pm}$—KM1$^{+}_{自}$—KM3^{+}—M$_{降}^{+}$(延边三角形接法)

起动毕　　　　KT^{+}—Δt—KM3^{-}—KT^{-}
　　　　　　　　　　　　　　　|
　　　　　　　　　　　　KM2$^{+}_{自}$—M$^{\pm}_{全}$(△形接法)

停止　　　SB2$^{\pm}$—KM1^{-}、KM2^{-}—M^{-}

(3) 电路存在的问题　分析如下:

① 如果 KM3 线圈断开或 KM2 主触头熔焊,会造成全压起动的可能。这是因为按下 SB1 后,KM1 线圈得电自锁,KT 线圈得电,开始延时,但 KM3 线圈断开,电动机不能起动;待 KT 延时后,KM2 线圈得电自锁,KM2 主触头闭合,电动机全压起动;或 KM2 主触头熔焊,当 KM1 线圈得电自锁,主触头闭合,电动机亦全压起动。

② 有"竞争"现象。KT 延时常开触头延时闭合后，KM3 失电，KM2 线圈得电，常闭触头先断开，使 KT 线圈失电，KT 延时常开触头断开复原；如果此时 KM 自保触头还没有闭合，则 KM2 线圈会失电，KM2 常闭触头闭合复原，KM3、KT 线圈再得电，电动机又进入延边三角形降压起动，延时后，会重复上述过程。KM3、KM2、KT 三个电器跳个不停，直到 KM2 自保成功。

③ 如果时间继电器失灵(线圈电路断路或延时触头不动作)，易造成电动机长期处于延边三角形接法状态下运行，而使电机烧毁。

2. 三相异步电动机断电延时控制的延边三角形降压起动控制线路

(1) 电路组成　图 15-1-3 所示为断电延时控制的延边三角形降压起动控制线路。此电路是一种比较理想的延边三角形降压起动控制线路，由于 KT 通电必须通过 KM1 和 KM2 的常闭触头，KM3 得失电必须通过 KT 断电延时的常开触头，所以 KM1~KM3 三者不会同时得电，从而避免了上述第一个弊病。又若 KT 不工作或失灵，KM3 和 KM1 就不能吸合，上述第二个弊病显然不存在。然而，若按下停止按钮时，KM1 若因迟释放仍会使 KM3 通电。

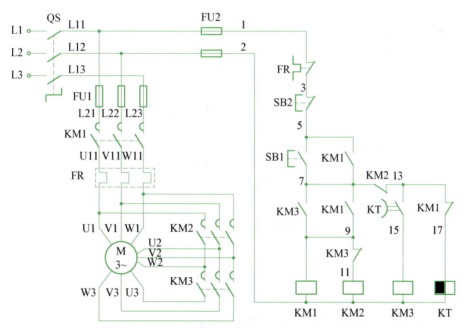

图 15-1-3　三相异步电动机断电延时控制的延边三角形降压起动控制线路

(2) 工作原理　工作原理分析：

起动　　　$SB1^{\pm}$—KT^{+}—$KM3^{+}$—$KM1^{+}_{自}$—$M^{\pm}_{降}$（延边三角形接法）

起动毕　　　　　　　　　　　KT^{-}—Δt—$KM3^{-}$
　　　　　　　　　　　　　　　　　　　　$KM2^{+}$—$M^{\pm}_{全}$（△形接法）

停止　　　$SB2^{\pm}$—$KM1^{-}$、$KM2^{-}$—M^{-}

三、活动步骤

1. 试说明图 15-1-2 所示电路的组成、电气元件的作用和工作原理。

2. 根据电气原理图中电动机的额定容量,选择所用的电气设备、电器元件的型号、导线规格等,填入表 15-1-1 中。

表 15-1-1

序号	名称	型号	数量	备注
1	三相异步电动机	Y112M—2, 3 kW, 6.8 A	1	
2	刀开关			
3	熔断器			
4	热继电器			
5	时间继电器			
6	交流接触器			
7	按钮			
8	接线端子板			
9	万用表			
10	安装接线板			
11	绝缘电线			
12	测电笔			
13	电工钳			
14	剥线钳			
15	螺丝刀			
16	电工刀			
17	螺钉、螺母			

四、后续任务

思　考

1. 如果电动机出现只能延边三角形减压起动,不能△形运转,试分析产生该故障的接线方面的可能原因。

2. 时间继电器 KT 线圈断路损坏后,对电路的运行有何影响?

活动二　三相异步电动机延边三角形降压起动控制线路的装接与调试

一、目标任务

1. 学习延边三角形降压起动控制电路结构,掌握控制线路安装的具体方法。

2. 掌握电动机定子绕组在电路中延边三角形连接和三角形连接的接线方式。
3. 能自行自编安装工艺步骤和工艺要求,在规定的时间里完成控制线路装接与调试。
4. 初步对故障进行分析、简单排故,并熟悉安全操作规程。

二、相关知识

延边三角形降压起动控制线路的安装、接线和调试的步骤和注意事项如下:

① 熟悉电气控制线路图的工作原理。

② 确定所需电器的型号,并选择;了解电器结构及各部件与图形符号的关联。

③ 在安装板或控制箱上布置电器。布置基本原则是,按电气原理图中主电路的通电顺序排列。一般,开关或熔断器在最上面一排,第二排放交流接触器,旁边放继电器,其中热继电器用能与接触器直接组合的最佳,最下一排放接线端子;按钮或组合开关或指示灯作为外接器件布置在专门的区域,与电器连接需通过接线端子;电源进入或输出至电动机,也要经过接线端子;在电器的周围要安装走线槽,各电器之间的连接导线需经过走线槽。

布置安装电器后,形成的图就是基本的电器布置图。在电器布置图内,要反映电器的真实布置位置、大小和安装尺寸,电器安装方式和尺寸。

④ 主电路连接导线截面需按负荷计算选择。L1、L2、L3 相线分别用黄、绿、红颜色,或全部红色,N 中心线为淡蓝色,PE 接地线为黄绿色,采用塑铜绝缘导线,导线端头需安装接线叉片或接线鼻;辅助电路连接导线一般为 $1.5\ mm^2$ 或 $1.0\ mm^2$ 导线,颜色为黑色,采用塑铜绝缘软导线或软硬线(例 BVR—1.5/7 系列塑铜软导线),导线端头需装接线端头。

⑤ 线路连接时,每个电器连接端点只能接两根导线;电气装置连接导线端头还应套上有电气节点编号的套管;电器连接端头必须牢靠。电器间的连接导线必须从走线槽中行走,并留有适当的裕量,供以后维护或维修用。

⑥ 按电气原理图连接。可先接主电路,然后接辅助电路(也可视情况,先接辅助电路,后接主电路)。辅助电路连接时,可优先考虑采用电位(或节点)连接法,检查时容易发现多接或少接的导线。对于连接线比较多的电气节点,在连接该节点前,需按就近原则筹划安排电器连接端口的连接导线。

⑦ 线路连接完成,首先应检查控制线路连接是否正确,然后通电试验,观察动作是否满足功能要求,直到完全满足控制要求为止。

在通电前,检查控制线路连接基本正确后,先用万用表电阻 $100\ \Omega$ 挡,测量控制电路的电源进线两端。如电阻为很大或无穷大,表明正常;如电阻为零或有阻值,表明控制电路短路或有接错问题,应检查连接导线是否错误,直到正常为止。可通电试验,观察动作是否满足功能要求,不满足,应排故,直到完全满足控制要求为止。

三、活动步骤

1. 在模拟电器接线装置上,练习如图 15-1-2 的延边三角形降压起动控制线路的接线。时间应为 30 min。

2. 在安装板上,进行图 15-1-2 的延边三角形降压起动控制线路的安装接线和调试。时间应为 180 min。

① 分析图 15-1-2 电气控制线路图,熟悉工作原理。

② 核对活动一表15-1-1中已选择的的元器件,按要求整定好时间继电器的延时时间与热继电器的动作电流。本例控制线路三相异步电机 Y112M(2,3 kW,6.8 A)。采用如下电器:漏电开关 QS　DZ47LE—32/3P,C10 一只;熔断器 FU1　RT18/8 A 三只;熔断器 FU2　RT18/2 A 两只;交流接触器 KM　CJ20—10/线圈 380 V 三只;热继电器 JR16B—20/3D 7.2 A 一只;通电延时时间继电器 JSZ3A/线圈 380 V 一只;三联按钮盒　LA20—11/2H 一只;主电路接线端子 X1　15 节;辅助电路接线端子 X2　5 节;走线槽若干;BVR—1.0/7 系列塑铜软导线若干。

③ 绘制确定电器平面布置图,经老师检验合格,或参阅图 15-2-1 的电器布置图。然后进行安装前准备工作,领取检测器材和工具。接着,在控制板上按图进行电器的安装,排列固定元器件,并贴上醒目的文字符号。

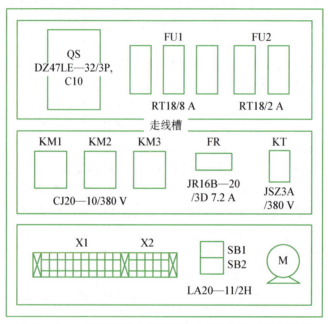

图 15-2-1　三相异步电动机延边△形降压起动控制线路

④ 按照如图 15-1-2 的电气原理图进行控制线路的连接。可先主电路,后辅助电路(也可视情况,先接辅助电路,后接主电路)。也可参阅图 15-2-2 的电气接线图连接,图中采用的相对标号法。

⑤ 线路连接完成,首先应检查控制线路连接是否正确。先不通电,用万用表电阻 100 Ω 挡,测量控制电路的电源进线两端。如电阻为很大或无穷大,表明正常;如电阻为零或有阻值,表明控制电路短路或有接线问题,应检查连接导线是否错误,直到正常为止(电阻为很大或无穷大)。然后通电试验(必须征得带教教师的同意后),观察动作情况,直到完全满足控制要求为止。最后,连接电动机及保护接地线进行联机试运行。

⑥ 控制线路安装调试结束,先自评,填写安装调试报告。学生可互评或带教教师评价,记录成绩。然后,仔细拆卸整理练习器材,保持完整和完好。最后,打扫工作场所。上述工作完成情况,都可记入,作为活动成绩。

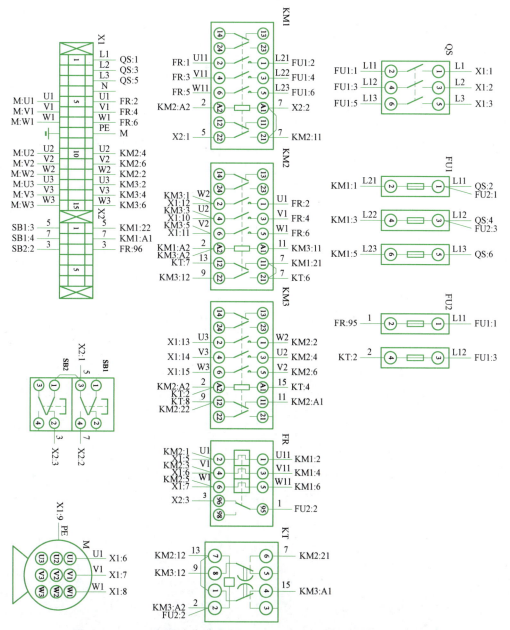

图 15-2-2　三相异步电动机沿边三角形降压起动控制线路安装接线图

> 操作安全注意事项：
> ① 进入实训场必须穿戴好劳保用品。
> ② 安装时，用力不要太猛，以防螺钉打滑或损坏元器件的底座。
> ③ 试车时，符合试车顺序，并严格遵守安规。
> ④ 人体与电动机旋转部分保持适当距离。
> ⑤ 故障检修时执行停电作业，如发现异常情况，必须立即切断电源开关 QS。

四、后续任务

思 考

1. 如图 15-1-2 所示的电动机延边三角形降压起动控制线路中,KM2 常闭触点和 KM3 常闭触点起什么作用?KM1 和 KM2 常开触点起什么作用?

2. 参照电动机延边三角形降压起动控制线路装调活动,在安装工艺质量、安装正确性、安装时间及安全文明生产四个方面对于成功与不足进行自我评价,写出自评报告。

3. 绘制图 15-1-2 三相异步电动机延边三角形降压起动控制线路的平面布置图,写出控制电路接线的先后顺序。

第五单元　三相异步电动机调速控制

为了适应机械传动装置实际应用中变速的需要,异步电动机需要调速。所谓调速,就是用人为的方法来改变异步电动机的转速。由异步电动机的转差率公式,知

$$n = n_1(1-s) = \frac{60f_1}{p}(1-s)。$$

可见,三相异步电动机的调速有以下 3 种方法:
① 改变电动机的转差率 s:变阻调速或变压调速;
② 改变电动机的极对数 p:变极调速;
③ 改变接入电动机三相定子绕组电源的频率 f_1:变频调速。

随着电力电子技术的发展,变频器的质量不断提高,成本大幅降低,在许多生产机械上都尽可能地使用变频器来无级调速。但由于变频器的功率还不能做得太大,所以只能用在小功率的场合。目前,大部分功率较大的机械传动的调速还是主要采用变阻调速和变极调速。本单元中,着重介绍绕线式异步电动机和三相双速电动机的起动与调速控制。

项目十六　绕线式异步电动机运行控制

起重机的工作特点是经常在重载下频繁起动、制动、反转,承受较大的过载和机械冲击。因此,电动机要有较高的机械强度和较大的过载能力,同时要求电动机起动转矩大、起动电流小。在其他拖动场合中,也有类似的操作要求。由于鼠笼式异步电动机机械特性比较硬,调速范围窄,不适宜作为需要调速的动力源。三相绕线式异步电动机可以通过滑环在转子绕组中串接电阻来改善电动机的机械特性,减小起动电流,增大起动转矩,平滑调速。所以,三相绕线式异步电动机在很多场合作为主拖动电机使用。绕线式异步电动机的调速主要由改变串接在转子绕组中的电阻来实现。

通常有 3 种控制方式:
① 转子绕组串接电阻。
② 转子绕组串接频敏变阻器。
③ 采用凸轮控制器改变转子绕组电阻。

活动一　频敏变阻器和凸轮控制器的认识、检修

一、目标任务

1. 了解频敏变阻器的结构。

2. 熟悉频敏变阻器的使用方法。
3. 了解凸轮控制器的结构。
4. 熟悉凸轮控制器的使用方法。

二、相关知识

1. 频敏变阻器

频敏变阻器是利用铁磁材料的损耗随频率变化来自动改变等效抗值,以使电动机平滑起动的变阻器。它是一种静止的无触点电磁元件,其实质是一个铁芯损耗非常大的三相电抗器。适用于绕线式异步电动机的转子回路,作起动电阻用。在电动机起动时,将频敏变阻器串接在转子绕组中,由于频敏变阻器的等效阻抗随转子电流频率减小而减小,从而减小机械和电流冲击,实现电动机的平稳无级起动。

常用的频敏变阻器有 BP1、BP2、BP3、BP4 和 BP6 等系列,各系列都有其特定的用途。现以 BP1 系列为例作简要介绍。

(1) 频敏变阻器的型号及含义 含义如下:

BP1 系列频敏变阻器分为偶尔起动用(BP1—200 型、BP1—300 型)和重复短时工作制(BP1—400 型、BP1—500 型)两类。

(2) 频敏变阻器的结构 频敏变阻器的结构为开启式,类似于没有两次绕组的三相变压器。BP1 系列频敏变阻器的外形和结构如图 16-1-1 所示。

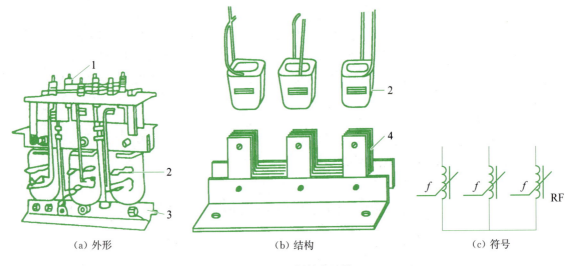

图 16-1-1 频敏变阻器

1—接线柱 2—线圈 3—底座 4—铁芯

频敏变阻器主要由铁芯和绕组两部分组成。铁芯由数片 E 形钢板叠成,上下铁芯用 4 根螺栓固定。拧开螺栓上的螺母,可在上下铁芯间增减非磁性垫片,以调整空气隙长度。绕组上有 4 个抽头,一个在绕组背面,标号为 N;另外 3 个在绕组正面,标号分别为 1、2、3。抽头 1—N 之间为 100%匝数,2—N 之间为 85%匝数,3—N 之间为 71%匝数。一般,出厂时绕组接成星形连接。

(3) 频敏变阻器的工作原理　绕线式异步电动机转子绕组串接频敏变阻器,三相绕组通入电流后,由于铁芯是用厚钢板制成,交变磁通在铁芯中产生很大的涡流,引起很大的铁芯损耗。频率越高,涡流越大,铁损也越大。交变磁通在铁芯中的损耗可等效地看作电流在电阻中的损耗,因此,频率变化时相当于等效电阻的阻值在变化。在电动机刚起动的瞬间,转子电流的频率最高(接近于电源频率),频敏变阻器的等效阻抗最大,限制了电动机的起动电流;随着转子转速的升高,转子电流的频率逐渐减小,频敏变阻器的等效电阻也逐渐减小,电动机转子电流逐渐增大,使电动机转速平稳地上升到额定转速。

(4) 频敏变阻器的选用　具体方法如下:

① 根据电动机所拖动的生产机械的起动负载特性和操作频繁的程度,选择频敏变阻器。频敏变阻器的基本适用场合见表 16-1-1。

表 16-1-1　频敏变阻器的基本适用场合

负载特性		适用的频敏变阻器序列	
		轻载	重载
操作频繁程度	偶尔	BP1、BP2、BP4	BP4G、BP5
	频繁	BP3、BP1、BP2	

② 按电动机功率选择频敏变阻器的规格。在确定了所选择的频敏变阻器系列后,根据电动机的功率查有关技术手册,即可确定配用的频敏变阻器规格。部分 BP1 系列短时起动用频敏变阻器见表 16-1-2。

表 16-1-2　BP1 系列短时起动用频敏变阻器系列表

电动机		重、轻载起动用	重载起动用	轻载起动用
P_K(kW)	I_{2N}(A)	型号	型号	型号
22~28	51~63	BP—205/10005	BP1—205/8006	
	64~80	BP1—205/8006	BP1—205/6308	
	81~100	BP1—205/6308	BP1—205/5010	
	101~125	BP1—205/5010	BP1—205/4012	
29~35	51~63	BP1—206/10005	BP1—206/8006	
	64~80	BP1—206/8006	BP1—206/6308	
	81~100	BP1—206/6308	BP1—206/5010	
	101~125	BP1—206/5010	BP1—206/4012	
36~45	51~63	BP—208/10005	BP1—208/8006	BP1—204/16003
	64~80	BP1—208/8006	BP1—208/6308	BP1—204/12540
	81~100	BP1—208/6308	BP1—208/5010	BP1—204/10005
	101~125	BP1—208/5010	BP1—208/4012	BP1—204/8006
46~55	64~80	BP1—210/8006	BP1—210/6308	BP1—205/12540
	81~100	BP1—210/6308	BP1210/5010	BP1—205/10005

续表

电动机		重、轻载起动用	重载起动用	轻载起动用
PK(KW)	I2N(A)	型号	型号	型号
46~55	101~125 126~160	BP1—210/5010 BP1—210/4012	BP1—210/4012 BP1—210/3216	BP1—205/8006 BP1—205/6308
56~70	126~160 161~200 201~250 251~315	BP1—212/4012 BP1—212/3216 BP1—212/2520 BP1—212/2025	BP1—212/3216 BP1—212/2520 BP1—212/2025 BP1—212/1632	BP1—212/4012 BP1—212/3216 BP1—212/2520 BP1—212/2025
71~90	161~200 201~250 251~315 316~400	BP1—305/5016 BP1—305/4020 BP1—305/3225 BP1—305/2532	BP1—305/4020 BP1—305/3225 BP1—305/2532 BP1—305/2040	BP1—208/5010 BP1—208/4012 BP1—208/3216 BP1—208/2520

2. 凸轮控制器

凸轮控制器是利用凸轮来操作动触头动作的控制器。主要用于容量小于 30 kW 的中小型绕线式异步电动机线路中，借助其触头转换直接控制电动机的起动、调速、反转、制动和停止。凸轮控制器控制绕线式异步电动机，线路简单、操作明了、运行可靠、维修方便，在桥式起重机等设备中得到广泛应用。

常用的凸轮控制器有 KT10、KT12、KT14、KTJ1 和 KTJ15 等系列，现以 KTJ1 系列为例作简单介绍。

(1) 凸轮控制器的型号及含义 含义如下：

(2) 凸轮控制器的结构 KTJ1—50/1 型凸轮控制器外形与结构如图 16-1-2 所示。

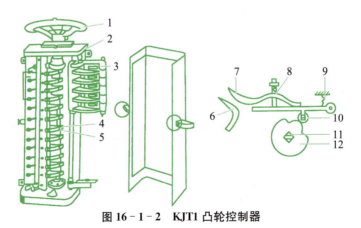

图 16-1-2 KJT1 凸轮控制器

1—手轮 2、11—转轴 3—灭弧罩 4、7—动触头 5、6—静触头 8—触头弹簧 9—弹簧 10—滚轮 12—凸轮凸轮控制器主要由手轮(或手柄)、触头系统、转轴、凸轮和外壳等部分组成。其触头系统共有 12 对触头,9 对常开,3 对常闭。其中,4 对常开触头接在主电路中,用于控制电动机的正反转,这 4 对触头配有灭弧罩;另外 8 对触头用于控制电路中,不带灭弧罩。

(3) 凸轮控制器的工作原理　凸轮控制器的动触头与凸轮固定在转轴上,每个凸轮控制一个触头。当转动手柄时,凸轮随转轴转动,凸轮的突起部分顶住滚轮,动、静触头分开;当凸轮的凹处与滚轮相碰时,动触头受到触头弹簧的作用压在静触头上,动静触头闭合。在方轴上叠装形状不同的凸轮片,可使各个触头按设定的顺序断开或闭合,从而实现不同的控制目的。

凸轮控制器触头的分合情况,通常用触头的分合表来表示。KTJ1—50/1 型凸轮控制器的触头分合表如图 16 - 1 - 3 所示。图上面第二行表示手轮的 11 个位置,左侧就是凸轮控制器的 12 对触头。各触头在手轮处于某一位置时的通、断状态用符号来标记,符号"＊"表示对应触头在手轮处于此位置时是闭合的,无此符号表示是分断的。

例如,手轮在反转"3"位置时,触头 AC2、AC4、AC5、AC6、AC11 处有"＊"符号,表示这些触头是闭合的,其余的触头是断开的。两触头之间有连接线的(如 AC2~AC3 左边的短接线),表示它们总是接通的。

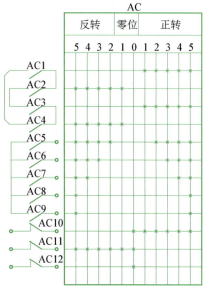

图 16 - 1 - 3　凸轮控制器触头分合表

(4) 凸轮控制器的选用　凸轮控制器主要根据所控制电动机的容量、额定电压、额定电流、工作制和控制位置数目等来选择。KTJ1 系列凸轮控制器的技术数据见表 16 - 1 - 3。

表 16 - 1 - 3　KTJ1 系列凸轮控制器的技术数据

型号	位置数		额定电流/A		额定控制功率/kW		每小时操作次数不高于	质量/kg
	向前上升	向后下降	长期工作制	通电持续率在 40% 以下工作制	220 V	380 V		
KTJ1—50/1	5	5	50	75	16	16	600	28
KTJ1—50/2	5	5	50	75	＊	＊		26
KTJ1—50/3	1	1	50	75	11	11		28
KTJ1—50/4	5	5	50	75	11	11		23
KTJ1—50/5	5	5	50	75	2＊11	2＊11		28
KTJ1—50/6	5	5	50	75	11	11		32
KTJ1—80/1	6	6	80	120	22	30		38
KTJ1—80/3	6	6	80	120	22	30		38
KTJ1—150/1	7	7	150	225	60	100		—

三、活动步骤

1. 频敏变阻器的认识

（1）选择 BP1 系列中一个型号的频敏变阻器,观察其外形和结构。

（2）拧开螺栓上的螺母,试调节上、下铁芯的空气间隙。

（3）观察星形连接的 3 个绕组 4 个抽头的位置。

（4）用万用表测量绕组的直流电阻,判断绕组好坏。

（5）用兆欧表测量对地绝缘电阻。

2. 凸轮控制器的检修

选择已经使用过的 KTJ1—50/1 型凸轮控制器进行检修。

（1）用手转动手轮,体会是否转动灵活,有否卡滞。

（2）如感觉转动不自如,则应打开凸轮控制器的外壳,仔细检查故障原因,以修复。

（3）如转动自如,则先用兆欧表测量凸轮控制器各触头的对地绝缘电阻,应大于 0.5 MΩ。

（4）将手轮依次转动至各位置,用万用表分别测量各对触头的通断情况,根据测量结果列出触头分合表,与图 16-1-3 的分合状态比较,判断触头的工作情况是否良好。

（5）打开凸轮控制器的外壳,观察其内部结构和动作过程,熟悉各部件的名称及主要作用。

（6）观察触头烧伤、磨损的情况,可用油石细心砂磨,不可改变触头形状。若烧损严重,则须更换触头。

（7）调整触头压力。将一张比触头稍宽的纸条夹在动、静触头之间并使触头闭合,用手拉动纸条。若稍微用力纸条即可拉出,说明触头压力合适;若纸条很容易拉出,说明触头压力不足,应调整或更换触头压力弹簧;若纸条被撕断,说明触头压力太大,应调整触头压力弹簧。

（8）检查凸轮片的磨损情况,若磨损严重应以更换。

（9）检修后,装上外壳,试转动手轮,看是否灵活可靠。并且,再次用万用表依次测量各对触头的通断情况。观察是否与给定的触头分合表相符,如不相符,重新检修。

四、后续任务

1. 简述频敏变阻器的工作原理。
2. 如何选择频敏变阻器?
3. 什么是凸轮控制器?其主要作用是什么?
4. 如何选择凸轮控制器?

活动二　绕线式异步电动机转子绕组串接电阻器运行控制线路装接、调试

一、目标任务

1. 掌握绕线式异步电动机转子绕组串接电阻器运行的原理。
2. 熟悉绕线式异步电动机转子绕组串接电阻器运行的控制电路图及电路工作原理。
3. 掌握按钮操作控制线路、时间继电器自动控制线路的装接、调试技能。

二、相关知识

绕线式异步电动机转子绕组串接的电阻器一般是星形连接，有三相对称和三相不对称两种形式，如图16-2-1所示。

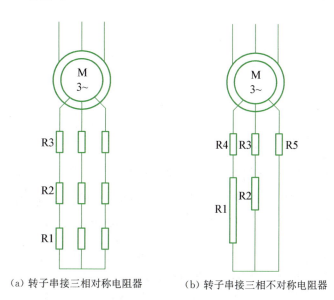

(a) 转子串接三相对称电阻器　　　(b) 转子串接三相不对称电阻器

图16-2-1　转子串接三相电阻器

起动时，在绕线式异步电动机转子绕组回路中接入星形连接、分级切换的三相起动电阻器，并把可变电阻置最大位置，以减小起动电流，获得较大的起动转矩。随着电动机转速的升高，逐级减小可变电阻。起动完毕，可变电阻减小到零，转子绕组被直接短接，电动机在额定状态下运行。

图16-2-1(a)表示三相对称电阻器。起动过程中，依次切除R1、R2、R3，最后切除全部电阻。图16-2-1(b)表示三相不对称电阻器。起动时，串入的全部电阻是不对称的，每段切除以后三相电阻仍不对称，起动过程中，依次切除R1、R2、R3、R4，最后切除全部电阻。电动机调速时，将三相可变电阻器调到相应的位置即可，此时可变电阻器便成了调速电阻。

1. 按钮操作手动控制线路

按钮操作手动控制转子绕组串接电阻起动控制线路，如图 16-2-2 所示。

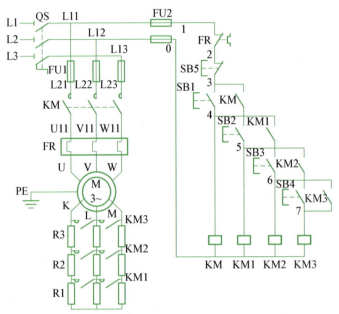

图 16-2-2　按钮操作手动控制串电阻起动控制线路图

合上电源开关 QS，则

起动　　　$SB1^{\pm}—KM_{自}^{+}—M_{R1+R2+R3}^{+}$　（电机转子串 R1、R2、R3 起动 n_3 速运行）

　　　　　　　|
　　　　　　$SB2^{\pm}—KM1_{自}^{+}—M_{R2+R3}^{+}$　（电机转子串 R2、R3 n_2 速运行）

　　　　　　　|
　　　　　　　$SB3^{\pm}—KM2_{自}^{+}—M_{R3}^{+}$　（电机转子串 R3 n_1 速运行）

　　　　　　　|
　　　　　　　$SB4^{\pm}—KM3_{自}^{+}—M^{+}$　（电机 n_N 全速运行）

停止　　　$SB2^{\pm}—KM^{-}$、$KM1^{-}$、$KM2^{-}$、$KM3^{-}—M^{-}$

其中，$n_N > n_1 > n_2 > n_3$。

2. 时间继电器自动控制线路

按钮操作手动控制线路的缺点是操作不便，工作也不可靠，所以在实际生产中常采用时间继电器自动控制切除起动电阻的控制线路。其电路如图 16-2-3 所示。

该线路是用 3 个时间继电器 KT1、KT2、KT3 和 3 个接触器 KM1、KM2、KM3 的相互配合来依次自动切除转子绕组中的三级电阻。

与起动按钮 SB1 串接的接触器 KM1、KM2 和 KM3 常闭辅助触头的作用，是保证电动机在转子绕组中接入全部外加电阻的情况下才能起动。如果接触器 KM1、KM2 和 KM3 中任何一个触头因熔焊或机械故障而没有释放，起动电阻就没有全部接入转子绕组中，从而使起动电流超过规定值。若把 KM1、KM2 和 KM3 的常闭触头与按钮 SB1 串接在一起，就可以避免这种现象的发生，因 3 个接触器中只要有一个触头没有恢复闭合，电动机就不可能接通电源直接起动。

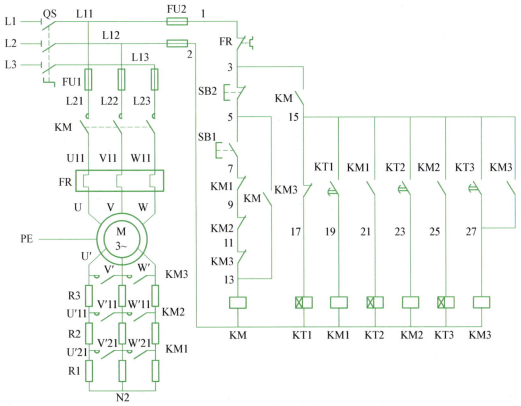

图 16-2-3 绕线式异步电动机自动起动控制线路

停止时,只要按下 SB2 即可。

线路的工作原理如下:合上电源开关 QS,则

起动　$SB1^\pm$—$KM_{自}^+$—$M_{R1+R2+R3}^+$　（转子串 R1、R2、R3 起动以 n_3 速运行）
　　　　　|
　　　　$KT1^+$—$\Delta t\,1$—$KM1^+$—M_{R2+R3}^+　（转子串 R2、R3 以 n_2 速运行）
　　　　　　　　　　　　　　　|
　　　　　　　　　　　　　$KT2^+$—$\Delta t\,2$—$KM2^+$—M_{R3}^+　（转子串 R3 以 n_1 速运行）
　　　　　　　　　　　　　　　　　　　　　　　　|
　　　　　　　　　　　　　　　　　　　　　　$KT3^+$—$\Delta t\,3$—$KM3^+$—M^+（n_N 全速运行）

停止　$SB2^\pm$—KM^-—$KM1^-$、$KM2^-$、$KM3^-$—M^-
　　　　　　　　　|
　　　　　　　$KT1^-$、$KT2^-$、$KT3^-$

其中, $n_N > n_1 > n_2 > n_3$。

三、活动步骤

1. 在模拟电器接线装置上,练习图 16-2-3 的绕线式异步电动机自动起动控制线路的接线。时间应为 30 min。

2. 在安装板上,进行图 16-2-3 的绕线式异步电动机自动起动控制线路的安装接线和调试。时间应为 180 min。

① 分析图 16-2-3 电气控制线路图，熟悉工作原理。

② 本例控制线路 JW—6314/180 W。采用如下电器：漏电开关 QS　DZ47LE—32/3P，C6　一只；熔断器 FU1　RT18/6 A 三只；熔断器 FU2　RT18/2 A 两只；交流接触器 KM　CJ20—10/线圈 380 V 四只；热继电器 JR16B—20/3D 3.5 A 一只；通电延时时间继电器 JSZ3 A/线圈 380 V 三只；二联按钮盒　LA20—11/2H 一只；主电路接线端子 X1 20 节；辅助电路接线端子 X2　5 节；走线槽若干；BVR-1.0/7 系列塑铜软导线若干。

③ 绘制确定电器平面布置图，经老师检验合格，或参阅图 16-2-4 的电器布置图。然后进行安装前准备工作，领取检测器材和工具。接着，在控制板上按图进行电器的安装，排列固定元器件，并贴上醒目的文字符号。

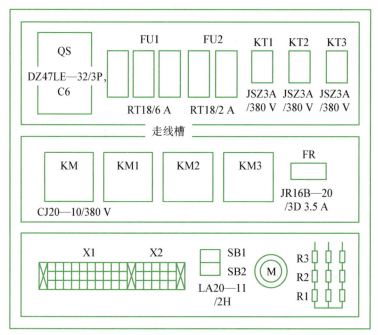

图 16-2-4　绕线式异步电动机自动起动控制线路安装电器布置图

④ 按照如图 16-2-3 的电气原理图进行控制线路的连接。可先主电路，后辅助电路（也可视情况，先接辅助电路，后接主电路）。也可参阅图 16-2-5 的电气接线图连接，图中采用的相对标号法。

⑤ 线路连接完成，首先应检查控制线路连接是否正确。然后不通电，用万用表电阻 100 Ω 挡，测量控制电路的电源进线两端，如电阻为很大或无穷大，表明正常；如电阻为零或有阻值，表明控制电路短路或有接线问题，应检查连接导线是否错误，直到正常为止（电阻为很大或无穷大）。再通电试验（必须征得带教教师的同意后），观察动作情况，直到完全满足控制要求为止。最后，连接电动机及保护接地线进行联机试运行。

⑥ 控制线路安装调试结束，先自评，填写安装调试报告；然后，学生可互评或带教教师评价，记录成绩；再仔细拆卸整理练习器材，保持完整和完好；最后，打扫工作场所。上述工作完成情况，都可记入，作为活动成绩。

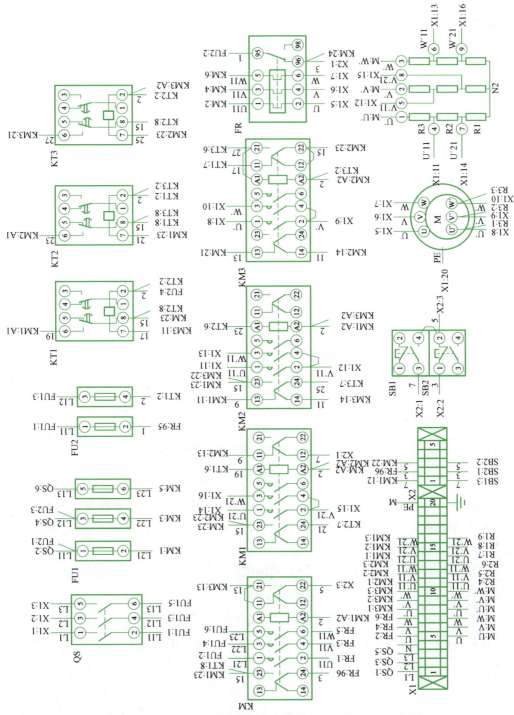

图 16-2-5 绕线式异步电动机自动起动控制线路安装接线图

四、后续任务

拓 展 电流继电器自动控制绕线式异步电动机转子串接电阻器运行。
电流继电器自动控制电路,如图 16-2-6 所示。

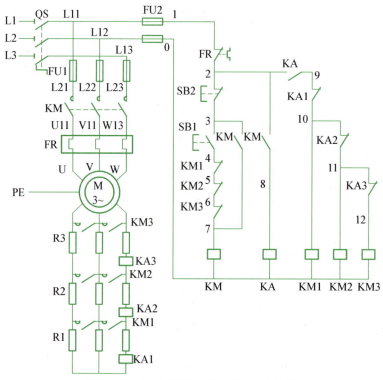

图 16-2-6 电流继电器自动控制电路图

该线路由 3 个过流继电器 KA1、KA2 和 KA3,根据电动机转子电流变化来控制接触器 KM1、KM2 和 KM3 依次得电动作,逐级切除外加电阻。3 个电流继电器 KA1、KA2、KA3 的线圈串接在转子回路中,它们的吸合电流都一样;但释放电流不同,KA1 的释放电流最大,KA2 次之,KA3 最小。

线路的工作原理如下:先合上电源开关 QS,则

起动

SB1$^±$—KM$^+_{自}$—M$^+_{R1+R2+R3}$—I$^+_{转子}$↑—KA1$^+$、KA2$^+$、KA3$^+$(转子串 R1、R2、R3 起动)
　　KA$^+$—n↑=n_3—I$^+_{转子}$↓—KA1$^-$—KM1$^+$—M$^+_{R2+R3}$(转子串 R2、R3 运行)
　　　　　　　　　n↑=n_2—I$^+_{转子}$↓—KA2$^-$—KM2$^+$—M$^+_{R3}$(串 R3 运行)
　　　　　　　　　　　　　　n↑=n_1—I$^+_{转子}$↓—KA3$^-$—KM3$^+$—M$^+$
　　　　　　　　　　　　　　　　　　　　(n_N 全速运行)

停止 SB2±—KM⁻—KM1⁻、KM2⁻、KM3⁻—M⁻
           |
          KA⁻

其中，$n_N > n_1 > n_2 > n_3$。

中间继电器 KA 的作用，是保证电动机在转子电路中接入全部电阻的情况下开始起动。因为电动机开始起动时，起动电流由零增大到最大值需一定的时间，这样就有可能出现 KA1、KA2、KA3 还未动作，KM1、KM2、KM3 就已吸合而把电阻 R1、R2、R3 短接，使电动机直接起动。采用中间继电器 KA 后，不管 KA1、KA2、KA3 是否动作，开始起动时可由 KA 的常开触头来切断 KM1、KM2、KM3 线圈的通电回路，保证电动机在起动时串接全部电阻。

（1）绕线式异步电动机转子回路串接电阻器起动、调速，一般采用哪种连接方式？又分哪两种形式？

（2）按钮操作控制与时间继电器自动控制两种线路的主要区别在哪里？

（3）时间继电器自动控制电路中，时间继电器的整定时间调整得过长会出现什么现象？调整得过短又会出现什么现象？

（4）在图 16-2-3 和图 16-2-6 中，为什么要把 3 个交流接触器的常闭辅助触头与起动按钮 SB1 串联？

活动三　绕线式异步电动机转子绕组串接频敏变阻器运行控制线路装接、调试

一、目标任务

1. 读懂绕线式异步电动机转子绕组串接频敏变阻器运行控制电路图。
2. 掌握绕线式异步电动机转子绕组串接频敏变阻器运行控制线路的装接、调试技能。

二、相关知识

绕线式异步电动机转子绕组串接电阻起动是靠逐级切除电阻来实现减小起动电流，增大起动转矩的。每切除一级电阻，都会产生一定的机械冲击。要想取得平稳的起动特性，就必须增加起动电阻的级数。这样，所用的电器就要增多，控制线路也会变得很复杂，设备投资大，维修不方便。所以，在工矿企业中对于不频繁起动的拖动设备，通常采用频敏变阻器替代起动电阻，来控制绕线式异步电动机起动。

绕线式异步电动机转子绕组串接频敏变阻器起动的电路，如图 16-3-1 所示。

在电动机起动时，将频敏变阻器串接在转子绕组中，频敏变阻器的等效阻抗随转子电流的频率减小而减小。所以，只需要一级频敏变阻器就可以平稳地起动电动机。起动完毕，短接切除频敏变阻器。

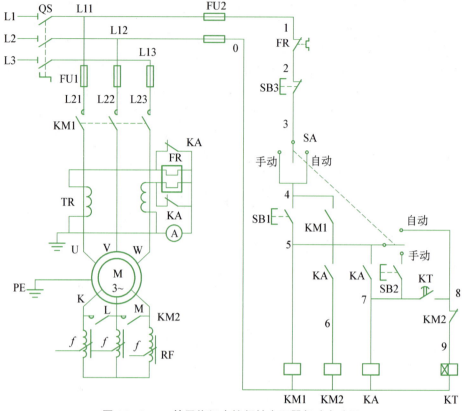

图 16-3-1 转子绕组串接频敏变阻器起动电路图

起动过程可以用转换开关 SA 的切换来实现手动控制和自动控制。手动控制时,将转换开关扳到手动位置。时间继电器不起作用,用手动按钮 SB2 手动控制中间继电器 KA 和接触器 KM2 得电动作,完成短接频敏变阻器 RF 的工作。

自动控制时,将转换开关 SA 扳到自动位置(即 A 位置),时间继电器 KT 将起作用。

线路的工作原理如下:先合上电源开关 QS。

(1) 手动　SA 置"手动"位置:

起动　　$SB1^{\pm} — KM1^{+}_{自} — M^{+}_{RF} — n\uparrow — f\downarrow — \downarrow — n=n_N$

起动毕　　　　　　　　　　　　　$SB2^{\pm} — KA^{+}_{自} — KM2^{+} — M^{+}$
　　　　　　　　　　　　　　　　　　　　　　　　　　　　　$|$
　　　　　　　　　　　　　　　　　　　　　　　　　　　　　RF^{-}

停止　$SB3^{\pm} — KM1^{-} — KM2^{-}$、$KA^{-} — M^{-}$

(2) 自动　SA 置"自动"位置:

起动　　$SB1^{\pm} — KM1^{+}_{自} — M^{+}_{RF} — n\uparrow — f\downarrow — n=n_N$

起动毕　　　　　$KT^{+} — \Delta t — KA^{+}_{自} — KM2^{+} — M^{+}$
　　　　　　　　　　　　　　　　　　　　　　　　　　　$|$
　　　　　　　　　　　　　　　　　　　　　　　　　　　RF^{-}

停止　$SB3^{\pm} — KM1^{-} — KM2^{-}$、$KA^{-}$、$KT^{-} — M^{-}$

起动过程中,中间继电器 KA 未得电,KA 的两对常闭触头将热继电器 FR 的热元件短接,以免因起动时间过长而使热继电器过热产生误动作。起动结束后,KA 才得电动作,其两对常闭触头分断,FR 的热元件接入主电路工作。图中 TR 为电流互感器,其作用是将主电路中的大电流变成小电流,串入热继电器的热元件反映电动机的过载程度。

三、活动步骤

装接调试串接频敏变阻器自动起动电路。控制线路图,如图 16-3-2 所示。

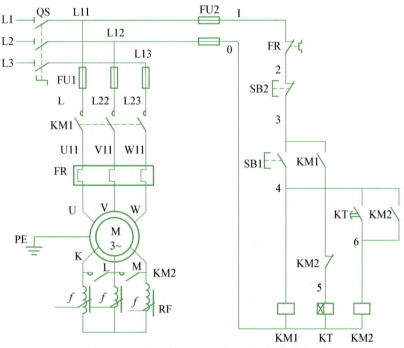

图 16-3-2　转子绕组串接频敏变阻器起动电路图

1. 根据图 16-3-2 配齐所用电器元件。
2. 检查元器件的规格、型号、质量。
3. 按照电路图设计布置图。
4. 在控制板上安装除电动机与频敏变阻器以外的电器元件。
5. 在控制板上进行走线槽布线。要求布线合理、整齐、均匀,接点牢固。
6. 安装电动机和频敏变阻器。
7. 连接电动机和频敏变阻器,并不忘保护接地。
8. 检查无误后,通电试车。
9. 注意事项:
① 热继电器、时间继电器的整定值由学生在通电前自行整定。
② 频敏变阻器的匝数与气隙的调整:
a. 起动时,因起动转矩过大,发生机械冲击现象;起动完毕后,稳定转速又偏低。这时,可在上下铁芯之间增加气隙。松动拉紧螺栓的螺母,在铁芯间增加非磁性垫片,增大气隙使起动

电流略微增加,起动转矩稍微减小,但起动完毕时转矩稍微增大,使稳定转速得以提高。

　　b. 起动电流过大、起动太快时,应换接抽头增加匝数。匝数增加将使起动电流减小,起动转矩也同时减小。

　　c. 起动电流过小、起动太慢时,应换接抽头减少匝数。匝数减少将使起动电流增大,起动转矩也同时增大。

　　d. 调整频敏变阻器的匝数与气隙时,必须先切断电源。

　③ 通电试车必须在老师的监护下进行,确保安全。

四、后续任务

1. 绕线式异步电动机采用频敏变阻器起动的主要优点有哪些?
2. 图 16-3-2 电路中中间继电器起什么作用?
3. 怎样调整频敏变阻器的匝数与气隙?

活动四　绕线式异步电动机凸轮控制器运行控制线路的装接与调试

一、目标任务

1. 读懂凸轮控制器控制绕线式异步电动机运行控制电路图。
2. 理解凸轮控制器控制绕线式异步电动机运行控制的工作原理。
3. 熟悉凸轮控制器控制绕线式异步电动机运行控制线路的装接、调试方法。

二、相关知识

　　桥式起重机大、小车及副钩采用的异步电动机的功率一般都在 30 kW 以下,其转子回路电阻的串接、切除都可用凸轮控制器的触头系统直接控制,达到起动、停止、调速、反转、制动的目的。绕线式异步电动机凸轮控制器控制的电气控制线路,如图 16-4-1 所示。图中,转换开关 QS 接入电源;熔断器 FU1、FU2 分别为主电路和控制电路的短路保护;接触器 KM 控制电动机电源的通断,同时起欠压、失压保护作用;位置开关 SQ1、SQ2 分别作为电动机正反转时,工作机构运动的限位保护;过流继电器 KA1、KA2 作为电动机的过载保护;R 是三相不对称电阻器;AC 是凸轮控制器,它有 12 对触头,如图 16-4-1(b)所示。图示的触头分合状态是凸轮控制器的手轮在"0"位时的情况。当手轮处在正转的 1～5 挡或反转的 1～5 挡时,触头的分合状态见图 16-4-1(b)分合表,"＊"表示触头闭合,无标记表示触头断开。AC 最上面的 4 对常开触头 AC1～AC4 接在主电路中,用来控制电动机正反转,并配有灭弧罩;中间的 5 对常开触头 AC5～AC9 与电动机转子回路的外接电阻相接,用来逐级切换电阻以控制电动机的起动和调速;最下面的 3 对常开触头 AC10～AC12,用作零电位保护。

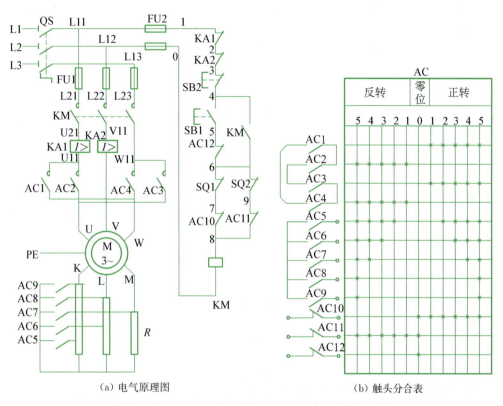

(a) 电气原理图　　　　(b) 触头分合表

图 16-4-1　绕线式异步电动机凸轮控制器控制线路图

先合上电源开关 QS。将凸轮控制器的手轮置于"0"位,这时最下面的 3 对触头 AC10~AC12 闭合,为控制电路的接通作准备。按下 SB1,接触器 KM 线圈得电,KM 主触头闭合,接通电源,为电动机起动作准备,KM 自锁触头闭合自锁。

(1) 正转运行控制　将凸轮控制器 AC 手轮从"0"位转到正转"1"位,这时触头 AC10 仍闭合,保持控制电路接通,触头 AC1、AC3 闭合,电动机 M 接入三相电源正转起动。此时,由于 AC 触头 AC5~AC9 都处在分断状态,转子绕组串接全部电阻 R,所以起动电流比较小,起动转矩也比较小。如果电动机的负载比较重,则不能起动,但能起到消除传动齿轮间隙和拉紧钢丝绳的作用。当 AC 手轮从正转"1"转到正转"2"位时,触头 AC10、AC1、AC3 仍闭合,AC5 也闭合,把电阻器 R 上的一级电阻切除,使电动机正转加速。同理,当 AC 手轮依次转到正转"3"和"4"位置时,触头 AC10、AC1、AC3、AC5 仍保持闭合,AC6 和 AC7 则先后闭合,把电阻器 R 的两级电阻相继短接切除,电动机 M 继续正转加速。当手轮转到"5"位时,AC5~AC9 5 对触头全部闭合,电阻器 R 被全部切除,电动机起动完毕,在额定转速下运行。

(2) 反转运行控制　将凸轮控制器手轮转到反转的"1"~"5"位置时,主电路触头 AC2 和 AC4 闭合,改变电动机的三相电源相序,电动机反转。触头 AC11 闭合使控制电路仍保持接通,接触器 KM 继续得电工作。凸轮控制器反向起动,依次切除电阻的顺序及工作过程与正转时类同。

从图 16-4-1(b)所示的触头分合表看出,凸轮控制器最下面的 3 对触头 AC10~AC12,只有当手轮在"0"位时才全部闭合,而在其余各挡时都只有一对触头闭合(AC10 或 AC11),而

项目十六　绕线式异步电动机运行控制

其余两对则分断。这样,就保证了手轮必须置于"0"位时,按下起动按钮 SB1 才能使接触器 KM 线圈得电动作,然后通过凸轮控制器 AC 使电动机进行逐级起动,从而避免了电动机的直接起动,同时也防止了由于误按 SB1 而使电动机突然快速运转产生意外事故。

三、活动步骤与方法

1. 按图 16-4-1 配齐相关电器元件,并进行质量检验。
2. 在控制板上安装控制用电器元件。
3. 按电路图要求进行走线槽布线。
4. 安装电动机、凸轮控制器、起动电阻器。
5. 连接电动机、凸轮控制器、起动电阻器;同时,可靠连接保护接地线。
6. 自检。
7. 检查无误后通电试车。
8. 注意事项:

① 凸轮控制器安装一定要牢固,装前先检查手轮转动是否灵活。
② 在进行凸轮控制器接线时,看清凸轮控制器的内部连线的方式,切不可接错。
③ 通电试车的方法:

a. 将凸轮控制器的手轮置于"0"位。
b. 合上电源开关 QS。
c. 按起动按钮 SB1。
d. 将凸轮控制器手轮依次转到正转 1~5 挡,观察电动机的转速变化情况。
e. 把手轮回到"0"位,再依次转到反转 1~5 挡并观察电动机的转速变化情况。
f. 把手轮从反转"5"位逐渐回复"0"位,然后按下停止按钮 SB2,切断电源开关 QS。

④ 换挡切除电阻时,速度不要太快,级间要有一定的间隔时间。防止电动机的冲击电流超过电流继电器 KA1 的整定值。
⑤ 通电试车必须在老师的监护之下进行。

四、后续任务

思 考

1. 分析图 16-4-1 电路图中各个元器件的作用。
2. 凸轮控制器最下面的三对辅助触头(AC10、AC11、AC12)在控制电路中起什么作用?
3. 如何正确操作凸轮控制器?

项目十七　三相双速电动机运行控制线路装接、调试

万能外圆磨床的头架是安装及夹持工件,并带动工件旋转的重要部件。根据工件直径的大小和粗磨或精磨要求的不同,头架的转速是需要调整的。头架带动工件旋转的转速调节是通过安装在头架上的头架电动机的变速和塔轮式传动装置来实现的,可获得六级不同的转速。头架电动机采用的是变极调速的双速电动机。

所谓变极调速,就是改变异步电动机定子绕组的极对数调速。变极调速是改变定子绕组的连接方式来实现的。除了双速电动机外,还有三速、四速等几种类型。这里主要介绍双速电动机的基本控制线路。

活动一　三相双速电动机运行控制线路的识读

一、目标任务

1. 了解双速电动机的基本工作原理。
2. 熟悉接触器控制和时间继电器控制两种双速电动机的控制电路及工作原理。

二、相关知识

1. 双速异步电动机定子绕组的连接

双速异步电动机定子绕组的△/YY接线,如图17-1-1所示。三相定子绕组接成△形,由3个连接点接出3个出线端U1、V1、W1,从每相绕组的中点接出一个出线端U2、V2、W2,这样定子绕组共有6个出线端。通过改变着6个出线端与电源的连接方式,就可以得到两种不同的转速。

要使电动机在低速工作,把三相电源分别接至定子绕组作△形连接时的出线端U1、V1、W1上,另外3个出线端U2、V2、W2空着不接,如图17-1-1(a)所示,此时电动机定子绕组接成△形,磁极为4极,同步转速为1 500 r/min;若要使电动机高速工作,则把3个出线端U1、V1、W1并接在一起,另外3个出线端U2、V2、W2绕组△/YY接线分别接到三相电源上,如图17-1-1(b)所示,这时电动机定子绕组接成YY形,磁极为2极,同步转速为3 000 r/min。高速运行时的转速是低速运行时的两倍。

需要指出的是:双速电动机定子绕组从一种接法改变为另一种接法时,必须把电源相序反接,以保证电动机的旋转方向不变。

2. 接触器控制双速电动机的手动控制线路

用按钮和接触器控制双速电动机的手动控制线路,如图17-1-2所示。

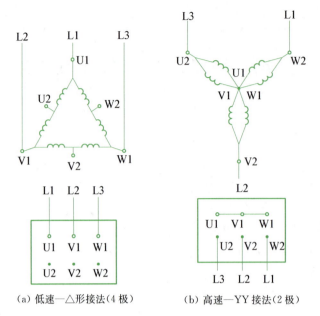

(a) 低速—△形接法(4极)　　(b) 高速—YY接法(2极)

图 17-1-1　双速电动机定子

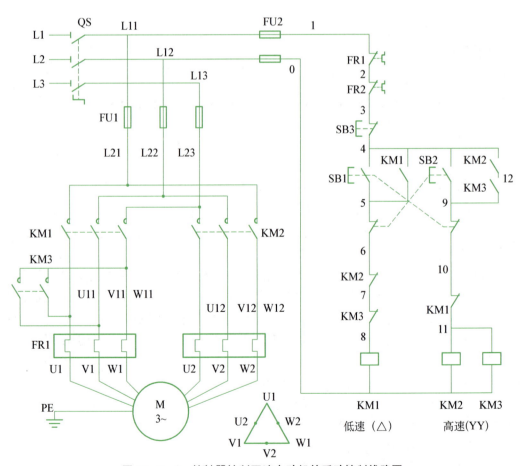

图 17-1-2　接触器控制双速电动机的手动控制线路图

SB1、KM1 控制电动机低速运转，SB2、KM2、KM3 控制电动机高速运转。

控制线路的工作原理如下：先合上电源开关 QS。

低速运行：

起动　　SB1$^{\pm}$—KM1$^{+}_{自}$—M$^{+}_{△低}$　　（电机接成三角形，低速运行）

高速运行：　　SB2$^{\pm}$—KM1^{-}—M$^{-}_{△低}$

　　　　　　　　｜KM2$^{+}_{自}$、KM3$^{+}_{自}$—M$^{+}_{YY高}$　　（电机接成双星形，高速运行）

停止　　SB3$^{\pm}$—KM2^{-}、KM3^{-}—M$^{-}_{YY高}$

3. 时间继电器控制双速电动机的自动控制线路

用时间继电器控制双速异步电动机低速起动、高速运行的自动控制线路，如图 17 - 1 - 3 所示。图中，通电延时时间继电器 KT 控制电动机△形起动时间和△- Y/Y 形的自动转换。

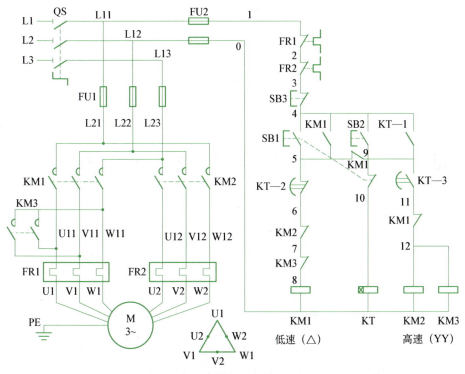

图 17 - 1 - 3　时间继电器控制双速异步电动机的自动控制线路图

线路工作原理如下：先合上电源开关 QS。

低速运行：

起动　　　SB1$^{\pm}$—KM1$^{+}_{自}$—M$^{+}_{△低}$　　（电机接成三角形，低速运行）

高速运行：　　SB2$^{\pm}$—KT$^{+}_{自}$—Δt—KM1^{-}—M$^{-}_{△低}$

　　　　　　　　　　｜KM2$^{+}_{自}$、KM3$^{+}_{自}$—M$^{+}_{YY高}$

　　　　　　　　　　（电机接成双星形，高速运行）

停止　　　SB3$^{\pm}$—KM2^{-}、KM3^{-}、KT^{-}—M$^{-}_{YY高}$

如果电动机只需高速运行,那么可直接按下按钮 SB2,电动机△形起动后,马上进入 YY 形高速运行状态。

三、活动步骤

1. 根据双速电动机实物,观察铭牌,写出型号与各技术参数,并填入表 17-1-1 中。

表 17-1-1　双速电动机的型号与技术参数

序　号	1	2	3	4	5
型　号					
技术参数					

2. 观察双速电动机的结构,确定连接方式,并进行操作练习。
3. 分析如图 17-1-3 所示自动往复循环控制线路的电气原理图。
(1) 双速异步电动机定子绕组如何连接实现△、YY 两种方式?
(2) 画出双速异步电动机定子绕组△形、YY 形接线图。
(3) 为什么双速异步电动机从一种转速变到另一种转速时,必须改变电动机的电源相序?
(4) KM3 主触头在主电路中起什么作用?

四、后续任务

拓　展　用转换开关和时间继电器控制双速异步电动机运行的电路,如图 17-1-4 所示。图中,SA 是具有 3 个接点位置的转换开关。低速运行,直接由转换开关 SA 扳到低速位

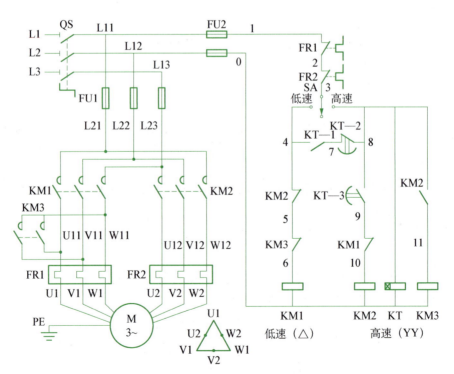

图 17-1-4　转换开关和时间继电器控制双速异步电动机运行电路图

置即可;高速运行,SA 扳到高速位置,电动机先△形起动,然后经通电延时时间继电器延时进入 YY 形高速运行。

思　考

分析图 17-1-4,回答如下问题:
(1) 用符号法分析表述图 17-1-4 控制线路的工作原理。
(2) 双速异步电动机定子绕组如何连接实现△、YY 两种方式的?
(3) 画出双速异步电动机定子绕组△形、YY 形接线图。
(4) 为什么双速异步电动机从一种转速变到另一种转速时,必须改变电动机的电源相序?

活动二　三相双速电动机运行控制线路的装接、调试

一、目标任务

1. 进一步熟悉接触器控制和时间继电器控制两种双速电动机的控制电路及工作原理。
2. 掌握时间继电器控制双速电动机控制线路的装接、调试技能。

二、相关知识

双速电动机自动控制线路安装和接线的步骤和注意事项:
① 熟悉电气控制线路图的工作原理。
② 确定所需电器的型号,并选择,了解电器结构及各部件与图形符号的关联。
③ 在安装板或控制箱上布置电器。
在电器布置图内要反映电器的真实布置位置、大小和安装尺寸,电器安装方式和尺寸。
④ 主电路连接导线截面需按负荷计算选择。
⑤ 线路连接时,每个电器连接端点只能接两根导线;电气装置连接导线端头还应套上有电气节点编号的套管;电器连接端头必须牢靠。电器间的连接导线必须从走线槽中行走。
⑥ 按电气原理图连接。
⑦ 线路连接完成,检查控制线路连接是否正确,然后通电试验,观察动作是否满足功能要求。到完全满足控制要求为止。
在通电前,检查控制线路连接基本正确后,先用万用表检查连接导线是否错误,直到正常为止;然后,可通电试验,观察动作是否满足功能要求,不满足,应排故,直到完全满足控制要求为止。

三、活动步骤

1. 在模拟电器接线装置上,练习如图 17-2-1 的双速异步电动机自动起动控制线路的接线。时间应为 60 min。
2. 在安装板上进行图 17-2-1 的双速异步电动机自动起动控制线路的安装接线和调试。时间应为 180 min。

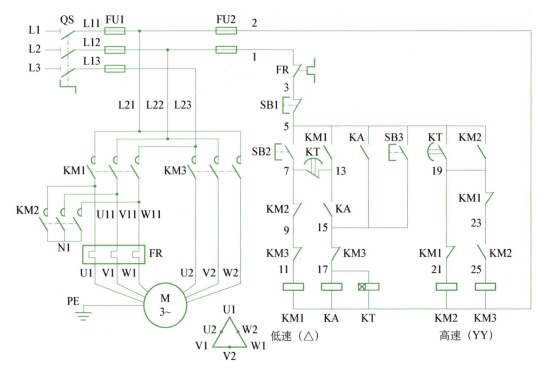

图 17‐2‐1 双速异步电动机自动控制线路图

(1) 分析图 17‐2‐1 电气控制线路图,熟悉工作原理。线路工作原理如下:
先合上电源开关 QS。
低速运行:

起动　　　　$SB2^{\pm}—KM1^{+}_{自}—M^{+}_{\triangle 低}$　　（电机接成三角形,低速运行）

高速运行:　　$SB3^{\pm}—KA^{+}_{自}—KT^{+}—\Delta t—KM1^{-}—M^{-}_{\triangle 低}$
　　　　　　　　　　　　　　　　　　　｜
　　　　　　　　　　　　　　$KM2^{+}_{自}—KM3^{+}—M^{+}_{YY高}$

（电机接成双星形,高速运行）

停止　　$SB1^{\pm}—KA^{-}$、KT^{-}、$KM2^{-}$、$KM3^{-}—M^{-}_{YY高}$

本例控制线路所用双速电动机 JW—6314(180 W/120 W)。采用如下电器:漏电开关 QS DZ47LE—32/3P,C6　一只;熔断器 FU1　RT18/6 A 三只;熔断器 FU2　RT18/2 A 两只;交流接触器 KM　CJ20—10/线圈 380 V　三只;热继电器 JR16B—20/3D 3.5 A 一只;通电延时时间继电器 JSZ3A/线圈 380 V 一只;中间继电器 JZ7—44/线圈 380 V 一只;三联按钮盒　LA20—11/3H 一只;主电路接线端子 X1 12 节;辅助电路接线端子 X2　5 节;走线槽若干;BVR—1.0/7 系列塑铜软导线若干。

(2) 绘制确定电器平面布置图,经老师检验合格,或参阅图 17‐2‐2 的电器布置图。然后进行安装前准备工作,领取检测器材和工具。在控制板上按图安装电器,排列固定元器件,并贴上醒目的文字符号。

(3) 按照图 17‐2‐1 的电气原理图连接控制线路。也可参阅图 17‐2‐3 的电气接线图连接,图中采用的相对标号法。

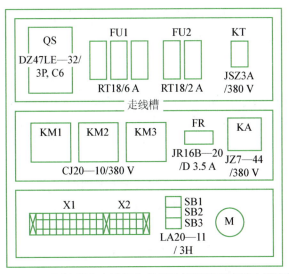

图 17-2-2 双速异步电动机自动起动控制线路安装电器布置图

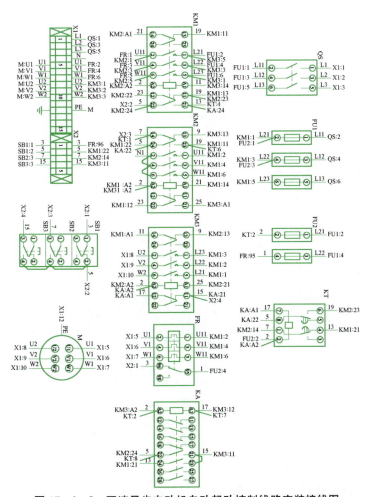

图 17-2-3 双速异步电动机自动起动控制线路安装接线图

项目十七 三相双速电动机运行控制线路装接、调试

（4）线路连接完成，首先应检查控制线路连接是否正确。然后不通电，用万用表电阻100Ω挡，检查连接导线是否错误，直到正常为止（电阻为很大或无穷大）。再通电试验（必须征得带教教师的同意后），观察动作情况，直到完全满足控制要求为止。最后连接电动机及保护接地线进行联机试运行。

（5）控制线路安装调试结束，先自评，填写安装调试报告。学生可互评或带教教师评价，记录成绩。然后，仔细拆卸整理练习器材，保持完整和完好。最后，打扫工作场所。上述工作完成情况，都可记入，作为活动成绩。

3. 注意事项

① 时间继电器采用通电延时型，通电前先整定好延时时间。

② 主电路中接触器 KM1、KM2 在两种转速下电源相序的改变，不能接错。否则，两种转速下电动机的转向相反，换相时将产生很大的冲击电流。

③ 通电试车时，必须有老师在现场监护，确保安全。

四、后续任务

课内未完成者需继续，直到完成接线，通电正确为止。

第六单元　三相异步电动机的制动控制

起重机是一种常见的机械装卸设备,带动机械工作的动力源是电动机。工矿企业使用的起重机大多是桥式起重机和电动葫芦,在港口码头、建筑工地则以塔式起重机为主。起重机吊起重物需要正确定位。机床设备的动力源通常也是电动机,在机床加工产品过程中为了提高生产效率,完成某一工步后要求立即停止。但是由于惯性,电动机在断开电源以后不会马上停止转动,而是需要转动一段时间后才停下来。为了满足生产机械这种要求,就需要对拖动电动机制动。

制动方法一般分为机械制动和电气制动两种。机械制动是用电磁抱闸、液压制动器等机械装置制动。电气制动是利用电动机的机械特性,给电动机一个与转动方向相反的转矩使它立即停转。

项目十八　电磁抱闸制动器制动控制线路的认知与操作

利用电磁抱闸制动器使电动机断开电源后迅速停转,是一种常用的机械制动方法。电磁抱闸制动器分为通电制动型和断电制动型两种。

活动一　电磁抱闸制动器制动控制线路图的识读

一、目标任务

1. 了解电磁抱闸制动器的结构和工作原理。
2. 熟悉电磁抱闸制动器制动控制线路及工作原理。

二、相关知识

1. 电磁抱闸制动器的结构

电磁抱闸制动器的结构如图 18-1-1 所示。主要由两部分组成:制动电磁铁和闸瓦制动机构。制动电磁铁由铁芯、衔铁和线圈 3 部分组成,并有单、三相之分。闸瓦制动装置由闸轮、闸瓦、簧弹和杠杆组成。闸轮装在电动机转轴上。

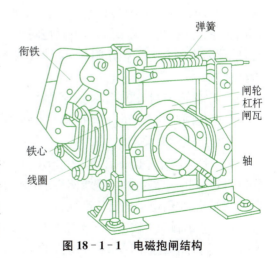

图 18-1-1　电磁抱闸结构

当线圈得电时,衔铁动作带动闸瓦紧紧抱住闸轮制动;当线圈失电时,闸瓦与闸轮分开,电动机转轴可自由转动。断电制动型的工作原理:当线圈得电时,闸瓦与闸轮分开,电动机转轴可自由转动。

当线圈失电时,衔铁动作带动闸瓦紧紧抱住闸轮制动。

2. 电磁抱闸制动器通电制动控制

电磁抱闸制动器通电制动控制的电路,如图 18-1-2 所示。

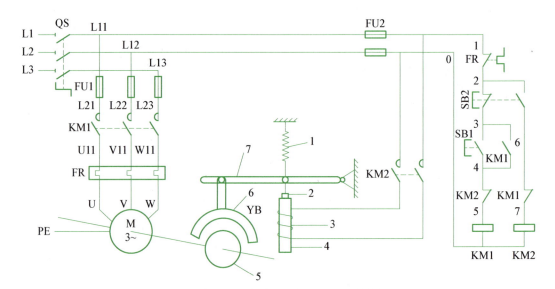

图 18-1-2 电磁抱闸制动器通电制动控制的电气控制线路图

先合上电源开关 QS。

(1) 起动运行 按下起动按钮 SB1,KM1 线圈得电,其自锁触头和主触头闭合,KM1 自保,电动机 M 得电起动运行。由于 KM1 常闭触头断开,确保 KM2 线圈不能得电,电磁抱闸制动器线圈不得电,衔铁不被铁芯吸持,在弹簧拉力的作用下,闸瓦与闸轮分开,无制动作用。

(2) 停转制动 按下停止按钮 SB2,其常闭触头先断开,KM1 线圈失电,其主触头和自锁触头断开,电动机 M 失电,仍有惯性转动;KM1 常闭触头恢复闭合;SB2 常开触头后闭合,使 KM2 线圈得电,其主触头闭合,电磁抱闸 YB 线圈得电,衔铁被铁芯吸合,克服弹簧拉力,带动杠杆下移,使闸瓦紧紧抱住闸轮,电动机被迅速制动而停转。KM2 常闭触头断开对 KM1 线圈联锁。

3. 电磁抱闸制动器断电制动控制

电磁抱闸制动器断电制动控制的电路,如图 18-1-3 所示。

先合上电源开关 QS。

(1) 起动运行 按下启动按钮 SB1,KM 线圈得电,其主触头和自锁触头闭合,电动机 M 得电运转,同时电磁抱闸 YB 线圈得电,衔铁被铁芯吸合,克服弹簧拉力,使杠杆上移,从而使闸瓦与闸轮分开,电动机正常运行。

(2) 停止制动 按下停止按钮 SB2,KM 线圈失电,其主触头和自锁触头断开,使电动机 M 失电,同时电磁抱闸 YB 线圈也失电,衔铁被释放,在弹簧拉力的作用下,闸瓦紧紧抱住闸

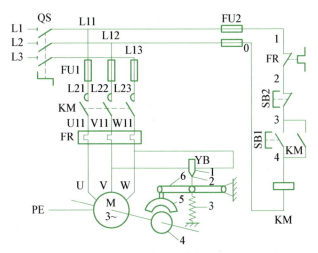

图 18-1-3 电磁抱闸制动器断电制动控制的电气控制线路图

轮,电动机被迅速制动而停转。

(3) 两种电磁抱闸制动方法的比较　电磁抱闸制动器断电制动控制在起重机械上广泛采用。当重物起吊到一定高度时,按下停止按钮,电动机和电磁抱闸同时断电,闸瓦立即抱住闸轮,电动机立即停转,重物正确定位。当电动机工作时,线路突然断电,电磁抱闸同样会使电动机迅速制动停转,避免重物自行下落,发生事故。但这种制动方法也有两个缺点:一是电磁抱闸线圈耗电时间与电动机一样长,不经济;二是切断电源后,由于电磁抱闸的制动作用,使手动调整工件很困难。电磁抱闸制动器通电制动控制弥补了上述缺点,当电动机处在停转状态时,电磁抱闸线圈也无电,闸瓦与闸轮分开,操作人员可以用手扳动转轴进行调整工件、对刀等。

4. 电磁离合器的使用

断电制动型电磁离合器的结构如图 18-1-4 所示。

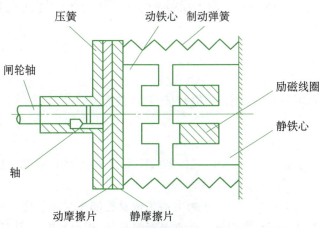

图 18-1-4　断电制动型电磁离合器结构示意图

电动葫芦是一种常用的起重工具,其制动方法与电磁抱闸相似,只是使用的制动器为电磁离合器,通常选用断电型。电磁离合器主要由制动电磁铁(包括动铁芯、静铁芯、励磁线圈)、动摩擦片、静摩擦片及压簧组成。电磁铁的静铁芯和励磁线圈靠导向轴连接在电动葫芦本体上,

项目十八　电磁抱闸制动器制动控制线路的认知与操作

动铁芯与静摩擦片固定在一起,只能沿轴向移动而不能绕轴转动。动摩擦片装在法兰上,与绳轮轴由键连接在一起,随电动机一起转动。

电动机通电运行时,励磁线圈同时得电,电磁铁的动铁芯被静铁芯吸合,使静摩擦片与动摩擦片分开,动摩擦片连同绳轮轴在电动机的带动下正常运转。当重物吊到所需位置时,切断电动机电源,励磁线圈也同时失电,压簧释放迅速将动铁芯和静摩擦片推向转动着的动摩擦片,弹簧的强大弹力使静、动摩擦片之间产生很大的摩擦力,致使电动机断电后立即制动停转。

三、活动步骤

1. 观察通电制动型电磁抱闸制动器(如图18-1-1所示)或断电制动型电磁抱闸制动器(如图18-1-4所示)的结构,讨论、知晓电磁抱闸制动器的动作原理、安装使用的方法步骤,如有条件,练习实际安装。

2. 识读分析电磁抱闸制动器的制动控制线路(图18-1-2或图18-1-3),知晓描述动作步骤,口头或符号法描述电气控制线路的原理。

四、后续任务

思 考

1. 什么叫制动?制动的方法有哪两大类?
2. 什么叫机械制动?常用的机械制动有哪两种?
3. 电磁抱闸制动器分为哪两种类型?各有什么特点?
4. 断电制动型电磁抱闸制动器在安装后如何调试才算合格?

活动二 电磁抱闸制动器制动控制线路的装接与调试

一、目标任务

掌握电磁抱闸制动器制动控制线路的装接、调试技能。

二、相关知识

液压机床滑台运动及动力头工作电气控制线路安装、接线的步骤和注意事项:

① 熟悉电气控制线路图的工作原理;

② 确定所需电器的型号,并选择,了解电器结构及各部件与图形符号的关联。

③ 在安装板或控制箱上布置电器。布置基本原则是,按电气原理图中主电路的通电顺序排列。一般,开关或熔断器在最上面一排,第二排放交流接触器,旁边放继电器,其中热继电器用能与接触器直接组合的最佳,最下一排放接线端子;按钮或组合开关或指示灯作为外接器件布置在专门的区域,与电器连接需通过接线端子;电源进入或输出至电动机,也要经过接线端子;在电器的周围要安装走线槽,各电器之间的连接导线需经过走线槽。

布置安装电器后,形成基本的电器布置图。在电器布置图内,要反映电器的真实布置位置、大小和安装尺寸,电器安装方式和尺寸。

④ 主电路连接导线截面需按负荷计算选择。L1、L2、L3 相线分别用黄、绿、红颜色,或全部红色,N 中心线为淡蓝色,PE 接地线为黄绿色,采用塑铜绝缘导线,导线端头需安装接线叉片或接线鼻;辅助电路连接导线一般为 1.5 mm² 或 1.0 mm² 导线,颜色为黑色,采用塑铜绝缘软导线或软硬线(如 BVR—1.5/7 系列塑铜软导线),导线端头需装接线端头。

⑤ 线路连接时,每个电器连接端点只能接两根导线;电气装置连接导线端头还应套上有电气节点编号的套管;电器连接端头必须牢靠。电器间的连接导线必须从走线槽中行走,并留有适当的裕量,供以后维护或维修用。

⑥ 按电气原理图连接,可先接主电路,然后接辅助电路。辅助电路连接时,可优先考虑采用电位(或节点)连接法。对于连接线比较多的电气节点,在连接该节点前,需按就近原则筹划安排电器连接端口的连接导线。

⑦ 线路连接完成,首先应检查控制线路连接是否正确;然后通电试验,观察动作是否满足功能要求,直到完全满足控制要求为止。

三、活动步骤

1. 在模拟电器接线装置上,练习图 18-1-2 或图 18-1-3 的电磁抱闸制动器制动控制线路的接线。时间应为 30 min。

2. 在安装板上进行图 18-2-1 的两地控制的电磁抱闸制动器制动控制线路的安装接线和调试。时间应为 120 min。

① 分析图 18-2-1 带抱闸制动的异步电机两地控制线路图,熟悉工作原理。

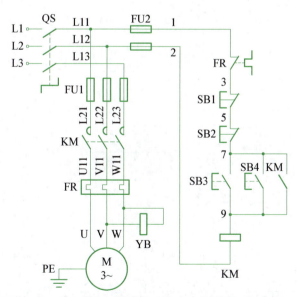

图 18-2-1 带抱闸制动的异步电动机两地控制线路图

② 三相异步电机 Y132S—4(1.5 kW、380 V、2.8 A、△形接法、1 440 r/min)。采用如下电器:漏电开关 QS DZ47LE—32/3P,C6 一只;熔断器 FU1 RT18/6 A 三只;熔断器 FU2

RT18/2 A 两只;交流接触器 KM　CJ20—10/线圈 380 V　一只;热继电器 JR16B—20/3D 5 A 一只;二联按钮盒　LA20—11/2H 两只;主电路接线端子 X1　10 节;辅助电路接线端子 X2　5 节;走线槽若干;BVR—1.0/7 系列塑铜软导线若干。

③ 绘制确定电器平面布置图,也可参阅图 18-2-2 的电器布置图。然后,进行安装前准备工作,领取检测器材和工具。接着,在控制板上按图安装电器,排列固定元器件,并贴上醒目的文字符号。

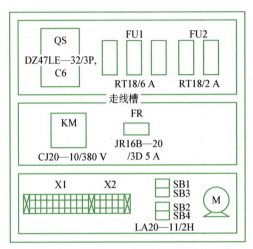

图 18-2-2　带抱闸制动的异步电动机两地控制线路布置图

④ 按照如图 18-2-1 的电气原理图连接控制线路。也可参阅图 18-2-3 的电气接线图连接。

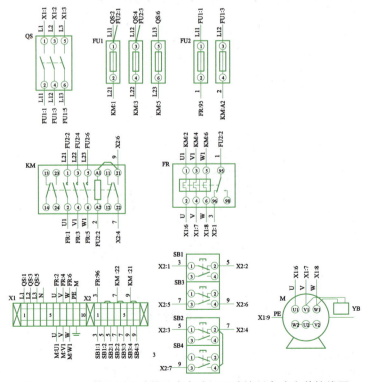

图 18-2-3　带抱闸制动的异步电动机两地控制电路安装接线图

⑤ 线路连接完成，首先应检查控制线路连接是否正确。然后不通电，用万用表电阻 100 Ω 挡，测量控制电路的电源进线两端。如电阻为零或有阻值，表明控制电路短路或有接线问题，应检查连接导线是否错误，直到正常为止（电阻为很大或无穷大）。再通电试验（必须征得带教教师的同意后），观察动作情况，直到完全满足控制要求为止。最后，连接电动机及保护接地线进行联机试运行。

⑥ 控制线路安装调试结束，先自评，填写安装调试报告。学生可互评或带教教师评价，记录成绩。然后，仔细拆卸整理练习器材，保持完整和完好。最后，打扫工作场所。上述工作完成情况，都可记入，作为活动成绩。

> 操作安全注意事项：
> ① 进入实训场必须穿戴好劳保用品。
> ② 安装时，用力不要太猛，以防螺钉打滑或损坏元器件的底座。
> ③ 试车时，应符合试车顺序，并严格遵守安规。
> ④ 人体与电动机旋转部分保持适当距离。
> ⑤ 故障检修时执行停电作业，如发现异常情况，必须立即切断电源开关 QS。

四、后续任务

思　考

1. 如图 18－2－1 所示带抱闸制动的异步电机两地控制线路中如果出现 KM 能动作，但电动机不能起动运行，试分析接线时可能发生的故障现象？

2. 参照带抱闸制动的异步电机两地控制线路装调活动，在安装工艺质量、安装正确性、安装时间及安全文明生产四个方面对于成功与不足进行自我评价，写出自评报告。

3. 绘制图 18－2－1 带抱闸制动的异步电机两地控制线路的平面布置图，写出控制电路接线的先后顺序。

活动三　带抱闸制动的异步电机两地控制线路故障的分析和排除

一、目标任务

1. 熟悉带抱闸制动的异步电机两地控制线路故障判断与检修方法。

二、相关知识

具有带抱闸制动的异步电机两地控制的生产机械，在运行中，会发生各种各样的故障，故障有机械方面的原因，也有电气方面的原因。作为电气工作人员，首先应能熟练排除电气方面的故障，保证生产机械的正常运行。

1. 排故基本步骤及方法

① 熟悉电气控制线路图的工作原理和控制线路的动作要求顺序。
② 观察故障现象,(通电试验)并能记录描述。
③ 判断产生故障的原因及范围,并能分析记录。
④ 查找故障点,并能记录查找结果。
⑤ 排除故障。试验运行控制线路正常为止,并记录故障点。

2. 带抱闸制动的异步电机两地控制线路的故障检查思路

带抱闸制动的异步电机两地控制线路(图18-2-1)电气方面的故障原因,分析如下:

(1) 按下SB3或SB4,KM不动作,电动机不能起动运行 应检查电动机起动的全部电路,故障范围分析:L1—QS(L1相)—L11♯—FU2(L2相)—1♯—FR常闭触头—3♯—SB1常闭触头—5♯—SB2常闭触头—7♯—SB3常开触—9♯—KM线圈—2♯—FU2(L2相)—L12♯—QS(L2相)—L2。

(2) 按下SB3,KM不动作,按下SB4,KM动作;或按下SB3,KM动作,按下SB4,KM不动作 故障范围分析:7♯—SB3常开触头—9♯;或7♯—SB4常开触头—9♯。

(3) 按下SB3或SB4,KM动作,但不能自保,电动机点动运行 故障范围分析:7♯—KM常开触头—9♯。

(4) 按下SB3或SB4,KM动作,YB不得电,电动机不能起动运行 故障范围分析:L12♯—FU1(L2相)—L22♯—KM主触头(L2相)—V11♯—FR热元件(V相)—V♯—YB线圈—W♯—FR热元件(W相)—W11♯—KM主触头(L3相)—L23♯—FU1(L3相)—L13♯—QS(L3相)—L3。

(5) 按下SB3或SB4,KM动作,YB得电,电动机缺相不能正常起动运行 故障范围分析:L11♯—FU1(L1相)—L12♯—KM主触头(L1相)—U11♯—FR热元件(U相)—U♯、V♯、W♯—电动机(三相绕组)。

排故举例 图18-2-1中,假设KM自保常开触头断开。

(1) 先通电试验,观察故障现象 按SB3或SB4,KM动作,不能自保,电动机点动运行。

(2) 故障现象描述并书写 按SB3或SB4,KM不能自保,电动机点动运行。

(3) 故障范围判断 7♯—KM常开触头—9♯。

(4) 故障点检查 用欧姆法。

断电情况下,用万用表电阻100Ω挡(使用前,须调零),先检查控制电路。按前述图5-3-1所示意的欧姆法检查方法,排故举例一的检查过程,如图18-3-1所示。

红表棒置于FU2(1♯)不动。黑表棒第①步置KM常开触头(7♯)处,万用表应显示电阻为零,表明此处7♯线是好的;然后,黑表棒第②步置KM常开触头(9♯)处,按下SB3,万用表应显示电阻为零,表明此处9♯线是好的。最后,直接检查KM常开触头,表明KM常开触头断开。因此,排故举例一的故障点是KM常开触头。

(5) 故障点记录 KM常开触头断开。

排除以后,再通电检查,电路正常。

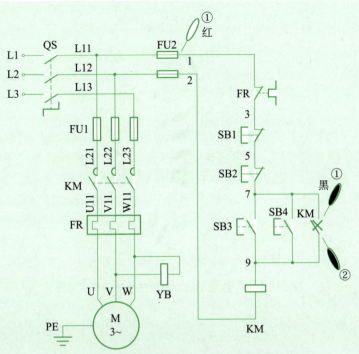

图 18-3-1 排故举例——欧姆法故障分析示意图

排故举例 图 18-2-1 中,假设连接抱闸线圈 YB 的 W#线断开。

(1) 先通电试验,观察故障现象 按 SB3 或 SB4,KM 动作,YB 不得电,电动机无法起动运行。

(2) 故障现象描述并书写 按 SB3 或 SB4,KM 动作,YB 不得电,电动机无法起动运行。

(3) 故障范围判断 L12#—FU1(L2 相)—L22#—KM 主触头(L2 相)—V11#—FR 热元件(V 相)—V#—YB 线圈—W#—FR 热元件(W 相)—W11#—KM 主触头(L3 相)—L23#—FU1(L3 相)—L13#—QS(L3 相)—L3。

(4) 故障点检查 用电压法。

通电检查前,先解开电动机三相绕组的电源,然后在通电情况下,检查 YB 是否通电。用万用表电压 AC500 V 挡,检查主电路上述(4)的范围。此排故举例二检查过程如图 18-3-2 所示。

按下 SB3 或 SB4,KM 得电。第①步,红表棒置于 FU1(L2 相)不动,黑表棒置于 FU1(L3 相)依次按①②③④⑤⑥⑦移动。如电压表显示电压为 380 V,表明黑表棒所置位置前的导线或电器部件是好的;如电压表显示电压为零,表明黑表棒所置位置前的导线或电器部件断开,损坏或接触不良。查到第⑦步,电压表显示电压为零,表明此处线断开,电压通不过。因此,排故举例二的故障点是连接 YB 的 W#线断开。

(5) 故障点记录 FR(W#)—YB(W#)之间断线。

排除以后,再通电检查,电路正常。

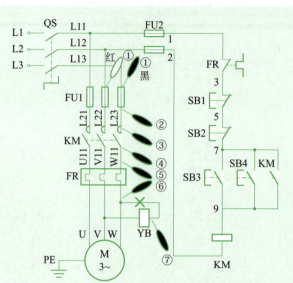

图 18-3-2 排故举例二电压法故障分析示意图

三、活动步骤

1. 对于已经安装完成的学员相互模拟故障,换位交叉排故练习。(或在模拟排故装置上)

（1）设置故障。

（2）换位交叉排故。

① 确认主电路、控制电路有无短路故障。如有,就可以在断电状态下进行故障的排除。

② 若无短路故障,通电试验带抱闸制动的异步电机二地控制线路的操作。

③ 观察故障现象,初步判定故障范围。

④ 排除故障,检修完毕,进行通电空载校验或局部空载校验。

⑤ 校验合格,通电正常运行。

2. 观察记录故障现象、判断记录故障部位及可能故障原因、检查故障点并记录于表 18-3-1 中。

表 18-3-1 带抱闸制动的异步电机两地控制线路排故记录

序号	故障现象	分析可能故障原因	故障点

四、后续任务

进一步分析图 18-2-1 所示带抱闸制动的异步电机两地控制线路的故障现象,初步判定故障范围,写出故障位置与原因,并将具体操作的结果填入表 18-3-1。

项目十九　三相异步电动机反接制动控制线路的认知与操作

活动一　三相异步电动机反接制动控制线路的识读

一、目标任务

1. 了解电动机反接制动的机理。
2. 熟悉电动机单向起动反接制动控制线路及工作原理。

二、相关知识

电磁抱闸制动器比电磁离合器制动力强,但需要在设备上安装机械制动装置,而且从制动到起动要有一个动作过程。不要求很强制动力,启动、停止转换频率又比较高的场合,就不适合使用机械制动方法,必须采用电气制动方法。所谓电气制动,就是在电动机切断电源开始停转的过程中,产生一个与电动机实际旋转方向相反的电磁力矩(制动力矩),迫使电动机迅速制动停转的方法。电气制动有4种方法:反接制动、能耗制动、电容制动和再生发电制动,在实际生产过程中前两种使用比较多。

1. 反接制动原理

依靠改变电动机定子绕组的电源相序来产生制动电磁力矩,迫使电动机迅速停转的方法叫做反接制动,如图19-1-1所示。

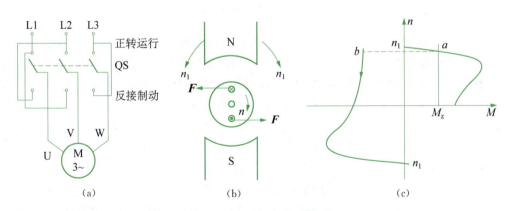

图 19-1-1　反接制动原理图

图19-1-1(a)中,倒顺开关QS向上投合时,电动机定子绕组电源项序为L1—L2—L3,电动机将沿旋转磁场方向(图19-1-1(b)中所示的顺时针方向),以低于同步转速 n_1 的转速

n_a 正转,电磁转矩 M 大于负载转矩 M_z,为动力矩,机械特性如图 19-1-1(c)所示。当电动机需停转时,先拉开 QS,使电动机脱离电源(此时由于惯性,电动机仍然按原方向运转),之后,立即将 QS 向下投合,L1、L2 两相电源已对调,电动机定子绕组的电源相序变为 L2—L1—L3,旋转磁场反向(图 19-1-1(b)中所示的逆时针方向),转子将以 n_1+n_b 的转速反向切割旋转磁场,从而产生与电动机惯性旋转方向相反的电磁转矩,M 成为制动力矩,机械特性如图 19-1-1(c)中所示。这样,使电动机受到较强的电磁制动力作用而迅速停转。

应当指出的是,当电动机转速接近零时,必须立即切断电动机的电源,否则电动机将反向起动。所以,在电气反接制动控制线路中,通常利用速度继电器来感应当电动机速度接近零,自动地及时切断电源。

2. 速度继电器

速度继电器主要用于电动机的反接制动控制,故又称为反接制动继电器。是一种反映电动机转速和转向的继电器,其主要作用是以电动机旋转速度的快慢为指令信号,与接触器配合实现对电动机的控制。机床控制线路中常用的产品有 JY1 型及 JFZ0 型,其外形如图 19-1-2 所示。

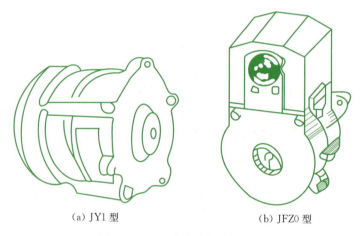

(a) JY1 型　　　(b) JFZ0 型

图 19-1-2　速度继电器的外形

(1) 速度继电器的结构及工作原理　JY1 型速度继电器的结构和工作原理如图 19-1-3 所示。速度继电器主要由转子(永久磁铁)、定子(由硅钢片叠成,并装有短路绕组)、支架、胶木摆杆和触头系统组成,永久磁铁装在轴上与被控制电动机的轴作机械连接。当电动机旋转时,速度继电器的转子随着电动机的旋转方向转动,这样永久磁铁相当于一个旋转磁场,定子中的短路绕组就切割磁力线,感生出电动势和电流,产生电磁转矩,这个转矩与永久磁铁的转向一致,于是带动支架及胶木摆杆转动。由于簧片的阻挡,定子、支架和胶木摆杆只能转过一个不太大的角度,使常闭触点断开、常开触点闭合。当转子的转速由于反接制动降到一定转速时(一般为小于 100 r/min),定子中短路绕组的感应电动势和电流减小,电磁转矩也下降,弹性动触点及胶木摆杆在反力弹簧推动下,使常开触点断开、常闭触点闭合,随即切断电动机电源,电动机就不会反转。

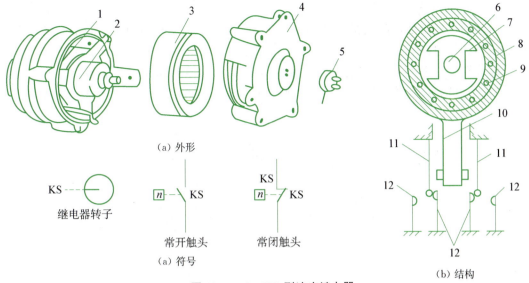

图 19-1-3　JY1 型速度继电器

1—可动支架　2—转子　3—定子　4—端盖　5—连接头　6—电动机轴　7—转子(永久磁铁)　8—定子　9—定子绕组　10—胶木摆杆　11—簧片(动触头)　12—静触头

速度继电器的动作速度不低于 100～300 r/min,复位转速约在 100 r/min 以下。使用速度继电器时,应将其转子装在该电动机的同一根轴上,而将其常开触点串联在控制电路中,通过控制接触器就能实现反接制动。考虑到电动机的正反转需要,速度继电器的触头也有正转和反转各一副,接线时应不能接错。速度继电器的符号如图 19-1-3(a)所示。

(2) 速度继电器的型号及含义　以 JFZ0 为例,介绍速度继电器的型号及含义如下。

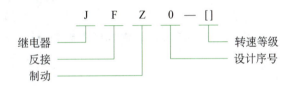

常用的速度继电器中,JY1 型能在 300 r/min 以下可靠工作;JFZ0 型的两组触头改用两个微动开关,使其触头的动作速度不受定子偏转速度的影响,额定转速有 300～1 000 r/min(JFZ01 型)和 1 000～3 600 r/min(JFZ02 型)两种。

(3) 速度继电器的选用　速度继电器选用的主要依据是:所控制的转速大小、触头的数量,以及电压、电流。常用速度继电器的技术参数见表 19-1-1。

表 19-1-1　速度继电器的主要技术参数

型号	触头额定电压	触头额定电流	触头对数		额定工作转速/(r/min)	允许操作频率(次/h)
			正转动作	反转动作		
JY1	380 V	2 A	1 组转换触头	1 组转换触头	100～3 000	<30
JFZ0—1			1 常开、1 常闭	1 常开、1 常闭	300～1 000	
JFZ0—2			1 常开、1 常闭	1 常开、1 常闭	1 000～3 600	

3. 单向起动反接制动控制线路

单向起动反接制动控制线路(一),如图 19-1-4 所示。反接制动线路的主电路与正反转控制线路的主电路相似,只是在反接制动时增加了 3 个限流电阻,起限制反接制动电流用。控制线路中,KM1 为正转运行控制接触器,KM2 为反接制动控制接触器,KS 为速度继电器(设定速度为 n_N),其轴与电动机轴相连(图 19-1-4 中用点划线表示)。线路的工作原理如下:

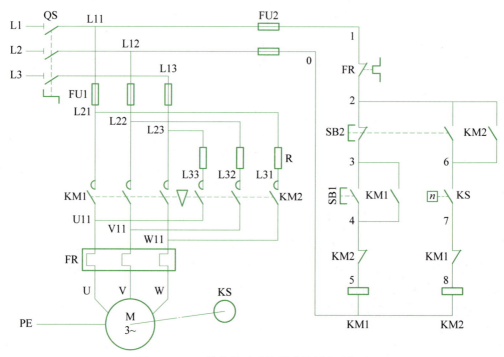

图 19-1-4 单向起动反接制动控制电路(一)

先合上电源开关 QS。

当电机起动　　　$SB1^{\pm} - KM1^{+}_{自} - M^{+}_{正} - n_{正} > n_N - KS^{+}$(为制动准备)

当电机要停止　　$SB2^{\pm} - KM1^{-} - M^{-}_{正}$
　　　　　　　　　　|
　　　　　　　$KM2^{+}_{自} - R^{+} - M^{+}_{反} - n_{正} < n_N - KS^{-}$
　　　　　　　　　　　　　　　　　　　　　　　　|
制动　　　　　　　　　　　　　　　　　　　　$KM2^{-} - M^{-}_{制} - R^{-}$

反接制动时,由于旋转磁场与转子的相对转速 $(n_1 + n_b)$ 很高,所以转子绕组中感生电流很大,致使电动机定子绕组中的电流也很大,一般约为电动机额定电流的 10 倍左右。因此,反接制动适合于 10 kW 以下容量电动机的制动,而且对 4.5 kW 以上的电动机进行反接制动时,必须在定子绕组回路中串接限流电阻,以限制反接制动电流。

如果反接制动时,只在主电路两相中串接限流电阻,那么电阻值应增大至三相串接时的 1.5 倍。

若电源电压为 380 V,要使反接制动电流等于直接起动时的起动电流的 $1/2 I_{st}$,则三相电

路中每相应串接电阻值可取为

$$R \approx 1.5 \times 220/I_{st}(\Omega)$$

若要使反接制动电流等于直接起动时的起动电流 I_{st},则每相串接的电阻值可取为

$$R \approx 1.3 \times 220/I_{st}(\Omega)$$

电机反向制动时,电机瞬间电流是额定电流的 6～10 倍。如果想电机电流在额定范围内,必须将加在电机上的电压降低到额定电压的 1/6～1/10,其余电压(5/6～9/10 额定电压)将加在制动电阻上,电流等于电机的额定电流。所以,3 个制动电阻的总功率等于 5/6～9/10 的电机功率。

反接制动的优点是制动力强,制动迅速。缺点是制动准确性差,制动过程中冲击强烈,易损坏传动部件,制动能量消耗大,不宜频繁制动。所以,反接制动方式一般适用于制动要求迅速、系统惯性比较大,不经常起动与制动的场合,如铣床、镗床、中型车床等主轴的制动控制。

4. 双向串电阻降压起动反接制动控制线路

双向起动反接制动控制线路,如图 19-1-5 所示。KM1 既是正转运行接触器,又是反转运行时的反接制动接触器;KM2 既是反转运行接触器,又是正转运行时的反接制动接触器;KM3 作短接限流电阻 R 用;中间继电器 KA1、KA3 和接触器 KM1、KM3 配合完成电动机的正向起动、反接制动的控制要求;中间继电器 KA2、KA4 和接触器 KM2、KM3 配合完成电动机的反向起动、反接制动的控制要求;速度继电器 KS 有两对常开触头 KS-1、KS-2,分别用于控制电动机正转和反转时反接制动时间;R 既是反接制动限流电阻,又是起动的限流电阻。

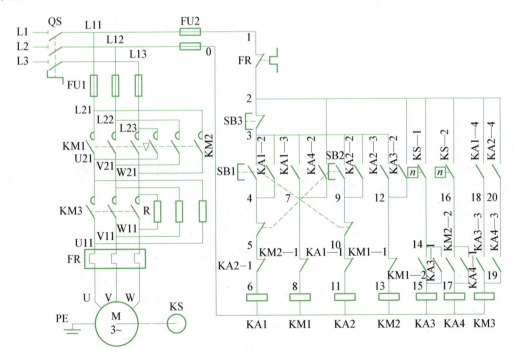

图 19-1-5 双向起动反接制动控制电路

先合上电源开关 QS。

（1）电机正转起动　则

SB1$^\pm$—KA1$^+_{自}$—KM1$^+$—R$^+$—M$^+_{正降}$—$n_正$↑＞n_N—KS-1$^+$—KA3$^+_{自}$—KM3$^+$—R$^-$—M$^+_{正}$

电机要停止：SB3$^\pm$—KA1$^-$—KM1$^-$—M$^-_{正}$

制动：　　　　　　KM3$^-$　KM2$^+$—M$^+_{反}$—$n_正$↓＜n_N—KS-1$^-$—KA3$^-$—KM2$^-$—M$^-_{制}$—R$^-$
　　　　　　　　　　 ｜
　　　　　　　　　　R$^+$

（2）如电机正转起动，电机要反转　则

SB1$^\pm$—KA1$^+_{自}$—KM1$^+$—R$^+$—M$^+_{正降}$—$n_正$↑＞n_N—KS-1$^+$—KA3$^+_{自}$—KM3$^+$—R$^-$—M$^+_{正}$

电机要反转

　　　　　SB2$^\pm$—KA1$^-$—KM1$^-$—M$^-_{正}$
　　　　　　　　　 ｜　　　 ｜
正转制动　　KM3$^-$　KM2$^+$—M$^+_{反}$—$n_正$↓＜n_N—KS-1$^-$—KA3$^-$—KM2$^-$—M$^-_{制}$—R$^-$
　　　　　　　　 ｜
　　　　　　　　R$^+$

反转起动　　KA2$^+_{自}$—KM2$^+$—R$^+$—M$^+_{反降}$—$n_反$↑＞n_N—KS-2$^+$—KA4$^+_{自}$—KM3$^+$—R$^-$—M$^+_{反}$

电动机的反向起动及反接制动控制是由起动按钮 SB2、中间继电器 KA2 和 KA4、接触器 KM2 和 KM3、停止按钮 SB3、速度继电器的常开触头 KS-2 等电器来完成，其起动过程、制动过程与正转起动、反接制动的过程类同。

双向起动反接制动控制线路所用电器较多，线路也比较复杂，但操作方便、运行安全可靠，是一种比较完善的控制线路。主电路中的电阻，既能限制反接制动电流，又能限制起动电流。中间继电器 KA3、KA4 可避免制动停车时，由于速度继电器 KS-1 或 KS-2 触头的偶然闭合而接通电源。

三、活动步骤

1. 分析图 19-1-4 所示的三相异步电动机单向起动反接制动控制电路（一）的工作原理，讨论并回答如下问题。

（1）分析电气控制线路的工作原理。可用符号法或口头描述。
（2）试分析中间继电器 KS 有什么作用？
（3）反接制动的优点是什么？适合什么场合使用？
（4）如何确定反接制动时定子回路里所串接电阻的阻值和功率？

2. 试分析图 19-1-6 所示的三相异步电动机单向起动反接制动控制线路（二）的工作原理，讨论并回答如下问题。

（1）分析电气控制线路的工作原理。可用符号法或口头描述。
（2）为啥要用到 KA 中间继电器？

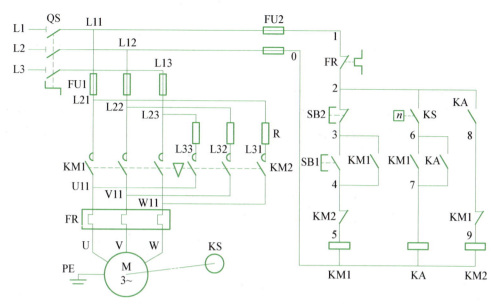

图 19－1－6 单向起动反接制动控制线路(二)

四、后续任务

1. 试分析图 19－1－5 的双向串电阻降压起动反接制动控制线路的工作原理。
2. 什么叫反接制动？
3. 为什么在反接制动主回路中串接电阻器？
4. 速度继电器在反接制动控制线路中起什么作用？

活动二　三相异步电动机反接制动控制线路的装接与调试

一、目标任务

1. 学习电动机反接制动控制电路结构，掌握控制线路安装的具体方法。
2. 能自行自编安装工艺步骤和工艺要求，在规定的时间里完成反接制动控制线路装接与调试。

二、相关知识

电动机反接制动控制线路安装、接线的步骤和注意事项，可参阅单元六项目十八活动二的相关内容。

三、活动步骤

1. 在安装板上,进行图19-1-4的单向起动反接制动控制线路的安装接线和调试。时间应为120 min。

(1) 分析图19-1-4单向起动反接制动控制线路图,熟悉工作原理。

(2) 本例控制线路三相异步电机Y132S—4(1.5 kW、380 V、2.8 A、△形接法、1 440 r/min)。采用如下电器:漏电开关QS DZ47LE—32/3P,C6 一只;熔断器FU1 RT18/6 A 三只;熔断器FU2 RT18/2 A 两只;交流接触器KM CJ20—10/线圈380 V 两只;热继电器JR16B—20/3D 3.5 A 一只;速度继电器JY1一只;LA20—11/2H 一只;主电路接线端子X1 10节;辅助电路接线端子X2 6节;走线槽若干;BVR—2.5/7和BVR—1.0/7系列塑铜软导线若干);制动电阻15 Ω/500 W 三只。

(3) 绘制确定电器平面布置图,也可参阅图19-2-1的电器布置图。然后,进行安装前准备工作,领取检测器材和工具。接着,在控制板上按图安装电器,排列固定元器件,并贴上醒目的文字符号。

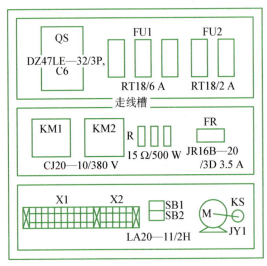

图19-2-1 单向起动反接制动控制线路布置图

(4) 按照如图19-1-4的电气原理图连接控制线路。须先了解速度继电器的结构,熟悉其工作原理,辨明速度继电器被用到的常开触头、常闭触头的接线端,检查速度继电器安装位置是否与电动机同轴心,在教师的指导下调整速度继电器的动作值和返回值。然后,可先主电路,后辅助电路(也可视情况,先接辅助电路,后接主电路)。也可参阅图19-2-2的电气接线图连接,图中采用的相对标号法。

(5) 线路连接完成,首先应检查控制线路连接是否正确。然后不通电,用万用表电阻100 Ω挡,测量控制电路的电源进线两端,如电阻为很大或无穷大,表明正常;如电阻为零或有阻值,表明控制电路短路或有接线问题,应检查连接导线是否错误,直到正常为止(电阻为很大或无穷大)。再通电试验(必须征得带教教师的同意后),观察动作情况,直到完全满足控制要求为止。最后,连接电动机及保护接地线进行联机试运行。

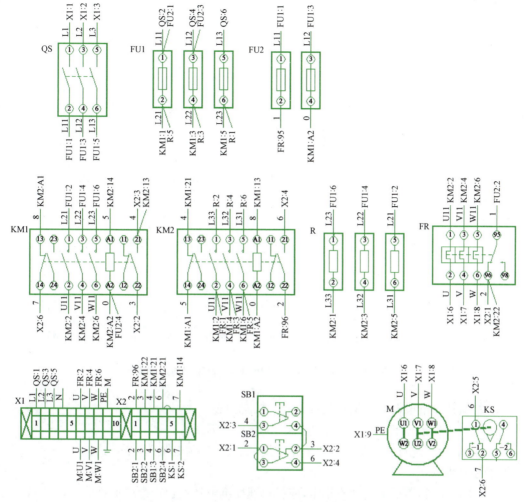

图 19-2-2　单向起动反接制动控制线路接线图

(6) 注意事项：

① 通电试车时，若反接制动不正常，应检查速度继电器是否符合规定要求。

② 若需调整速度继电器的调节螺钉，必须切断电源，防止短路。

③ 制动操作不宜过于频繁。

④ 通电试车必须在老师指导下进行，做到安全文明操作。

(7) 控制线路安装调试结束，先自评，填写安装调试报告。学生可互评或带教教师评价，记录成绩。然后，仔细拆卸整理练习器材，保持完整和完好。最后，打扫工作场所。上述工作完成情况，都可记入，作为活动成绩。

2. 在模拟安装板上，进行图 19-2-3 所示的单向串电阻降压起动反接制动控制线路的安装接线和调试。时间应为 60 min。

(1) 分析图 19-2-3 控制线路图的工作原理。

(2) 了解速度继电器的结构，熟悉其工作原理。

(3) 辨明速度继电器常开触头、常闭触头的接线端。

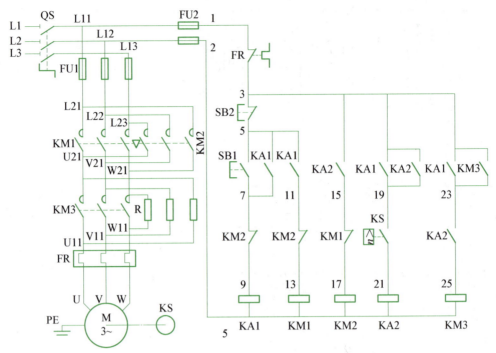

图 19-2-3 电动机单向串电阻起动反接制动控制线路

(4) 检查速度继电器安装位置是否与电动机同轴心。
(5) 在教师的指导下,调整速度继电器的动作值和返回值。
(6) 按图接线(进行线槽布线),主电路选用红色线、控制电路选用黑色线。
(7) 注意事项:
① 通电试车时,若反接制动不正常,应检查速度继电器是否符合规定要求。
② 若需调整速度继电器的调节螺钉,必须切断电源,防止短路。
③ 制动操作不宜过于频繁。
④ 通电试车必须在老师指导下进行,做到安全文明操作。

四、后续任务

1. 用符号法完成图 19-2-3 的单向串电阻降压起动反接制动控制线路的原理分析。
2. 完成上述活动未尽事宜。
3. 筹划安装图 19-2-3 的单向串电阻降压起动反接制动控制线路的事宜,寻机完成。

活动三 三相异步电动机反接制动控制线路故障的分析和排除

一、目标任务

1. 掌握异步电动机反接制动控制线路常见故障现象的分析方法。

2. 熟练使用仪器判断故障点。

3. 正确排除故障,并能准确描述。

二、相关知识

1. 故障分析

(1) 了解、观察故障现象　异步电动机反接制动控制线路发生故障后,首先通过看、听、摸、嗅等直观调查方法,了解故障的大致情况。观察熔断器熔体是否烧断,电器元件(包括部件)有无缺损,连接导线松动、断线与否等;听变压器、电动机等有无异常声音;断开电源,用手触摸变压器、电动机和其他电器的励磁线圈温升是否异常;嗅闻变压器、电动机及电器的励磁线圈有无焦糊异味。若在现场,还应向操作者询问故障发生前后的经过情况,操作程序有无失误以及频繁起动、制动等。

(2) 故障分析、判断　经过对故障现象的观察与了解,根据电气原理图进行故障分析,判断故障点。

① 熟悉电路图和电路工作原理。电气控制线路一般由主电路和控制电路两大部分组成,控制线路又有若干个控制环节。分析时,应先从主电路入手观察电动机运行情况,再根据故障现象,按线路工作原理进行分析,确定故障究竟发生在主电路还是控制电路及大致部位。

② 排除机械故障干扰。电气控制线路中,电器元件的动作控制着机械动作,它们有着连动关系。在分析电气故障时,应充分考虑机械部分故障引起故障的因素。

2. 故障点的确定

异步电动机反接制动控制线路主电路故障,主要表现为正转缺相、反接制动缺相、正转及反接制动均缺相。控制电路故障,主要表现为电动机无法起动、正转不能起动及无反接制动等。

(1) 正转缺相　分析如下:

① 故障分析。正转缺相,说明电动机和三相电源正常,故障点主要在 KM1 主触头及两端连线 L21、L22、L23、U11、V11、W11,如图 19-3-1 所示。

② 故障检查。用万用表电阻挡检查交流接触器 KM1 触头两端连线有无断线,KM1 主触头有无接触不良或烧断。

(2) 反接制动缺相　分析如下:

① 故障分析。反接制动的接触器 KM2 三相主触头中串联了电阻 R,故障点除了 KM2 触头接触不良或损坏、连接导线松脱或断线外,电阻 R 损坏也将形成缺相。

② 故障检查。用万用表电阻挡测量制动电阻的电阻值,并检查连接导线及 KM2 主触头接触是否良好。

(3) 正转及反接制动均缺相　分析如下:

① 故障分析。正反转均缺相,故障范围主要是:电动机绕组断开、电源缺相、熔断器 FU1

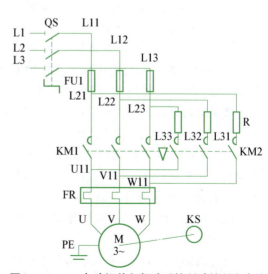

图 19-3-1　电动机单向起动反接制动控制主电路

熔芯烧断、热继电器 FR 热元件烧断、主电路连接线松脱或断线。

② 故障检查。断开电源，将接到接线端子上的 U、V、W 电动机线拆下。闭合电源，按下 SB2 使 KM2 闭合，如图 19‑3‑2 所示。用万用表交流电压 500 V 挡测量接线端子上电压，如电压不正常，则再测量 FR 上 U11、V11、W11 的线电压，FU_1 两端之间线电压，三相电源中 W 相电压，检查所有连接导线的接线。如接线端子上 U、V、W 电压正常，则用万用表电阻挡测量电动机三相绕组是否断路。

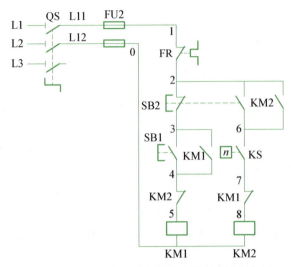

图 19‑3‑2　电动机单向起动反接制动控制电路

（4）电动机不能起动　分析如下：

① 故障分析。电动机正转不能起动，故障范围为：熔断器 FU2 熔芯烧断，热继电器 FR 常闭触头断开，SB1 按钮常开触头损坏，SB2 按钮常闭触头断开，接触器 KM2 辅助常闭触头损坏，或 1 号、2 号、3 号、4 号、5 号、0 号连接线松脱或断线。

② 故障检查。用万用表电阻挡测量熔断器 FU2 熔芯、FR 常闭触头、按钮 SB2 常闭触头、按钮 SB1 常开触头、KM2 常闭触头及连线是否松脱或断线。

（5）无反接制动　分析如下：

① 故障分析。复合按钮 SB2 动合触头及两端连线 2 号与 6 号线，速度继电器 KS 触头及两端连线 6 号与 7 号线，KM1 常闭触头及两端连线 7 号与 8 号线，KM2 线圈断开或有故障均会造成无反接制动。

② 故障检查。用万用表交流 500 挡量程，以 1 号线对 8 号线与 7 号线测量电压。若 8 号线无电压，则 KM2 线圈断；7 号线无电压，则 KM1 常闭触头坏。按下按钮 SB2，KM1 闭合，电动机作正转运行，此时速度继电器 KS 触头 7 号与 8 号应接通，再次以 2 号线对 6 号线测量电压。若无电压，说明 KS 触头损坏或 7 号线不通；若测得电压为 380 V，说明 KS 触头闭合良好。断开电源，用万用表电阻挡测量，SB1 常开触头及两端连线 3 号线与 4 号线是否良好。

3. 排除故障

经过故障点的查找，要用正确方法排除。

① 属于元器件接触不良或损坏的，予以修理或更换（包括部件或整件）。更换时，要注意

所换器件的型号、规格与原器件一致。

② 连接导线接触不良或断线,则予以紧固或更换导线。

三、活动步骤

1. 在主电路或控制电路中人为设置电气故障。每次设置一个故障,熟练以后可一次设置两个故障。

2. 故障现象分析:

① 用通电试验法观察故障现象。仔细观察电动机、各电器元件及线路的工作是否正常,若发现异常现象,应立即切断电源。

② 根据电路工作原理,用逻辑分析法缩小故障范围,初步确定电路上大致的故障部位。

3. 故障点的确定:

① 用通电电压法测量,判断故障点。

② 用电阻法逐级查找故障点。

4. 根据故障点的不同情况,采取正确的方法迅速排除故障。

5. 排除故障,自检线路,无误后通电试车。

6. 注意事项:

① 排故前要十分熟悉电路的工作原理,以及故障电路的布线方式。

② 排故的思路和方法要正确。

③ 使用万用表时,要注意量程。

④ 故障排除更换元件时,所拆除的连接导线必须做好标记,以免接错。

⑤ 检修过程中严禁扩大和产生新的故障,否则,应立即停止检修。

⑥ 带电检查时,必须有指导老师在现场监护,确保用电安全。

四、后续任务

拓 展 根据图 19-3-2 接线,再按上述活动步骤进行排故操作。

思 考

1. 反接制动线路的主电路故障的主要表现是什么?控制电路故障的主要表现是什么?
2. 发生反接制动缺相故障的原因可能有哪些?
3. 电动机不能起动的原因可能有哪些?
4. 无反接制动故障的原因可能有哪些?

项目二十 三相异步电动机直流能耗制动控制线路的认知与操作

活动一 三相异步电动机单向起动带直流能耗制动控制线路的装接与调试

一、目标任务

1. 熟练识读无变压器单相半波整流单向起动能耗制动控制电路图,分析电路工作原理。
2. 熟练识读有变压器单相全波整流单向起动能耗制动控制电路图,分析电路工作原理。
3. 掌握无变压器半波整流正、反转起动能耗制动控制线路装接、调试。

二、相关知识

在一些机床加工过程中(如磨床的磨削加工、立式铣床的铣削加工),既要求准确定位,又要求平稳制动。若采用电磁抱闸制动或电气反接制动,由于电磁抱闸制动后不能调整工件,电气反接制动不能正确定位,又会产生强烈冲击,所以两种制动方式都不能满足这种加工要求。能耗制动克服了上述两种制动的缺点,因而得到广泛运用。

所谓**能耗制动**,就是当电动机切断电源以后,立即在定子绕组的任意两相中通入直流电,迫使电动机制动停转的方法。其制动原理如图 20-1-1 所示。

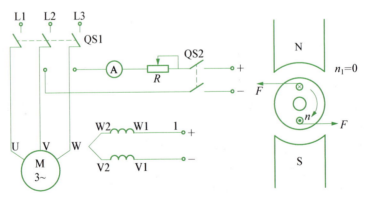

图 20-1-1 能耗制动原理图

先断开电源开关 QS1,切断电动机的交流电源。由于惯性作用,电动机仍沿原方向运转。随后,立即合上开关 QS2,并将 QS1 向下合闸,电动机 V、W 两相定子绕组中通入直流电,使定子产生一个恒定的静止磁场。作惯性运行的转子,因切割磁力线而在转子绕组中产生感生电流,其方向可用右手定则判断,图中上部绕组圈边流入、下部绕组圈边流出。转子绕组中一且产生感生电流,又立即受到静止磁场的作用,产生电磁转矩,可用左手定则判断,其转矩方向正好与电动机的转向相反,使电动机受到反向电磁转矩的制动作用而迅速停转。由于这种制动方法是通过在定子绕组中通入直流电以消耗转子惯性运转的动能来进行制动的,所以称为**能耗制动**,又称**动能制动**。

1. 直流电源

(1) 单相半波整流 利用晶体二极管的单向导电性,半波整流能耗制动一般选用一个整流二极管串接在电动机定子绕组一相电源电路中,把 380 V 的交流电压整变为脉动直流电压。

(2) 单相全波整流 由整流变压器和 4 个整流二极管构成桥式整流电路。有分立元件的,也有集成元件(四端口整流桥堆,如图 20-1-2 所示)的。这种整流电路,输出的脉动电压较之半波整流平稳些,由于能耗制动不要求恒稳电压,所以不设置滤波电路和稳压电路。

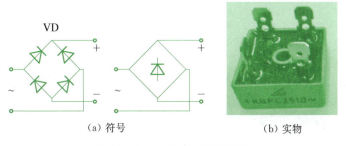

(a) 符号　　　　(b) 实物

图 20-1-2 四端口整流桥堆

(3) 直流电源的选择 能耗制动中,通入电动机的直流电流不能太大,过大会烧坏定子绕组。因此,能耗制动直流电源的选择有一定的要求,可以估算。

例如单相桥式整流电路,估算步骤如下:

① 先测量出电动机三相进线中任意两相之间的电阻 $R(\Omega)$。

② 测量电动机的空载电流 $I_0(A)$。

③ 能耗制动所需的直流电流 $I_L = KI_0(A)$,能耗制动所需的直流电压 $U_L = I_L R(V)$。其中,K 是系数一般取 3.5~4。若考虑到电动机定子绕组发热情况,并使制动达到较满意的效果,对于转速高、惯性大的拖动系统可取上限。

④ 单相桥式整流变压器副边绕组电压和电流的有效值为

$$U_2 = U_L/0.9(V), \quad I_2 = I_L/0.9(A);$$

变压器计算容量为 $S = U_2 I_2 (VA)$。

如果制动不频繁,可取变压器实际容量为 $S' = (1/3 - 1/4)S(VA)$。

⑤ 可调电阻 $R \approx 2\Omega$,功率 $P_R = I_L^2 R(W)$,实际选用时,电阻功率也可小些。

2. 无变压器单相半波整流单向起动能耗制动控制线路

无变压器单相半波整流单向起动能耗制动控制自动控制线路,如图 20-1-3 所示。该线路采用单相半波整流器作为直流电源,所用附加设备少、线路简单、成本低,适用于 10 kW 以下的小容量电动机,且对制动要求不高的场合。

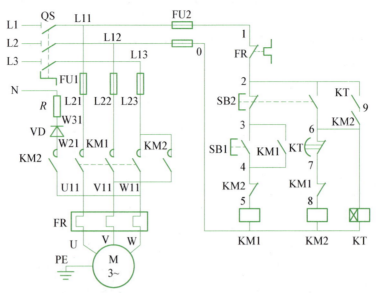

图 20-1-3 无变压器单相半波整流单向起动能耗制动控制自动控制线路图

先合上电源开关 QS。

单向起动运转　　$SB1^{\pm}—KM1^{+}_{自}—M^{+}$

电机要停止　　　$SB2^{\pm}—KM1^{-}—M^{-}$

$$KM2^{+}_{自}—VD^{+}—R^{+}—M^{+}_{制}$$

$$KT^{+}_{自}—\Delta t—KM2^{-}—VD^{-}—R^{-}—M^{-}_{制}$$

$$KT^{-}$$

图 20-1-3 中，KT 瞬时闭合常开触头的作用是：当 KT 出现线圈断线或机械卡住故障时，防止 KM2 因自保而无法脱开，电动机长期处于能耗制动状态。现在按下 SB2 能使电动机制动，释放 SB2 后，电动机即脱离电源。

3. 有变压器单相全波整流单向起动能耗制动控制线路

对于 10 kW 以上容量的电动机，大多采用有变压器单相全波整流单向起动能耗制动自动控制线路。控制线路如图 20-1-4 所示。

直流电源由整流变压器 TC、单相桥式整流器 VC，以及用来调节直流电流（即调节制动强度）的可调电阻 R 组成。整流变压器原边（交流侧）与整流器的直流侧同时切换，有利于提高触头的使用寿命。控制电路的工作原理与无变压器单相半波整流单向起动能耗制动控制自动控制电路相同。

能耗制动时产生的制动力矩大小，与通入定子绕组中的直流电流大小、电动机的转速及转子电路中的电阻有关。电流越大，产生的静止磁场就越强，而转速越高，转子切割磁力线的速度就越大，产生的制动力矩也就越大。

能耗制动的优点是制动准确、平稳，对机械传动装置的冲击小，而且能量消耗少。缺点是需附加直流电源，设备成本较高，制动力较弱，特别在低速时制动力矩小。

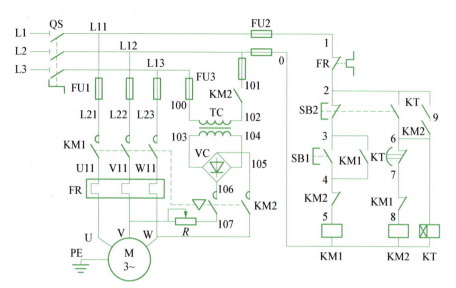

图 20-1-4　有变压器单相全波整流单向起动能耗制动控制线路图

三、活动步骤

1. 在模拟安装板上，进行图 20-1-2 所示的无变压器单相半波整流单向起动能耗制动控制线路的安装接线和调试。时间应为 30 min。

2. 在安装板上，进行无变压器单相半波整流正反转起动能耗制动控制线路的安装接线和调试。时间应为 120 min。

（1）分析图 20-1-5 的无变压器单相半波整流正、反转起动能耗制动控制线路图，熟悉工作原理。

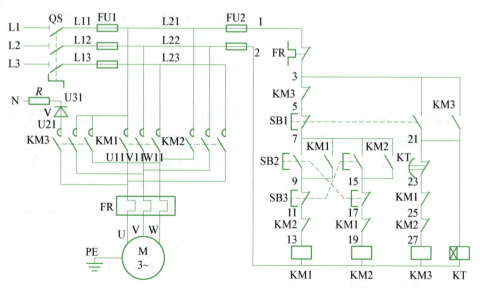

图 20-1-5　无变压器半波整流正、反转起动能耗制动控制线路图

项目二十　三相异步电动机直流能耗制动控制线路的认知与操作

(2) 本例控制线路用三相异步电机 Y132S—4(1.5 kW、380 V、2.8 A、△形接法、1 440 r/min)。采用如下电器:漏电开关 QS　DZ47LE—32/3P,C6　一只;熔断器 FU1　RT18/6 A 三只;熔断器 FU2　RT18/2 A 两只;交流接触器 KM　CJ20—10/线圈 380 V　三只;热继电器 JR16B—20/3D 3.5 A 一只;通电延时时间继电器 JSZ3A/线圈 380 V 一只;LA20—11/3H 一只;制动电阻 15 Ω/500 W 一只;二极管 10 A/300 V;主电路接线端子 X1 10 节;辅助电路接线端子 X2 10 节;走线槽若干;BVR—2.5/7 和 BVR—1.0/7 系列塑铜软导线若干。

(3) 绘制确定电器平面布置图,也可参阅图 20-1-6 的电器布置图。然后,进行安装前准备工作,领取检测器材和工具。接着,在控制板上按图进行电器的安装,排列固定元器件,并贴上醒目的文字符号。

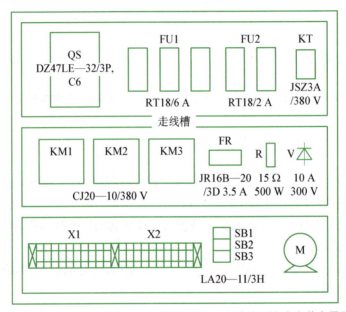

图 20-1-6　单相半波整流正反转起动能耗制动控制线路安装布置图

(4) 按照如图 20-1-5 的电气原理图连接控制线路。可先主电路,后辅助电路(也可视情况,先接辅助电路,后接主电路)。也可参阅图 20-1-7 的电气接线图连接,图中采用的相对标号法。

(5) 线路连接完成,首先应检查控制线路连接是否正确。然后不通电,用万用表电阻 100 Ω 挡,测量控制电路的电源进线两端。如电阻为零或有阻值,表明控制电路短路或有接线问题,应检查连接导线是否错误,直到正常为止(电阻为很大或无穷大)。然后通电试验(必须征得带教教师的同意后),观察动作情况,直到完全满足控制要求为止。最后,连接电动机及保护接地线进行联机试运行。

(6) 通电试验注意事项:

① 若电流大,整流二极管要配装散热器及散热器支架。

② 时间继电器的整定时间不要调得太长,以免制动时间太长引起电动机绕组发热。

③ 制动电阻要安装在控制板外面。

④ 进行制动时,停止按钮要按到底。

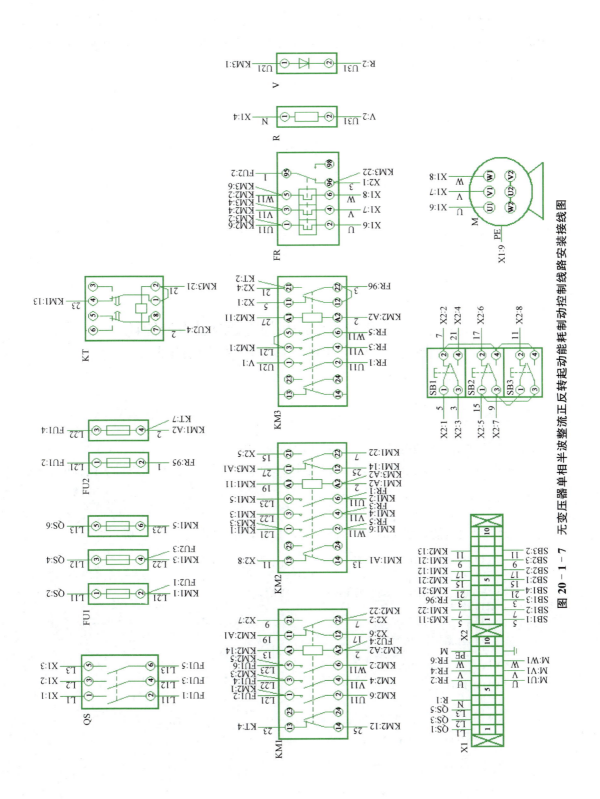

图 20-1-7 无变压器单相半波整流正反转起动能耗制动控制线路安装接线图

项目二十 三相异步电动机直流能耗制动控制线路的认知与操作

（7）控制线路安装调试结束，先自评，填写安装调试报告。学生可互评或带教师评价，记录成绩。然后，仔细拆卸整理练习器材，保持完整和完好。最后，打扫工作场所。上述工作完成情况，都可记入，作为活动成绩。

四、后续任务

1. 什么叫能耗制动？电动机能耗制动的原理是什么？
2. 整流电路在能耗制动控制中起什么作用？
3. 半波整流能耗制动与全波整流能耗制动的区别在哪里？
4. 试用符号法分析图 20-1-5 的无变压器单相半波整流正、反转起动能耗制动控制线路的工作原理。

活动二　三相异步电动机通电延时带直流能耗制动 Y-△ 起动控制线路的装接与调试

一、目标任务

1. 熟悉能耗制动在通电延时 Y-△ 降压起动控制中的作用。
2. 掌握三相异步电动机通电延时带直流能耗制动的 Y-△ 降压起动控制线路装接、调试技能。

二、相关知识

通电延时带直流能耗制动的 Y-△ 降压起动控制线路，如图 20-2-1 所示。

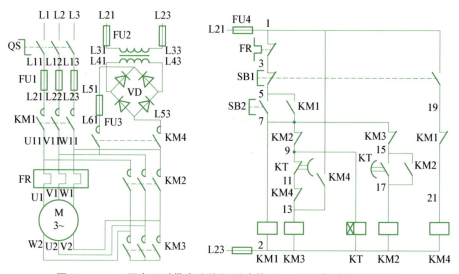

图 20-2-1　通电延时带直流能耗制动的 Y-△ 降压起动控制线路图

图中,时间继电器 KT 作通电延时控制,KM1 作三相电源控制,KM3 作 M 星形连接控制,KM2 作 M 三角形连接控制。VD 整流桥堆,作能耗制动电源转换用。

降压起动控制与前已叙述的 Y-△降压起动控制一样。停转时,把直流电源接入电动机内两相绕组上,产生静止磁场,此时由于惯性电动机仍在转动,转子绕组切割磁力线产生感生电流,该电流又与磁场作用产生与电动机旋转方向相反的电磁转矩,使电动机迅速制动停转。

先合上电源开关 QS。

Y 形降压起动　　　　　SB2$^\pm$—KM1$^+_{自}$—KM3$^+$—M$^+_{Y降}$
　　　　　　　　　　　　　　　|
　　　　　　　　　　　　KT$^+_{自}$—Δt—KM3$^-$—M$^-_{Y降}$

起动结束,△全压运行　　　　　　KM2$^+_{自}$—M$^+_{△全}$
　　　　　　　　　　　　　　　　|
　　　　　　　　　　　　　　　KT$^-$

停止　　　　SB1$^+$—KM1$^-$—KM2$^-$—M$^-_{△全}$
　　　　　　　　　|
　　　　　　KM4$^+$—KM3$^+$—VD$^+$—M$^+_{制}$
　　　　　　　　　|
　　　　SB1$^-$—KM4$^-$—KM3$^-$—VD$^-$—M$^-_{制}$

三、活动步骤

1. 在安装板上,进行三相异步电动机通电延时带直流能耗制动的 Y-△降压起动控制线路的安装接线和调试。时间应为 120 min。

(1) 分析图 20-2-1 的控制线路图,熟悉工作原理。

(2) 本例控制线路三相异步电机 Y132S—4(1.5 kW、380 V、2.8 A、△形接法、1 440 r/min)。采用如下电器:漏电开关 QS　DZ47LE—32/3P,C6　一只;熔断器 FU1　RT18/6 A 三只;熔断器 FU2　RT18/2 A 三只;交流接触器 KM　CJ20—10/线圈 380 V　四只;热继电器 JR16B—20/3D 3.5 A 一只;通电延时时间继电器 JSZ3A/线圈 380 V 一只;LA20—11/2H 一只;桥堆 KBPC2510 一只;整流变压器 380 V/110 V 500 VA;主电路接线端子 X1 15 节;辅助电路接线端子 X2 六节;走线槽若干;BVR—2.5/7 和 BVR—1.0/7 系列塑铜软导线若干。

(3) 绘制确定电器平面布置图,也可参阅图 20-2-3 的电器布置图。然后进行安装前准备工作,领取检测器材和工具。接着,在控制板上按图进行电器的安装,排列固定元器件,并贴上醒目的文字符号。

(4) 按照如图 20-2-1 的电气原理图连接控制线路。也可参阅图 20-2-2 的电气接线图连接,图中采用的相对标号法。

(5) 线路连接完成,首先应检查控制线路连接是否正确。然后不通电,用万用表电阻 100 Ω 挡,测量控制电路的电源进线两端。如电阻为零或有阻值,表明控制电路短路或有接线问题,应检查连接导线是否错误,直到正常为止(电阻为很大或无穷大)。然后通电试验(必须征得带教教师的同意后),观察动作情况,直到完全满足控制要求为止。最后连接电动机及保护接地线进行联机试运行。

(6) 通电试验注意事项:

① 若电流大,整流二极管要配装散热器及散热器支架。

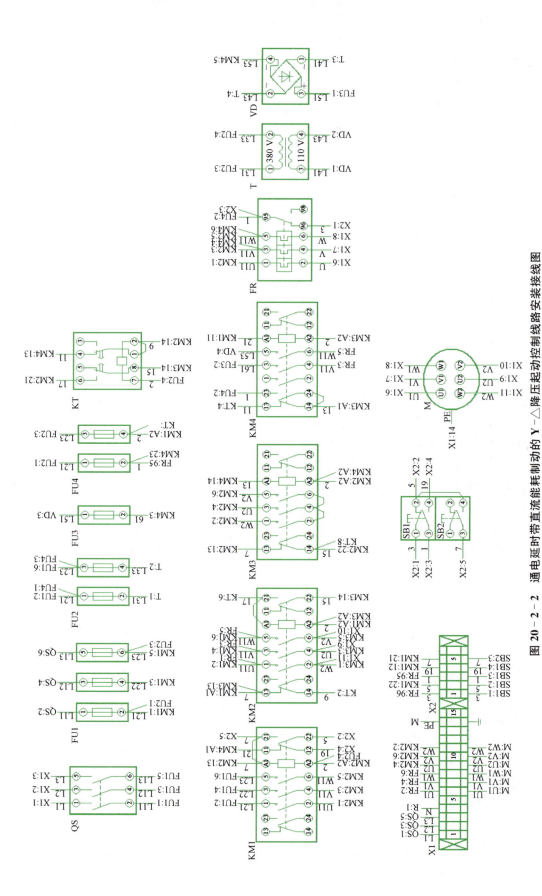

图 20-2-2 通电延时带直流能耗制动的 Y-△降压起动控制线路安装接线图

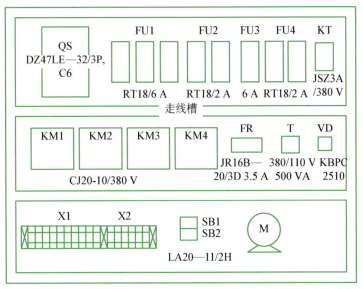

图 20-2-3 通电延时带直流能耗制动的 Y-△降压起动控制线路安装布置图

② 时间继电器的整定时间不要调得太长,以免制动时间太长引起电动机绕组发热。

③ 制动电阻要安装在控制板外面。

④ 制动时,停止按钮要按到底。

(7) 控制线路安装调试结束,先自评,填写安装调试报告。学生可互评或带教教师评价,记录成绩。然后,仔细拆卸整理练习器材,保持完整和完好。最后,打扫工作场所。上述工作完成情况,都可记入,作为活动成绩。

四、后续任务

拓 展 断电延时带直流能耗制动的 Y-△降压起动控制线路装接、调试。控制线路如图 20-2-4 所示,试分析其工作原理;并装接、调试。

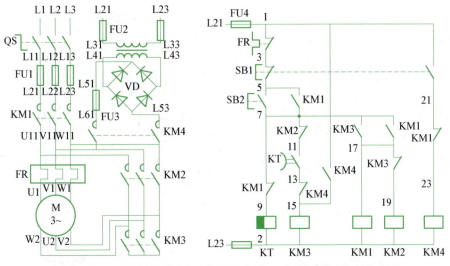

图 20-2-4 断电延时带直流能耗制动的 Y-△降压起动控制线路图

思　考

1. 参照通电延时带直流能耗制动的 Y-△降压起动控制线路工作原理分析方法叙述断电延时带直流能耗制动的 Y-△降压起动控制线路工作原理。

2. 图 20-2-1 和图 20-2-4 中 KM4 常开触头和 KM4 常闭触头各起什么作用？

第七单元　典型机床电气控制

机床（machine tool）是指制造机器的机器，亦称工作母机或工具机，习惯上简称机床。一般分为金属切削机床、锻压机床和木工机床等。在现代机械制造中，但凡属精度要求较高和表面粗糙度要求较细的零件，一般都需在机床上用切削的方法进行最终加工。机床在国民经济现代化的建设中起着重大作用。机床种类繁多，下面仅介绍几种最常用、最典型机床的电气控制。

项目二十一　C6150 普通车床电气控制

活动一　C6150 普通车床的了解熟悉

一、目标任务

1. 了解 C6150 车床主要结构。
2. 掌握 C6150 车床的运动形式。
3. 掌握 C6150 车床的电力拖动要求。

二、相关知识

在各种车床中，应用最多的是普通车床。普通车床有两个主要的运动部分，一是主轴的运动，即卡盘或顶尖带动工件的旋转运动；另一个是进给运动，即溜板带动刀架的直线运动。

C6150 车床属中小型车床。主轴拖动电动机为三相鼠笼式异步电动机，主轴调速主要由主轴变速箱完成，进给运动是刀架带动刀具的直线运动，由于加工时温度升得很高，可用一台冷却泵电动机输送冷却液。C6150 车床型号意义如下：

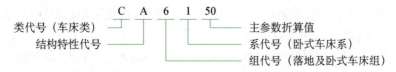

1. C6150 车床的主要结构

CA6150 型车床为我国自行设计制造的普通车床，具有性能稳定、结构先进、操作方便等优点。

C6150型卧式车床的外形结构如图21-1-1所示,主要由床身、主轴变速箱、挂轮箱、进给箱、溜板箱、溜板与刀架、尾座、光杠和丝杠等部分组成。

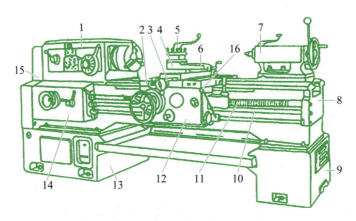

图 21-1-1　C6150型卧式车床的外形

1—主轴箱　2—纵溜板　3—横溜板　4—转盘　5—方刀架　6—小溜板　7—尾架　8—床身　9—右床座　10—光杠　11—丝杠　12—溜板箱　13—左床座　14—进给箱　15—挂轮架　16—操纵手柄

2. 卧式车床的运动形式

为了加工各种旋转表面,车床必须进行切削运动和辅助运动。切削运动包括主运动和进给运动,以及其他运动的辅助运动。

（1）主运动　指工件的旋转运动,是由主轴通过卡盘或顶尖带着工件旋转,主轴的旋转是由主轴电动机经传动机构拖动的。车削加工时,根据被加工工件的材料性质、加工方式等条件,要求主轴能在一定的范围内变速,主轴调速由主轴变速箱完成。另外,为了加工螺纹等工件,还要求主轴能够正、反转。

（2）进给运动　指刀架带动刀具的纵向或横向直线运动。刀架的进给运动也是由主轴电动机拖动的,其运动方式有手动和自动两种。在加工螺纹时,工件的旋转速度与刀架的进给速度之间应有严格的比例关系,因此,车床刀架的纵向或横向两个方向进给运动是由主轴箱、挂轮箱传到进给箱,再由光杠或丝杠传入溜板箱,由溜板箱带动溜板和刀架作纵、横向的进给运动。

（3）辅助运动　指刀架的快速移动、尾座的移动,以及工件的夹紧与放松等。

3. 车床的电力拖动要求

① 主轴电动机一般选用三相笼形感应电动机。为了保证主运动与进给运动之间的严格比例关系,只采用一台电动机来驱动。为了满足调速要求,通常采用机械变速,由车床主轴箱通过齿轮变速箱与主轴电动机的连接来完成。

② 为车削螺纹,要求主轴能够正、反向运行。对于小型车床,主轴正反向运行由主轴电动机正反转来实现;当主轴电动机容量较大时,主轴的正反向运行则靠摩擦离合器来实现,电动机只作单向旋转。

③ 主轴电动机的启动、停止能实现自动控制。一般,中小型车床的主轴电动机均采用直

接启动；当电动机容量较大时，通常采用 Y-△减压启动。为实现快速停车，一般采用机械或电气制动。

④ 车削加工时，刀具温度升得很高，为防止刀具与工件温度过高，需用切削液冷却，为此设置有一台冷却泵电动机，驱动冷却泵输出冷却液，而带动冷却泵的电动机只需单向旋转，且与主轴电动机有连锁关系，即冷却泵电动机动作与否应在主轴电动机之后。当主轴电动机停车时，冷却泵电动机应立即停车。

⑤ 因车床机械传动机构比较多，为保证传动运行润滑顺畅，设置了一台润滑泵电机。

⑥ 为实现溜板的快速移动，应由单独的快速移动电动机来拖动，即采用点动控制。

⑦ 电路应具有必要的短路、过载、欠压和零压等保护环节，并有安全可靠的局部照明和信号指示。

三、活动步骤

1. 查看车床的铭牌，了解卧式车床的性能。
2. C6150 卧式车床的结构及其各部件的作用。
3. C6150 卧式车床的运动形式有哪几部分组成？试阐述各部分的运动方式。
4. C6150 卧式车床的运动对主轴电动机有何要求？

四、后续任务

思　考

1. 主运动与进给运动的区别是什么？
2. 根据要求能说出主轴电动机的启动和制动方式吗？
3. 冷却泵电动机与主轴电动机的工作有何关系？
4. 为实现溜板的快速移动，它采用什么控制方式？

活动二　C6150 普通车床电气控制原理图的识读

一、目标任务

1. 熟悉 C6150 车床电气控制线路的特点。
2. 掌握 C6150 车床电气控制线路原理图的识读。
3. 掌握 C6150 车床电气控制线路工作原理的分析。

二、相关知识

（一）C6150 车床电气控制线路认知

C6150 车床电气原理图，如图 21-2-1 所示。C6150 型车床电气元件明细表，见表 21-2-1。

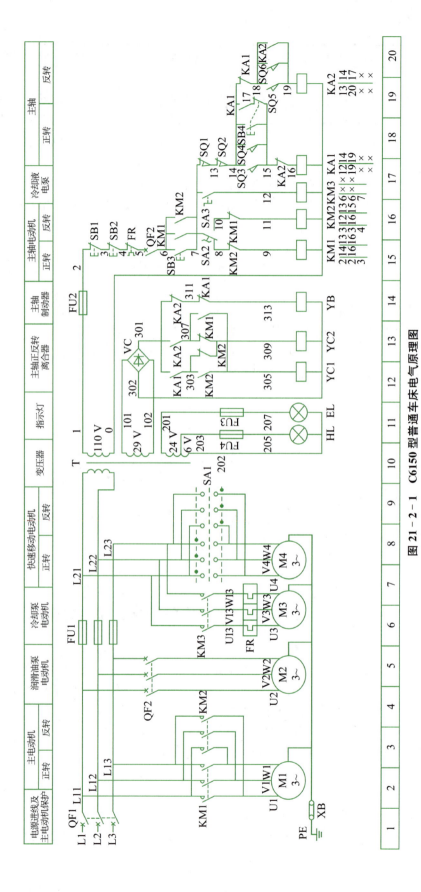

图 21-2-1 C6150 型普通车床电气原理图

表 21-2-1　C6150型车床电气元件明细表

符号	名称	型号	规格	数量	用途
M1	主轴电动机	Y132M—4B3	7.5 kW 15.4 A 1 440 r/min	1	主运动和进给运动动力
M2	冷却泵电动机	AOB—25	90 W 2 800 r/min	1	驱动润滑油泵
M3	冷却泵电动机	AOB—25	90 W 2 800 r/min	1	驱动冷却液泵
M4	刀架快速移动机	AOS5634	250 W 1 360 r/min	1	刀架快速移动
QF1	低压断路器	AM1—25	25 A	1	电源总开关
QF2	低压断路器	AM1—6	6 A 4 极	1	润滑油泵电源开关
T	控制变压器	BK2—100	100 VA 380 V/110 V,29 V, 24 V, 6 V	1	控制、离合器、指示、照明电源电压
VC	整流硅堆	KBPC2510		1	离合器电源整流桥
FR	热继电器	JR16—20/3D	整定电流 0.32 A	1	M3 过载保护
KM1、2	交流接触器	CJ10—40	40 A 线圈电压 AC110 V	2	控制 M1 正反转
KM3	交流接触器	CJ10—10	10 A 线圈电压 AC110 V	1	控制 M3 运行
KA1、2	中间继电器	JZ7—44	线圈电压 AC110 V	2	控制主轴正反转
YC1、2	摩擦离合器		线圈电压 DC28 V	2	控制主轴正反转
YB	制动离合器		线圈电压 DC28 V	2	控制主轴制动
FU1	熔断器	RL1—15	380 V 15 A 配 4 A 熔体	3	M3、M4 短路保护
FU2	熔断器	RL1—15	380 V 15 A 配 2 A 熔体	1	控制电路短路保护
FU3、4	熔断器	RL1—15	380 V 15 A 配 1 A 熔体	2	指示电路短路保护
SA1	倒顺开关	HZ10—10N/3		1	M4 正反转控制
HL	电源信号灯	ZSD—0	6 V	1	控制电源指示
EL	车床照明灯	JC11	带 40 W 24 V 灯泡	1	工作照明
SB1、2	停止按钮	LAY3—11	红色	1	M1 停止
SB3	主电机起动按钮	LAY3—11	绿色	2	M1 起动
SA2	主轴电机正反转选择开关	LAY3—22X/2		1	主轴电机正反转选择
SA3	冷却泵开关	LAY3—11X/2		1	KM3 控制
SQ1	挂轮箱行程开关	JWM—6—11		1	断电安全保护
SQ2	电气箱行程开关	JWM—6—11		1	断电安全保护
SQ3、4	进给箱或溜板箱操作手柄的行程开关	JWM—6—11		2	进给箱操作手柄置"右"位置、溜板箱操作手柄置"上"位置、主轴正转
SQ5、6	进给箱或溜板箱操作手柄的行程开关	JWM—6—11		2	进给箱操作手柄置"左"位置、溜板箱操作手柄置"下"位置、主轴反转

(二) C6150 车床电气控制线路原理图的识读

1. 绘制和阅读机床电气控制线路原理图的基本知识

机床电气控制线路原理所包含的电器元件和电气设备的符号较多,要正确绘制和阅读机床电路图,还要明确以下几点:

① 将电路图按功能划分成若干个图区,从左向右依次用阿拉伯数字编号,标注在图形下部的图区栏中,如图 21-2-1 所示。

② 电路图中,每个电路在机床电气操作中的用途,必须用文字标明在电路图上部的用途栏内,如图 21-2-1 所示。

③ 在电路图中,每个接触器线圈的文字符号 KM 的下面画两条竖直线,分成左、中、右三栏,把受其控制而动作触头所处的图区号,按表 21-2-2 的规定填入相应栏内。对备而未用的触头,在相应的栏中用记号"×"标出或不标出任何符号。接触器线圈符号下的数字标记见表 21-2-2。

表 21-2-2　接触器触点位置的表格表示法

栏目	左栏	中栏	右栏
触头类型	主触头所处图区号	辅助动合触头所处图区号	辅助动断触头所处图区号
举　例 3　7　× 3　9　× 3	表示 3 对主触头均在图区 3	表示一对辅助动合触头在图区 7,另一对辅助动合触头在图区 9	表示二对辅助动断触头未使用

2. 主电路(1~9 区)的识读和分析

三相电源 L1、L2、L3 由低压断路器 QF 控制(1 区),从 2 区开始就是主电路。主电路从左到右的顺序看,有 4 台电动机 M1、M2、M3、M4,均为直接起动,M1、M4 为双向旋转,M2、M3 为单向旋转。

(1) M1(2~4 区)　是主轴电动机,该电机为不调速的笼形感应电动机,通过传动机构带动主轴对工件进行车削加工,是主运动和进给运动的动力源。它由 KM1 的常开主触头控制主轴电动机 M1 正转,其控制线圈在 15 区;由 KM2 的常开主触头控制主轴电动机 M1 反转,其控制线圈在 16 区。热继电器 FR1 作过载保护,其常闭触点在 7 区。M1 的短路保护由 QF 的电磁脱扣器实现。完成主轴运动和纵横向进给运动驱动。

(2) M2(4~5 区)　是润滑油泵电动机,为机械传动机构提供润滑油,保证传动的顺畅运行。它由 QF2 直接控制,实现手动控制。

(3) M3(6~7 区)　是冷却泵电动机,带动冷却泵供给刀具和工件冷却液,防止刀具和工件的温升过高。它由 KM3 的常开主触点控制,其控制线圈在 17 区。FR 作过载保护,其常闭触点在 15 区。熔断器 FU1 作短路保护。

(4) M4(7~8 区)　是刀架快速移动电动机,带动刀架快速移动,由 SA1 直接进行正反转手动控制。由于 M4 容量较小,因此不需要作过载保护,熔断器 FU1 短路保护。

3. 辅助电路(10~20 区)的识读和分析

辅助电路由控制电路、主轴正反转离合器电路、指示电路、照明电路等组成,电源由控制变压器 T 提供 110 V(控制电路)、29 V(主轴正反转离合器电路)、24 V(照明电路)、6 V(指示电路)等提供。

(1) 控制电路(15~20区)　电源为 110 V,熔断器 FU2 短路保护。

① 主轴电机 M1 控制电路(15~16区),由 SA2 选择 M1 是正转还是反转,KM1 是控制 M1 正转,KM2 是控制 M1 反转,SB3 是起动按钮,SB1、SB2 是停止按钮。是以下电路工作的先决条件。

② 冷却泵电机 M3 控制电路(17区),由 SA3 直接控制 KM3 通断,实现对 M3 控制。

③ 主轴正反转控制电路(17区),当进给箱操作手柄置"右"位置或溜板箱操作手柄置"上"位置时,主轴正转触碰 SQ3 或 SQ4,起动 KA1,接通主轴正反转离合器,实现主轴正转;当进给箱操作手柄置"左"位置或溜板箱操作手柄置"下"位置时,主轴正转触碰 SQ5 或 SQ6,起动 KA2,接通主轴正反转离合器,实现主轴反转。

按下 SB4,KA1 通电,可实现主轴正转点动,供主轴调整用。

(2) 主轴正反转离合器电路(12~14区)　电源为 29 V,经桥堆 VC 的整流,产生直流电源供主轴正反转离合器和制动器使用。

KA1 和 KA2 都不动作,YB 得电,主轴被制动。

KM1 动作,如 KA1$^+$—YC2$^+$—主轴正转,如 KA2$^+$—YC1$^+$—主轴反转。

KM2 动作,如 KA1$^+$—YC1$^+$—主轴正转,如 KA2$^+$—YC2$^+$—主轴反转。

(3) 指示电路(11区)　电源为 6 V,熔断器 FU4 短路保护。当总电源开关 QF1 合闸后,控制电源指示灯 HL 亮。

(4) 照明电路(11区)　电源为 24 V,熔断器 FU3 短路保护。当总电源开关 QF1 合闸后,照明灯 EL 亮。

(三) C6150 车床电气控制线路的工作原理分析

车床工作,首先挂轮箱盖要关闭 SQ1$^-$、电控箱门要关闭 SQ2$^-$,合上电源开关 QF1$^+$、润滑泵开关 QF2$^+$。

① 主轴电机正转,SA2 置"左":

起动　SB3$^\pm$—KM1$^+_{自}$—M1$^+_{正}$

停止　SB1$^\pm$—KM1$^-$—M1$^-_{正}$

② 主轴电机反转,SA2 置"右":

起动　SB3$^\pm$—KM2$^+_{自}$—M1$^+_{反}$

停止　SB1$^\pm$—KM2$^-$—M1$^-_{反}$

③ 主轴正转,在主轴电机正转或反转情况下,SQ3$^+$(进给箱操作手柄置"右"位置)或 SQ4$^+$(溜板箱操作手柄置"上"位置):

起动　SQ3$^\pm$—KA1$^+_{自}$—YC2$^+$ 或 YC1$^+$—主轴正转

停止　SB1$^\pm$—KM1$^-$ 或 KM2$^-$—KA1$^-$—YC2$^-$ 或 YC1$^-$—YB$^+$—主轴制动

④ 主轴反转,在主轴电机正转或反转情况下,SQ5$^+$(进给箱操作手柄置"左"位置)或 SQ6$^+$(溜板箱操作手柄置"下"位置):

起动　SQ5$^\pm$—KA2$^+_{自}$—YC2$^+$ 或 YC1$^+$—主轴反转

停止　SB1$^\pm$—KM1$^-$ 或 KM2$^-$—KA1$^-$—YC2$^-$ 或 YC1$^-$—YB$^+$—主轴制动

⑤ 冷却泵工作,在主轴电机正转或反转情况下:

起动　SA3⁺ —KM3⁺ —M3⁺

停止　SB3⁻ —KM3⁻ —M3⁻

⑥ 主轴点动正转,在主轴电机正转或反转情况下:

起动　SB4⁺ —KA1⁺ —YC2⁺ 或 YC1⁺ —主轴正转

停止　SB4⁻ —KA1　YC2⁻ 或 YC1⁻ —主轴正转制动

三、活动步骤

1. 绘制和掌握阅读机床电气原理的基本知识。
2. 了解 C6150 车床元件明细表,测绘 C6150 车床电器元件位置示意图。
3. 转换开关及行程开关工作表。分析各转换开关及行程开关在 C6150 普通车床的作用和位置,完成表 21-2-3。

表 21-2-3　转换开关及行程开关工作表

符号	名称	所在图区	用途	触头闭合时设备工作状态	触头断开时设备工作状态

4. 阅读分析如图 21-2-1 所示的 C6150 车床电气控制线路原理图,口头描述或书写 C6150 车床电气控制线路工作原理。

四、后续任务

思　考

1. 位置表示法有几种形式?
2. C6150 普通车床的主轴是如何实现正反转控制的?
3. 试叙述电动机 M1 的工作情况。
4. 如何实现刀架快速移动?

活动三　C6150 普通车床电气控制系统的安装和调试

一、目标任务

1. 熟悉各电器元件结构、型号规格、安装形式。
2. 学习 CA6150 卧式车床各电器的合理布置及配线方式。
3. 完成 CA6150 卧式车床电气控制系统的安装、调试。

二、相关知识

1. 工具、仪表及器材

（1）工具　测电笔、电工刀、剥线钳、尖嘴钳、斜口钳、螺钉旋具等。
（2）仪表　MF30型万用表、5 050兆欧表、T301—A型钳形电流表。
（3）器材　控制板、走线槽、各种规格软线和紧固体、金属软管、编码套管。

2. 安装

C6150普通车床电气接线图，如图21-3-1所示。图中显示了该电路中各个电器元件的实际安装位置和接线情况，接触器KM1、KM2、KM3、KA1、KA2的主触点、线圈、辅助触点根据它们的实际位置画在一起，并用虚线框上，表示它是一个电器元件。必须指出：安全电压的带电部分必须与较高电压的回路保持电气隔离，并不允许与大地、保护接零（地）线连接。机床照明电路接线，不允许借用机床体替代电源的引线。

3. 画接线图时注意以下事项

① 同一电器的所有元件（如同一接触器的主、辅触头和线圈）应集中画在一起，接线图中各元件的图形符号应与电气原理图中的符号一致。
② 在画接线图时，也要标出各电器元件接线端的标号，并与电器原理的标号一致。
③ 按钮、转换开关、指示灯等不在控制板上，一律画在板外。
④ 画完接线图后，对照原理图进行复查。

4. 接线注意事项

① 不要漏接接地线，严禁采用金属软管作为接地通道。
② 在控制箱外部布线时，导线必须穿在导线通道内敷设在机床底座内的导线通道里，所有的导线不允许有接头。
③ 导线通道内敷设的导线进行接线时，必须集中思想，做到查出一根导线，立即套上编码套管，接上后再进行复验。
④ 在进行快速进给时，要注意将运动部件处于行程的中间位置，以防止运动部件与车头或尾架相撞产生设备事故。
⑤ 在安装、调试过程中，工具、仪表的使用应符合要求。接线时，必须先接负载端，后接电源端；先接接地端，后接三相电源相线。
⑥ 试车时，要先合电源开关，后按启动按钮；分闸时，要先按停止按钮，后断电源开关。
⑦ 操作时，必须严格遵守安全操作。

三、活动步骤

1. 按照表21-2-1配齐电气设备和元件，并逐个检验其规格和质量是否合格。
2. 根据电动机容量、线路走向及要求和各元件的安装尺寸，正确选配导线的规格、导线通道类型和数量、接线端子板型号及节数、控制板、管夹、束节、紧固体等。
3. 在控制板上安装电器元件，并在各个电器元件附近做好与电路图上相同电气符号的标记。
4. 按照控制板内布线的工艺要求，布线和套编码套管。
5. 选择合理的导线走向，做好导线通道的支持准备，并安装控制板外部的所有电器。

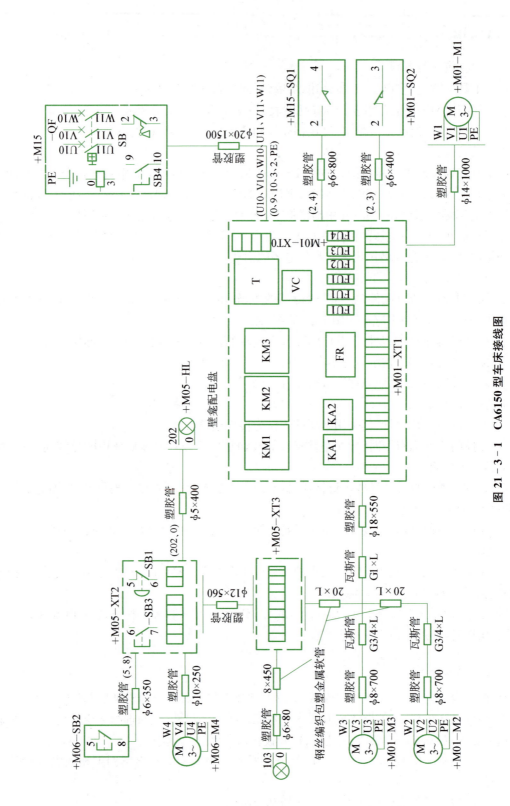

图 21-3-1 CA6150型车床接线图

6. 控制箱外部布线,并在导线线头上套装与电路图相同线号的编码套管。可移动的导线通道应放适当的余量,使金属软管在运动时不承受拉力,并按规定在通道内放好备用导线。

7. 检查电路的接线是否正确和接地通道是否具有连续性。

8. 检查热继电器的整定值是否符合要求,各级熔断器的熔体是否符合要求,如不符合要求应予以更换。

9. 检查电动机的安装是否牢固,与生产机械传动装置的连接是否可靠。

10. 测电动机及线路的绝缘电阻,清理安装场地。

11. 接通电源开关,点动控制各电动机启动,以检查各电动机的转向是否符合要求。

12. 通电空载试验时,应认真观察各电器元件、线路、电动机,以及传动装置的工作情况是否正常。如不正常,应立即切断电源进行检查,在调整或修复后方能再次通电试车。

四、后续任务

可分组对安装 C6150 车床电气控制线路过程进行小结,把遇见的问题记录下来,并分析总结。每个小组形成一个小结,集中交流。

活动四　　C6150 普通车床电气控制系统的检修

一、目标任务

1. 能够对 C6150 车床进行电气操作,加深对车床控制电路工作原理的理解。
2. 能正确使用万用表、工具对 C6150 车床电气控制电路进行有针对性的检查、测试和维修。
3. 熟悉 C6150 车床故障分析和排除的方法与步骤。
4. 掌握 C6150 车床控制系统的检修技术。

二、相关知识

1. 工具、仪表及器材

(1) 工具　测电笔、电工刀、剥线钳、尖嘴钳、斜口钳、螺钉旋具等。

(2) 仪表　MF30 型万用表、5 050 兆欧表、T301—A 型钳形电流表。

2. 检修步骤及工艺要求

(1) 在操作师傅的指导下操作车床,了解车床的各种工作状态及操作方法。

(2) 在教师的指导下,参照电器位置图和机床接线图,熟悉车床电器元件的分布位置和走线情况。

(3) 教师示范检修。教师示范检修时,可把下述检修步骤及要求贯穿其中,直至故障排除。

① 用通电试验法观察故障现象。

② 根据故障现象,依据电路图用逻辑分析法确定故障范围。

③ 采取正确的检查方法查找故障点,并排除故障。

④ 检修完毕进行通电试验,并做好维修记录。

3. 注意事项

(1) 注意仪表的正确使用,防止表笔造成短路。
(2) 故障查出后,必须修复故障点,不能采用更换元件的方法修复故障点。
(3) 在维修中,不允许扩大故障范围或者产生新的故障。
(4) 带电维修时,要穿好绝缘鞋,必须在教师的监护下进行,以确保人身安全。

4. 故障分析与检修

C6150普通车床电气控制线路的常见故障分析与描述示例,见表21-4-1。

表21-4-1　CA6150普通车床电气控制线路的常见故障分析与描述示例

序号	故障现象	故障可能范围	故障点示例
1	润滑油泵能工作,辅助电路都不能通电,不能工作	L1♯—QF(L1相)—L11♯—FU1(L1相)—L21♯—T初级绕组—L22♯—FU1(L2相)—L12♯—QF(L2相)—L2♯	① FU1(L1相)断路
2	照明及指示电路工作正常。SA2置"正转",按SB3,KM1不动作,主轴电机无正转;SA2置"反转",按SB3,KM2亦不动作,主轴电机无反转	T(1♯)—1♯—FU2—2♯—SB1常闭触点—3♯—SB2常闭触点—4♯—FR常闭触点—5♯—QF2常开触点—6♯—SB3常开触点—7♯—SA2(7♯)KM1(0♯)—0♯—T(0♯)	① FU2断开 ② 4♯导线断 ③ SB3常开触点断路
3	合上QF后,电源指示灯HL不亮	T(203♯)—203♯—FU4—205♯—HL—202♯—T(202♯)	① FU4断开
4	合上QF后,照明灯EL不亮	T(201♯)—203♯—FU3—207♯—EL—202♯—T(202♯)	① FU3断开 ② EL开路
5	SA2置"正转",按SB3,KM1不动作,主轴电机无正转	SA2(8♯)—8♯—KM2常闭触点—9♯—KM1线圈—0♯—T(0)	① 9♯导线断 ② KM1线圈断路
6	SA2置"反转",按SB3,KM2不动作,主轴电机无反转	SA2(10)—10♯—KM1常闭触点—11♯—KM2线圈—0♯—T(0)	① KM2线圈断路
7	拨动SA3,KM3不动作,冷却泵电机不运转	SB3(7♯)—7♯—SA3开关—12♯—KM3线圈—0♯—T(0♯)	① SA3开关断路 ② KM3线圈断路
8	操作进给箱或溜板箱的手柄,触碰SQ3或SQ4或SQ5或SQ6,KA1或KA2不动作,主轴无正转或反转	SB3(7♯)—7♯—SQ1常闭触点—13♯—SQ2常闭触点—14♯—SQ3(14♯)	① 13♯导线断
9	操作进给箱或溜板箱的手柄,碰动SQ3或SQ4,KA1不动作,主轴无正转。	SQ2(14♯)—14♯—SQ3常开触点—15♯—KA2常闭触点—16♯—KA1线圈—0♯—T(0♯)	① KA1线圈断路
10	操作进给箱或溜板箱的手柄,碰动SQ5或SQ6,KA2不动作,主轴无反转	SQ2(14♯)—14♯—KA1常闭触点—18♯—SQ5常开触点—19♯—KA2线圈—0♯—T(0♯)	① KA2线圈断路
11	合上QF1,主轴制动电磁离合器YB不得电,主轴无制动。但其他离合器正常	VC(301♯)—301♯—KA2常闭触点—311♯—KA1常闭触点—313♯—YB线圈—302♯—T(302♯)	① 313♯导线断

C6150 普通车床电气控制线路的常见故障检修示例,见表 21-4-2。

表 21-4-2 C6150 普通车床电气控制线路的常见故障与检修

故障现象	故障分析	检修方法
电源正常,接触器不吸合,主轴电动机不起动	1. 熔断器 FU2 熔断或接触不良 2. 热继电器 FR1、FR2 已动作,或动断触点接触不良 3. 接触器 KM 线圈断线或触点接触不良 4. 按钮 SB1、SB2 接触不良或按钮主控制线路有断线	1. 更换熔芯或旋紧熔断器 2. 检查热继电器 FR1、FR2 动作原因及动断触点接触情况,并予以修复 3. 接触器 KM 线圈断线或触点接触不良,予以修复,接触器衔铁若卡死应拆下重装 4. 检查按钮触点或线路断线处,并予以修复
电源正常,接触器能吸合,但主轴电动机不能起动	1. 接触器主触点接触不良 2. 热继电器电阻丝烧断 3. 电动机损坏,接线脱落或绕组断线	1. 将接触器主触点拆下,用砂纸打磨使其接触良好 2. 换热继电器 3. 检查电动机绕组、接线,并予以修复
接触器能吸合,但不能自锁	1. 接触器 KM 的自锁触点接触不良或其接头松动 2. 按钮接线脱落	1. 检查接触器 KM 的自锁触点是否良好,并予以修复,紧固接线端子 2. 检查按钮接线,并予以修复
主轴电动机缺相运行(主轴电动机转速慢,并发出"嗡嗡"声)	1. 电源缺相 2. 接触器有一相接触不良 3. 热继电器电阻丝烧断 4. 电动机损坏,接线脱落或绕组断线	1. 用万用表检测电源是否缺相,并予以修复 2. 检查接触器触点,并予以修复 3. 更换热继电器 4. 检查电动机绕组、接线,并予以修复
主轴电动机不能停转(按 SB2 电动机不停转)	1. 接触器主触点焊、接触器衔铁卡死 2. 接触器铁芯面有油污灰尘使衔铁粘住	1. 切断电源使电动机停转,更换接触器主触点 2. 将接触器铁芯油污灰尘擦干净
照明灯不亮	1. 熔断器 FU3 熔断或照明灯泡损坏 2. 变压器一、二次绕组断线或松脱、短路	1. 更换熔丝或灯泡 2. 用万用表检测变压器一、二次绕组断线、短路及接线,并予以修复

三、活动步骤

1. 在 C6150 普通车床或模拟排故装置上,学生通过通电试车观察分析故障现象,并在分析原理图中标出故障范围。

2. 采用电压法或者电阻法,在故障范围内找出故障点。

3. 排除故障,修复故障点。在这个过程中,不得采用更换元件或改变线路的方法来修复故障点。

4. 能记录描述排故过程(故障现象、故障可能范围、故障点)。

5. 设置故障的原则:

① 故障点的设置要符合机床在实际使用过程中所出现的"自然"故障,即由于受到高温、电动机过载、频繁启动等原因造成的故障。

② 故障点的设置要隐蔽,由易到难。

③ 当设置一个以上的故障点时,故障现象要明显,不要相互掩盖。

④ 不得采用更换元件,改变线路的方法设置故障点。

四、后续任务

思 考

1. 在 C6150 车床中,若主轴电动机 M1 只能点动,则可能的故障原因是什么?在此情况下,冷却泵能否正常工作?

2. C6150 车床的主轴电动机因过载而自动停车后,操作者立即按启动按钮,但电动机不能启动,试分析可能的原因。

项目二十二　M7130平面磨床电气控制

活动一　M7130平面磨床的了解熟悉

磨床是用砂轮的周边或端面磨削加工的一种精密机床,它可以加工各种表面,如平面、内外圆柱面、圆锥面和螺旋面等。通过磨削加工,使工件的形状及表面的精度、光洁度达到预期的要求;它还可以切断加工。磨床的种类很多,有平面磨床、外圆磨床、内圆磨床、工具磨床和各种专用磨床(如螺纹磨床、齿轮磨床、球面磨床、导轨磨床等),其中以平面磨床应用最为普遍。平面磨床又分为卧轴、立轴、矩台和圆台4种类型,下面以M7130平面磨床为例进行介绍。

一、目标任务

1. 了解M7130平面磨床主要结构。
2. 掌握M7130平面磨床的运动形式。
3. 掌握M7130平面磨床的电力拖动要求。

二、相关知识

M7130型号平面磨床是使用较为普通的一种,该磨床操作方便,磨削精度和表面粗糙度较高,适于磨削精密零件和各种工具,并可作镜面磨削。该磨床型号意义如下:

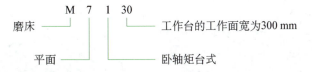

1. M7130平面磨床的主要结构

平面磨床的外形结构,如图22-1-1所示,它由床身、工作台、电磁吸盘、砂轮箱、滑座、立柱等部分组成。

在箱形床身1中装有液压传动装置,以使矩形工作台2在床身导轨上通过压力油推动活塞杆10做往复运动(纵向)。而工作台往复运动的换向,是通过换向撞块8碰撞床身上的液压手柄9来改变油路实现的。工作台往返运动的行程长度,可通过调节装在工作台正面槽中的撞块8的位置来改变。工作台的表面是T形槽,用来安装电磁吸盘以吸持工件或直接安装大型工件。

在床身上固定有立柱7,沿立柱7的导轨上装有滑座6,滑座可在立柱导轨上上下移动,并可由垂直进刀手轮11操纵,砂轮箱4能沿滑座水平导轨作横向移动。它可由横向移动手轮5

操纵，也可由液压传动作连续或间断移动，连续移动用于调节砂轮位置或整修砂轮，间断移动用于进给。

2. 电磁吸盘的构造和原理

电磁吸盘结构和工作原理如图22-1-2所示。电磁吸盘外形有长方形和圆形两种。

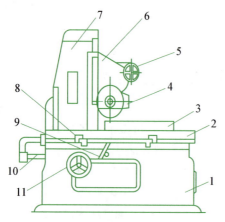

1—床身　2—工作台　3—电磁吸盘
4—砂轮箱　5—砂轮箱横向移动手轮
6—滑座　7—立柱　8—工作台换向撞块
9—工作台往复运动换向手柄　10—活塞杆
11—砂轮箱垂直进刀手轮

图22-1-1　平面磨床外形结构图

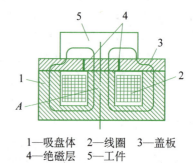

1—吸盘体　2—线圈　3—盖板
4—绝磁层　5—工件

图22-1-2　电磁吸盘的工作原理

矩形平面磨床采用长方形，如图22-1-3所示，它由钢制箱体和盖板组成。在箱体内部均匀排列多个凸起的芯体上绕有线圈，盖板则采用非磁性材料隔离成若干个钢条。当线圈通入直流电后，凸起的芯体和隔离钢条均被磁化形成磁极。当工件放在电磁吸盘上时，将被磁化而产生与磁盘相异的磁极并被吸住，即吸力由盖板、工件、吸盘体、芯体闭和，将工件牢牢吸住。

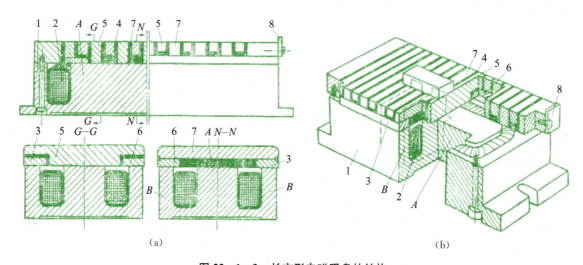

(a)　(b)

图22-1-3　长方形电磁吸盘的结构

1—吸盘体　2—线圈　3、5、6、7—长方形方块　4—绝缘层　8—挡板

3. 平面磨床的运动形式

平面磨床的工作示意图如图 22-1-4 所示。主运动是砂轮的旋转运动,进给运动有垂直进给、横向进给。垂直进给是滑座在立柱上的上下运动;横向进给是砂轮箱在滑座上的水平运动;纵向进给是工作台沿床身的往复运动。工作台每完成一次往复运动时,砂轮箱便作一次间断性的横向进给,当加工完整个平面后,砂轮箱作一次间断性的垂直进给。

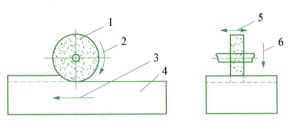

1—砂轮　2—主运动　3—纵向进给运动　4—工作台
5—横向进给运动　6—垂直进给运动

图 22-1-4　矩形工作台平面磨床工作图

辅助运动是指砂轮箱在滑座水平导轨上作快速横向移动,滑座沿立柱上的垂直导轨做快速垂直移动,以及工作台往复运动速度的调整等。

4. 平面磨床控制要求

平面磨床采用多台电动机拖动,其中砂轮电动机拖动砂轮旋转;液压电动机驱动油泵,供给压力油,经液压传动机械来完成工作台往复运动,并实现砂轮的横向自动进给,还承担工作台导轨的润滑;冷却泵电动机拖动冷却泵,供给磨削加工时需要的冷却液。

平面磨床的电力拖动控制要求:

① 砂轮、液压泵、冷却泵 3 台电动机都只要求单方向旋转,砂轮升降电动机需双向旋转。

② 冷却泵电动机应随砂轮电动机的起动而开动,若加工中不需要冷却液,则可单独关断冷却泵电动机。

③ 在正常加工中,若电磁吸盘吸力不足或消失时,砂轮电动机与液压泵电动机应立即停止工作,以防止工件被砂轮切向力打飞而发生人身和设备事故。不加工时,即电磁吸盘不工作的情况下,允许砂轮电动机与液压泵电动机起动,机床作调整运动。

④ 电磁吸盘励磁线圈具有吸牢工作的正向励磁、松开工件的断开励磁,以及抵消剩磁便于取下工件的反向磁励控制环节。

⑤ 具有完善的保护环节。各电路的短路保护,各电动机的长期过载保护,零电压、欠电压保护,电磁吸盘吸力不足的欠电流保护,以及线圈断开时产生高电压而危及电路中其他电器设备的过电压保护等。

⑥ 机床安全照明电路与工件去磁的控制环节。

三、活动步骤

1. 查看了解 M7130 磨床的型号、铭牌、意义、结构。
2. 了解 M7130 磨床的控制要求及性能。
3. 观察磨床的旋转运动和进给运动。

四、后续任务

思　考

1. 简述各电动机的功能。
2. 主运动与进给运动的区别是什么?
3. 试阐述电磁吸盘的工作原理。
4. 冷却泵电动机与砂轮电动机的工作有何关系?
5. 电磁吸盘有何作用?

活动二　M7130平面磨床电气控制原理图的识读

一、目标任务

1. 熟悉M7130平面磨床电气控制电路的特点。
2. 掌握M7130平面磨床电气控制线路原理图的识读。
3. 掌握M7130平面磨床电气控制线路工作原理的分析。

二、相关知识

1. M7130平面磨床电气控制线路概述

M7130平面磨床电气控制线路原理图,如图22-2-1所示。M7130型平面磨床的主运动是砂轮的快速旋转运动,由砂轮电动机带动。砂轮电动机可直接起动,没有电气调速的要求,也不需反转。进给运动有工作台的纵向往复运动和砂轮的横向进给运动,采用液压运动,由液压泵电动机驱动液压泵,对液压泵电动机没有电器调速、反转和降压起动的要求。

M7130平面磨床电气控制线路电器元件明细,见表22-2-1。

电磁吸盘的技术数据见表22-2-2。

M7130平面磨床电器位置图如图22-2-2所示。

2. M7130平面磨床电气控制线路原理图识读

M7130型卧轴矩台平面磨床电气控制线路原理图中,底边按数序分成20个区。其中,1～2区为电源开关及全电路短路保护,3～7区为主电路部分,8～10区控制电路部分,11～13区为照明电路部分,14～20区为电磁吸盘电路部分。原理图的上边按电路功能分区,表明每个区电路的作用功能。图中,所有项目只标注种类代号,并省略了前缀符号,整个电路采用垂直布线。

(1) 三相电源及主电路(1～7)区的识读　三相电源L1、L2、L3由隔离开关QS控制,熔断器FU1实现对全电路的短路保护(1～2区)。从3区开始就是主电路。主电路的识读按从左到右的顺序看,有3台电动机M1、M2、M3,均作直接起动、单向旋转。

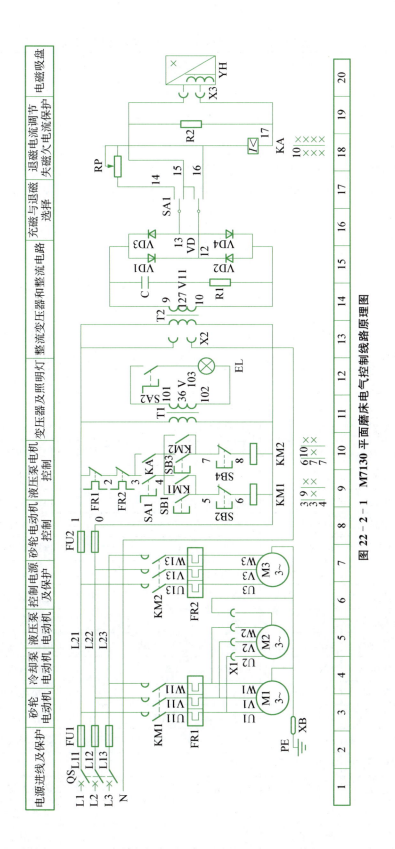

图 22-2-1 M7130 平面磨床电气控制线路原理图

项目二十二 M7130 平面磨床电气控制

表 22-2-1　M7130 型平面磨床电器元件明细表

符号	名称	型号	规格	数量	用途
M1	砂轮电动机	JO2—31—2	3 kW　6.13 A　2 860 r/min	1	主运动动力
M2	冷却泵电动机	JCB—22	0.125 kW　2 790 r/min	1	驱动冷却液泵
M3	液压泵电动机	JO2—21—4	1.1 kW　2.67 A　1 410 r/min	1	驱动液压泵
FR1	热继电器	JR16—20/3D	9 号热元件整定电流 6.13 A	1	M1 的过载保护
FR2	热继电器	JR16—20/3D	7 号热元件整定电流 2.67 A	1	M3 的过载保护
KM1	交流接触器	CJ10—10	10 A 线圈电压 380 V	1	控制 M1
KM2	交流接触器	CJ10—10	10 A 线圈电压 380 V	1	控制 M3
KI	欠电流继电器	JT3—111	1.5 A	1	电磁吸盘弱磁保护
FU1	熔断器	RL1—60	380 V　60 A 配 30 A 熔体	3	全电路的短路保护
FU2	熔断器	RL1—15	380 V　15 A 配 5 A 熔体	2	控制电路的短路保护
FU3	熔断器	RL1—15	380 V　15 A 配 2 A 熔体	1	照明电路的短路保护
FU4	熔断器	RL1—15	380 V　15 A 配 2 A 熔体	1	电磁吸盘电路的短路保护
SB1	按扭开关	LA2	500 V　5 A	1	M1 的起动按扭
SB2	按扭开关	LA2	500 V　5 A	1	M1 的停止按扭
SB3	按扭开关	LA2	500 V　5 A	1	M3 的起动按扭
SB4	按扭开关	LA2	500 V　5 A	1	M3 的停止按扭
SA1	纽子开关			1	磨床照明灯开关
SA2	转换开关	HZ10　10P/3	380 V　10 A	1	电磁吸盘控制开关
VC	硅整流器	4×2C2HC		1	提供 YH 直流工作电压
YH	电磁吸盘	HDXP	110 V　1.45 A	1	磨床夹具
X1	插头插座	CY0—36	三相四极	1	冷却泵用
X2	插头插座		二极	1	退磁器用
X3	插头插座		二极	1	电磁吸盘用
QS	电源开关	HZ10—25/3	380 V　225 A　三级	1	电源引入开关
T1	整流变压器	BK—400	400 VA　220/127 V	1	提供整流电源
T2	照明变压器	BK—50	50 VA　380/36 V	1	提供照明电源
EL	磨床照明灯	JCH	带 40 W、36 V 灯泡	1	工作照明
C	电容器		600 V　5 μF	1	阻容吸收电路,过电压保护
R1	电阻器	GF	50 W　500 Ω	1	
R2	可调电阻器		6 W　125 Ω	1	调节去磁电流
R3	电阻器	GF	50 W　1 000 Ω	1	电磁吸盘线圈放电电阻
	退磁器	FC TTH/H		1	机床附件、用于工件退磁

表 22‑2‑2 电磁吸盘的技术数据

台面尺寸/mm	电压/V	电流/A	吸力/kPa	导线规格	砸数	数量	线圈连接方式
200×560	110	1	686	QZφ0.59	1 600	1	
200×630	110	1.2	686	QZφ0.64	1 400	1	
300×680	110	1.4	686	QZφ0.57	1 700	2	并联
300×800	110	1.7	686	QZφ0.64	1 580	2	并联
320×1 000	110	2.2	686	QZφ0.74	1 270	2	并联
250×600	110	1.3	686	QZφ0.83	1 180	2×3	两只一组串联、三组并联
φ350	110	0.8	686	QZφ0.57	3 200	1	
φ510	110	1.2	686	QZφ0.74	1 000	3	串联
φ780	110	4.2	686	QZφ2.02	700	5	串联

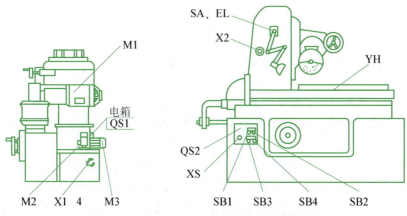

图 22‑2‑2 M7130 型平面磨床电器位置图

① M1(3～4 区):是砂轮电动机,带动砂轮对工作进行磨削加工,是主运动电动机。它由 KM1 的常开主触点控制,其控制线圈在 9 区。热继电 FR1 作过载保护,其常闭触点在 9 区。

② M2(4～5 区):是冷却泵电动机,带动冷却泵供给砂轮和工件冷却液,同时利用冷却液带走磨下的铁削。M2 由插头与 M1 电源相接,在需要提供冷却液时才插上。M2 的工作也由 KM1 的常开主触点控制,所以 M1 起动后,M2 才可能接通运转。M1、M2 采用的是主电路顺序控制。由于 M2 容量较小,因此不要作过载保护。

③ M3(6～7 区):是液压泵电动机,带动液压泵进行液压传动,使工作台和砂轮作往复运动。由于 M2 容量较小,因此不需要作过载保护。

(2) 控制电路(8～10)区的识读 阐述如下:

① 控制电路采用交流 380 V 电源,由熔断器 FU2 作短路保护(8 区)。9～10 区分别为砂轮电动机 M1 和液压泵电动机 M3 的控制电路。当电气节点 3# 和 4# 之间接通时,控制电路才能正常工作。其接通的条件是:当转换开关 SA1 拨到"充磁"位置,欠电流继电器 KA 常开触点(3#—4#)闭合;当 SA1 拨到"退磁"位置时,其触点(3#—4#)闭合。

② 9 区为砂轮电动机 M1 的控制电路,是典型的电动机单向旋转控制电路。SB1、SB2 分

别为砂轮电动机 M1 的起动和停止按钮。

③ 10 区为液压泵电动机 M3 控制电路,也是典型的电动机单向旋转控制电路。SB3、SB4 分别为液压泵电动机 M3 起动和停止按扭。

(3) 电磁吸盘电路(14～20)区的识读　电磁吸盘就是一个电磁铁,线圈通电后产生电磁吸力,吸引铁磁材料(如铁、钢等)的工件。与机械夹具相比,电磁吸盘具有操作快速简便、不损伤工件、一次能吸引多个小工件,以及磨削时工件发热可自由伸缩,不会变形等优点。但是,电磁吸盘对非铁磁材料(如铝、铜等)工件没有吸力,而且其线圈必须使用直流电。电磁吸盘电路包括整流变压器、短路保护、整流电路、电磁吸盘控制、弱磁保护和电磁吸盘等电路。

① 整流变压器电路(14～15 区)。整流变压器 T2 将 220 V 交流电压降为 127 V。T1 的 2 次侧并联由 R1 和 C 组成的阻容吸收电路,用来吸收交流电路产生的过电压和在直流侧通断时的浪涌电压,对整流电压器进行过电压保护。

② 整流电路(15～16 区)。桥式整流电路 UR 将整流变压器二次侧电压 127 V 变换为 110 V 的直流电压,供给电磁吸盘线圈 YH。

③ 电磁吸盘控制电路(17 区)。转换开关 SA1 为电磁吸盘控制选择开关,有"充磁""放松""退磁"3 个位置。

④ 弱磁保护电路(18 区)。在磨削加工时,如电磁吸盘吸力不足,工件会被高速旋转的砂轮碰击而飞出,造成事故。因此,在电磁吸盘线圈电路中串入欠电流继电器线圈 KA,其常开触点与 SA1 的常开触点(3♯—4♯)并联,串联在 KM1、KM2 线圈的控制电路中。这就保证了电磁吸盘在吸持工件时有足够的充磁电流时,才能起动电动机;在加工过程中,如电流不足,欠电流继电器线圈 KA 动作,其常开触点断开,及时切断 KM1、KM2 线圈,各电动机因控制电路断电而停止。

如不使用电磁吸盘,而将工件夹在工作台上,则将插座 X3 上的插头拔掉,同时将转换开关 SA1 拨到"退磁"位置,这时 SA1 触点(3♯—4♯)接通,各电动机仍能正常起动。

⑤ 电磁吸盘(19～20 区)。电磁吸盘线圈 YH 由插头插座 X3 控制。放电电阻 R2 与电磁吸盘线圈 YH 并联,它的作用是在电磁吸盘断电瞬间提供通路,吸收电磁吸盘线圈释放的磁场能量,作电磁吸盘线圈的过电压保护。

(4) 照明电路(11～13)区的识读　照明电路由照明变压器 T1(11 区)将 380 V 交流电压降至 36 V 安全电压供给照明灯 EL,SA2 为灯开关(12 区)。

3. M7130 平面磨床电气控制线路工作原理分析

如图 22-2-1 所示。

(1) 磨床要加工工件工作　合上 QS,则

① SA1 置"充磁"位置:

SA 1^+ —KA$^+$ —YH$^+$ — 工件吸住
　　　　　└ 为磨床工作准备

② 砂轮电机工作:

起动　SB1$^±$ —KM1$^+_{自}$ —M1$^+$、M2$^+$

停止　SB2$^±$ —KM1$^-$ —M1$^-$、M2$^-$

③ 液压泵电机工作:

起动　SB3$^±$ —KM2$^+_{自}$ —M3$^+$

停止　$SB4^{\pm}$ —$KM2^-$ —$M3^-$

（2）磨床工作停止　放松，则

SA1 置"放松"位置：

$SA1_{中}$ —KA^- —YH^- — 工件放松
　　　　└$KM1^-$ —$M1^-$

（3）电磁吸盘退磁　SA1 置"退磁"位置，则

$SA1^+$ —RP^+ —$KA^+_{反}$ —$YH^+_{反}$ — 吸盘退磁

要注意退磁时间或退磁电流大小，否则，会因反向充磁使工件拿不下来。

（4）不用电磁吸盘的工作　把电磁吸盘的电源插头 X3 断开。

SA1 置"退磁"位置：

$SA1(3\sharp —4\sharp)^+$ — 磨床工作准备

三、活动步骤

1. 了解控制电路的电源电压及磨床电气原理图的基本知识。
2. 了解电路中常用的继电器、接触器、位置开关、按钮的用途。
3. 结合主电路有关元器件分析控制电路的动作过程。
4. 列出 C6140 车床元件明细表。
5. 掌握电磁吸盘的 3 种控制情况。
6. 观察平面磨床的器件位置分布。

四、后续任务

思　考

1. M7130 平面磨床的电气控制电路中，欠电流继电器 KM1 和电阻 R1 的作用分别是什么？
2. 为什么将 FR1、FR2 的动断触头串联在总控制电路中？
3. M1—M3 控制电路的工作和 SA1、KID 有什么关系？
4. 为什么需要弱磁保护？
5. M7130 平面磨床的电磁吸盘吸力不足会造成什么后果？吸力不足的原因有哪些？
6. M7130 平面磨床的电磁吸盘退磁不好的原因有哪些？磨床中，用电磁吸盘固定工件有什么优缺点？

活动三　M7130 平面磨床电气控制系统的装接与调试

一、目标任务

1. 学习 M7130 平面磨床各电器的合理布置及配线方式。

2. 熟悉各电器元件结构、型号规格、安装形式。

3. 了解该磨床的各种工作状态及各操作手柄、按钮、接触器的作用。

4. 完成 M7130 平面磨床电气控制系统的安装、调试。

二、相关知识

1. 工具、仪表及器材

（1）安装工具　测电笔、电工刀、剥线钳、尖嘴钳、斜口钳、螺钉旋具等。

（2）安装器材　控制板、走线槽、各种规格软线和紧固体、金属软管、编码套管

（3）调试使用的仪表　MF30 型万用表、5 050 兆欧表、T301—A 型钳形电流表。

2. 安装

M7130 平面磨床电气控制线路原理图如图 22-2-1 所示，M7130 平面磨床电气接线图如图 22-3-1 所示。图中，显示了该电路中各个电器元件的实际安装位置和接线情况。接触器 KM 的主触点、线圈、辅助触点根据它们的实际位置画在一起，并用虚线框上，表示它是一个电器元件。必须指出：安全电压的带电部分必须与较高电压的回路保持电气隔离，不允许与大地、保护接零（地）线连接。机床照明电路接线，不允许借用机床体替代电源的引线。

3. 注意事项

① 严禁采用金属软管作为接地通道。

② 进行控制箱外部布线时，导线必须穿在导线通道内或敷设在机床底座内的导线通道内。所有两接线端子（或接线柱）之间的导线必须连接，中间无接头。接线时，必须认真细心，做到查出一根导线，立即在两线头上套装编码套管，连接后复验，以避免接错线。通道内导线每超过 10 根，应加 1 根备用线。

③ 二极管要装上散热器，二极管的极性连接要正确。否则，会引起整流变压器短路，烧毁二极管和变压器。

④ 安装调试的过程中，工具、仪表使用要正确。

⑤ 通电试车时，必须有指导教师在现场监护，遵守安全操作规程和做到文明生产。

4. 看图实践

电动机 M1、M2 容量都小于 10 kW，均采用全压直接启动，皆为接触器控制的单向运行控制电路。三相交流电源通过转换开关 QS 引入，接触器 KM1 的主触头控制 M1 的启动和停止。接触器 KM2 的主触头控制 M2 的启动和停止。接触器 KM3 的主触头控制 M3 的启动和停止。KM1 由按钮 SB1、SB2 控制，KM3 由 SB3、SB4 控制，KM2 由插头 X1 控制。

三、活动步骤

1. 按照表配齐电气设备和元件，并逐个检验其规格和质量是否合格。

2. 根据电动机容量、线路走向及要求和各元件的安装尺寸，正确选配导线的规格、导线通道类型和数量、接线端子板型号及节数、控制板、管夹、束节、紧固体等。

3. 在控制板上划线，做好紧固元件的准备工作。安装电器元件，并在各电器元件附近标好醒目的与电路图一致的文字符号。

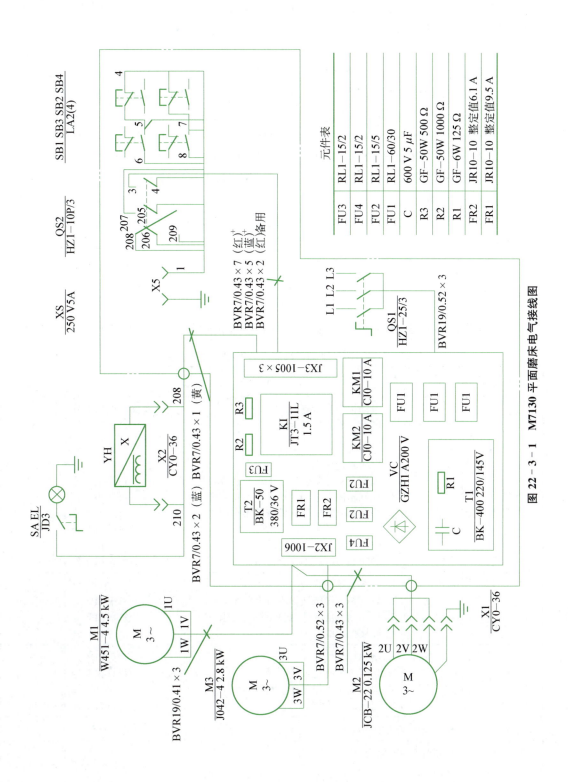

图 22-3-1 M7130 平面磨床电气接线图

项目二十二 M7130 平面磨床电气控制

4. 按控制板内布线的工艺要求布线,并在各电器及接线端子板接点的线头上,套上与电路图相同线号的编码套管。

5. 选择合理的导线走向,做好导线通道的支持准备,安装控制板以外的所有电器元件。

6. 控制箱外部布线,并在导线线头上套装与电路图相同线号的编码套管。对于可移动的导线通道,应放适当的余量,使金属软管在运动时不承受拉力,并按规定在通道内放好备用导线。

7. 根据如图所示电路图检查电路接线的正确性,以及各接点连接是否牢固可靠。

8. 检查电动机和所有电器元件不带电的金属外壳的保护接地是否牢靠。

9. 检查热继电器和欠电流继电器的整定值、熔断器的熔体是否符合要求。

10. 用兆欧表检测电动机及线路的绝缘电阻,做好通电试运转的准备。

11. 清理安装场地。

12. 通电试车时,接通电源开关 QS1,把退磁开关 QS2 扳至"退磁"位置,起动检查各电动机的运转情况。若正常,再把退磁开关扳至"吸合"位置,检查各电器元件、线路、电动机及传动装置的工作情况是否正常。若有异常,应立即切断电源进行检查,待调整或修复后方能再次通电试车。

四、后续任务

对安装的 M7130 型平面磨床电气控制线路进行评价打分,标准见表 22-3-1。

表 22-3-1　M7130 型平面磨床电气控制线路安装评分标准

项目内容	配分	评　分　标　准		扣分
装前检查	10	1. 电动机质量检查, 2. 电器元件错检或漏检,	每漏一处扣 5 分 每处扣 2 分	
器材选用 元件安装	10	1. 导线选用不符合要求, 2. 穿线管选用不符合要求, 3. 编码套管等附件选用不符合要求, 3. 控制箱内部电器元件安装不符合要求, 4. 控制箱外部电器元件安装不牢固, 5. 损坏电器元件, 6. 电动机安装不符合要求, 7. 导线通道敷设不符合要求,	每处扣 4 分 每项扣 3 分 每项扣 2 分 每项扣 3 分 每处扣 3 分 每只扣 5 分 每台扣 5 分 每处扣 4 分	
布线	30	1. 不按电路图接线 2. 控制箱内导线敷设不符合要求, 3. 控制箱外部导线敷设不符合要求, 4. 漏接地线	扣 20 分 每根扣 3 分 每根扣 5 分 扣 10 分	
通电试车	30	1. 熔体规格配错, 2. 整定值未整定或整定错, 3. 通电试车操作过程不熟练 4. 通电试车不成功	每只扣 3 分 每只扣 5 分 扣 10 分 扣 30 分	
安全文明生产	违反安全文明生产规程		扣 10~30 分	
定额时间 15 h	每超时 5 min 以内以扣 5 分计算			
备注	除定额时间外,各项内容的最高扣分不得超过配分数		成绩	
开始时间		结束时间	实际时间	

活动四　M7130 平面磨床电气控制系统的检修

一、目标任务

1. 能够对 M7130 平面磨床进行电气操作,加深对车床控制电路工作原理的理解。
2. 能正确使用万用表等工具对电气控制电路进行有针对性的检查、测试和维修。
3. 掌握故障分析和排除的方法与步骤。
4. 学会对 M7130 平面磨床电气控制系统的检修。

二、相关知识

1. 检修使用的工具、仪表

测电笔、MF30 型万用表、5 050 兆欧表、T301—A 型钳形电流表。

2. 检修步骤及工艺要求

(1) 在操作师傅的指导下操作磨床,了解磨床的各种工作状态及操作方法。

(2) 在教师的指导下,参照电器位置图和磨床接线图,熟悉电器元件的分布位置和走线情况。

(3) 教师示范检修。教师示范检修时,可把下述检修步骤及要求贯穿其中,直至故障排除:

① 用通电试验法观察故障现象。

② 根据故障现象,依据电路图用逻辑分析法在电路图上用虚线正确标出最小的故障部位,确定故障范围。

③ 采取正确的检修方法查找故障点,在规定的时间内排除故障。

④ 检修完毕通电试验,并做好维修记录。

3. 注意事项

① 工具和仪表的使用要正确,防止表笔造成短路。

② 检修时,要认真核对导线的线号,以免出错。

③ 检修时,严禁扩大故障范围或产生新的故障,不得损坏电器元件或设备。

④ 检修过程中,故障分析、排除故障的思路要正确,不得采用更换元器件、借用触头或改动线路方法修复故障

⑤ 故障查出后,必须修复故障点,不能采用更换元件的方法修复故障点。

⑥ 停电要验电,带电检修时,要穿好绝缘鞋,必须在教师的监护下进行,以确保用电安全。

4. 故障分析与检修

M7130 平面磨床电气控制线路的常见故障分析与描述示例,见表 22-4-1,电路参阅图 22-2-1。

M7130 平面磨床电气控制线路的常见故障检修示例,见表 22-4-2。

表 22-4-1　M7130 平面磨床电气控制线路常见故障分析与描述示例

序号	故障现象	故障可能范围	故障点示例
1	按砂轮起动按钮 SB1，KM1 动作，但砂轮电机 M1 和冷却泵 M2 缺相，不能正常运转	FU1(L21#、L22#、L23#)—L21#、L22#、L23#—KM1 主触头—U11#、V11#、W11#—FR1 热元件—U1#、V1#、W1#—M1、M2 三相绕组	① W11# 导线断
2	按液压泵起动按钮 SB3，KM2 动作，但液压泵电机 M3 缺相，不能正常运转	FU1(L21#、L22#、L23#)—L21#、L22#、L23#—KM2 主触头—U13#、V13#、W13#—FR2 热元件—U3#、V3#、W3#—M3 三相绕组	① U31# 导线断
3	KM1 或 KM2 均能动作，砂轮电机 M1、冷却泵 M2、液压泵电机 M3 均断相，不能正常运转	L3#—QS(L3 相)—L13#—FU1(L3 相)—L23#	① L13# 导线断
4	操作 SA1 或 SA2 开关，电路均无动作	L1#—QS(L1 相)—L11#—FU1(L1 相)—L21#—FU2(L1 相)—1#—0#—FU2(L2 相)—L21#—FU1(L2 相)—L12#—QS(L2 相)—L2#	① FU1（L2 相）断开 ② FU2（L1 相）断开
5	操作 SA2 开关，照明灯不亮	FU2(1#)—1#—T1 原边—0#—FU2(0#) T1(101#)—101#—SA2 开关—103#—EL—102#—T1(102#)	① SA2 开关断开 ② EL 灯断开
6	按砂轮起动按钮 SB1，KM1 不动作，砂轮电机 M1 不能运转	SA1(4#)—4#—SB1 常开触点—5#—SB2 常闭触点—6#—KM1 线圈—0#—FU2(0)	① SB1 常开触点断开 ② KM1 线圈断开
7	合上 QS，SA1 置"充磁"位置，电磁吸盘不能工作	FU2(1)—1#—T2 原边—0#—FU2(0#) T2(9)—9#—VD—10#—T2(10#) VD(12#)—12—SA1(12#)—SA1(12-16)—16#—KA 线圈—17#—YH—15—SA1(15-13)—13#—VD(13#)	① 桥堆 VD 断开 ② 13# 导线断 ③ YH 线圈断开
8	合上 QS，充磁时，电磁吸盘能工作。但退磁时，电磁吸盘不工作	SA1(14#)—14#—RP—16#—SA1(16#)	① RP 断开
9	按液压泵起动按钮 SB3，KM2 不动作，液压泵电机 M3 不能运转	KA(4#)—4#—SB3 常开触点—7#—SB4 常闭触点—8#—KM2 线圈—0#—FU2(0#)	① SB3 常开触点断开 ② KM2 线圈断开
10	SA1 置"退磁"，KM1、KM2 均不动作，砂轮电机 M1、冷却泵 M2、液压泵电机 M3 不能起动运转	FR2(3#)—3#—SA1 常开触点—4#—SB1(4#)	① SA1 常开触点（3—4）断路

表 22－4－2　M7130 平面磨床电气控制线路常见故障与处理方法

故障现象	故障分析	处理方法
电磁吸盘没有吸力	1. 三相交流电源是否正常,熔断器 FU1 FU2 与 FU4 是否熔断或接触不良; 2. 插接器 3XS 接触是否良好; 3. 电流继电器 KA 线圈是否断开,吸盘线圈是否短路等	1. 使用万用表测电压,测量熔断器 FU1,FU2 与 FU4 是否熔断,并予以修复; 2. 检查插接器 3XS 是否良好,并予以修复; 3. 测量电流继电器 KA 线圈,吸盘线圈是否损坏,并予以修复
电磁吸盘吸力不足	1. 整流电路输出电压不正常,负载时不低于 110 V; 2. 电磁吸盘损坏	1. 测量电压是否正常,找出故障点并予以修复; 2. 检查线圈是否短路或断路,更换线圈,处理好线圈绝缘
电磁吸盘退磁效果差	1. 退磁控制电路断路; 2. 退磁电压过高	1. 检查转换开关 SA1 接触是否良好,退磁电阻 RP 是否损坏,并予以修复; 2. 检查退磁电压并予以修复
3 台电动机都不运转	1. 电流继电器 KA 是否吸合,其触点是否闭合或接触不良; 2. 转换开关 SA1 是否接通; 3. 热继电器 FR1,FR2 是否动作或接触不良	1. 检查电流继电器 KA 触点是否良好,并予以修复或转换; 2. 检查转换开关 SA1 是否良好或扳到退磁位置,检查 SA1 触点情况,并予以修复; 3. 检查热继电器 FR1,FR2 是否动作或接触不良,并复位或修复

三、活动步骤

1. 在 M7130 平面磨床或模拟排故装置上,学生通过通电试车观察故障现象并分析,在分析原理图中标出故障范围。

2. 要认真仔细地观察教师的示范检修。

3. 通电试车发现故障现象并分析,在分析原理图中标出最小故障范围。

4. 采用电压法或者电阻法,在故障范围内找出故障点。

5. 排除故障,修复故障点。在这个过程中,不得采用更换元件或改变线路的方法来修复故障点。

6. 设置故障的原则,如下:

① 故障点的设置要符合机床在实际使用过程中所出现的"自然"故障,即由于受到高温、电动机过载、频繁启动等原因造成的故障。

② 故障点的设置要隐蔽,由易到难。

③ 当设置一个以上的故障点时,故障现象要明显,不要相互掩盖。

④ 不得采用更换元件、改变线路的方法设置故障点。

项目二十三　Z3050 摇臂钻床电气控制

活动一　Z3050 摇臂钻床的了解熟悉

一、目标任务

1. 掌握摇臂钻床的型号、结构及运动形式。
2. 了解摇臂钻床的电力拖动特点与控制要求。

二、相关知识

钻床是一种孔加工设备，可用来钻孔、扩孔、铰孔、攻螺纹及修刮端面等多种形式的加工。按用途和结构分类，钻床可分为立式钻床、台式钻床、多轴钻床、摇臂钻床及其他专用钻床等。在各类钻床中，摇臂钻床操作方便、灵活，适用范围广，具有典型性，特别适用于单件或批量生产带有多孔大型零件的孔加工，是一种机械加工车间常见的机床。

摇臂钻床是一种摇臂可绕立柱回转和升降，主轴箱又可在摇臂上做水平移动的钻床。

Z3050 摇臂钻床是一种立式钻床，它具有性能完善、适用范围广、操作方便、灵活及工作可靠等优点，特别适用于多孔的大型工件的孔加工。型号含义如下：

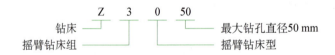

1. 组成及运动形式

Z3050 摇臂钻床主要由底座、内立柱、外立柱、摇臂、主轴箱，以及工作台等部分组成。主要有两种主要运动和其他辅助运动。主运动是指主轴带动钻头的旋转运动；进给运动是指钻头的垂直运动；辅助运动是指主轴箱沿摇臂水平移动，摇臂沿外立柱上下移动以及摇臂和外立柱一起相对于内立柱的回转运动。结构及运动情况，如图 23-1-1 所示。

2. 摇臂钻床的电力拖动特点与控制要求

（1）电力拖动特点　其特点为：

① 摇臂钻床采用多电动机拖动。由主轴电动机拖动主轴的旋转主运动和主轴的进给运动；由摇臂升降电动机拖动摇臂的升降；由液压泵电动机拖动液压泵供出压力油，完成主轴箱、内外立柱和摇臂的夹紧与松开；由冷却泵电动机拖动冷却泵，供出冷却液进行刀具加工过程中的冷却。

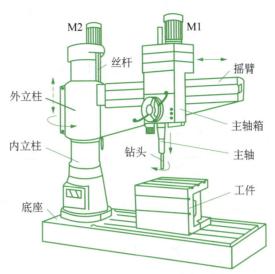

图 23-1-1 摇臂钻床结构及运动情况

② 摇臂钻床的主运动与进给运动皆为主轴的运动，为此这两种运动由一台主轴电动机拖动，分别经主轴传动机构、进给传动机构来实现主轴的旋转和进给。所以，主轴变速机构与进给变速机构均装在主轴箱内。

③ 摇臂钻床有两套液压控制系统。一套是操作机构液压系统，由主轴电动机拖动齿轮泵送出压力油，通过操纵机构实现主轴正、反转，停车制动，空挡、变速的操作。另一套是夹紧机构液压系统，由液压泵电动机拖动液压泵送出压力油，推动活塞带动菱形块来实现主轴箱、内外立柱和摇臂的夹紧与松开。其中，主轴箱和立柱的夹紧或放松由一个油路控制，而摇臂的夹紧或放松因要与摇臂的升降运动构成自动循环，因此由另一油路来控制。这两个油路均由电磁阀操纵。

（2）控制要求　有以下几点：

① 4 台电动机容量较小，均采用全压直接起动。主轴旋转与进给要求有较大的调速范围，钻削加工要求主轴正、反转，这些皆由液压和机械系统完成，主轴电动机是作单向旋转。

② 摇臂升降由升降电动机拖动，故升降电动机要求正反转。

③ 液压泵电动机用来拖动液压泵送出不同流向的压力油，推动活塞，带动菱形块动作，以此来实现主轴箱、内外立柱和摇臂的夹紧与松开。故液压泵电动机要求正反转。

④ 摇臂的移动需严格按照摇臂松开—摇臂移动—摇臂移动到位自动夹紧的程序进行。这就要求摇臂夹紧放松与摇臂升降应按上述程序自动进行，也就是说对液压泵电动机和升降电动机的控制要按上述要求进行。

⑤ 钻削加工时，应由冷却泵电动机拖动冷却泵，供出冷却液对钻头进行冷却，冷却泵电动机为单向旋转。

⑥ 要求有必要的联锁与保护环节。

⑦ 具有机床完全照明和信号指示电路。

三、活动步骤

1. 摇臂钻床的识别。根据观察摇臂的实物,记录其名称与型号,并填入表 23-1-1 中。

表 23-1-1　摇臂钻床的识别

型号	名称	含义

2. 摇臂钻床结构观察:

(1) 观察 Z3050 摇臂钻床结构,在实物中找出对应的部件,写出各主要部件的名称,并填入图 23-1-2 中。

(2) 观察 Z3050 摇臂钻床的结构,在实物中找出其运动情况,写出各主要运动情况的名称,并填入图 23-1-3 中。

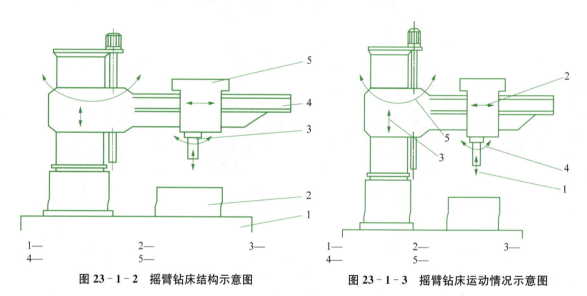

1— 　　2— 　　3— 　　　　　　1— 　　2— 　　3—
4— 　　5— 　　　　　　　　　　4— 　　5—

　图 23-1-2　摇臂钻床结构示意图　　　图 23-1-3　摇臂钻床运动情况示意图

四、后续任务

1. Z3050 摇臂钻床型号的定义是什么?
2. Z3050 摇臂钻床结构有哪些部分组成?
3. Z3050 摇臂钻床共有几种运动形式?分别是什么?

活动二　Z3050 摇臂钻床电气控制原理图的识读

一、目标任务

1. 学会阅读 Z3050 摇臂钻床的电气控制原理图。
2. 了解 Z3050 摇臂钻床电气控制原理图中每一区的作用。
3. 分析 Z3050 摇臂钻床的电气控制线路的工作原理。

二、相关知识

1. Z3050 摇臂钻床电气控制线路原理图概述

Z3050 摇臂钻床电气控制线路原理图,如图 23-2-1 所示。M1 为主轴电动机,M2 为摇臂升降电动机,M3 为液压泵电动机,M4 为冷却泵电动,QS 为总电源控制开关。

该机床采用先进的液压技术,具有两套液压控制系统,一套是操纵机构液压系统,由主轴电动机拖动齿轮输送压力油,通过操纵机构实现主轴正/反转、停车制动、空挡、预选与变速;另一套由液压泵电动机拖动液压泵输送压力油,实现摇臂的夹紧与松开,主轴箱和立柱的夹紧与松开。

Z3050 摇臂钻床电气控制线路电器元件明细表,见表 23-2-1。

表 23-2-1　Z3050 摇臂钻床控制电器元件明细表

符号	名称	型号	规格	数量	用途
M1	主轴电动机	Y100L2—4	3 kW 6.8 A 1 420 r/min	1	主运动和进给运动动力
M2	摇臂升降电动机	Y90L—4	1.5 kW 3.7 A 1 400 r/min	1	摇臂升降动力
M3	液压泵电动机	Y802—4	0.75 kW 2.1 A 1 390 r/min	1	驱动液压泵
M4	冷却泵电动机	AOB—25	90 W 2 800 r/min	1	驱动冷却液泵
FR1	热继电器	JR16—20/3D	9 号热元件 6.8 A	1	M1 过载保护
FR2	热继电器	JR16—20/3D	6 号热元件 2.1 A	1	M3 过载保护
KM1	交流接触器	CJ10—20	20 A 线圈电压 127 V	1	控制 M1
KM2	交流接触器	CJ10—10	10 A 线圈电压 127 V	1	控制 M2 正转,摇臂上升
KM3	交流接触器	CJ10—10	10 A 线圈电压 127 V	1	控制 M2 反转,摇臂下降
KM4	交流接触器	CJ10—10	10 A 线圈电压 127 V	1	控制 M3 正转,液压系统减压放松
KM5	交流接触器	CJ10—10	10 A 线圈电压 127 V	1	控制 M3 反转,液压系统增压夹紧
KT	时间继电器	JJSK2—4	线圈电压 127 V	1	摇臂升降,夹紧延时

续 表

符号	名称	型号	规格	数量	用途
FU1	熔断器	RL1—60	380 V 60 A 配 30 A 熔体	2	全电路的短路保护
FU2	熔断器	RL1—15	380 V 15 A 配 10 A 熔体	3	M2、M3 和控制电路的短路保护
FU3	熔断器	RL1—15	380 V 15 A 配 2 A 熔体	1	照明电路的短路保护
SB1	按钮开关	LA19—11	500 V 5 A	1	M1 停止按钮
SB2	按钮开关	LA19—11	500 V 5 A	1	M1 起动按钮
SB3	按钮开关	LA19—11	500 V 5 A	1	摇臂上升起停按钮
SB4	按钮开关	LA19—11	500 V 5 A	1	摇臂下降起停按钮
SB5	按钮开关	LA19—11	500 V 5 A	1	主轴箱和立柱松开按钮
SB6	按钮开关	LA19—11	500 V 5 A	1	主轴箱和立柱夹紧按钮
HL1	指示灯	AD11	带 6 V(黄色)	1	主轴箱和立柱松开指示
HL2	指示灯	AD11	带 6 V(绿色)	1	主轴箱和立柱夹紧指示
HL3	指示灯	AD11	带 6 V(绿色)	1	主轴电动机运行指示
SA	钮子开关			1	照明灯开关
SQ1	行程开关	LX5—11		1	终端保护用限位开关
SQ2	行程开关	LX5—11		1	摇臂松开后压下
SQ3	行程开关	LX5—11		1	摇臂夹紧后压下
SQ4	行程开关	LX3—11K		1	立柱(主轴箱)夹紧后压下
QS1	电源开关	HZ10—25/3	25 A 3 极	1	电源引入开关
QS2	转换开关	HZ10—10/3	10 A 3 极	1	控制冷却泵电动机 M4
TC	控制变压器	BK—150	150 VA 380/127,36,6 V	1	控制、照明和信号指示电路供电
EL	钻床照明灯	JC2	带 40 W、36 V 灯泡	1	工作照明
YV	电磁阀	MFJ1—3	线圈电压 127 V	1	控制液压系统,使摇臂作放松或夹紧

2. Z3050 摇臂钻床电气控制线路原理图的识读

(1) 三相电源及主电路(1~10)区的识读　阐述如下:

① 三相电源 L1、L2、L3 由低压断路器 QF 控制,熔断器 FU1 实现对全电路的短路保护(1~2 区)。从 3 区开始就是主电路。主电路的识读按从左到右的顺序看,有 4 台电动机 M1、M2、M3、M4,均作直接起动、有单向旋转和正反转旋转。

② M1(4~5 区)是主轴电动机,由接触器 KM1 控制,控制线圈在 14 区。带动主轴的旋转和使主轴作轴向进给运动,为单向旋转。主轴正、反转由电动机拖动齿轮泵送出压力油,通过液压系统操纵机构配合正、反转摩擦离合器驱动主轴正转或反转来实现,由热继电器 FR1 作

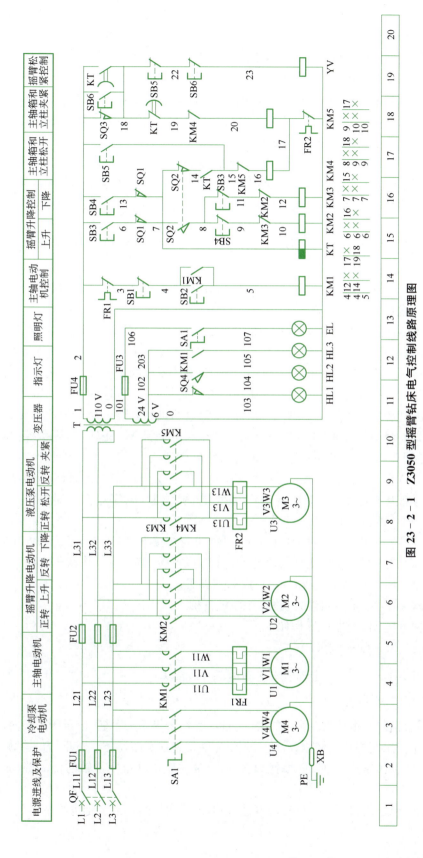

图 23-2-1 Z3050型摇臂钻床电气控制线路原理图

项目二十三 Z3050摇臂钻床电气控制

为长期过载保护,其常闭触点在14区。

③ M2摇臂升降电动机(6~7区),由接触器KM2控制M2正转,使摇臂上升,其控制线圈在15区;由KM3控制M2反转,使摇臂下降,其控制线圈在16区。

④ M3液压泵电动机(8~9区),由接触器KM4控制M3正转,液压系统减压放松,其控制线圈在17区;KM5控制M3反转,液压系统增压夹紧,其控制线圈在18区。

⑤ M4冷却泵电动机(3区),由转换开关SA1直接控制。

(2) 指示电路照明电路(11~13)区的识读　阐述如下:

① 指示电路(11~12)区,由控制变压器T(10区)将380 V交流电压降至6 V安全电压供给,其中HL1为主轴箱(或立柱)放松指示,HL2为主轴箱(或立柱)夹紧指示,HL3为主轴电动机运行指示。

② 照明电路(13)区,由控制变压器T(10区)将380 V交流电压降至24 V安全电压供给照明灯EL,SA2为灯开关(13区)。

(3) 控制电路(14~20)区的识读　控制电路电源由控制变压器T(10区)将380 V交流电压降至110 V电压供给,由熔断器FU4作短路保护(11区)。

① 主轴电动机M1的控制(14区),由起动按钮SB2、停止按钮SB2和接触器KM1组成的启动、停止控制电路。

② 摇臂升降控制(15~20区),由电气、机械和液压系统的紧密配合来实现。摇臂升降严格按照摇臂松开—摇臂升或降—摇臂移动到位自动夹紧的程序,这就要求摇臂夹紧放松与摇臂升降应按上述程序自动进行,也就是说对液压泵电动机和升降电动机的控制要按上述要求配合进行。即摇臂要上升或下降,首先要起动液压泵电动机M3正转,液压系统作减压放松,同时,使电磁阀YV通电,实现摇臂放松。待摇臂放松到位后,液压系统停止作减压放松。摇臂升降电动机M2开始正转或反转,摇臂上升或下降。待到指定位置时,停止摇臂上升或下降,然后,起动液压泵电动机M3反转,液压系统作增压夹紧,摇臂夹紧。摇臂要上升或下降的起停按钮是SB3(15区)和SB4(16区)。

③ 如仅需要主轴箱(或立柱)作放松或夹紧,可直接按下SB5(17区)或SB6(18区),断开YV,接通KM4或KM5,使液压泵电动机M3正转或反转,液压系统作减压放松或增压夹紧,因YV不接通,所以是主轴箱(或立柱)作放松或夹紧。

3. Z3050摇臂钻床电气控制线路工作原理分析

(1) 主轴电机M1控制　操作如下:

① 起动:　　　QS合上。

SB2$^\pm$—KM1$^+_\text{自}$—M1$^+$—主轴电机起动运行
　　　└—HL3$^+$

主轴电机旋转后,拖动齿轮泵,送出压力油。然后操纵主轴手柄,扳至所需转向位置(里或外),于是两个操纵阀相互改变位置,使一股压力油将制动摩擦离合器松开,为主轴旋转创造条件;另一股压力油压紧正转(反转)摩擦离合器,接通主轴电动机到主轴的传动链,驱动主轴正转或反转。

在主轴正转或反转过程中,可转动变速旋钮,改变主轴转速或主轴进给量。

主轴空挡:当操作手柄扳向"空挡"位置时,压力油使主轴传动中的滑移齿轮处于中间脱开位置。这时,可用手轻便地移动主轴。

② 停止:主轴停车时,将操作手柄扳回中间位置,这时主轴电动机仍拖动齿轮泵旋转。但此时整个液压系统为低压油,松开制动摩擦离合器,在制动弹簧作用下将制动摩擦离合器压紧,使制动轴上的齿轮不能转动,实现主轴停车。因此,主轴停车时主轴电动机仍在旋转,只是不能将动力传到主轴。

$SB1^{\pm}$—$KM1^-$—$M1^-$—主轴电机停转
　　　　　└—$HL3^-$

(2) 摇臂升降控制　摇臂要夹紧,SQ3 应动作(被压下)。
① 摇臂上升,按下 SB3:

$SB3^+$—KT^+—$KM4^+$—$M3^+_{正}$—摇臂
　　　　└—YV^+————————放松($SQ3^-$)

当摇臂放松到位,SQ2 被压下:

$SQ2^+$—$KM4^-$—$M3^-_{正}$—摇臂放松结束
　　　　└—$KM2^+$—$M2^+_{正}$—摇臂上升

当摇臂升至所需位置,松开 SB3:

$SB3^-$—$KM2^-$—$M2^-_{正}$—摇臂停止上升
└KT^-—Δt—$KM5^+$—$M3^+_{反}$—摇臂夹紧($SQ2^-$)

当摇臂夹紧到位,SQ3 被压下:

$SQ3^+$—YV^-—$KM5^-$—$M3^-_{反}$—摇臂夹紧结束

② 摇臂下降,按下 SB4,过程与上述相似,不再赘述。
(3) 主轴箱与立柱的夹紧与放松控制　操作如下:
① 主轴箱与立柱的放松(YV 释放):

$SB5^+$—$KM4^+$—$M3^+_{正}$—主轴箱(或主轴)放松—到位—$SQ4^-$—$HL1^+$
$SB5^-$—$KM4^-$—$M3^-_{正}$—主轴箱(或主轴)停止放松

② 主轴箱与立柱的夹紧(YV 释放):

$SB6^+$—$KM5^+$—$M3^+_{反}$—主轴箱(或主轴)夹紧—到位—$SQ4^+$—$HL2^+$
$SB6^-$—$KM5^-$—$M3^-_{反}$—主轴箱(或主轴)停止夹紧

三、活动步骤

1. 根据 Z3050 型摇臂钻床电气控制原理图,写出各电机的功能,并填入表 23-2-2 中。

表 23-2-2　Z3040 型摇臂钻床中各电机的功能

编号	电机	功能
1	M1	
2	M2	
3	M3	
4	M4	

2. 阅读分析如图 23-2-1 所示的 Z3050 型摇臂钻床电气控制线路原理图,口头描述或书写 Z3050 型摇臂钻床电气控制线路工作原理。

四、后续任务

1. Z3050 摇臂钻床型号的定义是什么?
2. Z3050 摇臂钻床结构有哪些部分组成?
3. Z3050 摇臂钻床共有几种运动形式?分别是什么?

活动三　Z3050 摇臂钻床电气控制系统的操作和调试

一、目标任务

1. 理解 Z3050 型摇臂钻床电气控制线路原理。
2. 掌握 Z3050 型摇臂钻床电气控制系统的操作。
3. 了解 Z3050 型摇臂钻床电气控制系统的调试方法。

二、相关知识

Z3050 型摇臂钻床电气控制线路图如图 23-2-1 所示,主要由主电动机 M1(KM1 单向起停控制)、摇臂升降电机 M2(KM2、KM3,正反转控制)、液压泵机 M3(KM4、KM5,正、反转(夹/松)控制)、冷却泵 M4(组合开关 SA1 单向手动控制)和 QS 总电源控制开关等组成。

1. 主回路

电源由总开关 Qs 引入,主轴电动机 M1 单向旋转,由接触器 KM1 控制。主轴的正、反转,由机床液压系统机构配合摩擦离合器实现。摇臂升降电动机 M2,由正、反转接触器 KM2、KM3 控制。液压泵电动机 M3 拖动液压泵送出压力液,以实现摇臂的松开、夹紧和主轴箱的松开、夹紧,并由接触器 KM4、KM5 控制正、反转。冷却泵电动机 M4 用开关 SA2

控制。

2. 控制线路

(1) 主轴电动机 M1 的控制　SB1、SB2、KM1 构成主轴电动机的起停控制电路，HL3 用作运行指示。按起动按钮 SB2→接触器 KM1 通电→M1 转动。按停止按钮 SB1→接触器 KM1 断开→M1 停止。其工作过程如下：

(2) 摇臂升降电动机 M2 的控制　摇臂升降电动机 M2 由按钮 SB3、SB4 点动控制正、反转接触器 KM2、KM3，以实现电动机 M2 的正反转，进而拖动摇臂的上升或下降。

当由摇臂上升或下降点动按钮 SB3、SB4 发出摇臂升降指令时，先使摇臂公开，尔后摇臂上升或下降，待摇臂上升或下降到位时，又重新自行夹紧。由于摇臂的松开与夹紧是由夹紧机构液压系统实现的，因此摇臂升降必须与夹紧机构液压系统紧密配合。

摇臂通常处于夹紧状态，使丝杠免受荷载。在控制摇臂升降时，除升降电动机 M2 需转动外，还需要摇臂夹紧机构、液压系统协调配合，完成夹紧→松开→夹紧动作。工作过程如下：

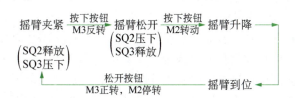

摇臂升降的控制过程：按上升起动按钮 SB3→时间继电器 KT 通电→电磁阀 YN 通电，推动松开机构使摇臂松开；同时接触器 KM4 通电，液压泵电动机 M3 正转，松开机构压下限位开关 SQ2→KM4 断电→M3 停转，停止松开；下限位开关 SQ2→上升接触器 KM2 通电→升降电动机 M2 正转，摇臂上升。

到预定位置→松开 SB3→上升接触器 KM2 断电→M2 停转，摇臂停止上升；同时，时间继电器 KT 断电→延时 $t(s)$，KT 延时闭合常闭触点闭合→接触器 KM5 通电→M3 反转→电磁阀推动夹紧机构使摇臂夹紧→夹紧机构压动限位开关 SQ3→电磁阀 YV 断电、接触器 KM5 断电→液压泵电动机 M3 停转，夹紧停止。摇臂上升过程结束。

摇臂下降过程和上升情况相同，不同的是由下降起动按钮 SB4 和下降接触器 KM3 实现控制。摇臂控制全过程流程如下：

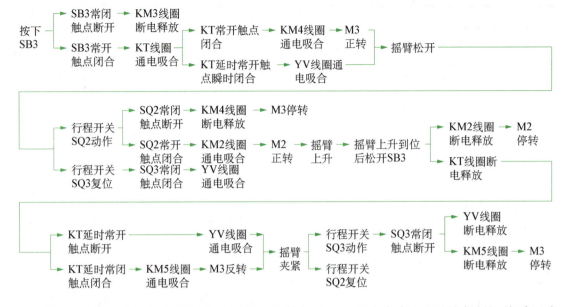

(3) 主轴箱与立柱的夹紧与放松控制 主轴箱和立柱的夹紧与松开是同时的,均采用液压机构控制。

① 松开:按下松开按钮 SQ5→接触器 KM4 通电→液压泵电动机 M3 正转,推动松紧机构使主轴箱和立柱分别松开→限位开关 SQ4 复位→松开指示灯 HL_1 亮。

② 夹紧:按下夹紧按钮 SQ6→接触器 KM5 通电→液压泵电动机 M3 反转,推动松紧机构使主轴箱和立柱分别夹紧→压下限位开关 SQ4→夹紧松开指示灯 HL_2 亮。

(4) 照明线路 变压器 T 提供 36 V 交流照明电源电压。

(5) 摇臂升降的限位保护 摇臂上升到极限位置压动限位开关 SQ1-1,或下降到极限位置压动限位开关 SQ1-2,使摇臂停止升或降。

(6) 其他电路 机床照明及指示灯电路,由变压器 T 提供 380 V/36 V,6 V 电压。冷却泵电动机 M4 由转换开关 SA1 控制单向运转。电路具有短路、过载保护。

三、活动步骤

1. 根据 Z3050 型摇臂钻床电气控制线路原理图及上述操作调试过程,进行各控制电路的操作练习。

2. 按照操作练习内容,填写表 23-3-1。

表 23-3-1 Z3050 型摇臂钻床中各电机的功能

编号	操作项目	操作电器	所动作执行的电器	结果功能
1	电路上电			
2	冷却泵控制			
3	照明灯控制			
4	主轴电机控制			
5	摇臂上升			

续 表

编号	操作项目	操作电器	所动作执行的电器	结果功能
6	摇臂下降			
7	主轴箱(立柱)松开			
8	主轴箱(立柱)夹紧			
9				

四、后续任务

试分析 Z3050 摇臂钻床的摇臂下降的过程。

活动四　Z3050 摇臂钻床电气控制故障分析和故障排除

一、目标任务

1. 能够对 Z3050 摇臂钻床进行电气操作,加深对车床控制电路工作原理的理解。
2. 能正确使用万用表、工具对摇臂钻床电气控制电路进行有针对性的检查、测试和维修。
3. 熟悉 Z3050 摇臂钻床故障分析和排除的方法与步骤。
4. 掌握 Z3050 摇臂钻床控制系统的检修。

二、相关知识

1. 工具、仪表及器材

(1) 工具　测电笔、电工刀、剥线钳、尖嘴钳、斜口钳、螺钉旋具等。

(2) 仪表　MF30 型万用表、5 050 兆欧表、T301—A 型钳形电流表。

2. 检修步骤及工艺要求

(1) 在操作师傅的指导下,对 Z3050 摇臂钻床进行操作,了解车床的各种工作状态及操作方法。

(2) 在教师的指导下,参照 Z3050 摇臂钻床的电器位置图和机床接线图,熟悉车床电器元件的分布位置和走线情况。

(3) 教师示范检修。教师进行示范检修时,可把下述检修步骤及要求贯穿其中,直至故障排除。

① 用通电试验法观察故障现象。

② 根据故障现象,依据电路图用逻辑分析法确定故障范围。

③ 采取正确的检查方法查找故障点,并排除故障。

④ 检修完毕进行通电试验,并做好维修记录。

3. 注意事项

(1) 注意仪表的正确使用,防止表笔造成短路。

(2) 故障查出后,必须修复故障点,不能采用更换元件的方法修复故障点。

(3) 在维修中,不允许扩大故障范围或者产生新的故障。
(4) 带电维修时,要穿好绝缘鞋,必须在教师的监护下进行,以确保人身安全。

4. 故障分析与检修

Z3050 摇臂钻床电气控制线路的常见故障分析与描述示例见表 23-4-1。

表 23-4-1　Z3050 摇臂钻床电气控制线路的常见故障分析与描述示例

序号	故障现象	故障可能范围	故障点示例
1	电源开关 QF 合闸,辅助电路都不能工作,冷却泵缺相不能正常工作	L1♯—QF(L1 相)—L11♯—FU1(L1 相)—L21♯—FU2(L1 相) FU2(L2 相)—L22♯—FU1(L2 相)—L12♯—QF(L2 相)—L2♯	① FU1（L1 相）断开 ② L12♯ 导线断开
2	电源开关 QF 合闸,冷却泵能工作,辅助电路都不得电,不能工作	FU1(L1 相)—L21♯—FU2(L1 相)—L31♯—T 初级绕组—L32♯—FU2(L2 相)—L22♯—FU1(L2 相)	① FU2（L2 相）断开
3	按下启动按钮 SB2,KM1 动作,但主轴电机缺相,不能正常起动运行	FU1(L21♯、L22♯、L23♯)—L21♯、L22♯、L23♯—KM1 主触点—U11♯、V11♯、W11♯—FR1 常闭触点—U1♯、V1♯、W1♯—M1 三相绕组	① U11♯ 导线断开
4	控制电路能工作,但操作 SA2,EL 灯不亮	TC(101♯)—101♯—FU3—106♯—SA2 开关—107♯—EL—0♯—TC(0♯)	① FU3 断开 ② SA2 开关断开
5	控制及照明电路工作,但主轴电机运行指示灯 HL3 不亮	TC(102♯)102♯—KM1 常开触点—105♯—HL3—0♯—TC(0♯)	① 105♯ 导线断开
6	照明、指示电路能工作,但控制电路不能工作	TC(1♯)—1♯—FU4—2♯—FR1(2♯)KM1(0♯)—0♯—TC(0♯)	① FU4 断开
7	按下启动按钮 SB2,KM1 不能得电,主轴电机不能运行	FU4(2♯)—2♯—FR1 常闭触点—3♯—SB1 常闭触点—4♯—SB2 常开触点—5♯—KM1 线圈—0♯—TC(0♯)	① KM1 线圈断路
8	按 SB3 或 SB4,KT1 动作,KM4 不动作,摇臂不能放松	SQ1(7♯)—7♯—SQ2 常闭触点—14♯—KT1 常开触点—15♯—KM5 常闭触点—16♯—KM4 线圈—17♯—FR2 常闭触点(17♯)	① KM4 线圈断开
9	按下 SB3,摇臂能松不能升,KM2 不动作	SQ2(8♯)—8♯—SB4 常闭触点—9♯—KM3 常闭触点—10♯—KM2 线圈—0♯—TC(0♯)	① KM2 线圈断路
10	按下 SB4,摇臂能松不能降,KM3 不动作	SQ2(8♯)—8♯—SB3 常闭触点—11♯—KM2 常闭触点—12♯—KM3 线圈—0♯—TC(0♯)	① KM3 线圈断路
11	按 SB3 或 SB4,摇臂能升或降,但不能夹紧,KM5 不动作	FU4(2♯)—2♯—SQ3 常闭触点—18♯—KT 延时常闭触点—19♯—KM4 常闭触点—20♯—KM5 线圈—17♯—FR2(17♯)	① KM5 线圈断路
12	按 SB3 或 SB4,KT、KM4 动作,YV 不动作,摇臂不能松紧	FU4(2♯)—2♯—KT 延时常开触点—21♯—SB5 常闭触点—22♯—SB6 常闭触点—23♯—YV 线圈—0♯—TC(0♯)	① 23♯ 导线断开

续　表

序号	故障现象	故障可能范围	故障点示例
13	按 SB5，KM4 不动作，立柱及主轴箱不能放松	FU4(2♯)—2♯—SB5 常开触点—15♯—KM5(15♯)	SB5 常开触点断开
14	按 SB6，KM5 不动作，立柱及主轴箱不能夹紧	FU4(2♯)—2♯—SB6 常开触点—18♯—KM5(18♯)	SB6 常开触点断开

Z3050 摇臂钻床电气控制线路的常见故障检修示例见表 23-4-2。

表 23-4-2　Z3050 摇臂钻床电气控制线路的常见故障分析与处理

故障现象	分析原因	处理方法
摇臂不能上升（或下降）	1. 行程开关 SQ2 不动作，SQ2 的动合触点不闭合，SQ2 安装位置移动或损坏； 2. 接触器 KM2 线圈不吸合，摇臂升降电动机 M2 不运转； 3. 系统发生故障（如液压泵卡死、不转、油路堵塞等），使摇臂不能完全松开，压不到 SQ2； 4. 安装或大修后，由于相序接反，按 SB3 摇臂上升按钮，电动机反转，使摇臂夹紧，压不到 SQ2，摇臂也就不能上升或下降	1. 检查行程开关 SQ2 触点、安装位置或损坏情况，并予以修复； 2. 检查接触器 KM2 控制回路及摇臂升降电动机 M2，并予以修复； 3. 检查系统发生故障原因 SQ2 位置移动或损坏处，并予以修复； 4. 检查相序，换相
摇臂上升（或下降）到预定位置后，摇臂不能夹紧	1. 限位开关 SQ3 安装位置不准确或紧固螺钉松动，使 SQ3 限位开关过早动作； 2. 活塞杆通过弹簧片压不到 SQ3，其触点未断开，使 KM5、YV 不断电释放； 3. 接触器 KM5、电磁铁 YV 不动作，电动机 M3 不反转	1. 调整限位开关 SQ3 的动作行程，紧固好定位螺钉； 2. 调整活塞杆、弹簧片的位置； 3. 检查接触器 KM5、电磁铁 YV 控制线路是否正常，电动机 M3 是否完好，并予以修复
立柱、主轴箱不能夹紧（或松开）	1. 控制线路故障使接触器 KM4 或 KM5 不吸合； 2. 油路堵塞使接触器 KM4 或 KM5 不吸合	1. 检查按钮接线是否脱落，并予以修复； 2. 检查油路堵塞情况，并予以修复
按 SB6 按钮，立柱、主轴箱能夹紧，但放开按钮后，立柱、主轴箱却松开	1. 菱形块或承压块的角度方向错位，或距离不合适； 2. 菱形块立不起来，因为夹紧力调得太大或夹紧液压系统压力不够	1. 调整菱形块或承压块的角度与距离； 2. 调整夹紧力或夹紧液压系统压力
主轴电动机刚起动运转，熔断器就熔断	1. 机械机构卡住或钻头被铁屑卡住； 2. 负荷太重或进给量太大； 3. 电动机故障	1. 检查机构卡住原因，并予以修复； 2. 退出主轴，根据空载情况找出原因，予以调整处理； 3. 检查电动机故障原因并予以修复或更换

三、活动步骤

1. 在 Z3050 摇臂钻床或模拟排故装置上，学生通过通电试车观察故障现象进行分析，并在分析原理图中标出故障范围。

2. 采用电压法或者电阻法在故障范围内找出故障点。

3. 排除故障，修复故障点。在这个过程中，不得采用更换元件或改变线路的方法来修复故障点。

4. 能记录描述排故过程（故障现象、故障可能范围、故障点）。

5. 设置故障的原则：

① 故障点的设置要符合机床在实际使用过程中所出现的"自然"故障，即由于受到高温、电动机过载、频繁启动等原因造成的故障。

② 故障点的设置要隐蔽，由易到难。

③ 当设置一个以上的故障点时，故障现象要明显，不要相互掩盖。

④ 不得采用更换元件，改变线路的方法设置故障点。

四、后续任务

根据表 23-4-1 的 Z3050 摇臂钻床的故障现象，试分析其故障原因，并写出其故障处理方法。

表 23-4-3 Z3050 摇臂钻床故障现象分析表

编号	故障现象	故障原因	处理方法
1	摇臂不能下降		
2	立柱、主轴箱不能夹紧（或松开）		
3	按 SB6 按钮，立柱、主轴箱能夹紧，但放开按钮后，立柱、主轴箱立即松开		

项目二十四　X62W 卧式铣床电气控制

活动一　X62W 卧式铣床的了解熟悉

一、目标任务

1. 掌握 X62W 卧式铣床的型号、结构及运动形式。
2. 了解 X62W 卧式铣床的电力拖动特点与控制要求。

二、相关知识

铣床是一种用途十分广泛的金属切削机床,其使用范围仅次于车床。铣床可用于加工平面、斜面和沟槽;装上分度头,可以铣切直齿齿轮的螺旋面;装上圆工作台,还可以加工凸轮和弧形槽。铣床的种类很多,有卧式铣床、立式铣床、龙门铣床、仿形铣床和各种专用铣床等,其中以卧式和立式的万能铣床应用最广泛。卧式铣床的主轴是水平的,而立式铣床的主轴是垂直的。

下面以 X62W 卧式铣床为例,介绍它的结构和功能。型号意义如下:

1. 组成

X62W 型卧式万能铣床主要由机座、床身、工作台、横梁、刀杆支架、溜板和升降台等部分组成,其外形如图 24-1-1 所示。

箱式床身固定在机座上,它是机床上的主要部分,用来安装和连接机床的其他部件,床身 1 内装有主轴 2 的传动机构和变速操纵机构。床身的顶部有水平导轨,装有带一个或两个刀杆支架的横梁 4,刀杆支架 5 用来支撑铣刀心轴的一端,心轴的另一端固定在主轴上,并由主轴带动旋转。横梁可沿水平导轨移动,以便调整铣刀的位置。床身的前侧面装有垂直导轨,升降台 9 可沿导轨上下移动。在升降台上面的水平导轨上,装有可在平行于主轴轴线方向移动(横向移动,即前后移动)的溜板 8,溜板上部有可以移动的回转台 7。工作台 6 装在回转台的导轨上,可以做垂直于轴线方向的移动(纵向移动,即左右移动),工作台上有固定工件的 T 槽。因此,固定于工作台上的工件可做上下、左右及前后 3 个方向移动,便于工作调整和加工时进给方向的选择。

此外，溜板可绕垂直轴线左右旋转45°，此为圆工作台运动，因此工作台还能在倾斜方向进给，以加工螺旋槽。该铣床还可以安装圆工作台以扩大铣削范围。

2. X62W型卧式铣床运动形式

（1）主运动　主轴带动铣刀的运动。

（2）进给运动　加工中，工作台带动工件的上下前后（横向）左右（纵向）运动，以及圆工作台的旋转运动。

（3）辅助运动　工作台带着工件在3个方向的快速移动，属于辅助运动。

3. 机床对电力拖动要求

① 主轴电机 M1 应能正反转，并应有制动装置（惯性大）。

② 主轴电机应有变速冲动装置（便于变速时齿轮啮合）。

③ 进给运动与主轴运动应有电气联锁。

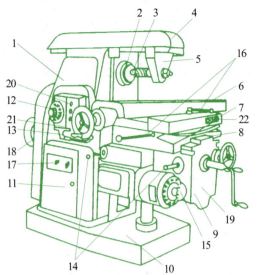

1—床身　2—主轴　3—刀杆　4—横梁　5—刀杆挂脚
6—工作台（纵向左右）　7—回转盘　8—横溜板（横向前后）
9—升降台（上下）　10—底座　11—配电箱　12—主轴变速盘
13—主轴变速手柄　14—十字形手柄　15—蘑菇形手柄
16—纵向手柄　17—QS，SA3　18—M1　19—M2
20—SB1，SB3，SB5　21—SQ7　22—SB2，SB4，SB6

图 24-1-1　X62W万能铣床的外形、构造及电气布置

④ 工作台在6个方向上运动要有联锁。

⑤ 进给电机 M2 应能正反转。

⑥ 进给运动应有变速冲动装置。

⑦ 圆工作台运动与工作台运动要有联锁。

⑧ 冷却泵电机 M3 只要求单方向转动。

三、活动步骤

1. 现场观察 X62W 卧式铣床的外形和结构。
2. 熟悉并找到 X62W 卧式铣床的各部件的位置。
3. 试述 X62W 卧式铣床的型号意义。
4. 描述 X62W 卧式铣床的电力拖动要求。

四、后续任务

思　考

1. X62W 卧式铣床的结构是怎样的？
2. X62W 卧式铣床的功能是什么？
3. X62W 卧式铣床的三种运动方式是什么？

活动二　X62W 卧式铣床电气控制原理图的识读

一、目标任务

1. 掌握 X62W 卧式铣床电气控制原理图的阅读方法。
2. 根据 X62W 卧式铣床电气控制线路原理图,熟悉各区代表的作用和各元器件的功能。

二、相关知识

1. X62W 型卧式铣床电气控制线路原理图概述

X62W 型卧式铣床电气原理图如图 24-2-1 所示。M1 为主轴电动机,带动主轴上的铣刀运动,由转换开关 SA4 实现 M1 的正反转,完成顺铣和逆铣。另外,为变速迅速,主轴须停车迅速,采用反接制动;M2 为工作台进给电动机,通过两个操作手柄操动 4 个限位开关和经离合器挂 3 个方向丝杆(垂直、横向和纵向)等机构的相互配合,使 M2 正转或反转,实现工作台的上下前后和左右进给,以及圆工作台运动。还安装有快速牵引电磁铁,使工作台快速移动;M3 为冷却泵电机,为加工时,提供冷却液。

X62W 卧式铣床电气控制线路电器元件明细表见表 24-2-1。

表 24-2-1　X62W 卧式铣床电气控制线路电器元件明细表

符号	名称	型号	规格	数量	用途
M1	主轴电动机	JO2—51—4	5.5 kW　1 450 r/min	1	主轴驱动
M2	进给电动机	JO2—22—4	1.5 kW　1 410 r/min	1	工作台进给驱动
M3	冷却泵电动机	JCB—22	0.125 kW　2 790 r/min	1	冷却液泵驱动
KS	速度继电器	JY—1		1	主轴电动机制动
FR1	热继电器	JR0—40/3	热元件电流 16 A、整定电流 13.85 A	1	M1 过载保护
FR2	热继电器	JR10—10/3	热元件整定电流 3.42 A	1	M2 过载保护
FR3	热继电器	JR10—10/3	热元件整定电流 0.145 A	1	M3 过载保护
KM1	交流接触器	CJ10—20	20 线圈电压 110 V	1	M1 的运动控制
KM2	交流接触器	CJ10—10	10 线圈电压 110 V	1	M1 反接制动控制
KM3 KM4	交流接触器	CJ10—10	10 线圈电压 110 V	2	M2 的正反转控制
KM5	交流接触器	CJ10—10	10 线圈电压 110 V	1	M2 快速运动控制
KM6	交流接触器	CJ10—10	10 线圈电压 110 V	1	M3 运动控制
FU1	熔断器	RL1—60	380 V　60 A 配 60 A 熔体	3	全电路的短路保护
FU2	熔断器	RL1—15	380 V　15 A 配 5 A 熔体	1	控制电路短路保护

续 表

符号	名称	型号	规格	数量	用途
FU3	熔断器	RL1—15	380 V 15 A 配 5 A 熔体	1	照明电路短路保护
SB3 SB4	按钮开关	LA2	500 V 5 A 红色	2	M1 启动按钮
SB5 SB6	按钮开关	LA2	500 V 5 A 绿色	2	快速进给点动按钮
SB1 SB2	按钮开关	LA2	500 V 5 A 黑色	2	M1 停止/制动按钮
QF1	低压断路器	DZ15—40/3	三极 20 A 500 V	1	电源引入开关
SA1	组合开关	HZ1—10/3J	三极 10 A 500 V	1	圆工作台开关
SA2	组合开关	HZ1—10/3J	二极 10 A 500 V	1	铣床照明灯开关
SA3	组合开关	HZ1—10/3J	三极 10 A 500 V	1	冷却泵开关
SA4	组合开关	HZ3—133	20 A 500 V	1	主轴电动机正反转
SQ7	行程开关	LX1—11K	开启式 6 A	1	主轴变速冲动开关
SQ6	行程开关	KX3—11K	开启式 6 A	1	进给变速冲动开关
SQ1 SQ4	行程开关	LX2—131	单轮自动复位 6 V	4	进给运动控制开关
TC	控制变压器	BK—150	150 VA 380/110 V	1	提供控制电路电压 提供照明电路电压
EL	照明灯	K—2	带 40 W/24 V 白炽灯	1	工作照明

2. X62W 卧式铣床电气控制线路原理图的识读

X62W 卧式铣床电气控制线路原理图如图 24-2-1 所示。原理图底边按数序分为 15 个区,其中 1 区为电源开关及全电路短路保护、2~6 区为主电路部分、7~15 区为控制电路部分、8 区为照明电路部分,电路图的上边按电路功能分区,表明每个区电路作用。

(1) 三相电源及主电路(1~6)区的识读 具体如下:

① 三相电源 L1/L2/L3 由低压断路器 QF1 控制,熔断器 FU1 实现对全电路的短路保护(1 区)。从 2 区开始的主电路,按从左到右的顺序共有 3 台电动机。

② M1(2~3 区)是主轴电动机主电路,带动主轴旋转对工件进行加工,即主运动电动机。它由 KM1 的常开主触头点(2 区)控制运行,其控制线圈在 11 区。因其正反转不频繁,在起动前用组合开关 SA4 预先选择。主轴换向开关 SA4 的通断情况见图 24-2-1,接通上面即电动机作反转运动,接通下面即电动机作正转运动,中间的位置即停止。热继电器 FR1 作过载保护,其常闭触点在 9 区。M1 作直接启动,单向旋转。KM2 的常开主触点(3 区)控制主轴电动机的逆转,其控制线圈在 10 区,配合 KS 速度继电器,实现反接制动,使主轴变速能迅速实行,其中 R 为制动限流电阻。另外,控制 KM2,亦能实现主轴的变速冲动,使变速后的齿轮啮合改善。

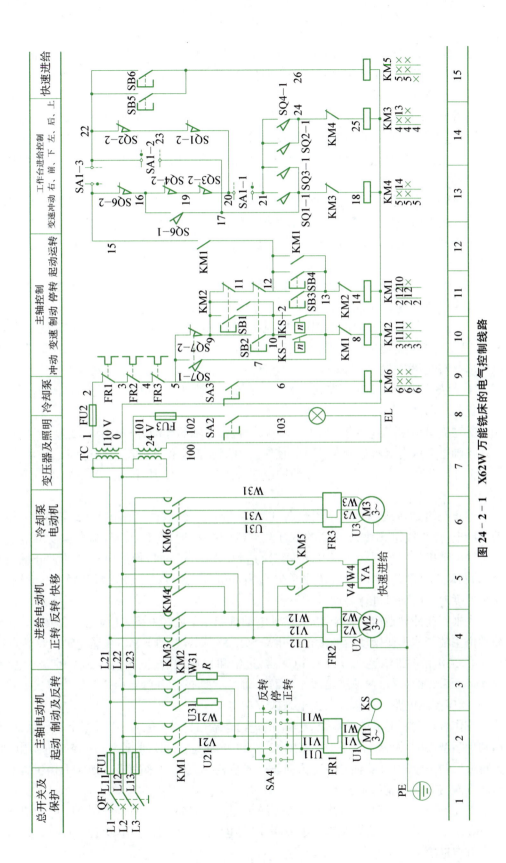

图 24-2-1 X62W 万能铣床的电气控制线路

③ M2(4~5区)是进给电动机主电路,M2作直接启动,双向旋转。通过两个操作手柄操动四个限位开关和经离合器选挂3个方向丝杆(垂直、横向和纵向)等机构的相互配合,带动工作台作6个方向的进给运动以及圆工作台运动。它由KM3/KM4的常开主触点作正反转控制,其控制线圈在13~14区。热继电器FR2作过载保护,其常闭触点在9区。另外,YA(5区)为快速牵引电磁铁,在M2正向或反向旋转,工作台至某一方向时,接通YA,可使工作台在此方向上快速进给,它由KM5的常开主触点控制,其控制线圈在(15区)。电磁铁吸合后作快速移动。

④ M3(6区)是冷却泵电动机,带动冷却泵供给铣刀和工件冷却液,同时利用冷却液带走铁屑。它由KM6的常开主触点控制,其控制线圈在9区,由组合开关SA3作控制开关,在需要提供冷却液才接通。热继电器FR3作过载保护,其常闭触点在9区。M3作直接启动单向旋转。

(2) 照明电路(7~8)区的识读 由控制变压器TC(7区)将380 V交流电压降至24 V安全电压供给照明灯EL,SA2为灯开关(8区),FU3作短路保护。

(3) 控制电路(7~15)区的识读 控制电路由控制变压器TC提供110 V的工作电压,熔断器FU2作控制电路的短路保护(8区)。另外,3个电机的热继电器FR1、FR2、FR3的常闭触点串接与此,实现过载保护。

① 冷却泵电动机M3的控制(9区)。冷却泵电动机M3由组合开关SA3作控制开关,在需要提供冷却液时接通KM6线圈。

② 主轴电动机M1的控制(10~12)区。包括主轴的起动、停车制动、变速冲动。

主轴电动机由交流接触器KM1控制,为两地控制单向旋转控制电路。起动按钮SB3/SB4(11区)并联连接,起动前,先按顺铣或逆铣的工艺要求,用组合开关SA4预先确定M1的转向。

停止按钮SB1或SB2的常闭触点(11区)串联连接,以便切断KM1线圈电路,使主轴电动机断电;停止按钮SB1或SB2的常开触点(10区)接通KM2线圈,结合速度继电器KS,实现主轴电动机的停车制动。当电动机转速达到120 r/min时,速度继电器的常开触点自动闭合,为制动作好准备;当电动机转速降至100 r/min时,速度继电器的常开触点自动断开,依靠这个速度差给电动机进行制动。

主轴变速冲动是指主轴变速后,主轴电动机能点动反转一下,使齿轮啮合改善。主轴变速冲动由主轴变速手柄操动后触碰行程开关SQ7来实现,点动KM2,主轴电动机反转点动。

③ 工作台的进给运动分为工作(正常)进给和快速进给,工作进给必须在主轴电动机M1启动运动后才能进行,快速进给属于辅助运动。KM1的常开触点(11~12)串连接在进给电路中,属顺序控制电路。快速进给由电磁铁YA实现。

工作台在左右上下前后6个方向上的进给运动(13~14区)。通过两个操作手柄(纵向手柄和十字型手柄)操纵4个限位开关(SQ1~SQ4)接通KM4或KM3来控制进给电动机M2正转或反转,并经离合器挂上3个方向丝杆等机构相互配合来完成。操作手柄位置和工作台运动方向的关系,见表24-2-2。

上述SQ1-1~SQ4-1触头为常开触头,起动KM3或KM4,控制M2电动机正转或反转;SQ1-2~SQ4-2触头为常闭触头,串接在电路中,起联锁作用,保证工作台每次只能进行一个方向进给。

表 24-2-2　操作手柄位置和工作台运动方向的关系

	手柄位置	离合器接通的丝杆	动作的行程开关	动作的接触器	M2运转方向	工作台运动方向
纵向手柄	右	纵向	SQ1	KM4	正	右
	左	纵向	SQ2	KM3	反	左
	中	无				
十字型手柄	上	垂直	SQ4	KM3	反	上
	下	垂直	SQ3	KM4	正	下
	前	横向	SQ3	KM4	正	前
	后	横向	SQ4	KM3	反	后
	中	无				

④ 工作台旋转,即圆工作台运动(13～14 区)。SA1 是圆工作台操作开关,有左右两个位置。置"右"位置,为"圆工作台运动",SA1-2 导通;置"左"位置,为"非圆工作台运动",SA1-1、SA1-3 导通。接通 KM4 线圈,M2 电动机正转。

进给电动机与主轴变速冲动一样,在进给变速时也应能点动一下,使进给电动机变换后的齿轮能顺利啮合。进给变速冲动由行程开关 SQ6 和接触器 KM4 实现。行程开关 SQ6 的触头状态见表 24-2-3。

表 24-2-3　SQ6 的触头工作表

触　头	开关位置	
	正常工作	瞬时点动
SQ6—1	—	+
SQ6—2	+	—

在工作台在某一方向进给时,按下 SB5 或 SB6,接通 KM5 线圈,KM5 主触头接通 YA(5 区),即快速牵引电磁铁,使工作台在此方向上快速进给。

三、活动步骤

1. 写出元件的功能,填写表 24-2-4 中。

表 22-2-4　各元件的功能

元件符号	M1	M2	KM1	KM2	KM3	KM4	SA2
功能							

2. 根据原理图,分析 X62W 铣床各区的功能。

四、后续任务

思 考

1. X62W 铣床的三台电动机各代表什么?
2. X62W 铣床的主轴正反转是靠哪个按钮来实现的?
3. 速度继电器的作用是什么?

活动三　X62W 卧式铣床电气控制系统的操作和调试

一、目标任务

1. 通过对 X62W 卧式铣床原理图的深入了解,能够熟练地操作铣床并能调试。
2. 根据原理图,熟练地分析 X62W 铣床的工作情况。

二、相关知识

X62W 卧式铣床电气控制系统工作原理分析,电路如图 24-2-1 所示。

1. 主轴电动机 M1 控制

合上 QF1,X62W 卧式铣床上电。

(1) 主轴电动机起动　首先,SA4 置"正转"(或"反转")。起动,按下 SB3(或 SB4),则

SB3$^{\pm}$—KM1$^{+}_{自}$—M1$^{+}_{正}$—$n_{正}$↑>n_N—KS.1^{+}

(2) 主轴电动机停止　按下 SB1(或 SB2),则

SB1$^{\pm}$—KM1^{-}—M1$^{-}_{正}$

└KM2$^{+}_{自}$—M1$^{+}_{反}$—$n_{正}$↓↓<n_N—KS.1^{-}—KM2^{-}—M1$^{-}_{反制}$

(3) 主轴变速冲动　在主轴旋转情况下,操作主轴变速手柄下压(瞬间点动 SQ7)后拉,则

SQ7$^{\pm}$—KM1^{-}—M1^{-}

└KM2$^{\pm}$—M1$^{\pm}_{反}$—主轴制动停止

转动变速盘:选择速度(齿轮换接)变速后,操作主轴变速手柄快速复位(瞬间又点动 SQ7),则

SQ7$^{\pm}$—KM2$^{\pm}$—M1$^{\pm}_{反}$—主轴制动停止

M1 瞬间反转,即冲动。改善齿轮啮合。

2. 进给电动机 M2 控制

工作台的进给是通过两个操作手柄(纵向手柄、十字型手柄)操纵 4 个限位开关(SQ1~SQ4),决定进给电动机 M2 正转或反转,并沿经离合器选挂的 3 根方向丝杆(垂直、横向和纵向)等机构的相互配合来实现的。

首先,主轴电动机应在工作情况下,即 KM1 导通,SA1 置"左"。

(1) 工作台向右或向左进给　如图 24-3-1 所示。

① 工作台向右进给。纵向手柄置"右",$SQ1^+$,离合器选挂纵向丝杆,则
$SQ1^+ — KM4^+ — M2_{正}^+ —$ 工作台向右进给

② 工作台向左进给。纵向手柄置"左",$SQ2^+$,离合器选挂纵向丝杆,则
$SQ2^+ — KM3^+ — M2_{反}^+ —$ 工作台向左进给

(2) 工作台向上下或向前后进给　如图 24-3-2 所示。

① 工作台向上进给。十字型手柄置"上",$SQ4^+$,离合器选挂垂直丝杆,则
$SQ4^+ — KM3^+ — M2_{反}^+ —$ 工作台向上进给

② 工作台向下进给。十字型手柄置"下",$SQ3^+$,离合器选挂垂直丝杆,则
$SQ3^+ — KM4^+ — M2_{正}^+ —$ 工作台向下进给

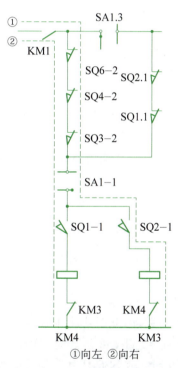

①向左　②向右

图 24-3-1　工作台左右运动的控制线路

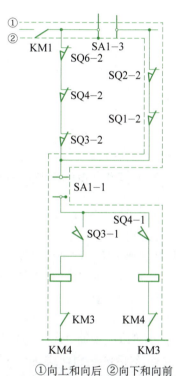

①向上和向后　②向下和向前

图 24-3-2　工作台上下前后运动的控制线路

③ 工作台向前进给。十字型手柄置"前",$SQ3^+$,离合器选挂横向丝杆,则
$SQ3^+ — KM4^+ — M2_{正}^+ —$ 工作台向前进给

④ 工作台向后进给。十字型手柄置"后",$SQ4^+$,离合器选挂横向丝杆,则
$SQ4^+ — KM3^+ — M2_{反}^+ —$ 工作台向后进给

(3) 进给变速冲动　如图 24-3-3 所示。纵向手柄和十字型手柄都居中。将进给变速手柄拉出,转动手柄,选择速度,再用力将手柄拉到极限位后立即复位。

手柄拉出复位过程中,会触碰 SQ6,则

SQ6$^{\pm}$—KM4$^{\pm}$—M2$^{\pm}_{正}$—M2 冲动

（4）圆工作台(工作台旋转)进给控制　如图 24-3-4 所示。十字型手柄和纵向手柄都居中,SA1 置"右",SA1-2^{+},则

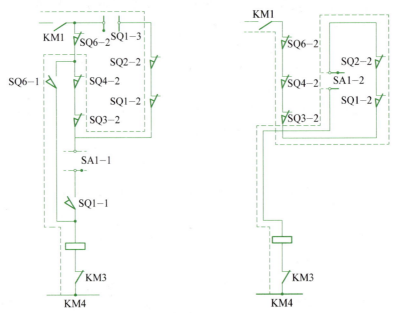

图 24-3-3　工作台进给运动冲动控制线路　　图 24-3-4　圆工作台运动的控制线路

KM1^{+}—SQ6-2^{+}—SQ4-2^{+}—SQ3-2^{+}—SQ1-2^{+}—SQ2-2^{+}—SA1-2^{+}—KM4^{+}—M2$^{\pm}_{正}$—圆工作台进给

（5）工作台快速进给　两种情况如下:

① 当铣床不进行铣削加工时,工作台在纵向、横向、垂直 6 个方向都可以快速移动。在工作台某一方向进给时,按下 SB5（或 SB6）,则

SB5$^{\pm}$—KM5$^{\pm}$—YA$^{\pm}$—工作台快进

② 工作台也可以在主轴电动机不转的情况下快速移动,此时应将主轴换向开关 SA1 扳在"停止"的位置,然后按下 SB3 或 SB4,使接触器 KM1 线圈得电并自锁,操纵工作台手柄选定方向,使进给电动机 M2 起动,再按下快速移动按钮 SB5 或 SB6,工作台便可以快速移动。

3. 冷却泵电动机 M3 控制

M3 控制,则

SA3$^{\pm}$—KM6$^{\pm}$—M3$^{\pm}$—冷却泵启动,送出冷却液。

4. 照明电路控制

由变压器 TC 输出 24 V 电压,则

SA2$^{\pm}$—KM6$^{\pm}$—HL$^{\pm}$—照明灯亮

三、活动步骤

1. 填写表 24-3-1,写出元件符号的功能。

表 24-3-1　各元件符号的功能

元件符号	SA5	SA2-1	SA2-3	SA2-2	SQ1	SQ2	SQ3	SQ4
功能								

2. 分析电路,分别将主轴和工作台运动时各电器的状态填入表 24-3-2 和表 24-3-3 内。

表 24-3-2　主轴运动时各电器的状态

	工作状态	按钮及开关位置	元件触点动作状态	电动机状态
主轴运动				

表 24-3-3　工作台运动时各电器的状态

	工作状态	SA2 开关位置	行程开关位置	离合器状态	元件触点动作状态
工作台进给					

四、后续任务

思　考

1. X62W 铣床最主要的特点是什么?
2. 主轴启动、制动和变速冲动是如何控制的?
3. 纵向操作手柄向左、向右,十字手柄向上、向下、向前、向后时,各压上哪个行程开关?
4. 说明进给变速冲动的过程和圆工作台的控制原理。

活动四　X62W 卧式铣床电气控制线路故障的分析和排除

一、目标任务

1. 根据看到的现象,分析故障出现的范围,并分析原因。
2. 用万用表等仪表能排除故障点。

二、相关知识

故障分析和前面有关的机床故障分析类似。首先,检查各开关是否处于正常工作位置,检查三相电源/熔断器是否正常;然后,通电运行,看看控制线路工作是否正常,按钮开关和接触器相对应的工作状态是否正常。看现象分析原因,出现故障后能运用万用表断电检查线路并能排除。

X62W 卧式铣床电气控制线路的常见故障分析与描述示例,见表 24-4-1。

表 24-4-1　X62W 卧式铣床电气控制线路的常见故障分析与描述示例

序号	故障现象	故障可能范围	故障点示例
1	合上电源开关 QF1,QF1 马上跳闸或 FU1 熔断	L1♯、L2♯、L3♯ 各相之间是否有短路 L11♯、L12♯、L13♯ 各相之间是否有短路 TC 初级绕组或各次级绕组是否有短路	③ TC 次级 110 V 绕组短路 ④ TC 次级 24 V 绕组短路
2	合上电源开关 QF1,控制电路都不能起动运行	TC 初级绕组 TC 次级绕组—TC(1♯)—1♯—FU2—2♯—FR1 常闭触点—3♯ FR2 常闭触点—4♯—FR3 常闭触点—5♯—SQ7-1(5♯) KM1 线圈(0♯)—0♯—TC(0♯)	① FU2 断路 ② FR2 常闭触点断路
3	按下起动按钮 SB3 或 SB4,KM1 不动作,主轴电机不能起动运行	SQ7.2(9♯)—9♯—SB1 常闭触点—11♯—SB2 常闭触点—12♯—SB3 常开触点—13♯—KM2 常闭触点—14♯—KM1 线圈—0♯—TC(0♯)	④ 11♯ 导线断 ⑤ SB2(12♯)—SB3(12♯)之间导线断 ⑥ KM1 线圈断开
4	按下 SB3,KM1 动作,但无自保,主轴电机点动运行	SB3(12♯)—12♯—KM1 常开触点—13♯—SB3(13♯)	① KM1 常开触头断开
5	按下 SB1 或 SB2,KM2 不动作,主轴电机不能反接制动	SQ7.2(9♯)—9♯—SB2 常开触点—10♯—KS-1 或 KS-2—7♯—KM1 常闭触点—8♯—KM2 线圈—0♯—TC(0♯)	① SB2(10♯)—KS-1(10♯)之间导线断
6	工作台不能向"前、右、下"进给,也没有进给变速冲动和圆工作台运动,KM4 不动作	SQ1-1(17♯)—17♯—KM3 常闭触点—18♯—KM4 线圈—0♯—TC(0♯)	① SQ1-1(17♯)—KM3(17♯)之间导线断

续 表

序号	故障现象	故障可能范围	故障点示例
7	工作台不能向"后、左、上"进给，KM3不动作	SQ2-1(24#)—24#—KM4常闭触点—25#—KM3线圈—0#—TC(0#)	① KM3线圈断开
8	工作台不能向"后、上"进给，KM3不动作	SA1-1(21#)—21#—SQ4-1常开触头—24#—KM4(24#)	① SQ4-1常开触点断开
9	工作台不能向"前、小"进给，KM4不动作	SA1-1(21#)—21#—SQ3-1常开触头—17#—KM3(17#)	① SQ3-1常开触点断开
10	工作台不能向右进给，KM4不动作	SA1-1(21#)—21#—SQ1-1常开触头—17#—KM3(17#)	① SQ1-1常开触点断开
11	工作台不能向左进给，KM4不动作	SA1-1(21#)—21#—SQ2-1常开触头—24#—KM4(24#)	① SQ2-1常开触点断开
12	工作台不能向"上、下、前、后"进给，KM4或KM3不动作	SA1-3(22#)—22#—SQ2-2常闭触头—23#—SQ1-2常闭触头—20#—SA1-1(20#)	① SQ2-2常闭触点断开 ② SQ1-2常闭触点断开
13	工作台不能向"前后、上下、左右"进给	SQ3-2(20#)—SA1-1触头—21#—SQ1-1(21#)	① SA1-1(21#)—SQ1-1(21#)之间断线
14	工作台不能向左、向右进给	SQ6-2(16#)—16#—SQ4-2常闭触点—19#—SQ3-2常闭触点—20#—SA1-1(20#)	① SQ4-2常闭触点断开 ② SQ3-2常闭触点断开
15	工作台不能园工作台运动	SA1-3(22#)—22#—SA1-2—17#—KM3(17)	① SA1-2(17#)—KM3(17#)之间导线断
16	按SB5，KM5动作，但YA不通电，工作台无快速进给	KM3(V12#、W12#)—V12#、W21#—KM5主触点—V4#、W4#—YA线圈	① KM5(W4#)—YA(W4#)之间导线断
17	按下SB3，KM1动作，但主轴电机缺相，运行不正常	FU1(L21#、L22#、L23#)L21#、L22#、L23#—KM1主触点—U21#、V21#、W21#—SA4触点—U11#、V21#、W11#—FR1热元件—U1#、V1#、W1#—M1三相绕组	① KM1（L1相）主触点断开 ② KM1（U21#）—SA4（U21#）之间断线 ③ SA4（U11#）—FR1（U11#）之间断线 ④ SA4（W11#）—FR1（W11#）之间断线
18	KM3、KM4能动作，但工作台进给电机缺相，运行不正常	KM3主触点（U12#、V12#、W12#）—U12#、V12#、W12#—FR2热元件—U2#、V2#、W2#—M2三相绕组	① FR2(U2#)—M2(U2#)之间断线

X62W卧式铣床可能的故障点的分析和处理举例，参考表24-4-2。

表 24-4-2　X62W 卧式铣床可能的故障点及分析处理

序号	故障现象	可能出现的故障原因	处理方法
1	合 SA3，冷却泵不工作，KM6 线圈不通电	可能在 FR3(5♯)—5♯—SA3 开关—6♯—KM6 线圈—0♯1—TC(0♯)中，有线路或元件故障	检查 SA3 开关、KM6 线圈是否良好；检查 5、6、0 号线是否断开，并予以修复
2	按 SB2 按钮，主轴电机不能反接制动，KM2 线圈不通电；但按下 SB1 后，主轴电机能反接制动	可能在 SQ7 常闭触点—9 号线—SB2—10 号线中，有线路或元件故障	检查 SB2 按钮是否损坏，检查 9、10 号线是否断开，并予以修复
3	按下 SB3/SB4 后，主电动机不能启动，KM1 线圈不通电；但冷却泵能工作	可能在 FR3—5 号线—SQ7 常闭触点—9 号线—SB1 常闭触点—11 号线—SB2 常闭触点—12 号线—SB3 或 SB4 常开触点—13 号线—KM2 常闭触点—14 号线—KM1 线圈—0 号线—TC 中，有线路或元件故障	检查 SB3/SB4 按钮是否损坏，KM1 线圈和 KM2 触点是否损坏，5、9、11、12、13、14、0 号线是否断开，并修复
4	主电动机无反接制动，且按下 SQ7 后无变速冲动，KM2 线圈不通电	最有可能在 KS-1 常开触点—7 号线—KM1 常闭触头—8 号线—KM2 线圈—0 号线—TC 中，有线路或元件故障	检查 KM1 常闭触点、KM2 线圈是否损坏，7、8、0 号是否断线，并修复
5	主电机运行，而工作台都不工作	最有可能①在 SB3 常开触点—12 号线—SQ6 常闭触点；②KM4 线圈前—0 号线中，有线路或元件故障	检查①12 号线是否完好；②0 号线是否完好，并修复
6	工作台不能向右、下、前进给且圆工作台不工作，无变速冲动，KM4 不动作；其他工作正常	最有可能在 17 号线—KM3 常闭触点—18 号线—KM4 线圈—0 号线—TC 中，有线路或元件故障	检查 KM4 线圈和 KM3 常闭触点和 17、18、0 号线是否损坏，并修复
7	其他进给动作正常，圆工作台不工作	可能在 SA1-3—22 号线—SA1-2—17 号线—KM3 常闭触头中，有线路或元件故障	检查 SA1-2 触点接触是否良好，22、17 线号是否断线，并修复
8	工作台不能向上、后、左进给，KM3 不动作；其他进给工作正常	可能在 24 号线—KM4 常闭触点—25 号线—KM3 线圈—0 号线—TC 中，有线路或元件故障	检查 KM3 线圈和 KM4 常闭触点是否损坏，24、25、0 线号是否断线，并修复
9	按下 SB6，工作台无快速移动，KM5 线圈不通电	可能在 SA1-3—22 号线—SB6 常开触点—26 号线—KM5 线圈—0 号线—TC 中，有线路或元件故障	检查 SB6 按钮、KM5 线圈是否损坏，22、26、0 号线是否断线，并修复
10	拨动 SA4，EL 灯不亮	可能在 TC-101 号导线—FU3-102 号导线—SA2-103 号导线—EL—100 号线中，有线路或元件故障	检查 FU3 熔断器和 SA2、EL 及导线是否损坏，并修复

1. 检修步骤及工艺要求

（1）熟悉铣床的主要结构和运动形式，对铣床进行实际操作，了解铣床的各种工作状态及操作手柄的作用。

（2）熟悉铣床电器元件的安装位置、走线情况以及操作手柄处于不同位置时，位置开关的工作状态及运动部件的工作情况。

(3) 在有故障的铣床上或人为设置故障的铣床上,由教师示范检修,边分析边检修,直到故障排除。

(4) 由教师设置让学生知道的故障点,指导学生如何从故障现象着手进行分析,如何采用正确的检修方法检修。

(5) 教师设置故障点,由学生按照检查步骤和检修方法检修。其具体要求如下:

① 根据故障现象,先在电路图上用虚线正确标出故障电路的最小范围,然后采用正确的检查排除故障方法,在规定时间内查出并排除故障。

② 排除故障的过程中,不得采用更换电器元件、借用触头或改动线路的方法修复故障点。

③ 检修时,严禁扩大故障范围或产生新的故障,不得损坏电器元件或设备。

2. 注意事项

① 检修前要认真阅读电路图,熟练掌握各个控制环节的原理及作用,并仔细地观察教师的示范检修。

② 由于该类铣床的电气控制与机械结构的配合十分密切,因此在出现故障时,应首先判明是机械故障还是电器故障。

③ 修复故障使铣床恢复正常时,要注意消除产生故障的根本原因,以避免频繁发生相同的故障。

④ 停电要验电。带电检修时,必须有指导教师在现场监护,以确保用电安全,同时要做好训练记录。

⑤ 工具和仪表使用要正确。

三、活动步骤

设置上述各故障,要求 3 个故障点,排故时间为 20 min,记录在表 24-4-3 内。

表 24-4-3 排故分析记录表例

故障现象	分析原因	故障点
主轴停车时没有制动作用或产生短时反向旋转		
工作台各个方向都不能进给		
进给电动机不能冲动		

四、后续任务

思 考

1. 如果 X62W 万能铣床的工作台能左、右进给,但不能前后、上下进给,试分析故障原因。
2. 无纵向进给,但垂直与横向进给正常,分析原因。

项目二十五 T68 镗床电气控制

活动一 T68 镗床的了解熟悉

一、目标任务

熟悉 T68 镗床的主要结构、主运动形式和控制要求。

二、相关知识

镗床是一种精密加工的机床，主要用于加工精确的孔和孔间距离要求较为精确的零件，可分为卧式镗床、立式镗床、坐标镗床和专用镗床等。工业生产中使用较广泛的是卧式镗床，它的镗刀主轴水平放置，是一种多用途的金属切削机床。镗床不但能完成钻孔、镗孔等孔的加工，而且能切削端面、内圆及铣平面等。T68 镗床的型号意义如下：

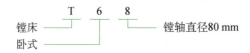

1. 镗床的主要结构

T68 卧式镗床主要由床身、前立柱、镗头架、后立柱、尾座、下溜板、上溜板和工作台等部分组成，其结构示意如图 25-1-1 所示。

2. 主要运行形式

（1）主运动 镗轴和花盘的旋转运动。

（2）进给运动 镗轴的轴向进给、花盘上刀具的径向进给、镗头架的垂直进给，工作台的横向和纵向进给。

（3）辅助运动 工作台的回转、后立柱的轴向水平移动、尾座的垂直移动，以及各部分的快速移动。

3. 控制要求

（1）卧式镗床的主运动与进给运动由一台电动机拖动。主轴拖动要求恒功率调速，而且要求正反转，一般采用单速或多速三相笼型异步电动机拖动。为扩大调速范围和简化传动装置，采用"△-YY"接法的双速电机。

（2）主轴电机应有以下功能：正反转、点动、连续运行、制动和变速缓转。为使变速时，若齿轮顶住而手柄合不上，它们应在较低的速度范围内缓慢转动，利于变速时齿轮啮合。主轴正

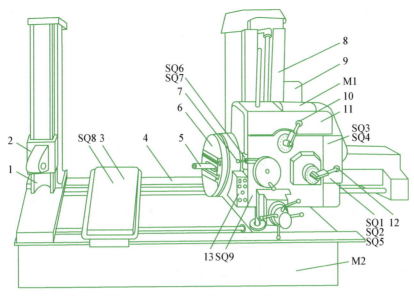

1—后立柱　2—尾座　3—工作台　4—床身　5—镗轴　6—花盘　7—操作杆
8—前立柱　9—电气箱　10—进给调速手柄　11—镗头架　12—主轴调速手柄　13—按钮箱

图 25-1-1　T68 卧式镗床的外形、构造和电气布置

在旋转时,应允许变速。

(3) 主轴及进给变速可在起动前进行预选,也可在工作进程中进行变速。为了便于齿轮之间的齿合,应有变速冲动。

(4) 为缩短辅助时间,机床各运动部件应能实现快速移动,并由单独的快速移动电动机拖动。

(5) 为了迅速、准确地停车,要求主轴电动机具有制动过程。

(6) 镗床运动部件较多,应设置必要的联锁及保护环节。工作台或镗头架的自动进给与主轴或花盘刀架的自动进给之间运动,应有联锁。

三、活动步骤

1. 观察 T68 镗床的铭牌,把型号意义填写在表 25-1-1 中。

表 25-1-1　T68 镗床型号意义

型号	T	6	8
意义			

2. 观察 T68 镗床的外形和结构,分析有哪几个部分,填入表 25-1-2 中。

表 25-1-2　T68 镗床型号意义

镗床各部分								
作用								

四、后续任务

思 考

1. T68镗床的结构是怎样的?
2. T68镗床有哪些运行形式?
3. T68镗床有哪些电力拖动要求?

活动二 T68镗床电气控制原理图的识读

一、目标任务

1. 会阅读T68镗床电气控制原理图。
2. 根据原理图,会分析T68镗床各部分的工作状态。

二、相关知识

1. T68镗床电气控制线路原理图概述

T68镗床电气原理图,如图25-2-1所示。T68镗床电气原理图底边按数序分为20个区。其中,1~2区为电源开关及全电路短路保护;1~8区为主电路部分,有主轴电动机的正反转控制、低速与高速控制、反接制动控制,还有工作台的快速移动电动机正反转进给控制;10~20区为控制电路部分,9区为控制电源指示和照明电路部分,电路图的上边按电路功能分区,表明每个区电路作用。

T68镗床电气控制线路电器元件明细表见表25-2-1。

表25-2-1 T68镗床电器元件明细表

符号	名称	型号	规格	数量	用途
M1	主轴电动机	Y132M—4—B3	5.5/7.5 kW 1 460/2 880 r/min	1	主轴和常速进给动力
M2	快进电动机	Y100L—4	2.2 kW 1 420 r/min	1	快速进给动力
FR	热继电器	JR16—20/3D	11号热元件 整定电流 16 A	1	M1的过载保护
KM1	交流接触器	CJ10—40	40 A 线圈电压110 V	1	M1正转控制
KM2	交流接触器	CJ10—40	40 A 线圈电压110 V	1	M1反转控制
KM3	交流接触器	CJ10—40	40 A 线圈电压110 V	1	短接制动电阻
KM4	交流接触器	CJ10—40	40 A 线圈电压110 V	1	M1低速控制
KM5	交流接触器	CJ10—40	40 A 线圈电压110 V	2	M1高速控制
KM6	交流接触器	CJ10—20	40 A 线圈电压110 V	1	M2正转控制
KM7	交流接触器	CJ10—20	40 A 线圈电压110 V	1	M2反转控制

续 表

符号	名称	型号	规格	数量	用途
KT	时间继电器	JS7—2A	线圈电压 110 V 整定时间 3 s	1	低速→高速转换时间控制
KA1	中间继电器	JZ7—44	线圈电压 110 V	1	M1 正转起动控制
KA2	中间继电器	JZ7—44	线圈电压 110 V	1	M1 反转起动控制
KS	速度继电器	JY—1	500 V 2 A	1	反接制动用
FU1	熔断器	RL1—60	380 V 60 A 配 40 A 熔体	1	全电路的短路保护
FU2	熔断器	RL1—15	380 V 60 A 配 15 A 熔体	1	M2 及控制电路的短路保护
FU3	熔断器	RL1—15	380 V 60 A 配 4 A 熔体	1	照明电路的短路保护
FU4	熔断器	RL1—15	380 V 60 A 配 4 A 熔体	1	控制电路的短路保护
SB1	按钮开关	LA2	380 V 5 A 红色	1	M1 停止制动按钮
SB2	按钮开关	LA2	380 V 5 A 黑色	1	M1 正转起动按钮
SB3	按钮开关	LA2	380 V 5 A 绿色	1	M1 反转起动按钮
SB4	按钮开关	LA2	380 V 5 A 黑色	1	M1 正转点动按钮
SB5	按钮开关	LA2	380 V 5 A 绿色	1	M1 反转电动按钮
SQ1	行程开关	LX1—11K	380 V 5 A 防溅式	1	工作台或镗头架自动进给
SQ2	行程开关	LX1—11K	380 V 5 A 开启式	1	主轴进给或花盘刀架进给
SQ3	行程开关	LX1—11K	380 V 5 A 开启式	1	主轴进给变速控制
SQ4	行程开关	LX1—11K	380 V 5 A 开启式	1	主轴变速控制
SQ5	行程开关	LX1—11K	380 V 5 A 开启式	1	主轴进给变速缓转
SQ6	行程开关	LX3—11K	380 V 5 A 开启式	1	主轴变速缓转
SQ7	行程开关	LX3—11K	380 V 5 A 开启式	1	工作台正向快进控制
SQ8	行程开关	LX3—11K	380 V 5 A 开启式	1	工作台反向快进控制
SQ	行程开关	LX5—11	380 V 5 A 开启式	1	主轴高速控制
QF1	低压断路器	DZ47—60/3	380 V 60 A 三极	1	总电源开关
Q1	组合开关	HZ5—10/1.7	380 V 10 A	1	照明灯开关
TC	控制变压器	BK—300	300 VA 380 V/110 V, 24 V, 6 V	1	控制、照明和信号指示电路供电
EL	镗床照明灯	K—1	配 40 W、24 V 白炽灯	1	工作照明
HL	指示灯	DX1—0	配 6 V、0.15 A 白炽灯	1	电源指示灯
R	电阻器	ZB2—0.9	0.9 Ω	2	限制 M1 的制动电流

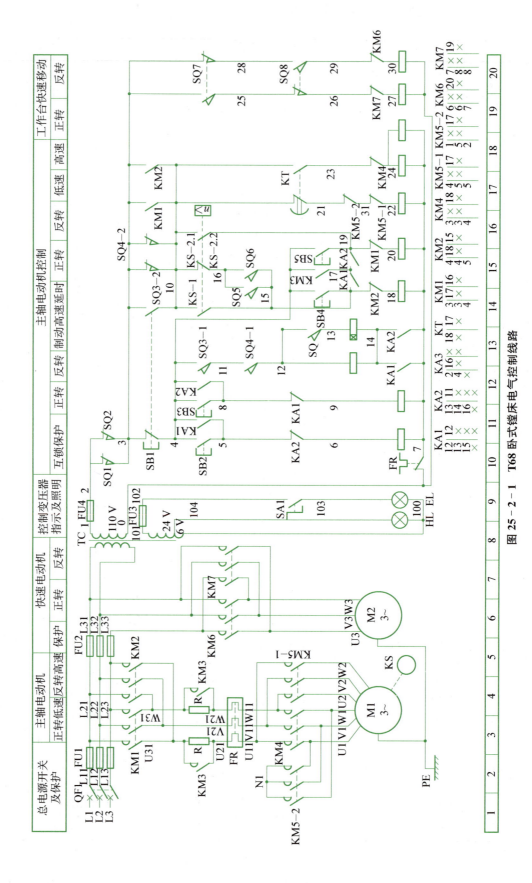

图 25-2-1 T68 卧式镗床电气控制线路

2. X62W卧式铣床电气控制线路原理图的识读

（1）三相电源及主电路(1~8)区的识读　叙述如下：

① 三相电源 L1/L2/L3 由低压断路器 QF1 控制,熔断器 FU1 实现对全电路的短路保护(1~2)区。从 3 区开始的主电路,按从左到右的顺序共有 2 台电动机。

② M1(3~5区)是主轴电动机,带动主轴转动对工件进行加工,即主运动和进给运动的电动机。由接触器 KM1、KM2 的主触点分别控制正反转,其控制线圈在 15、16 区。它又是一台双速电动机,接触器 KM4、KM5 控制其高低速：低速时 KM4 吸合,M1 的定子绕组为△连接,转速为 1 460 r/min；高速时 KM5 吸合,KM5 为 2 只接触器并联使用,M1 的定子绕组为 YY 连接,转速为 2 880 r/min。KM4、KM5 的控制线圈分别在 17、18、19 区；接触器 KM3 作为反接制动控制,即起动时,短接制动限流电阻 R,制动停止时,断开接入 R 起限流作用。热继电器 FR 作 M1 的过载保护,其常闭触头在 10 区。

③ M2(6~8)区是工作台快进电机,带动工作台快速调位移动。它由 KM6、KM7 的常开主触点控制正反转,其控制线圈分别在 19、20 区；由于 M2 是短时工作,因此不需要作过载保护；熔断器 FU2 作 M2 及控制电路的短路保护。

（2）指示照明电路(9)区的识读　照明电路由控制器 TC 提供 24 V 安全电压供给照明灯 EL,FU3 是照明电路的短路保护。SA1 为灯开关；电源指示灯 HL,由 TC 提供 6 V 安全电压。

（3）控制电路(10~20)区的识读　控制电路由控制变压器 TC 提供 220 V 工作电压,熔断器 FU4 作控制电路的短路保护。控制电路包括：M1 的正反转控制、双速运行控制、停车制动、点动控制、主轴变速缓转,以及主轴进给变速缓转控制；M2 的正反转控制。

① M1 的正反转控制(11~17 区)。M1 的正反转控制由中间继电器 KA1(正转起动,11 区)、KA2(反转起动,12 区)、接触器 KM1(正转,15 区)、KM2(反转,16 区)、KM3(短接制动,13 区)、KM4 和 KM5(高、低速,17、18、19 区)完成,SB2、SB3 分别为正、反转起动按钮,SB1 为停止按钮。

行程开关 SQ1(10 区)与工作台或镗头架进给手柄有联动关系,SQ2(11 区)与主轴或花盘刀架进给手柄有联动关系。并联装在控制电路的进口,防止工作台或镗头架自动进给时又将主轴或花盘刀架扳到自动进给的误操作,实现机械和电气的联锁保护。

② M1 的双速运行控制(17、18、19 区)。若 M1 为低速运行,此时机床的主轴变速手柄置于"低速",行程开关 SQ 不动作,SQ 常开触点(14 区)断开,时间继电器 KT 线圈不通电,KM4 不会断电,切换为 KM5 动作。

若要使 M1 为高速运行,将机床的主轴变速手柄置于"高速"位置,SQ 动作,KT 能得电延时,延时结束,KM4 断电,KM5 通电,M1 电动机高速运行。

不论 M1 是停车还是低速运行,只要将变速手柄转至"高速"挡,M1 都是先低速起动或运行,再由时间继电器 KT 延时后,自动切换到高速运行。

③ M1 的停车制动(15、16)区。M1 采用反接制动,由与 M1 同轴的速度继电器 KS 控制反接制动。当 M1 的转速达到约 120 r/min 以上时,KS‑1(反转制动)常开触点或 KS‑2.1(正转制动)常开触点会闭合,为反接制动准备。

当 M1 转速降至 1 000 r/min 以下时,KS‑1(反转制动)常开触点或 KS‑2.1(正转制动)常开触点断开,KM2 或 KM1 线圈断电,M1 正转或反转反接制动结束,电动机停转。

④ M1 的点动控制(15、16 区)。SB4、SB5 分别为 M1 的正反转点动控制按钮。当 M1

需要点动调整时,按下 SB4(或 SB5)→KM1(或 KM2)线圈通电吸合→KM4 线圈通电吸合→M1 串 R 低速点动。

⑤ 主轴的变速控制(14～16 区)。在主轴箱和工作台的位置调整好后,其常闭触点均处于闭合接通状态。行程开关(SQ3—SQ6)分别反映变速手柄各位置状态,如图 25-2-2 所示。

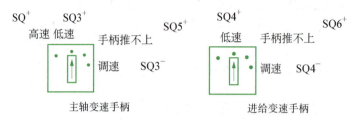

图 25-2-2 变速手柄各操作位置与各 SQ 关系

主轴的各种转速是由变速操纵盘调节变速传动系统来实现的。因此,若要进行主轴变速,不必按停止按钮,只要将主轴变速操作盘的操作手柄拉出,与变速手柄有机械联系的行程开关 SQ3、SQ4 均复位。

⑥ 主轴的变速缓转(15 区)。主轴的变速缓转(或冲动)由行程开关 SQ5 控制。在主轴正常工作时,SQ5 的常开触点是断开的,在变速时,如果齿轮未合好,变速手柄就合不上时(即回不到"低速"位置),就会触碰 SQ5 进行变速缓转,即主轴会缓转,以方便齿轮啮合。如此循环,M1 的转速在 40～120 r/min 之间反复升降,直至齿轮合好以后,推上变速手柄,SQ5 复位,变速缓转结束。主轴开始以新的速度运行。

⑦ 进给的变速控制(16 区)。进给的变速控制与主轴变速控制原理基本相同,只是在进给的变速控制时,拉动的是进给变速手柄,动作的行程开关是 SQ4 和 SQ6。

⑧ M2 的控制(19～20)。M2 的控制电路是接触器、行程开关双重联锁的正反转控制电路,SQ7、SQ8 分别为正反向快进控制行程开关。将快进操纵手柄往里(外)推,压下行程开关 SQ7(SQ8),接通接触器 KM6(KM7)支路,电动机 M2 正转(反转),通过机械传动实现正向(反向)快进进给运动。

三、活动步骤

1. 根据电气原理图,写出各电器元件的功能,填入表 25-2-2 内。

表 25-2-2 各电器元件功能

元件符号	M1	M2	KM1	KM2	KM3	KM4	KM5
功能							

2. 根据原理图分析 T68 镗床各区的功能。

表 25-2-3 各电器元件功能

图区												
功能												

四、后续任务

思　考

1. T68 镗床的高速和低速是怎样实现的？是运用什么电动机？
2. T68 镗床的中间继电器起什么作用？
3. 速度继电器的作用是什么？

活动三　T68 镗床电气控制系统的操作与调试

一、目标任务

1. 深入了解 T68 镗床原理图，能够熟练地操作镗床并能调试。
2. 根据原理图，熟练地分析 T68 镗床的工作情况。

二、相关知识

T68 镗床电气控制系统工作原理分析，电路如图 25-2-1 所示。

（1）主轴电机 M1 控制　各手柄位置与 SQ 关系，如图 25-2-2 所示。

操作开关：主轴变速手柄置"低速"，$SQ3-1^+$

进给变速手柄置"低速"，$SQ4-1^+$

① 电机正转低速运行，则

$SB2^{\pm}$—$KA1^+_{自}$—$KM3^+$—$KM1^+$—$KM4^+$—$M1^+_{正低}$

　　　　　　　　　　　　　　　$n_{正}>120$ r/min—$KS-2.1^+$

② 停止制动，则

$SB1^{\pm}$—$KA1^-$—$KM3^-$—$KM1^-$—$KM2^+$—$M1^-_{反}$

　　　　　　　　　　　　　　$n_{正}<120$ r/min—$KS-2.1^-$—$KM2^-$、$KM4^-$—$M1_{制}$

③ 电机正转高速运行，则

操作开关：主轴变速手柄置"高速"，SQ^+、$SQ3-1^+$

进给变速手柄置"低速"，$SQ4-1^+$

$SB2^{\pm}$—$KA1^+_{自}$—$KM3^+$—$KM1^+$—$KM4^+$—$M1^+_{正低}$

　　　　　　　　KT^+—Δt—$KM4^-$—$KM5^+$—$M1^+_{正高}$

④ 主轴正转点动（试车时进行），则

$SB4^{\pm}$—$KM1^{\pm}$—$KM4^{\pm}$—$M1^{\pm}_{正}$

⑤ 主轴变速缓转（变速可在主轴旋转下进行，M1 在正转）：主轴要变速，将主轴变速手柄拉出至"调速"位置，SQ3-1$^-$，M1 先制动停止，则

SQ1$^-$—KM3$^-$—KM1$^-$—KM2$^±$—M1$^±_{反}$—M1$^-_{制}$

转动变速盘，选择新的速度，内部齿轮换接。
变速手柄快速推回，如推不上，则

SQ5$^+$—KM1$^+$—KM4$^+$—M1$^+_{正}$—$n_{正}$↑>120 r/min—KS-2.2$^-$—KM1$^-$ KM4$^-$—M1$^-_{正}$

　　　　　　　　　　　　　　　　　　　　　　　　KS-2.1$^+$—KM2$^+$ KM4$^+$—M1$^±_{反}$

↑　　　　　　　　　←如手柄还推不上—KS-2.2$^+$—KS-2.1$^-$←$n_{正}$↓<120 r/min

M1 的转速在 40～120 r/min 之间反复升降。

主轴电动机的反转控制与上述正转控制分析类似，读者可自行分析。

（2）工作台快速移动电动机 M2 控制　操作如下：

① 电动机正转，操作手柄触碰 SQ7$^+$，则

SQ7$^+$—KM6$^+$—M2$^+_{正}$

② 电动机反转，操作手柄触碰 SQ8$^+$，则

SQ8$^+$—KM7$^+$—M2$^+_{反}$

三、活动步骤

1. 掌握各行程开关的功能，分清在调试中如何操作，填表 25-3-1。

表 25-3-1　各行程开关的功能

元件符号	SQ	SQ1	SQ2	SQ3	SQ4	SQ5	SQ6	SQ7	SQ8
功能									

2. 按控制顺序，练习操作，并分析电路，填入表 25-3-2 内。

表 25-3-2　各运动工作状态

	工作状态	按钮控制	元件动作状态
主轴运动			

续 表

	工作状态	按钮控制	元件动作状态
停车制动	工作状态	按钮控制	元件动作状态
主轴变速缓转	行程开关	非变速状态	变速状态
进给变速缓转	行程开关	非变速状态	变速状态

四、后续任务

1. 说明主轴电动机正反转的低、高速的工作原理。
2. 主轴电动机在主轴变速冲动是怎样控制的?
3. 主轴电动机在进给变速冲动是怎样控制的?
4. T68 镗床电路中,行程开关 SQ、SQ1~SQ8 各起什么作用?

活动四　T68 卧式镗床电气控制故障分析和故障排除

一、目标任务

1. 根据看到的现象,分析故障出现的范围,会分析原因。
2. 用万用表等仪表能排除故障点。

二、相关知识

故障分析和前面有关的机床故障分析类似,首先检查各开关是否处于正常工作位置,检查三相电源、熔断器是否正常;然后通电运行,看看控制线路工作是否正常,按钮开关和接触器相对应的工作状态是否正常。看现象分析原因,出现故障后能运用万用表断电检查线路,并能排除。

T68 卧式镗床电气控制线路的常见故障分析与描述示例,见表 25-4-1。

表 25-4-1　T68 卧式镗床电气控制线路的常见故障分析与描述示例

序号	故障现象	故障可能范围	故障点示例
1	合上电源开关 QF1,电路都不能起动运行	L1♯—QF1(L1 相)—L11♯—FU1(L1 相)—L21♯—FU2(L1 相)—L31♯—TC 原边绕组—L32♯—FU2(L2 相)—L22♯—FU1(L2 相)—L12♯—QF1(L2 相)—L2♯	⑤ FU1(L1 相)断路 ⑥ FU1(L2 相)断路
2	合上电源开关 QF1,控制电路都不能起动运行	TC110 V 副边绕组 TC(1♯)1♯—FU4—2♯—SQ1(2) TC(0♯)—0♯—FR(0♯)	① TC110 V 副边绕组断路
3	合上电源开关 QF1,照明电路不能工作	TC24 V 副边绕组 TC(101♯)—101♯—FU3—102♯—SA1 开关—103♯—EL—100♯—TC(100♯)	⑦ TC24 V 副边绕组断路
4	按下 SB2,KA1 不动作,主轴电机不能低速正转工作	SB1(4)—4♯—SB2 常开触点—5♯—KA2 常闭触点—6♯—KA1 线圈—7♯—FR(7♯)	① 6♯线断开
5	按下 SB2,KA1 动作,但无自保,主轴电机低速点动工作	SB1(4♯)—4♯—KA1 常开触点—5♯—KA2(5♯)	① KA1 自保触点断开
6	按下 SB3,KA2 不动作,主轴电机不能低速反转工作	SB1(4♯)—4♯—SB3 常开触点—8♯—KA1 常闭触点—9♯—KA2 线圈—7♯—FR(7♯)	① SB3(8♯)—KA1(8♯)之间断线 ② 9♯线断开
7	按 SB3,KA2 动作,但 KM3 不动作,主轴电机不能低速反转工作	KM3(14♯)—14♯—KA2 常开触点—7♯—FR(7♯)	① KA2 常开触点断开
8	变速手柄置"高速",KT 不动,主轴电机无高速运行	SQ4(12♯)—12♯—SQ 常开触点—13♯—KT 线圈—14♯—KA1(14♯)	① SQ 常开触点断开 ② KT 线圈断开
9	按 SB2 或 SB3,KA1 或 SA2 动作,KM3 动作,但 KM1 或 KM2 不动作,主轴电机不能低速正反转运行	SB1(4♯)—4♯—KM3 常开触点—17♯—KA1(17♯)	① KM3 常开触点断开
10	按下 SB2,KA1、KM3 动作,KM1 不动作,主轴电机不能低速正转工作	KM1(10♯)—10♯—KT 延时常闭触点—21♯—KM5-2 常闭触点—31♯—KM5-1 常闭触点—22♯—KM4 线圈—7♯—FR(7♯)	① KT 延时常闭触点断开
11	KM4 不动作,主轴电机不能低速正反转工作	SA1-1(21♯)—21♯—SQ2-1 常开触头—24♯—KM4(24♯)	① KT 延时常闭触点断开
12	KM2 动作,KM4 不动作,主轴电机不能低速反转工作	SQ1(3♯)—3♯—KM2 常开触点—10♯—KT(10♯)	① KM2 常开触点断开
13	按下 SB2,主轴电机能低速正转运行,但停止无制动	SB1(10♯)—10♯—KS-2.1 常开触点—19♯—KM1(19♯)	① KS-2.1(19♯)—KM1(19♯)之间导线断开

续 表

序号	故障现象	故障可能范围	故障点示例
14	按下SB4，KM1不动作，主轴电机不能正转点动	SB1（4#）—4#—SB4常开触点—15#—KM2(15#)	① SB1(4#)—SB4(4#)之间导线断开
15	按下SB5，KM2不动作，主轴电机不能反转点动	SB1（4#）—4#—SB5常开触点—19#—KM1(19#)	① SB5（19#）—KM1（19#）之间导线断开
16	工作台快速移动操作手柄触动SQ7，KM6不动作，快速移动电机不能正转	SQ1（3#）—3#—SQ7常开触点—25#—SQ8常闭触点—26#—KM7常闭触点—27#—KM6线圈—0#—TC(0#)	① KM6线圈断开
17	按下SB2，KM1、KM4动作，主轴电机正转缺相，不能正常起动运行	FU1（L21、L22、L23）—L21#、L22#、L23#—KM1主触点—U31#、V21#、W31#—KM3(U31#、W31#)	① KM1（U31#）—KM3（U31#）导线断开
18	按下SB3，KM2、KM4动作，主轴电机反转缺相，不能正常起动运行	FU1（L21、L22、L23）—L21#、L22#、L23#—KM2主触点—U31#、V21#、W31#—KM3（U31#、W31#）	① KM2（U31#）—KM3（U31#）导线断开
19	控制电路动作正常，但M1、M2电机都缺相，不能正常运转	L3#—QF1（L3相）—L13#—FU1（L3相）—L23#—FU2（L3相）—L33#	① FU1（L3相）断开
20	控制电路动作正常，但主轴电机正反转均缺相，不能正常起动运转	KM1（U31#、V21#、W31#）—U31#、V21#、W31#—KM3主触点—U21#、V11#、W11#—FR热元件—U11#、V11#、W11#—KM4主触点—U1#、V1#、W1#—M1三相绕组	FR（W11#）—KM4（W11#）之间导线断开

T68卧式镗床可能的故障点的分析和处理举例，参考表25-4-2所示。

表25-4-2　T68卧式镗床可能的故障点及分析处理

序号	故障现象	可能出现的故障原因	处理方法
1	合上SA1，EL灯不亮	可能在TC—101号线—FU3—102号线—SA1—103号线—EL—100号线—TC中有线路或元件故障	检查EL、SA1是否良好，101、102、103、100号线接线是否断线，并予以修复
2	主电机正转无自锁	可能在KA1自锁触头及有关的4、5号线中有线路或元件故障	检查KA1自锁触点是否良好，4、5号线是否断线，并予以修复
3	主电机无反转，KA2线圈不通电	可能在SB1常闭触头—4号线—SB3常开触头—8号线—KA1常闭触头—9号线—KA2线圈—7号线—FR中有线路或元件故障	检查SB3、KA1常闭触头、KA2线圈是否损坏，KA1触点是否良好，4、8、9、7号线是否断线，并予以修复
4	主电机无高速运行，KT线圈不通电	可能在12号线—SQ—13号线—KT线圈—14号线中有线路或元件故障	检查SQ、KT是否良好，12、13、14号线是否断线，并予以修复

续 表

序号	故障现象	可能出现的故障原因	处理方法
5	主电机无反转且无高速运行,KM3线圈不通电,其他工作正常	可能在KM3—KA2常开触头—7号线—FR中有线路或元件故障	检查KA2触点是否良好,12、7号线是否断线,并予以修复
6	主电机无反转反接制动,其他工作正常	可能在SB1常开触头—10号线—KS-1常开触头—15号线—KM2常闭触头中有线路或元件故障	检查KS-1触点是否良好,10、15号线是否断线,并予以修复
7	主电机无正反转,KM3通电,但能点动。其他工作正常	可能在SB1常闭触头—4号线—KM3常开触头—17号线中有线路或元件故障	检查KM3常开触头是否损坏,4、17号线是否断线,并予以修复
8	主电机无反转且无反向点动,KM2线圈不通电,其他工作正常	可能在KA2常开触头—19号线—KM1常闭触头—20号线—KM2线圈—7号线—FR中有线路或元件故障	检查KM1常闭、KM2线圈是否损坏,19、20、7号线是否断线,并予以修复
9	主电机无正转、无正向点动且无反向反接制动,KM1不通电。其他工作正常	可能在KA1常开触头—15号线—KM2常闭触头—16号线—KM1线圈—7号线—FR中有线路或元件故障	检查KM2常闭、KM1线圈是否损坏,15、16、7号线是否断线,并予以修复
10	主电机无高速运行,KT线圈通电,但KM5线圈不通电,其他工作正常	可能在KM1常开触头—10号线—KT延时常开触头—23号线—KM4常闭触头—24号线—KM5线圈—7号线—FR中有线路或元件故障	检查KT延时常开触头、KM4常闭触头、KM5线圈是否损坏,10、23、24、7号线是否断线,并予以修复
11	快速移动电机无反向快速移动,KM8不通电,其他一切正常	可能在SQ1常闭触头—3号线—SQ7常闭触头—28号线—SQ8常闭触头—29号线—KM6常闭触头—30号线—KM7线圈—0号线—TC中有线路或元件故障	检查SQ7常闭触头、SQ8常开触头、KM6常闭触头、KM7线圈是否损坏,4、28、29、30、0号线是否断线,并予以修复
12	主轴电机无变速缓转,其他一切正常	可能在KM1常开触头—10号线—KS-2.2常闭触头—16号线—SQ5常开触头—15号线—KM2常闭触头中有线路或元件故障	检查SQ5常开触头是否损坏,16、15号线是否断线,并予以修复

1. 检修步骤及工艺要求

熟悉镗床的主要结构和运动形式,实际操作镗床,了解镗床的各种工作状态及操作手柄的作用。

(1)熟悉镗床电器元件的安装位置、走线情况,以及操作手柄处于不同位置时,位置开关的工作状态及运动部件的工作情况。

(2)在有故障的镗床上或人为设置故障的镗床上,由教师示范检修,边分析边检修,直到故障排除。

(3)由教师设置让学生知道的故障点,指导学生如何从故障现象着手进行分析,如何采用正确的检修方法检修。

(4)教师设置人为的故障点,由学生按照检查步骤和检修方法检修。其具体要求如下:

① 根据故障现象,先在电路图上用虚线正确标出故障电路的最小范围,然后采用正确的

检查排除故障方法,在规定时间内查出并排除故障。

② 排除故障的过程中,不得采用更换电器元件、借用触头或改动线路的方法修复故障点。

③ 检修时,严禁扩大故障范围或产生新的故障,不得损坏电器元件或设备。

2. 注意事项

① 检修前要认真阅读电路图,熟练掌握各个控制环节的原理及作用,并认真仔细地观察教师的示范检修。

② 由于该类镗床的电气控制与机械结构的配合十分密切,因此在出现故障时,应首先判明是机械故障还是电器故障。

③ 修复故障使镗床恢复正常时,要注意消除产生故障的根本原因,以避免频繁发生相同的故障。

④ 停电要验电。带电检修时,必须有指导教师在现场监护,以确保用电安全。同时,要做好训练记录。

⑤ 工具和仪表使用要正确。

三、活动步骤

设置上述各故障,要求 3 个故障点,排故时间为 20 min,并分析记录在表 25-4-3 内。

表 25-4-3 排故分析记录表例

故障现象	分析原因	故障点
主轴无低速正转,但有高速		
主轴无反转高速		
进给没有变速缓转		

四、后续任务

1. T68 镗床的各进给部件具有哪几种进给方式?
2. T68 镗床电气控制具有哪些特点?
3. T68 镗床是如何实现主轴变速控制的?

项目二十六　20/5 t 桥式起重机电气控制

起重机是一种用来吊起或放下重物,并使重物在短距离内水平移动的起重设备。起重设备按结构分,有桥式、塔式、门式、旋转式和缆索式等。

不同结构的起重设备分别应用在不同的场所。例如,建筑工地使用的塔式起重机,码头、港口使用的旋转式起重机,生产车间使用的桥式起重机,车站货场使用的门式起重机。常见的桥式起重有 5 t、10 t 单钩,以及 15/3 t、20/5 t 双钩等几种。桥式起重机一般通称行车或天车。由于桥式起重机应用较广泛,本项目以 20/5 t(重量级)桥式起重机(电动双梁吊车)为例,分析起重设备的电气控制线路。

活动一　20/5 t 桥式起重机的了解熟悉

一、目标任务

1. 掌握桥式起重机的型号。
2. 掌握 20/5 t 桥式起重机的结构及运动形式。
3. 了解 20/5 t 桥式起重机的供电要求和电力拖动特点。

二、相关知识

20/5 t 桥式起重机的型号含义如下:

$$\underset{\text{主钩20 t}}{20} \, / \, \underset{\text{副钩5 t}}{5 \text{ t}}$$

1. 结构及运动形式

桥式起重机结构,如图 26-1-1 所示。桥架机构主要由桥架(又称大车)、大车移行机构、小车及小车移行机构、提升机构及驾驶室等部分组成,主钩(20 t)和副钩(5 t)组成提升机构。

大车的轨道敷设在沿车间两侧的立柱上,大车可在轨道上沿车间纵向移动;大车上有小车轨道,供小车横向移动;主钩和副钩都装在小车上,主钩用来提升重物,副钩除可提升轻物外,在其额定负载范围内也可协同主钩完成工件吊运,但不允许主、副钩同时提升两个物件。每个吊钩在单独工作时,均只能起吊重量不超过额定重量的重物;当主、副钩同时工作时,物件重量不允许超过主钩起重量。这样,起重机可以在大车能够行走的整个车间范围内起重运输。

(1) 桥架　主要由主梁 8、端梁 6、走台等部分组成。主梁跨架在跨间的上空,其结构形式有箱式、桁架、腹扳、圆管等多种。主梁两端连有端梁,在两主梁外侧装有走台,设有安全栏杆;

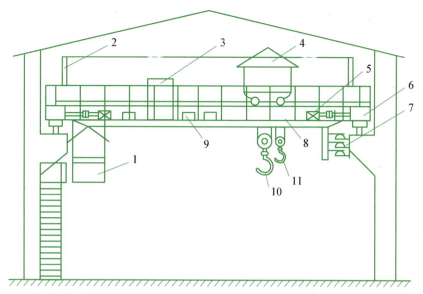

1—驾驶室 2—辅助滑线架 3—交流磁力控制盘 4—起重小车 5—大车驱动机构
6—端梁 7—主动轮 8—主梁 9—电阻箱 10—主钩 11—副钩

图 26-1-1 桥式起重机结构示意图

在主梁一端的下方安有驾驶室 1，在驾驶室一侧的走台上装有大车驱动机构 5，在另一侧走台上装有辅助滑线架 2，以便向小车电气设备供电，在主梁上方铺有导轨供小车在其上移动。

（2）大车移行机构 主要由大车拖动电动机、制动器、传动轴、减速器以及车轮等部分组成，采用两台电动机分别拖动两个主动轮 7，驱动整个起重机沿车间长度方向移动。

（3）起重小车 4 主要由小车架、小车移行机构、提升机构等组成。小车架由钢板焊成，其上装有小车移行机构、提升机构、护栏及提升限位开关。小车移行机构由小车电动机、制动器、减速器、车轮等组成，小车主动轮相距较近，由一台小车电动机拖动。提升机构由提升电动机、减速器、卷筒、制动器等组成，提升电动机经联轴节、制动轮与减速器连接，减速器的输出轴与缠绕钢丝绳的卷筒相连接，钢丝绳的另一端装有吊钩，当卷筒转动时，吊钩就随钢丝绳在卷筒上的缠绕或放开而提升或下放。

由上分析可知，重物在吊钩上随着卷筒的旋转，获得上下运动；随着小车移动，在车间宽度方向获得左右运动；随着大车在车间长度方向的移动，获得前后运动。这样，可将重物移至车间任一位置，完成起重运输任务。

（4）驾驶室 1 是控制起重机的吊舱，其内装有大小车移行机构的控制装置、提升机构的控制装置和起重机的保护装置等。驾驶室固定在主梁一端的下方，也有安装在小车下方随小车移动。

2. 20/5 t 桥式起重机的供电特点

桥式起重机的电源电压为 380 V，由公共的交流电源供给，由于起重机在工作时是经常移动的，并且大车与小车之间、大车与厂房之间都存在着相对运动，因此，要采用可移动的电源设备供电。一种是采用软电缆，可随大、小车的移动而伸展和叠卷，多用于小型起重机（一般 10 t 以下）；另一种常用的方法是采用滑触线和集电刷供电。3 根主滑触线是沿着平行于大车轨道的方向敷设在车间厂房的一侧。三相交流电源经由 3 根主滑触线与滑动的集电刷，引进起重

项目二十六 20/5 t 桥式起重机电气控制

机驾驶室内的保护控制柜上,再从保护控制柜引出两相电源至凸轮控制器,另一相称为电源的公用相,它直接从保护控制柜接到各电动机的定子接线端。

3. 桥式起重机对电力拖动的要求

桥式起重机的工作特点是工作性质为重复短时工作制,拖动电动机经常处于起动、制动、调速、反转工作状态;起重机负载很不规律,经常承受大的过载和机械冲击;起重机工作环境差,往往粉尘大、温度高、湿度大。

对大车与小车移行机构的要求:具有一定的调速范围,分几挡控制及适当的保护等。

对提升机构电力拖动自动控制的主要要求是:

① 具有合理的升降速度,空钩能实现快速下降,轻载提升速度大于重载时的提升速度。

② 具有一定的调速范围,普通起重机的调速范围为2~3。

③ 提升的第1挡作为预备挡,用以消除传动系统中的齿轮间隙,将钢丝绳张紧,避免过大的机械冲击,该级起动转矩一般限制在额定转矩的一半以下。

④ 下放重物时,依据负载大小,提升电动机可运行在电动状态(强力下放)、倒拉反接制动状态、再生发电制动状态、以满足不同下降速度的要求。

⑤ 为确保安全,提升电动机应设有机械抱闸,并配有电气制动。

三、活动步骤

1. 根据观察20/5 t桥式起重机的实物,记录其名称、型号和主要技术参数,并填入表26-1-1中。

表26-1-1　20/5 t桥式起重机的型号及主要技术参数

型号	名称							

2. 观察20/5 t桥式起重机的结构,寻找各对应的部件,写出各主要部件的名称,并填入图26-1-2中。

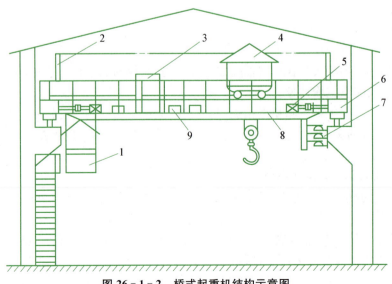

图26-1-2　桥式起重机结构示意图

四、后续任务

思 考

1. 20/5 t 桥式起重机型号的定义是什么？
2. 20/5 t 桥式起重机结构有哪些部分组成？
2. 20/5 t 桥式起重机有哪些运动？由哪些部分完成？

活动二　20/5 t 桥式起重机原理图的识读

一、目标任务

1. 学会阅读 20/5 t 桥式起重机的电气控制原理图。
2. 了解 20/5 t 桥式起重机电气控制原理图中每一区的作用。

二、相关知识

1. 控制器的简介

（1）主令控制器　主令控制器是按照预定程序换接控制电路接线的主令电器。主要用于电力拖动系统中，按照预定的程序分合触头，向控制系统发出指令，通过接触器控制电动机的起动、制动、调速及反转，同时也可以实现控制电路的联锁作用。

主令控制器按结构，可分为凸轮调整式和凸轮非调整式两种。所谓非调整主令控制器是指其触头系统的分合顺序只能按指定的触头分合表要求进行，在使用中，用户不能自行调整，调整时必须更换凸轮片。调整式主令控制器是指其触头系统的分合程序可随时按控制系统的要求编制及调整，调整时不必更换凸轮片。

目前，生产中常用的主令控制器有 LK1、LK4、LK5 和 LK16 等系列，其中 LK1、LK5、LK16 系列属于非调整式主令控制器，LK4 系列属于调整式主令控制器。

LK1 系列主令控制器主要由基座、转轴、动触头、静触头、凸轮鼓、操作手柄、面板架及外护罩组成。

常见的主令控制器的外形及其结构如图 26-2-1 所示。主令控制器所用的固定触头 3 安装在绝缘扳上，动触头 4 固定在能绕轴转动的支架上，凸轮鼓是由多个凸轮块 1、7 嵌装而成，凸轮块根据触头系统的开闭顺序制成不同角度的凸出轮缘，每个凸轮块控制两副触头。当转动手柄时，方形转轴带动凸轮块转动，凸轮块凸出的部分压动小轮，使动触头离

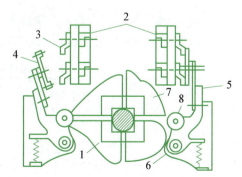

1、7—凸轮块　2—接线柱　3—固定触头　4—动触头
5—支杆　6—转动轴　8—小轮

图 26-2-1　主令控制器结构示意图

开静触头,分断电路。当转动手柄使小轮位于凸轮块的凸轮的凹处时,在复位弹簧的作用下使动触头和静触头闭合,接通电路。可见,触头的闭合和分断顺序是由凸轮块的形状决定的。

(2) 凸轮控制器 凸轮控制器是利用凸轮来操作动触头的控制器。主要用于容量不大于 30 kW 的中小形转子异步电动机电路中,借助其触头系统直接控制电动机的起动、停止、调速、反转和制动。具有线路简单、运行可靠、维护方便等优点,在桥式起重机等设备中得到广泛应用。

KTJ1—50/1 型凸轮控制器外形与结构,它主要由手柄(或手轮)、触头系统、转轴、凸轮和外壳等部分组成。其触头系统共有 12 对触头、9 常开、3 常闭。其中,4 对常开触头接在主电路中,用于控制电动机的正反转,配有石棉水泥制成的灭弧罩;其余 8 对触头用于控制电路中,它不带灭弧罩。

动触头与凸轮固定在转轴上,每个凸轮控制一个触头。当转动手柄时,凸轮随轴转动,当凸轮的凸起部分顶住滚轮时,动、静触头分开;当凸轮的凹处与滚轮相碰时,动触头受到触头弹簧的作用压在静触头上,动、静触头闭合。在方轴上叠装形状不同的凸轮片,可使各个触头按预定的顺序闭合或断开,从而实现不同的控制目的。

常用的凸轮控制器有 KTJ1、KTJ15、KT10、KT12 等系列。常见的凸轮控制器的外形及其结构如图 26-2-2 所示。

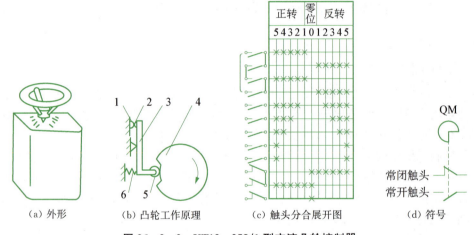

图 26-2-2 KT12-25J/1 型交流凸轮控制器

1—静触点 2—动触点 3—杠杆 4—凸轮 5—滚子 6—弹簧

2. 20/5 t 桥式起重机电器元件明细表

20/5 t 桥式起重机电器元件明细见表 26-2-1。

表 26-2-1 20/5 t 桥式起重机电器元件明细表

代号	元件名称	件数	用途
M5	主钩电动机	1	
M1	副钩电动机	1	
M3、M4	大车电动机	2	
M2	小车电动机	1	
YB5、YB6	主钩制动电磁铁	2	制动主钩

续 表

代号	元件名称	件数	用途
YB1	副钩制动电磁铁	1	制动副钩
YB3、YB4	大车制动电磁铁	2	制动大车
YB2	小车制动电磁铁	1	制动小车
SA	主钩主令控制器	1	控制主钩电动机
QM1	副钩凸轮控制器	1	控制副钩电动机
QM3	大车凸轮控制器	1	控制大车电动机
QM2	小车凸轮控制器	1	控制小车电动机
QS1	闸刀开关	1	接通总电源
SB1	起动按钮	1	启动主接触器
KM1	接触器	1	接通大车、小车、副钩电源
KL	总过电流继电器	1	总过流保护
KL1-KL3	过电流继电器	3	过流保护
KL4	过电流继电器	1	过流保护
FU1	熔断器	2	短路保护
QS2	三相闸刀开关	1	接通主钩电源
QS3	单相闸刀开关	1	接通主钩电动机控制电源
KM2-KM3	正、反主接触器	2	
KM9-KM10	预备级接触器	2	
KM5-KM8	加速级接触器	4	
KM4	制动接触器	1	
KL5	过电流继电器	1	过流保护
KA	欠电压继电器	1	欠压保护
FU2	熔断器	2	短路保护
SA2	紧急开关	1	发生紧急情况断开
SQ9	主钩限位开关	1	限位保护
SQ4	副钩限位开关	1	限位保护
SQ7-SQ8	大车限位开关	2	限位保护
SQ5-SQ6	小车限位开关	2	限位保护
SQ1	舱口安全开关	1	舱口安全保护
SQ2-SQ3	栋梁栏杆安全开关小车导轨	2	

3. 20/5 t 桥式起重机电气控制电路分析

20/5 t 桥式起重机电气主电路和控制电路,分别如图 26-2-3 和图 26-2-4 所示。

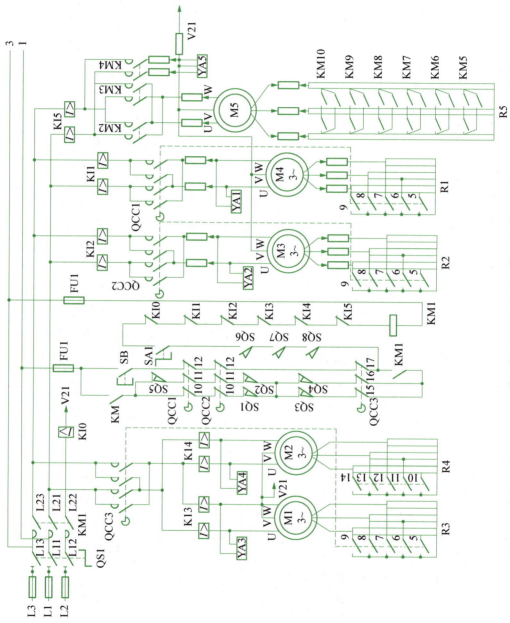

图26-2-3 20/5t桥式起重机主电路

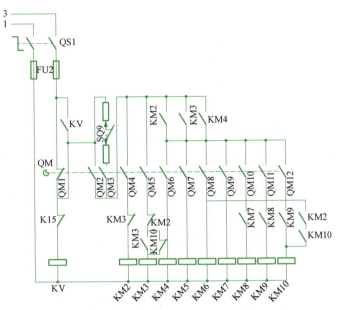

图 26-2-4　20/5 t 桥式起重机电气控制电路

M1、M2 为大车电动机，M3 为小车电动机，M4 为 5 t 副钩电动机，M5 为 20 t 主钩电动机。5 台电动机均为 YZR 系列绕线转子异步电动机。

为了便于看图，将凸轮控制器控制大车、小车、吊钩的电动机控制电路图（图 26-2-3），改画成图 26-2-5（以小车为例）所示；将主令控制器控制主钩的电动机控制电路，改画成图 26-2-6

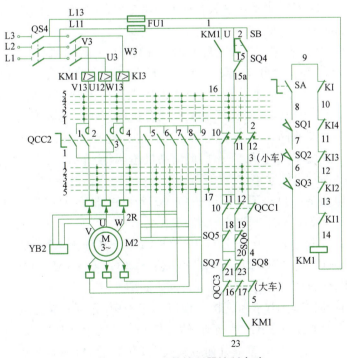

图 26-2-5　凸轮控制器控制电路

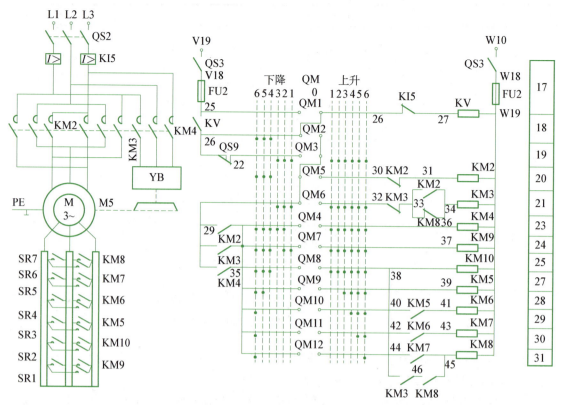

图 26-2-6 主令控制器 QM 的控制电路

所示。图中,标有"。"的位置,表示该触头在这个位置是闭合的;而不标有"。"的位置,则表示该触头在这个位置是断开的。

(1) 主接触器 KM 的控制　先合上总电源开关 QS1。在起重机投入运行前,合上紧急开关 SA,司机室门关好,其安全开关 SQ1～SQ3 均闭合;然后将所有的凸轮控制器 QCC1～QCC3 的手柄置于"0",它们在主接触器 KM1 线圈电路中的常闭触头 QCC110～QCC112、QCC210～QCC212、QCC315～QCC317 均处于闭合状态;再按下起动按扭 SB,主接触器 KM1 得电吸合并自锁,其主触头闭合,接通总电源。由于各凸轮控制器手柄都置于"0"位,只有 L1 相电源接通,而 L2 和 L3 两相电源断开,因此电动机还不会运转。

KM1 的得电通路和自锁通路过程如下:

KM1 线路得电通路:L11→FU1→SB→QCC112→QCC317→SQ3→SQ1→SA→K→KI4→KI3→KI2→KI1→KM1 线圈→FU1→L13。

KM1 自锁通路:KM1(1～16)→1CC110 - QCC210→SQ5→SQ7→QCC315→KM1(23～5)或 U2→SQ4→QCC111→QCC211→SQ6→SQ8→QCC316→KM1(23～5)(此时限位开关 SQ4～SQ8 都是闭合的)。

(2) 凸轮控制器控制大、小车和副钩　现以小车为例,介绍凸轮控制器 QCC2 的工作情况。当主接触器 KM1 吸合,总电源被接通,然后将 QCC2 的手柄从"0"转到"向前"位置的任一挡时,触头 QCC211、QCC212 都断开而触头 QCC210 闭合,接触器 KM1 线圈经 L11→FU1(1～16)→QCC10→QCC210→SQ5→SQ7→QCC315→KM1(23～5)→SQ3→SQ2→SQ1→SA

→K1→K14→K13→K12→K11→KM1→FU1→L13 形成通路,继续保持吸合,QCC2 的另两副主触头 QCC21 和 QCC23 闭合,电动机 M2 正转,小车向前移动。

当将 QCC2 的手柄扳到"向后"的位置的任一挡时,触头 QCC210、QCC212 都断开而 QCC211 闭合,接触器 KM1 线圈经 U2→SQ4→QCC111→QCC211→SQ6→SQ8→QCC316→KM1(5~23)→SQ3→SQ2→SQ1→K1→K14→K13→K12→K11→KM1 线圈 FU1→L13 形成通路,继续保持闭合状态,QCC2 的另两副主触头 QCC22 和 QCC24 闭合,电动机反转,小车向后移动。

若小车向后或向前运行到极限位置,则压下行程开关 SQ6 或 SQ5,切断 KM1 的自锁回路,使 KM1 失电释放,电磁制动器 YB2 失电制动,电动机失电停转。这时若想使小车向前或向后运行,则必须先将 QCC2 转回到"0"位,才能使 KM1 重新得电吸合,即实现"零"位保护。

凸轮控制器的正转触头在正向操作时,一经闭合不再打开;反向操作时,一经打开将不再闭合,不会出现接触器失电现象。反转触头与之相同。其他触头只有在打黑点和不打黑点间进行断开与闭合的切换。

当将 QCC2 的手柄扳到第 1 挡时,5 副常开触头(QCC25~QCC29)全部断开,小车电动机 M2 的转子绕组串接全部电阻,此时电动机 M2 的转速最慢;当 QCC2 的手柄扳到第 2 挡时,常开触头 QCC25 闭合,切除一段电阻 2R5,电动机 M2 加速。这样,QCC2 的手柄从第一挡转到下一挡的过程中,锄头 QCC25~QCC29 逐个闭合,依次切除转子电路中的起动电阻 2R5~2R1,直至电动机 M2 达到预定转速。

大车凸轮控制器 QCC3 的工作状况与小车基本类似。但由于大车的一台凸轮控制器同时控制两台电动机 M3 和 M4,因此多了 5 副常开触头,供切除第 2 台电动机转子绕组串联电阻用。

副钩的凸轮控制器 QCC1 的工作情况与小车相似,但由于副钩吊有重负载,并考虑到负载的重力作用,在下降负载时,应把手柄逐级扳到"下降"的最后一挡。

(3) 主令控制器对主钩的控制　有以下两种过程。

① 主钩提升重物上升过程(此过程通常分 3 个阶段完成):

a. 准备和低速上升阶段:将 M5 主电路电源开关 QS2 及其控制回路电源开关 QS3 合上,主令控制器 QM 的手柄置于"0"位,其触头 QM1 闭合,使零电压继电器 KS 通过过流继电器 K15 的常闭触头 K15(26~27)得电吸合,并通过 KS(25~26)常开触头自锁,接通控制电源,为起动电动机 M5 作准备。当重新起动时,必须将 QM 手柄扳回到"0"位,其他任何位置均不能起动,实现了零位保护作用。

当 QM 手柄置于上升"1"位时,触头 QM3、QM4、QM6、QM7 闭合,为各接触器得电作好准备。QM6 闭合,使接触器 KM2 得电吸合,电动机 M5 得电,同时,KM2 的辅助常开触头 KM2(29~35)闭合,又 QM4 闭合,使接触器 KM4 得电吸合并自锁,电磁制动器 YB5、YB6 得电并松开制动闸,电动机 M5 开始作上升运动。QM7 闭合,使接触器 KM9 得电吸合,切除转子回路的第一段电阻 5R1,这样电动机串电阻 5R2~5R7 下正向起动运转,主钩低速运行。

b. 变速上升阶段:当控制器手柄被推到上升"2、3、4、5"挡位时,其对应的触头 QM8、QM9、QM10、QM11 分别闭合,使 KM10、KM5、KM6、KM7 得电吸合,分别切除电阻 5R2~5R5,使电动机转子回路中所串电阻逐级减小,主钩处于变速上升运行。为了防止加速电阻切除顺序错误,在每一个加电阻接触器 KM6~KM8 线圈电路中,都串接有前一级接触器

KM5~KM7 的常开辅助触头 KM5(40~41)、KM6(42~43)、KM7(44~45),这样只有前一级接触器投入工作后,后一级接触器才有可能工作,从而避免事故的发生。

c. 高速提升阶段:控制器的控制手柄被推至上升"6"挡后,触头 QM12 合,使 KM8 得电吸合,切除电阻 5R6,即电动机转子回路的电阻被最后切除一段,使电动机达到最大转速,起重机主钩也随即高速上升,直达预定的位置,完成重物提升过程。

注意:在电动机达到最大转速后,电动机各相转子回路中仍流一段为软化特性而接入固定的电阻 5R7,以保证电机安全运行。触头 QM3 闭合,使上升限位开关 SQ9 串接于控制电路的电源中。若常闭触头 SQ9 断开,则切断所有接触器的电源,起到上升极限的保护作用。

② 主钩下降过程(一般分为 4 个阶段):

a. 准备阶段:QM 手柄置于'1'位时,其触头 QM3、QM6、QM7、QM8 闭合,上升限位开关 SQ9 也闭合。QM3 闭合,接通各接触器的供电电源,各接触器处于准备工作状态。QM6 闭合,使接触器 KM2 得电吸合并自锁,电动机 M5 接通正序电源,电动机 M5 可以正向起动,产生提升的电磁转矩(吊钩上升状态)。但此时由于 QM4 仍未闭合,制动接触器 KM4 未得电吸合,电磁制动器 YB5、YB6 的抱闸和载重重力作用下,迫使电动机 M5 不能起动旋转,这样重物保持一定位置不动,为重物下降作好准备(制动下降)。同时,QM7、QM8 闭合,使 KM9、KM10 得电吸合,切除转子回路中相应电阻 5R1、5R2。

注意:此段时间不易过长,以免造成电动机发热损坏。

b. 下降阶段:下降方向的前 3 挡为制动下降挡。其中,第一挡为准备下降挡,此时电磁制动器尚未松开,而电动机已产生提升重物的力矩,但转子却不能转动,形成僵持状态,为此在主令控制器下降方面的 1 挡,不允许滞留过长时间,最多不要超过 3 s,否则将造成电动机发热,使其绝缘性能下降。

这种操作用于吊钩上吊了很重的货物停留在空中或在空中移动时,为防止机械抱闸抱不住而打滑,因此使电动机产生一个向上提升的力,帮助抱闸克服过分重的货物所产生的下降力。

c. 制动下降阶段:手柄拨到下降位置 2 时,QM 的触头 QM3、QM6、QM4、QM7 闭合,接触器 KM2、KM4、KM9 得电吸合,此时由于 KM4 得电吸合,电磁抱闸 YB5、YB6 得电,将抱闸装置打开,电动机可以转动。但由于触头 QM8 断开,使 KM10 失电释放,转子中又接入一段电阻,使电动机产生的上升力减小。这时重物产生下降力大于电动机的上升力,则在负载本身的作用下,电动机作反向(重物下降)运转,电磁力成为制动力矩,重负载低速下降。

手柄拨到下降位置 3 时,触点 QM3、QM6 和 QM4 闭合,接触器 KM2、KM4 得电吸合。但由于触头 QM7 打开,使 KM9 失电释放,电动机转子回路的电阻全部接入,反接制动转矩减小,重物以较快的速度下降,若重物较轻时也可能被提升,这时可将制动器的手柄推到下一挡,使重物下降,这样可以根据负载的轻重不同,选择不同的下降速度。

d. 强力下降阶段:当控制器手柄推到下降的第 4、5、6 挡(强力 1、2、3 挡)时,为强力下降阶段。

手柄拨到下降位置 4 时,QM 的触头 QM2、QM5、QM4、QM7 和 QM8 闭合,QM3、

QM6 断开。QM3 断开,使上升行程开关 SQ9 从控制电路切除,而 QM2 闭合,接通控制电路电源,QM6 断开,提升接触器 KM2 失电释放。QM5 闭合,接触器 KM3 得电吸合,电动机反转(向下方向)。QM4 闭合,KM4 得电吸合。电磁抱闸松开时,KM9 和 KM10 得电吸合,切除转子中最初两段电阻。这时,轻负载在电动机下降转矩作用下开始强行下降,又称为强力下降。为了保证在 KM2 和 KM3 接换过程中,KM4 始终得电,电磁抱闸不动作,因此在控制电路上又 KM2、KM3、KM4 的 3 个常开触点 KM2(29~35)、KM3(29~35)、KM4(29~35)并联。

手柄拨到下降位置 5 时,QM 的触点 QM2,QM5,QM4,QM7,QM8,QM9 闭合,和上一步相比较,多了一个接触器 KM5 得电吸合,转子电阻再切除一段,电动机加速下降,进一步提高下降速度。

手柄拨到下降位置 6 时,QM 的触点 QM2、QM5、QM4、QM7、QM8、QM9、QM10、QM11、QM12 全部闭合,接触器 KM3~KM10 全部得电吸合,转子电阻全部切除,电动机以最高速度运转,负载加速下降。若在这个位置上下放较重的负载,负载力矩大于电磁力矩,转子速度大于同步转速,电磁力矩又变为制动力矩而使电动机起制动下降作用。

如果取得较低的下降速度,就需要将主令控制器手柄拨回下降位置 1 或 2,反接制动下降。为了避免在转换过程中,可能发生过高的下降速度,因此在 KM8 的线圈电路中用 KM8(46~45)自锁。同时,为了不影响提升的调速,在该支路中再串一个 KM3 的常开触头。这样,当手柄拨到 1 或 2 时,KM8 得电吸合。否则,如果没有以上的联锁装置,则当手柄向 1 位置方向回转时,如果下降中停下或要求降低下降速度,而操作人员却把手柄停留在位置 3 或 4 上,那么下降速度反而会加大,可能会造成事故。

串联在接触器 KM2 电路中的 KM2 的常开触点和 KM8 的闭合触点(这两个触点并联),使接触器 KM3 失电释放后,在接触器 KM8 失电情况下,保证只有在转子电路中保持一定的附加电阻的前提下,接触器 KM2 才能得电吸合并自锁,以防止反接时直接起动而造成危险。

当下降轻负载时,不能在位置 1 或 2 下放,否则负载反而被提上去。因此负载太轻时,应该用副钩吊起,而不用主钩吊起。

三、活动步骤

根据 20/5 t 桥式起重机电气控制原理图,写出各电机 M 的功能,并填入表 26-2-2 中。

表 26-2-2 20/5 t 桥式起重机中各电机的功能

编号	电机	功　能
1	M1	
2	M2	
3	M3、M4	
4	M5	

四、后续任务

思　　考

1. 交流起重机为什么多选用绕线转子异步电动机拖动？
2. 桥式起重机在启动前各控制手柄为什么都要置于零位？

活动三　20/5 t 桥式起重机电气控制系统的操作与调试

一、目标任务

1. 理解 20/5 t 桥式起重机电动机工作状态。
2. 理解 20/5 t 桥式起重机电气控制原理。

二、相关知识

1. 安全保护措施

（1）过流保护　每台电动机的 W、V 两相电路中，都串接过电流继电器，过电流整定值一般为电动机额定电流的 2.25～2.5 倍；U 相中串接总过电流继电器，过电流整定值为全部电动机额定电流的 1.5 倍。

（2）短路保护　在整个控制电路中，每条控制支路都由熔断器作为短路保护（FU1、FU2）。

（3）零位保护　控制系统设有零位联锁。

（4）极限位置保护　限位开关 SQ4～SQ9 分别安装在不同的极限位置上，起极限位置保护作用。

（5）停车保护　采用电磁制动器作用准确停车装置，停车保护，使被起吊的重物在停车后可靠地停住。

（6）人身安全保护　桥式起重机驾驶室的门、盖及横梁栏杆门上分别装有安全限位开关（SQ1～SQ3），它们的常开触头均与起动按钮 SB 串联。只要一处没有关紧，其触头就处于断开位置，起动按钮就不能使 KM1 得电吸合，起重机就不能得电起动运行，从而保证人身安全。

（7）应急触电保护　桥式起重机的驾驶室内，在司机操作时便于触到的地方装有一只单刀掷紧急开关 SA，它在控制线路中与电源接触器 KM1 的线圈串联。当发生意外情况时，驾驶员可立即拉下 SA，迅速使 KM1 失电释放，切断系统电源，使吊车停下（电动机制动），以避免事故的发生。

2. 控制器使用及维护

① 启动操作时，手轮转动不能太快，应逐级启动，防止电动机的冲击电流超过电流继电器的整定值。

② 控制器停止使用时，应将手轮准确地停在零位。

③ 控制器要保持清洁,经常清除金属导电粉尘;转动部分应定期加以润滑。

④ 凸轮控制器应根据所控制起重设备上的交流(直流)电动机的启动、调速、换向的技术要求和额定电流来选择。

3. 起重吊装的要求

(1) 所有起重机械工作场地必须坚实、平整、可靠,不得超负荷起吊或带病运行,司机与指挥人员,必须经过技术与安全技术培训、考试合格,领取"安全操作合格证"后方准独立操作。严禁非机操人员操纵各种机械。

(2) 起重作业应按国家规定的指挥信号,固定专人指挥,并严格执行"十不吊":

① 斜拉斜挂不吊;

② 超负荷或物件重量不清不吊;

③ 安全装置失灵不吊;

④ 吊件捆绑、吊挂不牢或不平衡不吊;

⑤ 指挥信号不明、光线暗淡、视物不清不吊;

⑥ 吊件带棱角缺口无措施不吊;

⑦ 吊件上有人或浮置物不吊;

⑧ 吊杆下及其转动范围内站人不吊;

⑨ 吊件埋在地下重量不清或未采取措施不吊;

⑩ 氧气瓶、乙瓶等无防护措施不吊。

(3) 起重机械应标明起重吨位,要有信号装置。桥式起重机必须保证有卷扬限制器、起重控制器、行程限制器、缓冲器和自动联锁装置,并灵敏可靠。

(4) 各种起重机械的性能,不准任意改变。

(5) 吊装危险区外围,必须设置防护栏和警告标志,非吊装人员不得进入危险区。

(6) 凡采用兜法吊物件时,必须在构件与钢绳承重处垫保护物。多点吊装应采用铁扁担。

(7) 吊装屋架、架的上下弦、行车梁的上部,应设置安全拉绳或安全扶手,供起重工、焊工等挂安全带用。在柱子上端,应设带护栏的操作台。

(8) 凡雷雨天、看不清信号的雾天、六级以上(含六级)大风天,不准进行吊装。

三、活动步骤

1. 分析 20/5 t 桥式起重机主钩电动机 M1 的控制过程。
2. 分析 20/5 t 桥式起重机大车电动机 M3、M4 的控制过程。

四、后续任务

思 考

1. 20/5 t 桥式起重机的电路图中,简述在主钩控制电路中,接触器 KM9 的自锁触头与 KM1 的辅助常开触头串接使用的原因。

2. 20/5 t 桥式起重机的电路图中,简述接触器 KM2 支路中 KM2 常开触头与 KM9 的辅助常闭触头并联的作用。

活动四 20/5 t 桥式起重机的故障分析

一、目标任务

了解 20/5 t 桥式起重机电气控制系统故障分析。

二、相关知识

20/5 t 桥式起重机电气控制线路常见故障分析与处理，见表 26－4－1。

表 26－4－1 20/5 t 桥式起重机电气控制线路常见故障分析与处理表

故障现象	分析原因	处理方法
合上电源隔离开关 QS1 并 SB1 后，主接触器 KM1 不吸合	线路无电压； 熔断器 FU1 熔断； 紧急开关 SA 或安全行程开关 QS1、QS2、QS3 未合上； 主接触器 KM1 线圈断路； 凸轮控制器没在"零位"，则触头 QCC1，QCC2，QCC3 分断	可用万用表测试电源开关 QS1 进行线端电压是否正常，并查清无电压原因，予以消除； 更换熔断器 FU1 的熔体； 合上紧急开关 SA 或安全行程开关 SQ1、SQ2、SQ3 即可； 可更换接触器 KM1 线圈； 应将所有凸轮控制器的手柄扳到零位
合上电源隔离开关 QS1 并按下按钮 SB1 后，主接触器 KM1 吸合，但过电流继电器动作	一般是凸轮控制器电路接地	检修时，可将保护配电盘上凸轮控制器的导线都断开，然后再将 3 个凸轮控制器逐一接上。这样接通一个，合一个主接触器 KM1，根据过电流继电器的动作确定接地的凸轮控制器，并用绝缘电阻表找出接地点
当电源接通并合上凸轮控制器后，电动机不转动	凸轮控制器的接触指与铜片未接触； 集电器发生故障； 电动机定子绕组或转子绕组断路	检查凸轮控制器的接触指与铜片，并使其接触良好； 检查集电器并使其接触良好； 可依次检查电动机定子绕组的接线端，定子绕组和转子绕组，并予以修复
当电源接通并合上凸轮控制器后，电动机起动运转，但不能发出额定功率，且转速降低	线路电压下降； 制动器未完全松开； 转子电路中串接的起动电阻器完全切除； 凸轮控制器机械卡阻	检查线路电压下降的原因并修复； 检查并调整制动器； 检查凸轮控制器中串接起动电阻器的接线端接触是否良好，并调整接触指； 检查并排除机械卡阻
凸轮控制器的手柄在工作时卡住，转不动或转不到头	凸轮控制器的接触指落到铜片下面； 定位机构发生故障	重新安装并调整控制器的接触指； 检修控制器的固定销
凸轮控制器在工作时接触指与铜片冒火甚至烧坏	控制器的接触指与铜片接触不良； 控制器过载	调整控制器的接触指与铜片间的压力； 减轻负载或换成较大容量的凸轮控制器

续　表

故障现象	分析原因	处理方法
制动电磁铁线圈过热	电磁铁线圈电压与线路电压不符； 电磁铁的牵引力过载； 在工作位置上,电磁铁的可能部分与景致部分有间隙； 制动器的工作条件与线圈数据不符； 电磁铁铁芯歪斜或机械卡阻	应更换电磁铁线圈,如三相电磁铁。可将三角形连接改成星形连接； 调整弹簧压力或重锤位置； 调整电磁铁的机械部分,减小间隙； 更换符合工作条件的线圈； 清除机械卡阻物并以调整铁芯位置
制动电磁铁响声较大	制动电磁铁过载； 铁芯极面有油污	减轻负载或调整弹簧压力； 清除油污

三、活动步骤

根据以下 20/5 t 桥式起重机的故障现象,试分析其故障原因,并写出其故障处理方法,填入表 26-4-2。

表 26-4-2　20/5 t 桥式起重机故障现象分析表

编号	故障现象	故障原因	处理方法
1	合上电源隔离开关 QS1 并 SB1 后,主接触器 KM1 不吸合		
2	当电源接通并合上凸轮控制器后,电动机不转动		
3	制动电磁铁线圈过热		

四、后续任务

20/5 t 桥式起重机的电路图中,若合上电源开关 QS1 并按下启动按钮 SB 后,主接触器 KM 不吸合,则可能的故障原因是什么?

附件 1　电气控制线路安装调试

电气控制电路鉴定板技术方案

1. 电气控制屏底层使用 6 mm 左右高硬度绝缘电木板，表面使用 1.5 mm 左右双色板作为丝印层，用于雕刻标题和器件符号，四周用 30×30 mm 规格铝合金包边，背面加封底板以保护控制屏背面接线。颜色：灰白。外围尺寸：800 mm×600 mm(长×宽)。

2. 采用 30 mm×30 mm(宽×高)规格的绝缘配线槽。

3. 电气元件选用品牌产品。元件采用导轨安装方式，便于拆装、更换。

4. 每块维修电工四级实训板上都配置三相漏电保护器，电源指示灯(每相都有独立的指示灯)，以保障考生及操作人员的人身安全。

5. 所有元器件引脚全部通过以下接线端子引出，考生通过接线端子间接连线，这样可大大延长器件的使用寿命，外部元件如电机等经过端子再与接触器等内部元件连接。

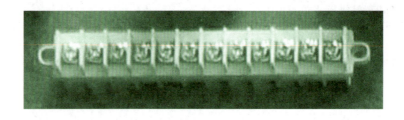

6. 考核用线按各种长度准备好，线的二头均应使用冷压接线端子(线鼻子)并套上白色套管，如下图：

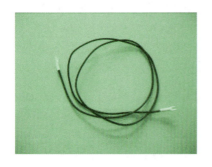 

7. 电动机严格按照布局图放置,电机转轴部分要加装保护装置。

8. 电气控制电路鉴定板上方标明试题号及试题名称。

9. 电机、按钮等外围器件通过鉴定板下方接线排接入电路。翻盖按钮、行程开关等设备考生自己从器件端子上接入接线端子。(注:行程开关外围接线采用 0.5 mm² 不带冷压接线端子的导线。)

10. 根据安全规范,接线框、电机、变压器、速度继电器等金属外壳都必需接地保护零线。

各题原理图、安装位置图及清单

1. 液压控制机床滑台运动的电气控制线路

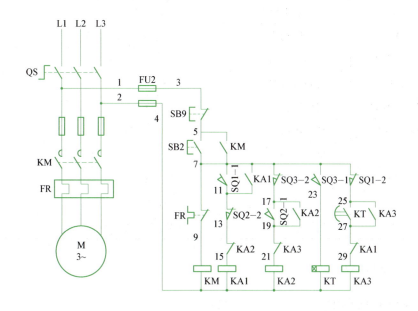

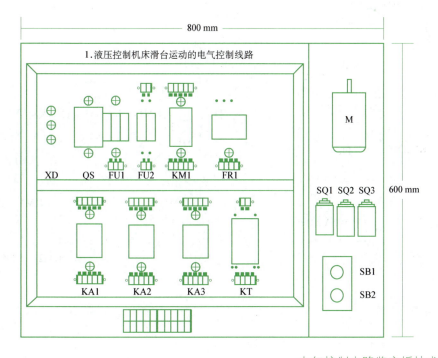

序号	符号	器件名称	型号规格	数量	单位
1	XD	电源指示灯	AD16—16D,380 V 红/绿/黄各一只	3	只
2	QS	带漏电三相断路器	DZ47LE—3P,C6	1	只
3	FU1,FU2	保险丝座	RT18	5	只
4		保险丝芯	RT14ϕ10×38 2 A	5	只
5	KM	三相接触器	CJX1—9/22,380 V	1	只
6	FR	三相热继电器	JR36—20	1	只
7	M	三相电动机	JW—6 314/180 W	1	台
8	KA1～KA3	中间继电器	JZ7—44,380 V	3	只
9	KT	时间继电器	JSZ3 A—B	1	只
10	SQ1～SQ3	限位开关	YBLX—19/001	3	只
11	SB1,SB2	翻盖按钮	LA4—2H	1	只
12	2 路	接线端子	WJT8—2.5	3	节
13	3 路	接线端子	WJT8—2.5	2	节
14	4 路	接线端子	WJT8—2.5	7	节
15	5 路	接线端子	WJT8—2.5	8	节

2. 双速电动机自动控制线路

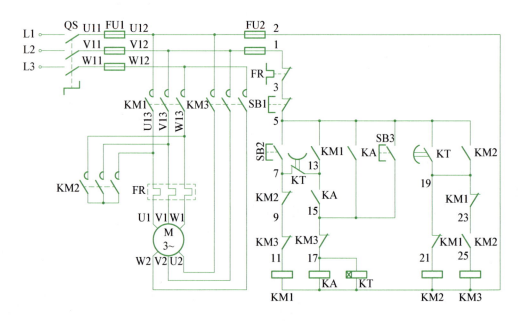

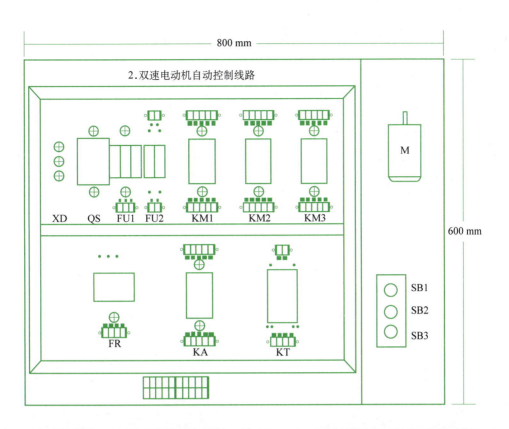

2. 双速电动机自动控制线路

序号	符号	器件名称	型号规格	数量	单位
1	XD	电源指示灯	AD16—16D,380 V 红/绿/黄各一只	3	只
2	QS	带漏电三相断路器	DZ47LE—3P,C6	1	只
3	FU1,FU2	保险丝座	RT18	5	只
4		保险丝芯	RT14ϕ10×38 2 A	5	只
5	KM1~KM3	三相接触器	CJX1—9/22,380 V	3	只
6	FR	三相热继电器	JR36—20	1	只
7	M	三相双速电动机	JW—6 314(180 W/120 W)	1	台
8	KA	中间继电器	JZ7—44,380 V	1	只
9	KT	时间继电器	JSZ3A—B	1	只
10	SB1~SB3	翻盖按钮	LA4—3H	1	只
11	2路	接线端子	WJT8—2.5	9	节
12	3路	接线端子	WJT8—2.5	1	节
13	4路	接线端子	WJT8—2.5	2	节
14	5路	接线端子	WJT8—2.5	8	节
15	6路	接线端子	WJT8—2.5	1	节

3. 三相异步电动机双重联锁正反转起动能耗制动控制线路

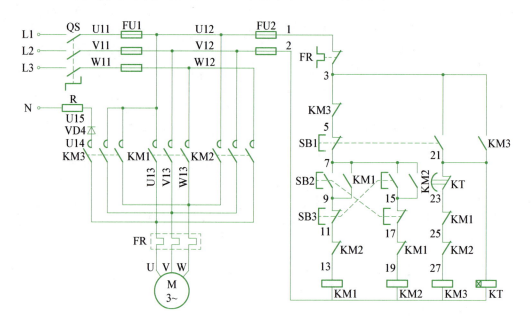

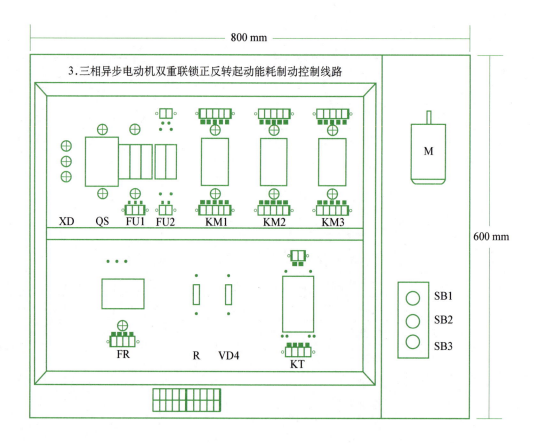

序号	符号	器件名称	型号规格	数量	单位
1	XD	电源指示灯	AD16—16D, 380 V 红/绿/黄各一只	3	只
2	QS	带漏电三相断路器	DZ47LE—3P, C6	1	只
3	FU1, FU2	保险丝座	RT18	5	只
4		保险丝芯	RT14ϕ10×38 2 A	5	只
5	KM1～KM3	三相接触器	CJX1—9/22, 380 V	3	只
6	FR	三相热继电器	JR36—20	1	只
7	M	三相异步电动机	JW—6 314/180 W	1	台
8	KT	时间继电器	JSZ3 A—B	1	只
9	SB1～SB3	按钮	LA4—3H	1	只
10	VD4	二极管	1N4007	1	只
11	R	电阻	1K, 50 W	1	只
12	2 路	接线端子	WJT8—2.5	9	节
13	3 路	接线端子	WJT8—2.5	2	节
14	4 路	接线端子	WJT8—2.5	2	节
15	5 路	接线端子	WJT8—2.5	6	节

4. 通电延时带直流能耗制动的 Y-△起动的控制线路

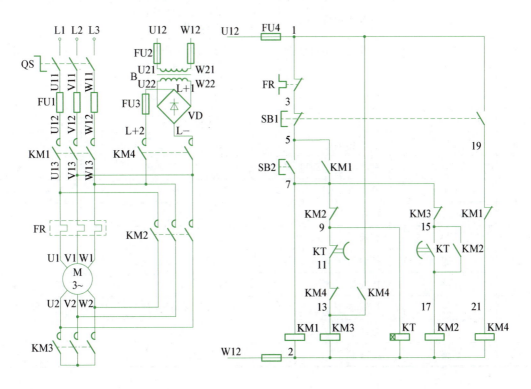

电气控制电路鉴定板技术方案

337

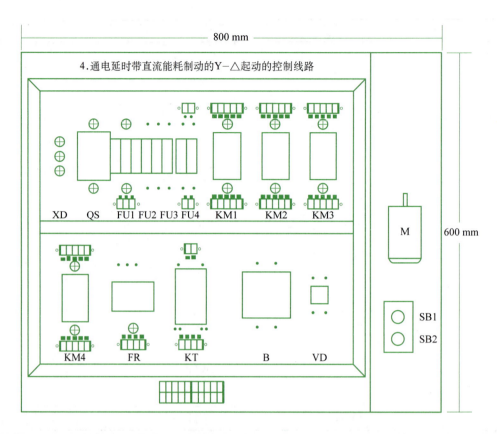

序号	符号	器件名称	型号规格	数量	单位
1	XD	电源指示灯	AD16—16D，380 V 红/绿/黄各一只	3	只
2	QS	带漏电三相断路器	DZ47LE—3P，C6	1	只
3	FU1～FU4	保险丝座	RT18	8	只
4		保险丝芯	RT14ϕ10×38 2 A	8	只
5	KM1～KM4	三相接触器	CJX1—9/22，380 V	4	只
6	FR	三相热继电器	JR36—20	1	只
7	M	三相异步电动机	JW—6 314/180 W	1	台
8	KT	时间继电器	JSZ3 A—B	1	只
9	SB1，SB2	按钮	LA4—2H	1	只
10	VD	整流桥	KBPC10—10	1	只
11	2 路	接线端子	WJT8—2.5	7	节
12	3 路	接线端子	WJT8—2.5	1	节
13	4 路	接线端子	WJT8—2.5	2	节
14	5 路	接线端子	WJT8—2.5	8	节
15	6 路	接线端子	WJT8—2.5	1	节

5. 断电延时带直流能耗制动的 Y-△ 起动的控制线路

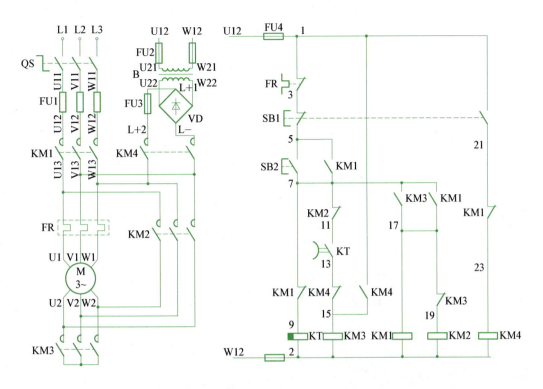

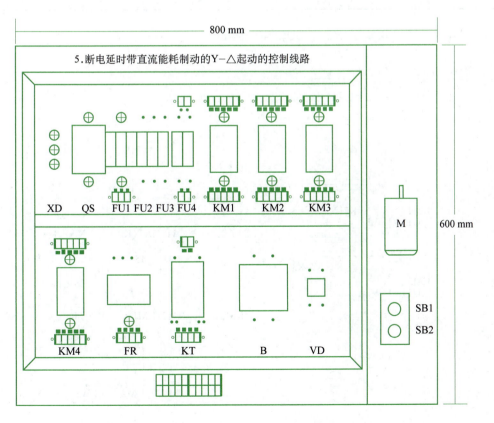

电气控制电路鉴定板技术方案

序号	符号	器件名称	型号规格	数量	单位
1	XD	电源指示灯	AD16—16D，380 V 红/绿/黄各一只	3	只
2	QS	带漏电三相断路器	DZ47LE—3P，C6	1	只
3	FU1～FU4	保险丝座	RT18	8	只
4		保险丝芯	RT14φ10×38 2 A	8	只
5	KM1～KM4	三相接触器	CJX1—9/22，380 V	4	只
6	FR	三相热继电器	JR36—20	1	只
7	M	三相电动机	JW—6 314/180 W	1	台
8	KT	时间继电器	JSZ3 A—B	1	只
9	SB1，SB2	按钮	LA4—2H	1	只
10	VD	整流桥	KBPC10—10	1	只
11	B	变压器	BK—25 VA，380 V/6.3，12，24，36 V	1	只
12	2 路	接线端子	WJT8—2.5	7	节
13	3 路	接线端子	WJT8—2.5	1	节
14	4 路	接线端子	WJT8—2.5	2	节
15	5 路	接线端子	WJT8—2.5	8	节
16	6 路	接线端子	WJT8—2.5	1	节

6. 三相异步电动机减压起动反接制动控制线路

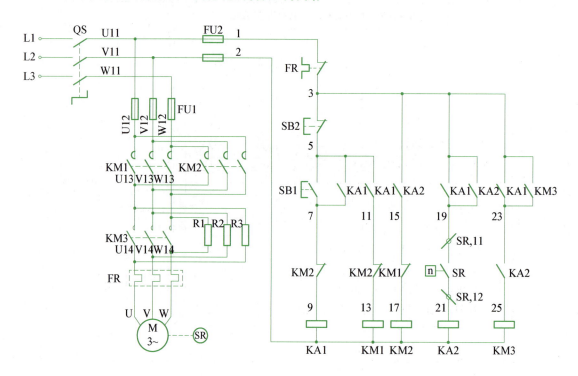

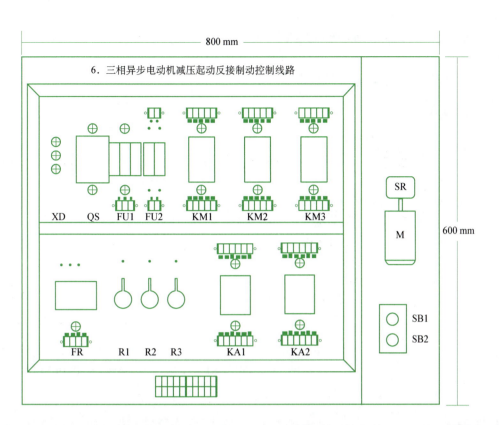

6. 三相异步电动机减压起动反接制动控制线路

序号	符号	器件名称	型号规格	数量	单位
1	XD	电源指示灯	AD16-16D，380 V 红/绿/黄各一只	3	只
2	QS	带漏电三相断路器	DZ47LE-32/3P，C6	1	只
3	FU1，FU2	保险丝座	RT18	5	只
4		保险丝芯	RT14 φ10×38 2 A	5	只
5	KM1~KM3	三相接触器	CJX1-9/22，380 V	3	只
6	FR	三相热继电器	JR36-20	1	只
7	KA1，KA2	中间继电器	JZ7-44，380 V	2	只
8	M	三相异步电动机	JW-6 314/180 W	1	台
9	SR	速度继电器	JY1-2 A 500 V	1	只
10	SB1，SB2	按钮	LA4-2H	1	只
11	R1~R3	电阻	1k，50 W	3	只
12	2 路	接线端子	WJT8-2.5	6	节
13	3 路	接线端子	WJT8-2.5	1	节
14	4 路	接线端子	WJT8-2.5	1	节
15	5 路	接线端子	WJT8-2.5	6	节
16	6 路	接线端子	WJT8-2.5	5	节

7. 自耦变压器减压起动的控制线路

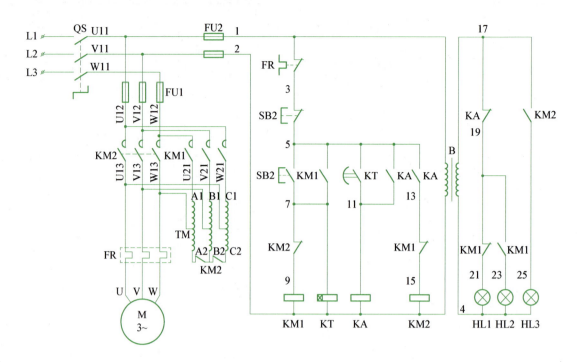

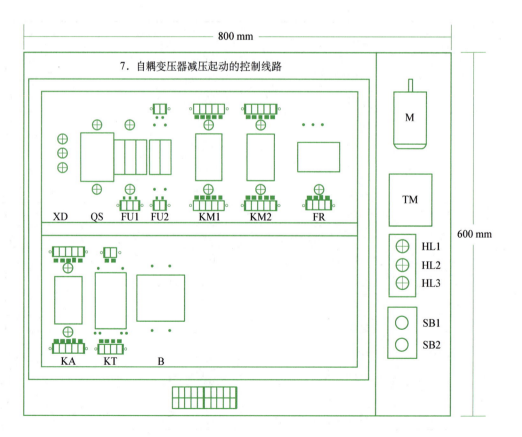

序号	符号	器件名称	型号规格	数量	单位
1	XD	电源指示灯	AD16-16D, 380 V 红/绿/黄各一只	3	只
2	QS	带漏电三相断路器	DZ47LE-3P, C6	1	只
3	FU1, FU2	保险丝座	RT18	5	只
4		保险丝芯	RT14 φ10×38 2 A	5	只
5	KM1, KM2	三相接触器	CJX1-9/22, 380 V	2	只
6	FR	三相热继电器	JR36-20	1	只
7	KA	中间继电器	JZ7-44, 380 V	1	只
8	M	三相异步电动机	JW-6 314/180 W	1	台
9	KT	时间继电器	JSZ3 A-B	1	只
10	SB1, SB2	按钮	LA4-2H	1	只
11	B	变压器	BK-25 VA, 380 V/ 6.3, 12, 24, 36 V	1	只
12	HL1~HL3	指示灯	AD16-22D, 36 V,黄色 AD16-22D, 36 V,红色 AD16-22D, 36 V,绿色	3	只
13	TM	自耦变压器		1	只
14	2路	接线端子	WJT8-2.5	13	节
15	3路	接线端子	WJT8-2.5	1	节
16	4路	接线端子	WJT8-2.5	2	节
17	5路	接线端子	WJT8-2.5	6	节
18	12路	接线端子	WJT8-2.5	1	节

8. 延边三角形减压起动的控制线路

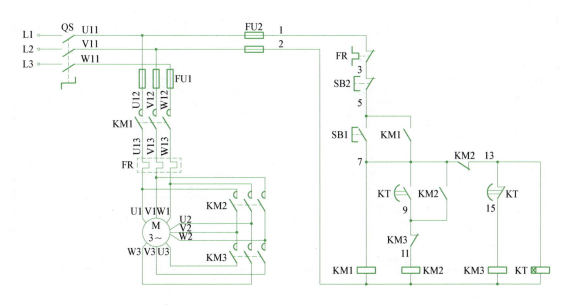

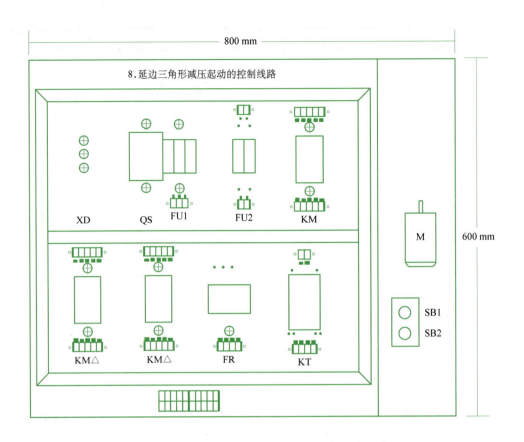

序号	符号	器件名称	型号规格	数量	单位
1	XD	电源指示灯	AD16-16D, 380 V 红/绿/黄各一只	3	只
2	QS	带漏电三相断路器	DZ47LE-3P, C6	1	只
3	FU1, FU2	保险丝座	RT18	5	只
4		保险丝芯	RT14 φ10×38 2 A	5	只
5	KM~KM△	三相接触器	CJX1-9/22, 380 V	3	只
6	FR	三相热继电器	JR36-20	1	只
7	M	三相电动机	JW-6 314/180 W	1	台
8	KT	时间继电器	JSZ3 A-B	1	只
9	SB1, SB2	按钮	LA4-2H	1	只
10	2 路	接线端子	WJT8-2.5	7	节
11	3 路	接线端子	WJT8-2.5	1	节
12	4 路	接线端子	WJT8-2.5	2	节
13	5 路	接线端子	WJT8-2.5	6	节
14	9 路	接线端子	WJT8-2.5	1	节

9. 带桥式整流的正反转能耗制动的控制线路

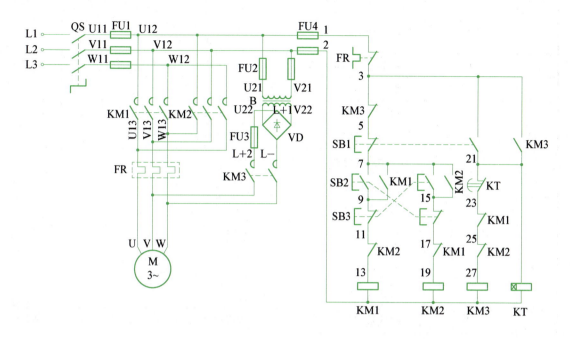

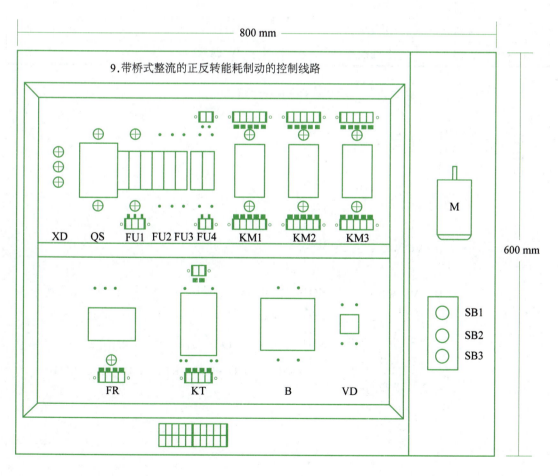

电气控制电路鉴定板技术方案

序号	符号	器件名称	型号规格	数量	单位
1	XD	电源指示灯	AD16-16D，380 V 红/绿/黄各一只	3	只
2	QS	带漏电三相断路器	DZ47LE-32/3P，C6	1	只
3	FU1~FU4	保险丝座	RT18	8	只
4		保险丝芯	RT14 φ10×38 2 A	8	只
5	KM1~KM3	三相接触器	CJX1-9/22，380 V	3	只
6	FR	三相热继电器	JR36-20	1	只
7	M	三相异步电动机	JW-6 314/180 W	1	台
8	KT	时间继电器	JSZ3 A-B	1	只
9	SB1~SB3	按钮	LA4-3H	1	只
10	B	变压器	BK-25 VA，380 V/6.3，12，24，36 V	1	只
11	VD	整流桥	KBPC10-10	1	只
12	2路	接线端子	WJT8-2.5	9	节
13	3路	接线端子	WJT8-2.5	2	节
14	4路	接线端子	WJT8-2.5	2	节
15	5路	接线端子	WJT8-2.5	6	节

10. 绕线式交流异步电动机自动起动控制线路

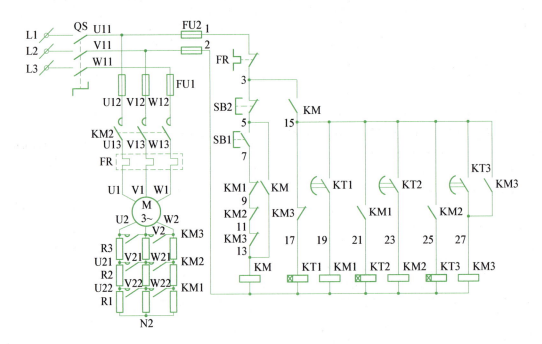

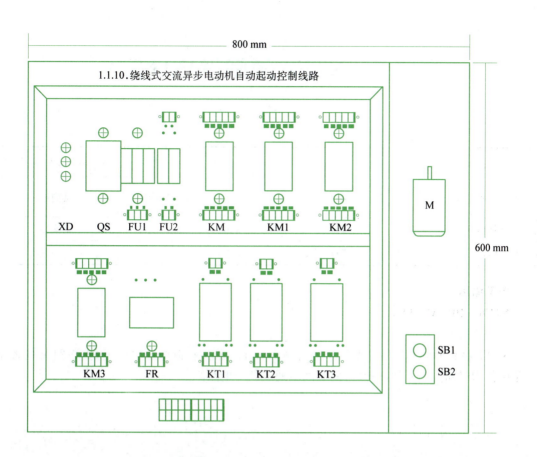

序号	符号	器件名称	型号规格	数量	单位
1	XD	电源指示灯	AD16-16D, 380 V 红/绿/黄各一只	3	只
2	QS	带漏电三相断路器	DZ47LE-3P, C6	1	只
3	FU1, FU2	保险丝座	RT18	5	只
4		保险丝芯	RT14 $\phi 10 \times 38$ 2 A	5	只
5	KM, KM1~KM3	三相接触器	CJX1-9/22, 380 V	4	只
6	FR	三相热继电器	JR36-20	1	只
7	M	三相异步电动机	JW-6 314/180 W	1	台
8	KT	时间继电器	JSZ3 A-B	3	只
9	SB1, SB2	按钮	LA4-2H	1	只
10	R1~R3	电阻	1k, 50 W	9	只
11	2路	接线端子	WJT8-2.5	9	节
12	3路	接线端子	WJT8-2.5	2	节
13	4路	接线端子	WJT8-2.5	4	节
14	5路	接线端子	WJT8-2.5	8	节

附件 2　NTE8 时间继电器简介

应用范围	继电器	品牌	CHINT/正泰	型号	NTE8‑10B AC230V
产品系列	NTE8 系列时间继电器	触点负载	见描述	触点切换电流	见描述
触点切换电压	见描述	触点形式	见描述	额定电流	见描述
额定电压	见描述	防护特征	见描述	线圈电源	见描述

型号描述

NTE8‑10B AC230 V

1. 适用范围

NTE8 系列时间继电器主要用于交流频率 50 Hz,额定控制电源电压至 230 V24 V 的控制电路中作为时间控制元件,按额定的时间接通或断开电路。

2. 型号及含义

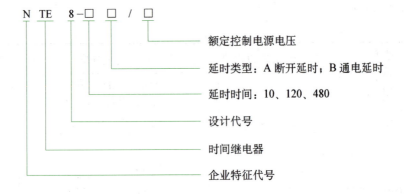

3. 主要参数及技术性能

型号	NTE8
工作方式	断开延时、通电延时
延时范围	0.1 s—10 s、10 s—120 s、30 s—480 s
触点数量	延时 1 常开
触点容量	Ue/Ie:AC‑15 230 V/1 A;DC‑13 30 V/1 A;1 th:5 A
工作电压	AC230 V、AC24 V、DC24 V
电寿命	1×10^5

续 表

型号	NTE8
机械寿命	1×10^5
环境温度	$-5℃-+40℃$
安装方式	导轨式

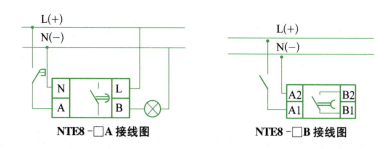

NTE8 -□A 接线图　　　　NTE8 -□B 接线图

4. 外形及安装尺寸

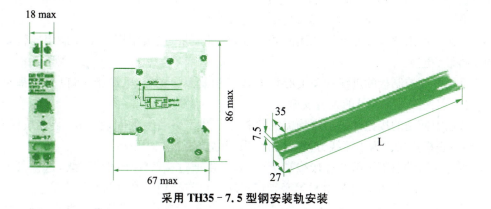

采用 TH35‐7.5 型钢安装轨安装

附件3 电气控制线路接线

电气控制电路接线鉴定板技术方案

一、电气控制电路接线鉴定板

1. 电气控制鉴定板底层使用6 mm左右高硬度绝缘电木板,表面使用1.5 mm左右双色板作为丝印层,用于雕刻标题和器件符号,四周用30 mm×30 mm规格铝合金包边,鉴定板背后加封底板以保护控制板背面接线。颜色:灰白。外围尺寸:800 mm×600 mm(长×宽)。

2. 采用30 mm×30 mm(宽×高)规格的绝缘配线槽。

3. 试题中使用的电气元件均选用品牌产品,保证质量,经久耐用。元件采用导轨安装方式,便于拆装、更换。

4. 每块电气控制板的进线开关上必须安装三相漏电保护器,电源指示灯(每相都有独立的指示灯),以保障操作人员的人身安全。

5. 试题中使用的按钮及指示灯均需完全按工厂生产设备上的安装方式,装在按钮盒上,按钮盒再与底板连接。为了接线方便,按钮盒采用翻盖式的。

6. 所有元器件引脚全部通过接线端子引出,考生通过接线端子间接连线,这样可大大延长器件的使用寿命,外部元件如电机等必须经过端子再与接触器等内部元件连接。

7. 考核用线可采用截面为1 mm² 左右的多股软线,考前必须按各种长度准备好,线的二头均应使用冷压接线端子(线鼻子)并套上套管。

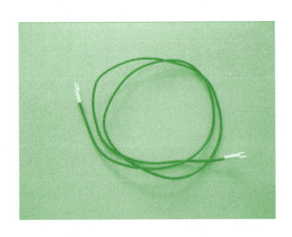

8. 电机转轴部分要加装保护装置。

9. 电机、按钮等外围器件通过鉴定板下方接线排接入电路。翻盖按钮、行程开关等设备考生自己从器件端子上接入接线端子。（注：行程开关外围接线采用 $0.5~\text{mm}^2$ 不带冷压接线端子的导线。）

10. 接线框、电机、变压器、速度继电器等金属外壳都必需接地保护零线。

二、各试题布局图和器件清单

1. 延时起动延时停止控制线路安装及调试

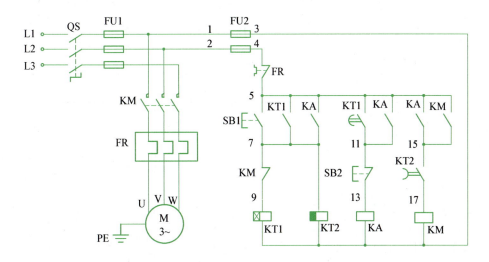

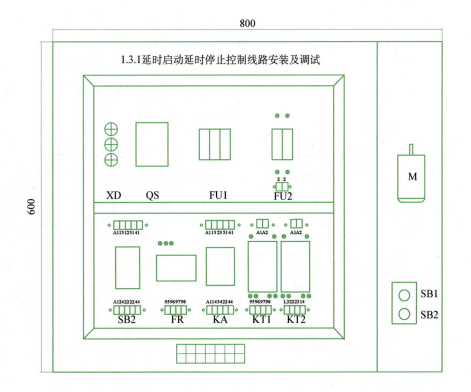

序号	器件名称	型号规格	数量	单位
1	带漏电三相断路器	DZ47LE-32/3P，C6	1	只
2	电源指示灯	AD16-16D，380 V 红/绿/黄各一只	3	只
3	保险丝座	RT18	5	只
4	保险丝芯	RT14 $\phi 10\times 38$ 2 A	5	只
5	翻盖按钮盒	LA4-2H	1	只
6	交流接触器	CJX1-9/22	2	只
7	时间继电器	JS7	2	只
8	三相异步电动机	JW-6 315/180 W	1	台

2. 三相异步电动机正反转控制电路安装调试

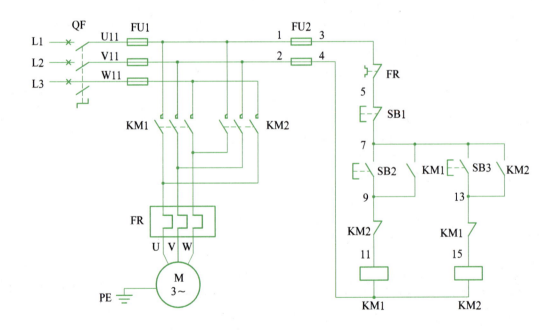

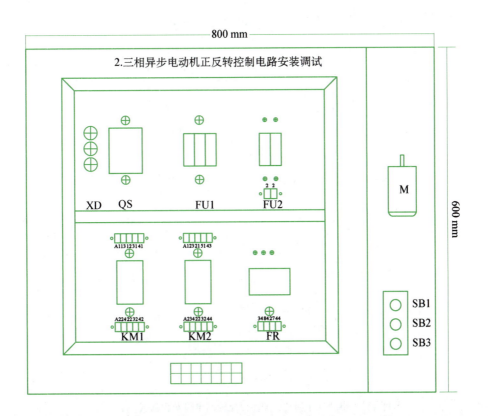

序号	器件名称	型号规格	数量	单位
1	带漏电三相断路器	DZ47LE-32/3P，C6	1	只
2	电源指示灯	AD16-16D，380 V 红/绿/黄各一只	3	只
3	保险丝座	RT18	5	只
4	保险丝芯	RT14　ϕ10×38 2 A	5	只
5	翻盖按钮盒	LA4-3H	1	只
6	交流接触器	CJX1-9/22	2	只
7	热继电器	JR36	1	只
8	三相异步电动机	JW-6 315/180 W	1	台

3. 两台异步电动顺序启动、顺序停止控制电路安装调试

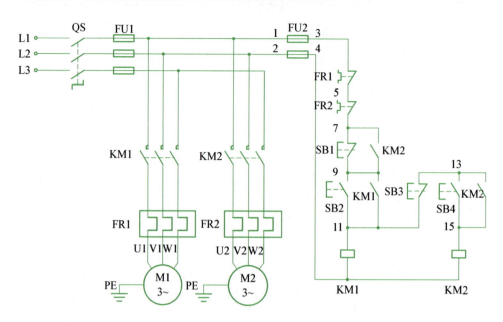

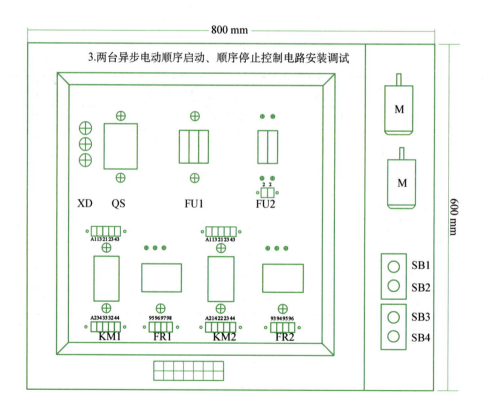

序号	器件名称	型号规格	数量	单位
1	带漏电三相断路器	DZ47LE-32/3P, C6	1	只
2	电源指示灯	AD16-16D, 380 V 红/绿/黄各一只	3	只
3	保险丝座	RT18	5	只
4	保险丝芯	RT14 φ10×38 2 A	5	只
5	翻盖按钮盒	LA4-2H	2	只
6	交流接触器	CJX1-9/22	2	只
7	热继电器	JR36	2	只
8	三相异步电动机	JW-6 315/180 W	2	台

4. 工作台自由往返控制电路安装调试

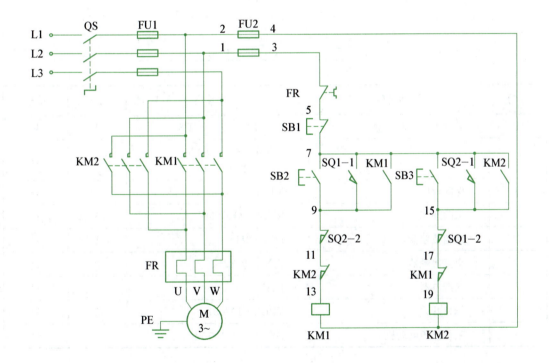

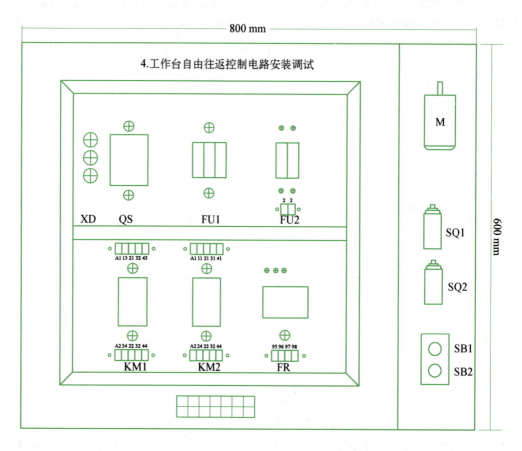

序号	器件名称	型号规格	数量	单位
1	带漏电三相断路器	DZ47LE-32/3P, C6	1	只
2	电源指示灯	AD16-16D, 380 V 红/绿/黄各一只	3	只
3	保险丝座	RT18	5	只
4	保险丝芯	RT14 $\phi 10 \times 38$ 2 A	5	只
5	翻盖按钮盒	LA4-3H	1	只
6	交流接触器	CJX1-9/22	2	只
7	热继电器	JR36	1	只
8	行程开关	YBLX-19/001	2	只
9	三相异步电动机	JW-6 314/180 W	1	台

5. 三相异步电动机按钮、接触器双重连锁的正反转控制电路安装调试

电路器件分布图

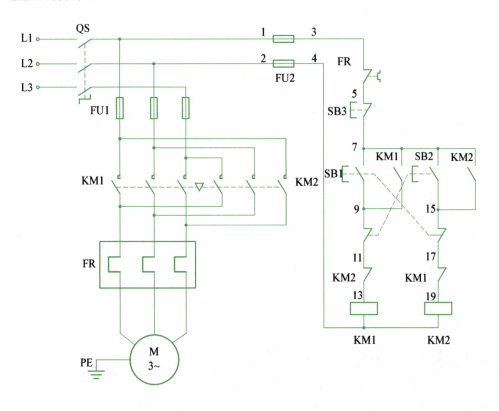

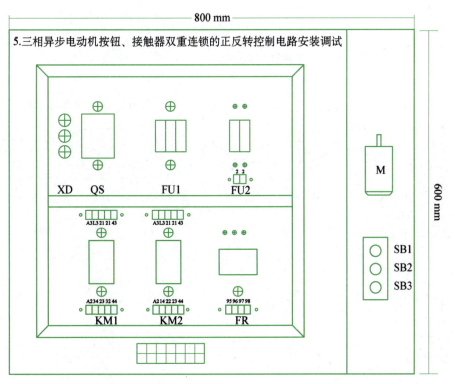

序号	器件名称	型号规格	数量	单位
2	带漏电三相断路器	DZ47LE-32/3P，C6	1	只
3	电源指示灯	AD16-16D，380 V 红/绿/黄各一只	3	只
4	保险丝座	RT18	5	只
5	保险丝芯	RT14 φ10×38 2 A	5	只
6	翻盖按钮盒	LA4-3H	1	只
7	交流接触器	CJX1-9/22	2	只
8	热继电器	JR36	1	只
1	三相异步电动机	JW-6 314/180 W	1	台

6. 异步电动机连续与点动混合控制线路

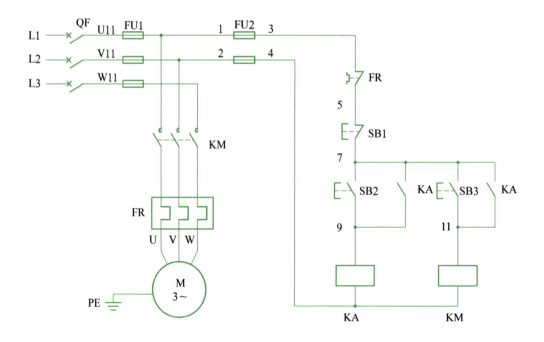

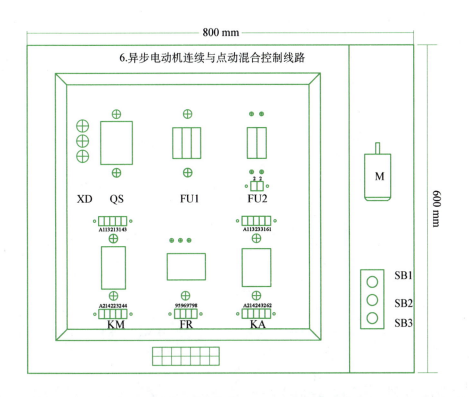

6.异步电动机连续与点动混合控制线路

序号	器件名称	型号规格	数量	单位
1	带漏电三相断路器	DZ47LE-32/3P，C6	1	只
2	电源指示灯	AD16-16D，380 V 红/绿/黄各一只	3	只
3	保险丝座	RT18	5	只
4	保险丝芯	RT14 φ10×38 2 A	5	只
5	翻盖按钮盒	LA4-3H	1	只
6	交流接触器	CJX1-9/22	2	只
7	热继电器	JR36	1	只
8	三相异步电动机	JW-6 314/180 W	1	台

7. 异步电动机串电阻起动控制线路

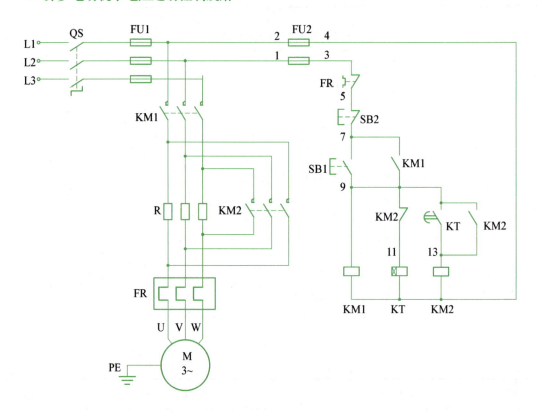

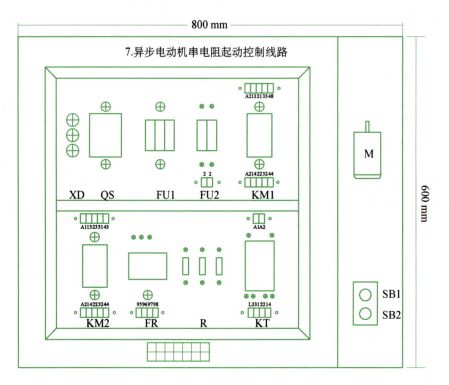

序号	器件名称	型号规格	数量	单位
1	带漏电三相断路器	DZ47LE-32/3P, C6	1	只
2	电源指示灯	AD16-16D, 380 V 红/绿/黄各一只	3	只
3	保险丝座	RT18	5	只
4	保险丝芯	RT14 φ10×38 2 A	5	只
5	翻盖按钮盒	LA4-2H	1	只
6	交流接触器	CJX1-9/22	2	只
7	热继电器	JR36	1	只
8	功率电阻	1K/50 W	3	只
9	时间继电器	JSZ3	1	只
10	三相异步电动机	JW-6 314/180 W	1	台

8. Y-△减压起动控制线路

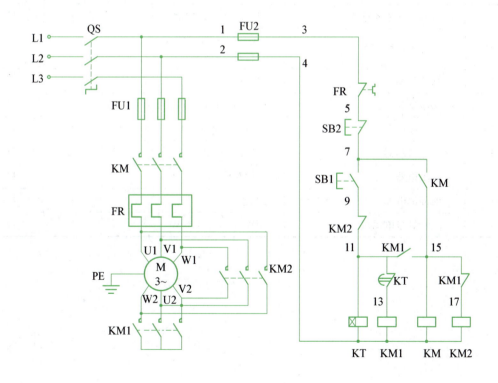

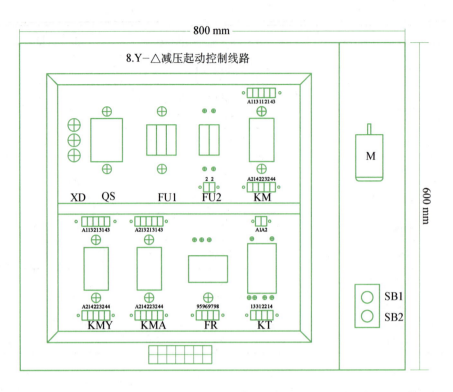

序号	器件名称	型号规格	数量	单位
1	带漏电三相断路器	DZ47LE-32/3P, C6	1	只
2	电源指示灯	AD16-16D, 380 V 红/绿/黄各一只	3	只
3	保险丝座	RT18	5	只
4	保险丝芯	RT14 $\phi 10 \times 38$ 2 A	5	只
5	翻盖按钮盒	LA4-2H	1	只
6	交流接触器	CJX1-9/22	3	只
7	热继电器	JR36	1	只
8	时间继电器	JSZ3	1	只
9	三相异步电动机	JW-6 314/180 W	1	台

9. 异步电动机反接制动控制线路

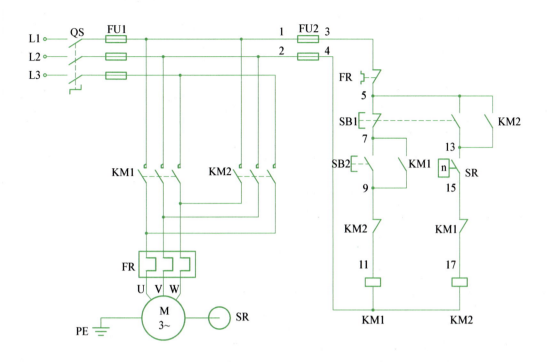

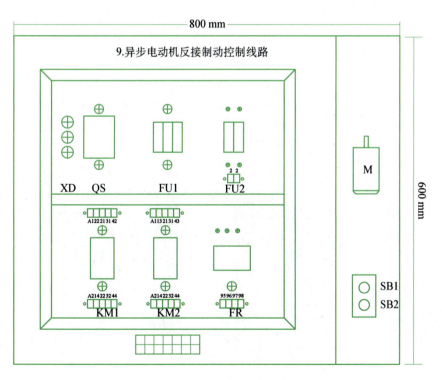

序号	器件名称	型号规格	数量	单位
1	带漏电三相断路器	DZ47LE-32/3P，C6	1	只
2	电源指示灯	AD16-16D，380 V 红/绿/黄各一只	3	只
3	保险丝座	RT18	5	只
4	保险丝芯	RT14　$\phi 10 \times 38$　2 A	5	只
5	翻盖按钮盒	LA4-2H	1	只
6	交流接触器	CJX1-9/22	2	只
7	热继电器	JR36	1	只
8	三相异步电动机	JW-6　314/180 W	1	台

10. 带抱闸制动的异步电动机二地控制电路安装调试

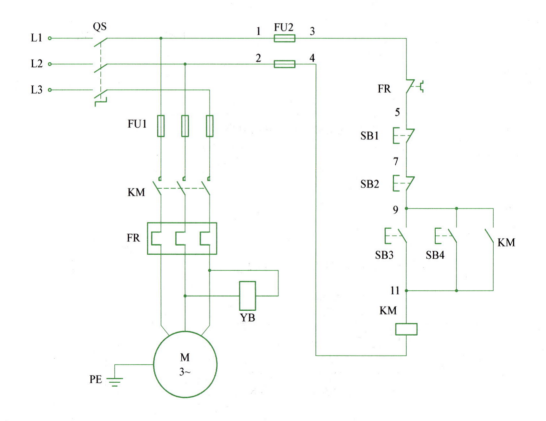

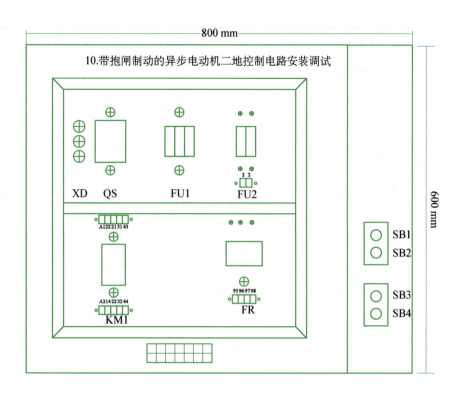

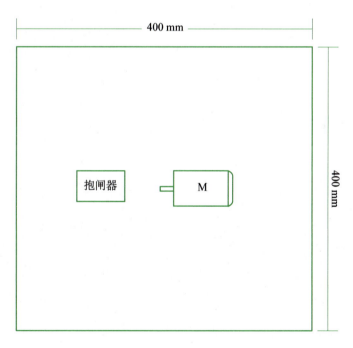

序号	器件名称	型号规格	数量	单位
1	带漏电三相断路器	DZ47LE-32/3P，C6	1	只
2	电源指示灯	AD16-16D，380 V 红/绿/黄各一只	3	只
3	保险丝座	RT18	5	只
4	保险丝芯	RT14　ϕ10×38 2 A	5	只
5	翻盖按钮盒	LA4-2H	2	只
6	交流接触器	CJX1-9/22	2	只
7	热继电器	JR36	1	只
8	抱闸器	TJ2-100	1	只
9	三相异步电动机	JW-6 314/180 W	1	台

附件4 第44届世界技能大赛全国选拔赛

电气装置项目赛场技术说明

一、电气装置项目场地布局

选手活动空间约 9.1 m²(长 3.5 m、宽 2.6 m),总面积约 684 m²(38 m×18 m)。

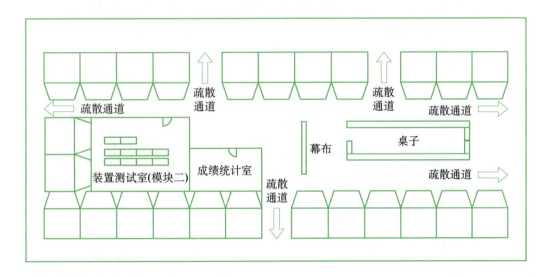

二、承办单位赛场设备准备

1. 模块1 使用新兴技术进行电气设备安装

工作间型号:DLDS-1214F 电气装置实训系统。尺寸为:高 2.4 m,正面宽 1.8 m,侧面宽 1.2 m,顶面成自然梯形。

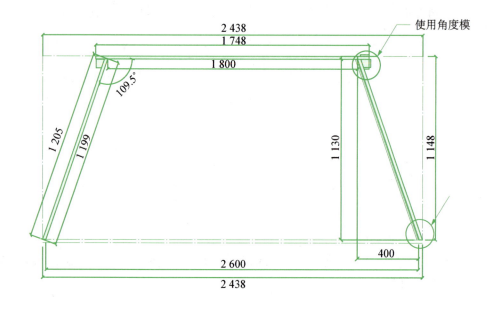

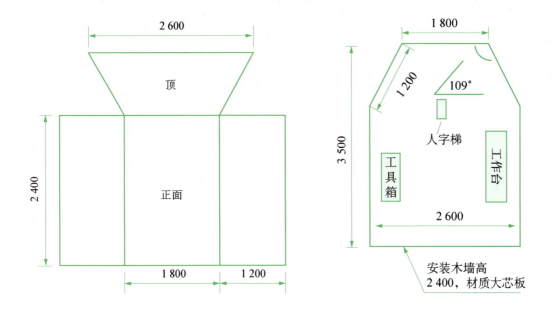

每个工位配备设备电源插座（AC380 V 三相五线）1 个、计算机电源插座（AC220 V 单相）1 个、选手施工电源插座（AC220 V 单相）1 个，工位内配备照明日光灯。模块 1 还需提供的设备：

名称	参考图示	技术要求	数量
工作台		不小于 1 600 cm×700 cm 钢木结构,钢腿牢固,木面厚度不小于 4 cm	按工位准备
台虎钳		6寸,15 kg	按工位准备固定在工作台面上
人字梯		高度不小于 1.2 m,安全、牢固、两梯支架之间带支撑杆	按工位准备
计算机和U盘		主流计算机配置（可配笔记本电脑）	按工位准备
计算机桌和座椅		牢固、稳定	按工位准备
扫帚、簸箕			按工位准备

2. 模块 2　装置测试设备

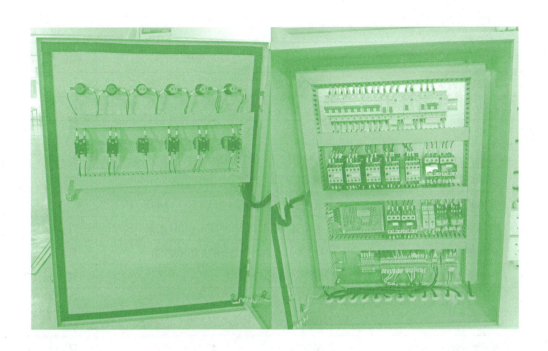

序号	名称	型号及规格	单位	数量
1	工业配电箱	800 mm×600 mm×230 mm	个	1
2	断路器	DZ47-60 C 型 3P 25 A	只	1
3	断路器	DZ47-60 C 型 3P 10 A	只	1
4	断路器	DZ47-60 C 型 3P 10 A	只	1
5	断路器	DZ47-60 C 型 1P 10 A	只	1
6	断路器	DZ47LE-60 C 型 1P+N 20 A	只	1
7	断路器	DZ47 sLE-60 C 型 1P+N 20 A	只	1
8	断路器	DZ47 sLE-60 C 型 1P 6 A	只	1
9	断路器	DZ47 sLE-60 C 型 2P 5 A	只	1
10	接触器	CJX1-9/22Z DC24 V	只	5
12	热继电器	JRS1D-25/Z 0.63-1 A	只	3
13	热继电器	JRS1D-25/Z 0.4-0.63 A	只	1
14	热继电器座	同上配套使用	只	4
15	单联单控	86 型 AC220 V	只	2
16	单联双控	86 型 AC220 V	只	2
17	移动探测器	TCZ3900 AC220 V 86 型	只	1
18	白炽灯	AC220 V 25 W 小灯泡	只	4
19	5孔插座	86 型 AC220 V	只	2

续 表

序号	名称	型号及规格	单位	数量
20	DC24 V 开关电源	DC24 V 3 A	只	1
21	按钮	φ22 红色 自复位	只	2
22	按钮	φ22 绿色 自复位	只	4
23	行程开关	LXJM-8 108 德力西	只	2
24	指示灯	DC24 V 绿色 φ22	只	4
25	光电式传感器	外径 18 PNP DC24 V BR100-DDT-P	只	2
26	时间继电器	通电延时 DC24 V NTE8-10B 正泰	只	2
27	中间继电器	DC24 V LY4N-J 4开4闭欧姆龙	只	2
28	中间继电器座	PTF14 A-E 欧姆龙	只	2
29	指示灯	φ22 DC24 V 红色	只	2
30		φ22 DC24 V 绿色	只	2
31	86 型明盒	明装	只	11
32	按钮盒	JL-BX2-22	只	1
33	分线盒	160×90	只	3
34	螺口灯座	86型 E27	只	4
35	接线端子	龙牌 FJ1-2.5	只	40
36	双色	龙牌 FJ1-2.5	只	3
37	挡板	龙牌 与上端子型号配套使用	只	3
38	白条	龙牌 与上端子型号配套使用	条	8
39	接线端子	龙牌 FJ1-6	个	4
40	双色	龙牌 FJ1-6	个	1
41	挡板	龙牌 与上端子型号配套使用	个	1
42	白条	龙牌 与上端子型号配套使用	条	1
43	堵头		个	8
44	导轨	35 mm 铝制 1米/根	根	2
45	行线槽	4050 2米/根	根	2
46		3030 2米/根	根	1
47	PVC线槽	60×40,2米/根 加厚	根	3
48	PVC线槽封堵	60×40,与上面线槽配套使用	个	3
49	多股软导线	$1×1.5\ mm^2$,黑色,	米	50
50	多股软导线	$1×0.75\ mm^2$,蓝色、红色,各100米	米	50

续 表

序号	名称	型号及规格	单位	数量
51	多股软导线	$1\times2.5\ mm^2$,蓝色、黑色,各10米	米	20
52	多股软导线	$1\times1.5\ mm^2$,双色,	米	10
53	电缆	$3\times1\ mm^2$,带接地,黑灰色	米	20
54	电缆	$4\times1\ mm^2$,黑灰色	米	20
55	电缆	$5\times1\ mm^2$,黑灰色	米	20
56	电缆	$6\times1\ mm^2$,黑灰色	米	20
62	自锁尼龙扎带	黑色 4×300	包	1
65	防水接头	PG13	个	110
66	电缆固定件	STM-1 中间固定孔为3 mm,最好是黑色	个	25
67	三相异步电动机	JW6324-180 W AC380 V 额定电流 0.65 A	台	1
68	三相双速异步电动机	YSB71-24 120/180 W 额定电流 0.52/0.63 A	台	1
70	电动机端子支架	折弯件	个	1
71	2路连接器	WAGO,222-412	只	30
79	地排		套	1
80	三芯电缆线	$3\times2.5\ mm^2$,带接地,黑灰色	米	5
81	三孔插头	国标	个	1
82	按钮标牌	22 mm	个	12

3. 赛场计算机预装软件

模块1电气设备安装模块每个工位需准备一台计算机,并配计算机推车、凳、鼠标垫、电源插排,需安装的软件:

序号	名称	型号
1	计算机操作系统	Win 7 中文版
2	LOGO 编程软件	LOGO! Soft Comfort V8.0 中英文版(兼容 LOGO! OAB7/OAB8 系列)
3	输入法	搜狗拼音输入法

三、裁判、专家工作室

裁判、专家工作室预计26人工作。裁判工作室需准备2台计算机、1台A3激光打印机,计算机安装世界技能大赛CIS评分成绩管理系统,同时需放置相应的办公座椅、办公耗材。

序号	名称	规格型号	单位	数量
1	计算机	联想,安装WIN7系统,CAD2013软件,其他办公软件	台	2
2	激光打印机	HP5200LX,A3	台	1
3	硒鼓	HP5200LX原装	只	1
4	移动投影仪		台	1
5	移动投影仪屏幕		只	1
6	专家工作座椅		套	30
7	打印纸	A3	包	1
8	打印纸	A4	包	4
9	签字笔	黑色	支	60
10	铅笔	2B	支	60
11	小刀		把	5
12	橡皮		只	10
13	胶水	得力	瓶	5
14	V型夹	中号	盒	2
15	电子挂钟		只	2
16	手持扩音器	雷公王,CR-87	只	1
17	U盘	联想T110,64G	只	6
18	信封		只	100
19	档案袋		只	50
20	文件盒		个	10
21	抽签箱		只	1
22	抽签球	1-45号	套	1
23	饮水机		台	1
24	桶装饮用水		桶	8
25	一次性纸杯		只	200

根据技术文件要求,还需准备裁判评分所需工具:

序号	名称	规格型号	单位	数量
1	卷尺	史丹利,30-609-2	把	3
2	钢直尺	长城精工,100 cm	把	3

续 表

序号	名称	规格型号	单位	数量
3	钢直尺	长城精工,60 cm	把	3
4	水平尺	西德宝,30 cm	把	3
5	强光手电筒	Supfire,C8	只	2
6	插座测试仪	优仪高 10 A/16 A,UA777	只	2
7	手枪钻	博世,10.8 V(配批字头)	把	2
8	A4 板夹	得力 9256	只	12

四、选手操作技能竞赛材料

模块 1 需按选手人数准备竞赛所需的器材及耗材。建议在准备时使用周转箱(尺寸 500 mm×350 mm×165 mm)或纸盒箱分装打包,螺丝、接头等散件使用塑料自封袋各自分类包装。

表 6　模块 1 操作所需器材及耗材清单

序号	名称	参照图片	规格型号	单位	数量	备注
1	LOGO 电源		SIEMENS,6EP1 332-1SH42	台	1	选手自带
2	可编程逻辑控制器 LOGO		SIEMENS,6ED1052-1MD00-0BA8	台	1	选手自带
3	通信数据线	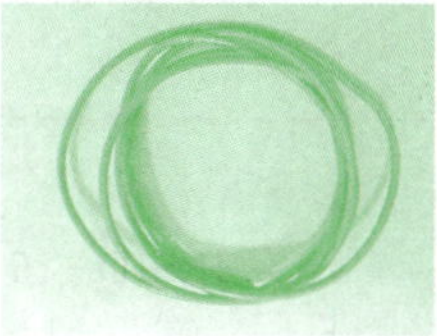	LOGO 与计算机通信(网线)	根	1	选手自带

续 表

序号	名称	参照图片	规格型号	单位	数量	备注
4	配电箱		500 mm×600 mm×230 mm	只	1	
5	镀锌配电板		450 mm×525 mm×1.5 mm	块	1	
6	三相交流异步电动机		ETM6314，AC380 V，0.4 A，1 400 r/min	只	1	
7	接触器		CJX1-9/22Z(德力西 24 VDC)，辅助触头2开2闭	只	2	
8	直流继电器		JQX-13F DC24 V（德力西，四开四闭）	只	4	
9	热继电器		JRS1D-25 0.63-1 A 可调（含底座）	只	1	

续 表

序号	名称	参照图片	规格型号	单位	数量	备注
10	漏电型断路器 3P+N	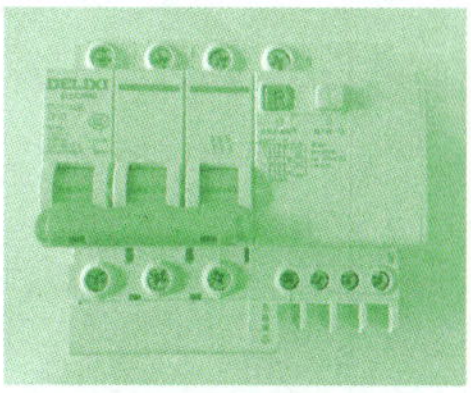	德力西 DZ47 sLE D10	只	1	
11	漏电型断路器 3P+N	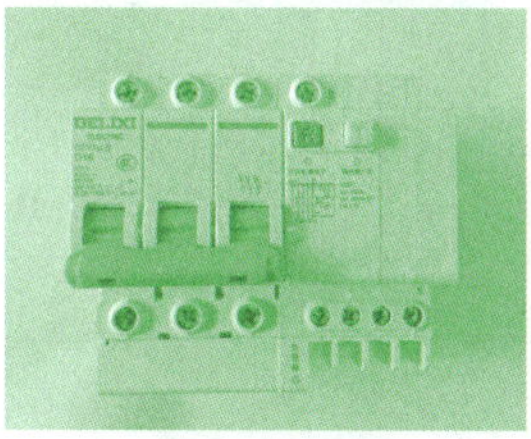	德力西 DZ47 sLE D16	只	1	
12	断路器 3P		德力西 DZ47 s D10	只	1	
13	断路器 3P		德力西 DZ47 s D16	只	1	
14	断路器 2P	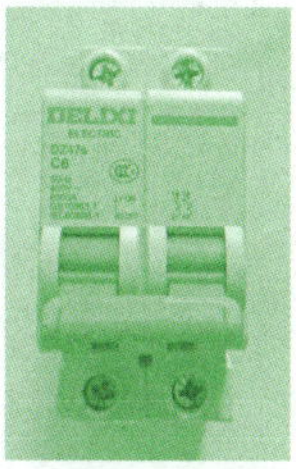	德力西 DZ47 s C6	只	2	
15	漏电断路器 1P+N		德力西 DZ47 sLE C10	只	2	

电气装置项目赛场技术说明

续 表

序号	名称	参照图片	规格型号	单位	数量	备注
16	漏电断路器 1P+N		德力西 DZ47 sLE C16	只	2	
17	漏电断路器 1P+N		德力西 DZ47 sLE C20	只	2	
18	漏电断路器 1P+N		德力西 DZ47 sLE C32	只	2	
19	断路器,1P		德力西 DZ47 s C6	只	2	
20	断路器,1P		德力西 DZ47 s C10	只	2	

续 表

序号	名称	参照图片	规格型号	单位	数量	备注
21	交流接触器		CDCH8S-25 4P 4NO AC220 V（德力西）	只	1	
22	时间继电器		CDJS18 A 480S AC220 V（德力西）	只	1	
23	时间继电器		CDJS18 A 10S AC220 V（德力西）	只	1	
24	E27 螺口灯炮		40 W	只	6	
25	行程开关		德力西 LXJM1-8 104	只	2	
26	DIN 导轨	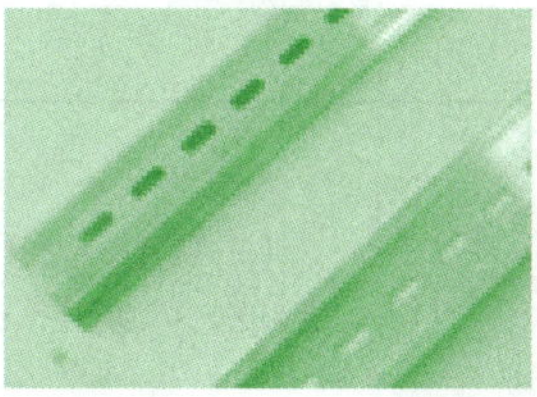	DIN35	根	2	

电气装置项目赛场技术说明

续 表

序号	名称	参照图片	规格型号	单位	数量	备注
27	行线槽		25 mm×50 mm	根	2	
28	三孔指示灯/按钮盒		JL-BX3-22	个	5	
29	旋钮开关		一佳 YJ139-LA38-11X/21 ϕ22 mm	只	1	
30	按钮		一佳 YJ139-LA38-11BN 绿色,ϕ22 mm	只	3	
31	按钮		一佳 YJ139-LA38-11BN 红色,ϕ22 mm	只	3	
32	急停按钮		一佳 YJ139-LA38-11ZS 红色,ϕ22 mm	只	2	
33	白色指示灯		一佳 AD16-22DS DC24 V,ϕ22 mm	只	2	

续 表

序号	名称	参照图片	规格型号	单位	数量	备注
34	黄色指示灯		一佳 AD16-22DS DC24 V,φ22 mm	只	3	
35	绿色指示灯		一佳 AD16-22DS DC24 V,φ22 mm	只	3	
36	红色指示灯		一佳 AD16-22DS DC24 V,φ22 mm	只	3	
37	不干胶标签纸		得力,14 mm× 25 mm×20 PC	张	3	
38	工业插座,5极, 3L+N+PE		奥吉 AJ-115, 插座(含插头)	只	1	
39	工业插座,4极, 3L+PE		奥吉 AJ-114, 插座(含插头)	只	2	
40	双层明装配电箱		德力西 PZ30-30	只	1	

电气装置项目赛场技术说明

续 表

序号	名称	参照图片	规格型号	单位	数量	备注
41	明盒		86型,86 mm×86 mm×30 mm	只	18	
42	开关盒		100 mm×100 mm×50 mm	只	1	
43	E27螺口灯座		86型,86 mm×86 mm	只	6	
44	双联开关		联峰86型,一开双控	只	4	
45	双联开关		联峰86型,二开双控	只	1	

续　表

序号	名称	参照图片	规格型号	单位	数量	备注
46	中途制开关		德力西86型，一开多控	只	1	
47	单相空调插座		联峰86型，16 A	只	2	
48	单相五孔插座		联峰86型，10 A	只	2	
49	数码分段开关		三路，本特，ES-037	只	1	
50	DIN导轨末端固定件		雷普电气，E/UKUK固件	只	14	
51	弹簧接线端子隔离挡板		雷普电气，挡板D-JST2.5	只	6	
52	弹簧式接线端子，2.5 mm^2		雷普电气，ST2.5，灰色	只	45	

续 表

序号	名称	参照图片	规格型号	单位	数量	备注
53	弹簧式接线端子，2.5 mm²		雷普电气，ST2.5，蓝色	只	15	
54	弹簧式接线端子，2.5 mm²		雷普电气，ST2.5，黄绿色	只	15	
55	端子连接汇流条		雷普电气，FBS10-4	根	3	
56	接线端子用标记条		雷普电气，ZB5，空白	根	8	
57	PVC 线槽		60 mm×40 mm，A 型，2 米/根	根	3	
58	PVC 线槽		40 mm×20 mm，A 型，2 米/根	根	2	
59	物料盒			只	5	
60	硬质 PVC 线管		φ20 mm，壁厚 1.5 mm，4 米/根	根	4	

续 表

序号	名称	参照图片	规格型号	单位	数量	备注
61	硬质PVC线管		ϕ16 mm,壁厚1.5 mm,4米/根	根	3	
62	PVC软管		雷诺尔ϕ20 mm	米	4	
63	PVC线管管卡		ϕ20 mm	只	35	
64	PVC线管管卡		ϕ16 mm	只	20	
65	电缆、PVC软管管卡		KSS,HC-4	只	30	
66	PVC管适配器（杯梳）		ϕ20 mm	只	16	
67	PVC管适配器（杯梳）		ϕ16 mm	只	12	
68	PVC软管适配器		雷诺尔ϕ20 mm	只	14	
69	金属管		ϕ20 mm	米	2	

续 表

序号	名称	参照图片	规格型号	单位	数量	备注
70	金属管90°预成型弯		φ20 mm	只	2	
71	金属管卡		φ20 mm	只	6	
72	电缆接头		PG11	只	12	
73	电缆接头		PG16	只	8	
74	网格电缆桥架		纬诚 CM50-100-3 000-5-EZ	米	3	
75	CSN壁挂支架—电缆桥架		纬诚 LWB100-300	只	6	
76	电缆桥架蝴形支架		纬诚 SPB	只	2	
77	电缆桥架连接卡扣		纬诚 KK28	只	6	

续 表

序号	名称	参照图片	规格型号	单位	数量	备注
78	电缆桥架接地连接件		纬诚 EHB-A/B	只	6	
79	束线带		长×宽：100 mm×3 mm	根	100	
80	束线带		长×宽：200 mm×3 mm	根	100	
81	束线带		长×宽：200 mm×5 mm	根	100	
82	针式接线端子		E1008，1 mm^2	只	150	
83	针式接线端子		E1508，1.5 mm^2	只	150	
84	针式接线端子		E2508，2.5 mm^2	只	150	
85	双电缆针式接线端子		TE1008，1 mm^2	只	30	

续 表

序号	名称	参照图片	规格型号	单位	数量	备注
86	双电缆针式接线端子		TE1508,1.5 mm²	只	30	
87	双电缆针式接线端子		TE2510,2.5 mm²	只	30	
88	2 路连接器		WAGO,222-412	只	10	
89	3 路连接器		WAGO,222-413	只	10	
90	5 路连接器		WAGO,222-415	只	10	
91	多芯电缆线		RVV 3 mm×2.5 mm,带地线	米	7	
92	多芯电缆线		RVV 4 mm×2.5 mm,带地线	米	4	
93	多芯电缆线		RVV 5 mm×2.5 mm,带地线	米	5	

续 表

序号	名称	参照图片	规格型号	单位	数量	备注
94	多芯电缆线		RVV 4 mm×1 mm	米	12	
95	多芯电缆线		RVV 5 mm×1 mm	米	12	
96	多股软导线		红色,2.5 mm^2	米	30	
97	多股软导线		黄色,2.5 mm^2	米	30	
98	多股软导线		绿色,2.5 mm^2	米	30	
99	多股软导线		蓝色,2.5 mm^2	米	30	
100	多股软导线		黄绿色,2.5 mm^2	米	30	
101	多股软导线		红色,1.5 mm^2	米	30	

续 表

序号	名称	参照图片	规格型号	单位	数量	备注
102	多股软导线		蓝色，1.5 mm^2	米	30	
103	多股软导线		黄绿色，1.5 mm^2	米	7	
104	多股软导线		黑色，1.0 mm^2	米	30	
105	多股软导线		红色，1.0 mm^2	米	30	
106	香蕉头迷插线		K4 号线	根	3	
107	扁平多股铜丝编织连接线		长 15 cm	根	1	
108	自攻自钻螺钉		大扁头，M4×16 mm	只	30	
109	平头螺钉		大扁头，M4×16 mm	只	100	

续 表

序号	名称	参照图片	规格型号	单位	数量	备注
110	平头螺钉		大扁头，M4×20 mm	只	20	
111	平头螺钉		大扁头，M4×35 mm	只	10	
112	螺丝		M4×20 mm，十字半圆头	只	20	
113	金属平垫圈		M5×30×1.2	只	30	
114	PVC线管弯簧		ϕ20 mm	根	1	
115	PVC线管弯簧		ϕ16 mm	根	1	
116	时间继电器		CDJS18B 480S AC220 V（德力西）	只	1	
117	时间继电器		CDJS18B 10S AC220 V（德力西）	只	1	

附件 5　电动机控制电路的维修

电动机控制电路排故鉴定板技术要求

一、电动机控制电路排故鉴定板

1. 电气控制鉴定板底层使用 6 mm 左右高硬度绝缘电木板，表面使用 1.5 mm 左右双色板作为丝印层，用于雕刻标题和器件符号，四周用 30 mm×30 mm 规格铝合金包边。颜色：灰白。外围尺寸：800 mm×600 mm（长×宽）。

2. 试题中使用的电气元件选用品牌产品，保证质量，经久耐用。元件采用导轨安装方式，便于拆装、更换。

3. 每块维修电工五级电气控制排故鉴定装置上都配置三相漏电保护器和电源指示灯（每相都有独立的指示灯），保障考生及操作人员的人身安全。

4. 所有按钮、位置选择开关、指示灯、十字开关等都安装在电气控制屏面板上，所有所需测量点均用安全绝缘孔引出，方便测量。

5. 电机安装在考核台下方的底座上，电机转轴部分要加装保护装置。

6. 接线框、电机、变压器、速度继电器等金属外壳都必需接地保护零线。

7. 采用网络化电脑设置故障。故障点通过鉴定板背后的继电器来设置，由微控制器控制继电器的吸合，来完成故障点的设置，同时内置手动设置开关，开关设置故障点与电脑设故一致。开关设故只在某台鉴定装置自动设故出现障碍时应急使用，不影响考核的正常进行。

8. 上位机考核软件要求界面简洁，操作简单、方便，满足以下基本要求：

（1）鉴定员只需点击事先设置好的方案，即可完成整个鉴定室所有鉴定台的故障设置。系统中会提供至少 5 种考试方案，鉴定员可以随机抽取，保证故障点设置的随机性。

（2）每个鉴定台同时设置两个故障点，且要求一个是线路故障，一个是器件故障。

（3）软件要有考评查询功能。考评员可以通过该界面监控所有考生当前的答题情况，包含每个鉴定板当前所设故障号、答对故障数、答错次数、及剩余答题时间，所有工位需同时在小窗口中显示，动态变化。考试结束自动产生每个工位的排除故障故障写出实际具体故障点的评价要素项目成绩（如 A、B、C…）。

（4）软件设定每个考生有 4 次答题机会，4 次机会用完系统会自动交卷，并锁定答题器；考生也可答完题后，手动在答题器上按"交卷"键手动交卷，并锁定答题器；设定考核时间结束，软件自动结束考试，并锁定所有鉴定台答题器，此时考生操作无效。交卷后即可显示出考核成绩。考评员可以对任何工位答题器进行锁定和解锁。

（5）考生排故过程中，意外断电后再次通电排故，电脑软件必须保持断电前的最后记录。

（6）考生在答题器上输入故障点编号以后，应在LED数码管上提示答题正确还是错误，并可查询当前剩余故障数和答错数。

（7）软件具有保存和查询考核成绩功能。通过选择考核日期和考核场次，即可查询所需历史成绩及相关答题情况。

（8）软件具有成绩打印功能。

（9）软件具有升级功能，如果以后考试方案更改，可方便修改和增加设备信息，而无需重新更换软件和硬件。

（10）排除故障故障写出实际具体故障点的评价要素项目评分标准：

答题次数	答对数	答错数	评定等级
2	2	0	A
3	2	1	B
4	2	2	C
4	1	3	C
4次以上	*	*	D

二、各题布局图，故障点编号及器件清单

1. 异步电动机正反转控制电路故障检查及排除

原理图：

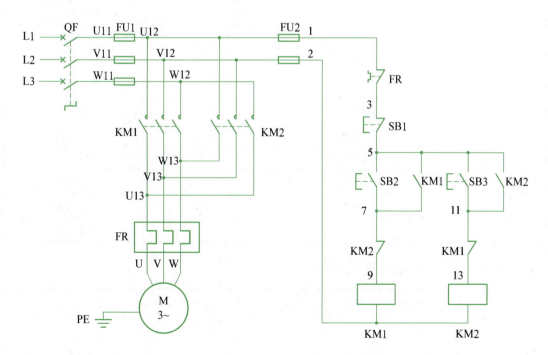

故障点布局图：

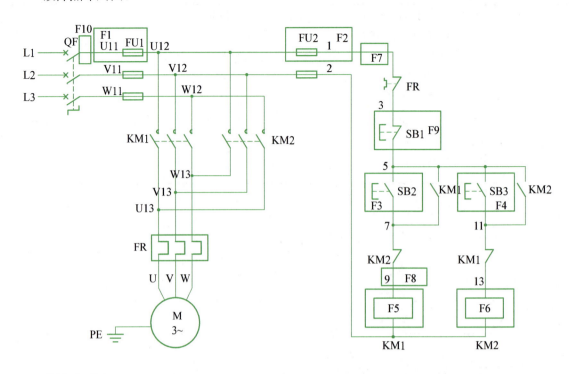

故障点列表：

故障点	器件号	故障点编号	故障类型
F1	FU1	017 - 018	器件故障
F2	FU2	111 - 112	器件故障
F3	SB2	119 - 120	器件故障
F4	SB3	123 - 124	器件故障
F5	KM1	129 - 130	器件故障
F6	KM2	133 - 134	器件故障
F7	1号线	112 - 115	线路故障
F8	9号线	128 - 129	线路故障
F9	SB1	117 - 118	器件故障
F10	U11	012 - 017	线路故障

线号、器件号对应答题器输入参照表：

器件号	故障号	
QF	012	016
FU1	017	018

续 表

器件号	故障号	
FU2	111	112
KM1	129	130
KM2	133	134
FR	035	040
SB1	117	118
SB2	119	120
SB3	123	124
L1	011	011
L2	013	013
L3	015	015
U11	012	017
V11	014	019
W11	016	021
U12	018	023
V12	020	025
W12	022	028
U13	024	035
V13	026	038
W13	027	039
U	036	036
V	037	037
W	040	040
1号线	112	115
2号线	114	134
3号线	116	117
5号线	118	125
7号线	120	127
9号线	128	129
11号线	124	131
13号线	132	133

电动机控制电路排故鉴定板技术要求

器件摆放图：

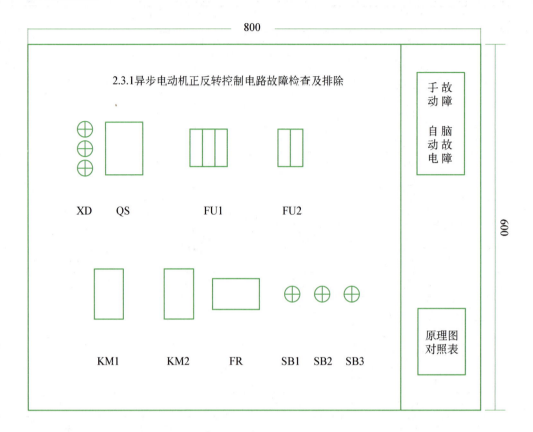

器件清单：

序号	器件名称	型号规格	数量	单位
1	带漏电三相断路器	DZ47LE-32/3P，C6	1	只
2	保险丝座	RT18	5	只
3	保险丝芯	RT14 $\phi 10 \times 38$ 2 A	5	只
4	按钮	LAY7	3	只
5	交流接触器	CJX1-9/22	2	只
6	热继电器	JR36	1	只
7	电源指示灯	AD16-16D，380 V 红/绿/黄各一只	3	只
8	三相异步电动机	JW-6 314	1	台

2. 异步电动机星-三角减压起动控制电路故障分析与排除

原理图：

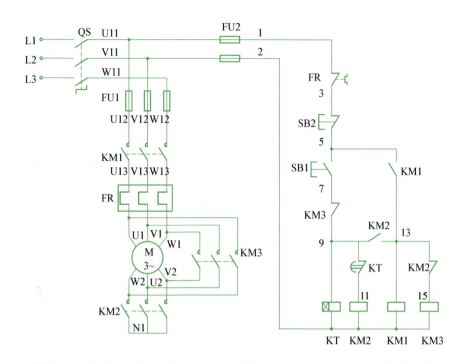

故障点布局图：

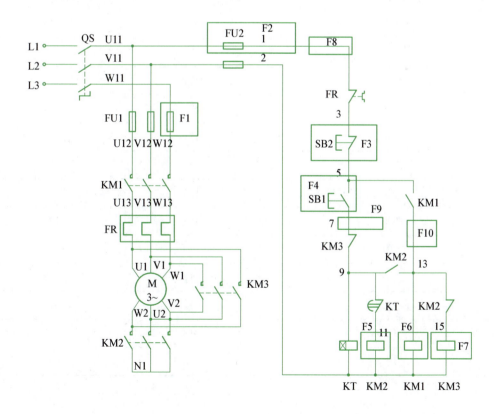

故障点列表：

故障点	器件号	故障点编号	故障类型
F1	FU1	021－022	器件故障
F2	FU2	111－112	器件故障
F3	SB2	117－118	器件故障
F4	SB1	119－120	器件故障
F5	KM2	131－132	器件故障
F6	KM1	133－134	器件故障
F7	KM3	135－136	器件故障
F8	1号线	112－115	线路故障
F9	7号线	120－123	线路故障
F10	13号线	122－126	线路故障

线号、器件号对应答题器输入参照表：

器件号	故障号	
QS	011	016
FU1	021	022
FU2	111	112
KM1	133	134
KM2	131	132
KM3	135	136
FR	115	116
KT	129	130
SB1	119	120
SB2	117	118
L1	011	011
L2	013	013
L3	015	015

续　表

器件号	故障号	
U11	012	017
V11	014	020
W11	016	017
U12	018	023
V12	019	025
W12	021	028
U13	024	029
V13	026	032
W13	027	034
U1	030	046
V1	031	043
W1	033	041
W2	036	045
U2	037	044
V2	038	042
1号线	112	115
2号线	114	136
3号线	116	117
5号线	119	121
7号线	120	123
9号线	124	129
11号线	128	131
13号线	122	126
15号线	138	135

器件摆放图:

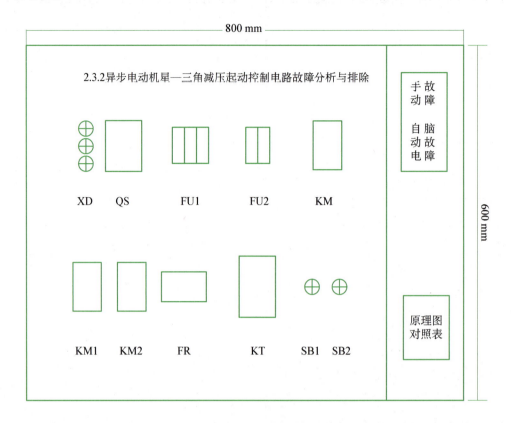

器件清单

序号	器件名称	型号规格	数量	单位
1	带漏电三相断路器	DZ47LE-32/3P, C6	1	只
2	保险丝座	RT18	5	只
3	保险丝芯	RT14 $\phi 10 \times 38$ 2 A	5	只
4	按钮	LAY7	2	只
5	交流接触器	CJX1-9/22	3	只
6	热继电器	JR36	1	只
7	时间继电器	JSZ3	1	只
8	电源指示灯	AD16-16D, 380 V 红/绿/黄各一只	3	只
9	三相异步电动机	JW-6 314	1	台

3. 异步电动机延时起动、延时停止控制电路故障分析与排除

原理图：

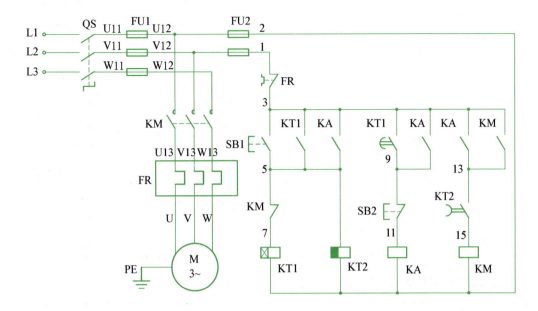

故障点布图：

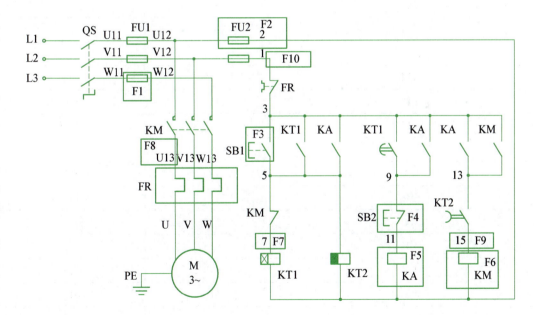

故障点列表：

故障点	器件号	故障点编号	故障类型
F1	FU1	021－022	器件故障
F2	FU2	111－112	器件故障
F3	SB1	117－118	器件故障
F4	SB2	137－138	器件故障
F5	KA	139－140	器件故障
F6	KM	143－144	器件故障
F7	7号线	132－133	线路故障
F8	U13	023－029	线路故障
F9	15号线	142－143	线路故障
F10	1号线	114－115	线路故障

线号、器件号对应答题器输入参照表：

器件号	故障号	
QS		
FU1	021	022
FU2	111	112
KM	143	144
FR	115	116
KT1	133	134
KT2	135	136
KA	139	140
SB1	117	118
SB2	137	138
L1	011	011
L2	013	013
L3	015	015
U11	012	017
V11	014	019
W11	016	021
U12	018	024
V12	020	026

续 表

器件号	故障号	
W12	022	028
U13	023	029
V13	025	031
W13	027	033
U	030	030
V	032	032
W	034	034
1号线	114	115
2号线	112	134
3号线	116	117
5号线	118	131
7号线	132	133
9号线	124	137
11号线	138	139
13号线	128	141
15号线	142	143

器件摆放图：

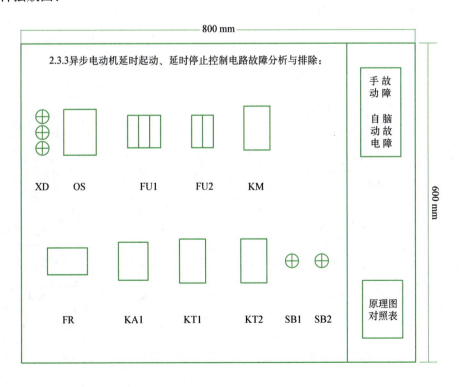

2.3.3 异步电动机延时起动、延时停止控制电路故障分析与排除：

器件清单：

序号	器件名称	型号规格	数量	单位
1	带漏电三相断路器	DZ47LE-32/3P，C6	1	只
2	保险丝座	RT18	5	只
3	保险丝芯	RT14 φ10×38 2 A	5	只
4	按钮	LAY7	2	只
5	交流接触器	CJX1-9/22	2	只
6	热继电器	JR36	1	只
7	中间继电器	JZ7-44	1	只
8	时间继电器	JS7-2 A	2	只
9	电源指示灯	AD16-16D，380 V 红/绿/黄各一只	3	只
10	三相异步电动机	JW-6 314	1	台

4. 异步电动机连续运行与点动控制电路故障分析与排除

原理图：

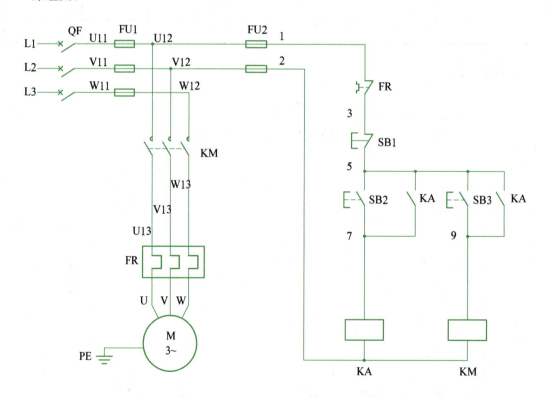

故障点布局图：

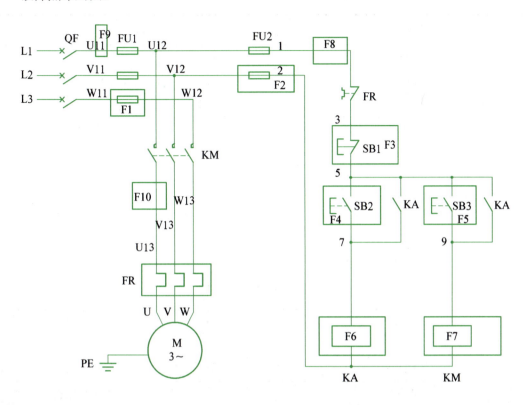

故障点列表：

故障点	器件号	故障点编号	故障类型
F1	FU1	021 – 022	器件故障
F2	FU2	113 – 114	器件故障
F3	SB1	117 – 118	器件故障
F4	SB2	119 – 120	器件故障
F5	SB3	123 – 124	器件故障
F6	KA	127 – 128	器件故障
F7	KM	129 – 130	器件故障
F8	1号线	112 – 115	线路故障
F9	U11	012 – 017	线路故障
F10	U13	024 – 029	线路故障

线号、器件号对应答题器输入参照表：

器件号	故障号	
QF		
FU1	021	022
FU2	113	114
KM	129	130
FR	115	116
KA	127	128
SB1	117	118
SB2	119	120
SB3	123	124
L1	011	011
L2	013	013
L3	015	015
U11	012	017
V11	014	019
W11	016	021
U12	018	023
V12	020	026
W12	022	028
U13	024	029
V13	025	031
W13	027	033
U	030	030
V	032	032
W	034	034
1号线	112	115
2号线	114	130
3号线	116	117
5号线	118	119
7号线	120	127
9号线	124	129

器件摆放图：

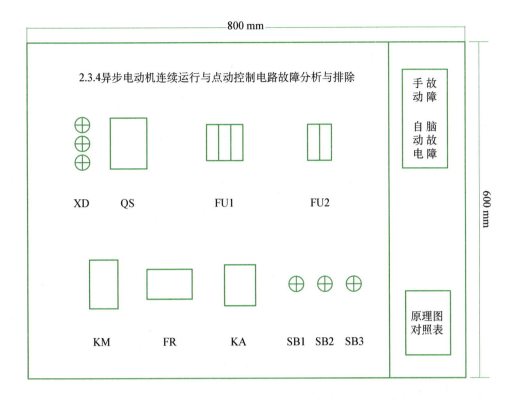

器件清单：

序号	器件名称	型号规格	数量	单位
1	带漏电三相断路器	DZ47LE-32/3P，C6	1	只
2	保险丝座	RT18	5	只
3	保险丝芯	RT14 $\phi 10 \times 38$ 2 A	5	只
4	按钮	LAY7	3	只
5	交流接触器	CJX1-9/22	1	只
6	中间继电器	JZ7-44	1	只
7	电源指示灯	AD16-16D，380 V 红/绿/黄各一只	3	只
8	热继电器	JR36	1	只
9	三相异步电动机	JW-6 314	1	台

5. 带抱闸制动的异步电动机二地控制电路故障分析与排除

原理图：

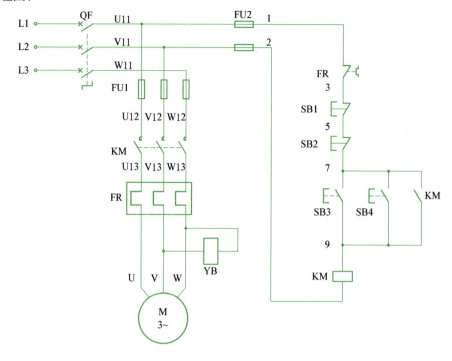

故障点布局图：

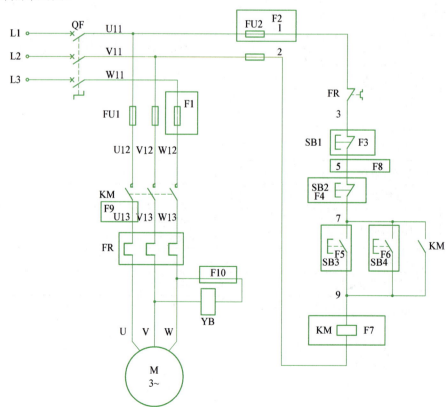

故障点列表：

故障点	器件号	故障点编号	故障类型
F1	FU1	021－022	器件故障
F2	FU2	111－112	器件故障
F3	SB1	117－118	器件故障
F4	SB2	119－120	器件故障
F5	SB3	121－122	器件故障
F6	SB4	123－124	器件故障
F7	KM	127－128	器件故障
F8	5号线	118－119	线路故障
F9	U13	024－029	线路故障
F10	W	034－036	线路故障

线号、器件号对应答题器输入参照表：

器件号	故障号	
QF	011	016
FU1	021	022
FU2	111	112
KM	127	128
FR	115	116
YB	035	036
SB1	117	118
SB2	119	120
SB3	121	122
SB4	123	124
L1	011	011
L2	013	013
L3	015	015
U11	012	017
V11	014	020
W11	016	022
U12	018	023
V12	019	025

续 表

器件号	故障号	
W12	021	027
U13	024	029
V13	026	031
W13	028	033
U	030	030
V	032	035
W	034	036
1号线	112	115
2号线	114	128
3号线	116	117
5号线	118	119
7号线	120	127
9号线	122	127

器件摆放图：

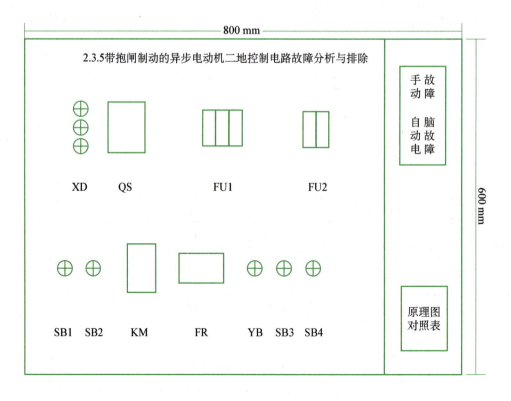

器件清单：

序号	器件名称	型号规格	数量	单位
1	带漏电三相断路器	DZ47LE-32/3P，C6	1	只
2	保险丝座	RT18	5	只
3	保险丝芯	RT14 ϕ10×38 2 A	5	只
4	按钮	LAY7	4	只
5	交流接触器	CJX1-9/22	1	只
6	热继电器	JR36	1	只
7	抱闸电磁铁	TJZ2-100	1	只
8	电源指示灯	AD16-16D，380 V 红/绿/黄各一只	3	只
9	三相异步电动机	JW-6 314	1	台

参考文献

1. 劳动和社会保障部教材办公室及上海市职业技术培训教研室组织编写.维修电工中级[M].北京:中国劳动社会保障出版社,2003.
2. 劳动和社会保障部教材办公室组织编写.1+X职业技能鉴定考核指导手册 维修电工五级(第二版)[M].北京:中国劳动社会保障出版社,2010.
3. 劳动和社会保障部教材办公室组织编写.1+X职业技能鉴定考核指导手册 维修电工四级(第二版)[M].北京:中国劳动社会保障出版社,2010.
4. 劳动和社会保障部教材办公室组织编写.电力拖动控制线路与技能训练[M].北京:中国劳动社会保障出版社,2004.
5. 张延英,任志锦.工厂电气控制设备[M].北京:中国轻工业出版社,2000.
6. 张仁麒.电器设备及控制技术[M].北京:化学工业出版社,2006.
7. 尚艳华.电力拖动[M].北京:电子工业出版社,2001.
8. 宋健雄.低压电气设备运行与维修[M].北京:高等教育出版社,2001.
9. 许谬.工厂电气控制设备[M].北京:机械工业出版社,1999.
10. 金国砥.电工读图[M].浙江:科学技术出版社,2001.
11. 郑凤翼.怎样看电气控制电路图[M].北京:人民邮电出版社,2002.
12. 殷建国.工厂电气控制技术[M].北京:经济管理出版社,2015.
13. 周元一.电机与电气控制[M].北京:机械工业出版社,2016.
14. 中华人民共和国国家标准.电气图用图形符号[S].GB4728,北京:国家标准局,1986.

图书在版编目(CIP)数据

机床电气控制/郑德明,孙雪镠,王海柱主编. —2 版. —上海:复旦大学出版社,2019.9(2024.1 重印)

21 世纪中等职业教育电类专业系列

ISBN 978-7-309-14442-0

Ⅰ. 机… Ⅱ. ①郑…②孙…③王… Ⅲ. 机床-电气控制-中等专业学校-教材 Ⅳ. TG502.35

中国版本图书馆 CIP 数据核字(2019)第 188870 号

机床电气控制(第二版)
郑德明　孙雪镠　王海柱　主编
责任编辑/张志军

复旦大学出版社有限公司出版发行
上海市国权路 579 号　邮编：200433
网址：fupnet@fudanpress.com　http://www.fudanpress.com
门市零售：86-21-65102580　　团体订购：86-21-65104505
出版部电话：86-21-65642845
常熟市华顺印刷有限公司

开本 787 毫米×1092 毫米　1/16　印张 26.5　字数 628 千字
2024 年 1 月第 2 版第 2 次印刷

ISBN 978-7-309-14442-0/T·648
定价：41.00 元

如有印装质量问题,请向复旦大学出版社有限公司出版部调换。
版权所有　　侵权必究